江苏省"十四五"职业教育规划教材
高等职业教育机电类专业"十四五"系列教材

PLC应用技术

（第二版）

刘媛媛　武彩霞　冯宏伟◎主　编
付光怀　沈小燕　周　瑶◎副主编
黄明珠　殷庆辉　戴　天◎参　编

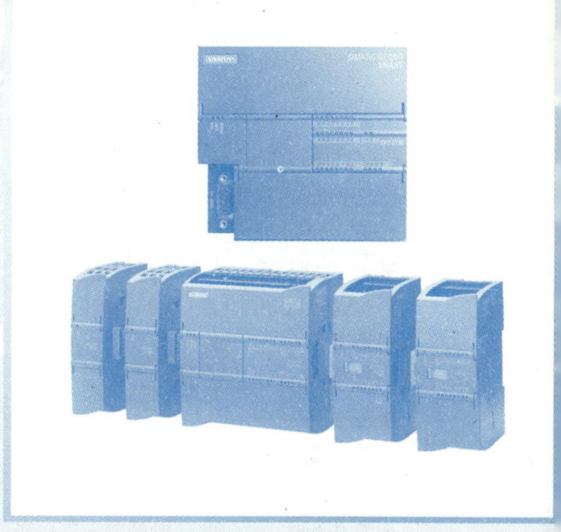

中国铁道出版社有限公司
CHINA RAILWAY PUBLISHING HOUSE CO., LTD.

内 容 简 介

本书以高职教育倡导的能力目标为主线编写，结合工程实际，以西门子 S7-200 SMART 和 S7-1200 PLC 作为研究对象，共分为 8 章。第 1 ~4 章以西门子 S7-200 SMART PLC 为对象，围绕多个案例展开，主要介绍 PLC 基础知识、STEP 7-Micro/WIN SMART 编程软件、交流电动机的 PLC 控制、灯的 PLC 控制以及气动设备的 PLC 控制；第 5 ~8 章主要介绍西门子 S7-1200 PLC 的软硬件结构、TIA 博途软件项目组态过程、PLC 的运动控制以及以太网通信控制，围绕变频伺服控制、机器人运动控制，以及 PLC 的 S7 通信、PROFINET 通信和开放式用户通信技术等展开。本书每章各节都配套有 PPT 和视频讲解，读者可以扫描二维码查看。

本书适合作为高职院校机电类专业教材，也可作为企业技术人员的 PLC 培训教材。

图书在版编目（CIP）数据

PLC 应用技术/刘媛媛，武彩霞，冯宏伟主编. —2 版. —北京：中国铁道出版社有限公司，2023.10
高等职业教育机电类专业“十四五”系列教材
ISBN 978-7-113-30530-7

Ⅰ. ①P… Ⅱ. ①刘… ②武… ③冯… Ⅲ. ①PLC 技术-高等职业教育-教材 Ⅳ. ①TM571.61

中国国家版本馆 CIP 数据核字（2023）第 163120 号

书　　名：PLC 应用技术
作　　者：刘媛媛　武彩霞　冯宏伟

策　　划：祁　云　　　　编辑部电话：（010）63551006
责任编辑：祁　云　绳　超
封面设计：付　巍
封面制作：刘　颖
责任校对：刘　畅
责任印制：樊启鹏

出版发行：中国铁道出版社有限公司（100054，北京市西城区右安门西街 8 号）
网　　址：http://www.tdpress.com/51eds/
印　　刷：河北宝昌佳彩印刷有限公司
版　　次：2019 年 7 月第 1 版　2023 年 10 月第 2 版　2023 年 10 月第 1 次印刷
开　　本：850 mm×1 168 mm　1/16　印张：15.5　字数：432 千
书　　号：ISBN 978-7-113-30530-7
定　　价：49.00 元

前　言

在生产制造企业中，智能化生产设备和流水线应用越来越广泛，这些设备按照控制要求井然有序地进行工作，不犯错误、不知疲惫，它们为何如此听话？这离不开设备上的检测元件——各类传感器，执行元件——电动机、气缸，还有一个重要的控制器——可编程序逻辑控制器（programmable logic controller，PLC）。PLC作为智能设备的大脑，发挥着和人脑一样的作用，它时刻响应各输入点的状态变化，根据程序控制要求更新输出口执行元件的状态。

PLC不仅可以实现逻辑运算、数学运算、模/数转换，还具有PID（比例积分微分）处理、通信处理等功能，可以说，PLC在很多方面的功能强于我们的大脑，所以它才可以把一条复杂的流水线控制得如此“听话”!

本书第一版自2019年出版以来，被众多高校采用，受到师生欢迎。因S7-200 PLC已经停产，本次修订以西门子S7-200 SMART和S7-1200 PLC作为对象进行讲解，内容结合大量的实践案例展开，聚焦于PLC的基础编程、运动控制及网络通信技术。本版将第一版中S7-200 PLC的相关知识替换为S7-200 SMART PLC，删除了S7-200 PLC模拟量控制部分内容，增加了S7-1200 PLC的编程实例和通信应用。

全书分8章进行讲解：

第1章为S7-200 SMART PLC的应用基础，主要介绍PLC的工作原理、输入/输出接口、S7-200 SMART PLC的结构和STEP 7-Micro/WIN SMART编程软件。

第2章介绍交流电动机的PLC控制，以三相异步电动机为控制对象，讲解正反转、星-三角、输送带多级启停等的PLC控制。

第3章围绕灯的PLC控制展开，讲解灯的循环计数、锁相续启、十字路口交通灯和带数码管的六路抢答器的PLC控制。

第4章讲解气动设备的PLC控制，围绕气动冲压机、物料分拣装置和气动机械手的PLC控制展开。

第5章为S7-1200 PLC的应用基础，主要介绍S7-1200 PLC的硬件结构和TIA博途编程软件的应用。

第6章围绕三个典型案例介绍S7-1200 PLC的编程应用，分别讲解水塔水位控制、液体混料控制和全自动洗衣机控制的项目组态及调试过程。

第7章为西门子PLC的运动控制及相关应用，以企业需求的技术技能为依据，围绕变频控制、伺服控制和机器人的I/O控制展开讲解。

第8章介绍西门子PLC的以太网通信控制，讲解西门子PLC的S7通信、PROFINET通信和开放式用户通信技术。

作为高职院校学生和企业技术人员的 PLC 入门教材，本书的讲解本着“理论够用，实践为主”的原则，教学内容的选取贴合企业对技能人才的需求，教材每章各节都配有视频讲解，读者可以通过扫描二维码查看。

中国共产党第二十次全国代表大会报告指出：“教育是国之大计、党之大计。培养什么人、怎样培养人、为谁培养人是教育的根本问题。育人的根本在于立德。全面贯彻党的教育方针，落实立德树人根本任务，培养德智体美劳全面发展的社会主义建设者和接班人。”本书注重马克思主义信仰的培养，反映中华民族灿烂文化，并将工匠精神、创新精神、奉献精神、劳动精神、合作精神，以及科技兴国、绿色发展理念等贯穿于视频讲解中。读者可登录中国大学 MOOC 或者智慧职教平台查找与本书匹配的在线课程“PLC 应用技术”。在线课程配套大量的练习题、讨论题，并提供 PPT、电路图、PLC 程序等配套资源，对学习者提供帮助。

本书由无锡科技职业学院刘媛媛、武彩霞和无锡职业技术学院冯宏伟任主编，无锡科技职业学院付光怀、沈小燕和周瑶任副主编，无锡奥特维科技股份有限公司黄明珠、殷庆辉，以及无锡威孚高科技集团股份有限公司戴天参与编写。

因编者水平有限，书中难免有疏漏与不妥之处，恳请读者批评指正。编者 E-mail：18961759360@163.com。

编　者

2023 年 6 月

目　录

第1章　S7-200 SMART PLC 的应用基础 …… 1

1.1　认识可编程控制器 …… 1
1.1.1　可编程控制器概述 …… 1
1.1.2　可编程控制器组成 …… 2
1.1.3　PLC 的基本工作原理及分类 …… 4
1.1.4　输入/输出接口电路 …… 7
1.1.5　PLC 的编程语言 …… 10
本节习题 …… 11
1.2　认识 S7-200 SMART PLC …… 12
1.2.1　S7-200 SMART PLC 的结构和性能 …… 12
1.2.2　S7-200 SMART PLC 的内存结构 …… 16
1.2.3　S7-200 SMART PLC 的编址和寻址方式 …… 17
1.2.4　S7-200 SMART PLC 的外部接线 …… 19
本节习题 …… 23
1.3　STEP 7-Micro/WIN SMART 编程软件的应用 …… 24
1.3.1　STEP 7-Micro/WIN SMART 编程软件 …… 24
1.3.2　SMART PLC 的程序下载及在线调试 …… 25
1.3.3　S7-200 SMART PLC 的位逻辑指令 …… 28
1.3.4　创建编程项目 …… 31
1.3.5　西门子 STEP 7 仿真软件 …… 34
本节习题 …… 36

第2章　交流电动机的 PLC 控制 …… 38

2.1　电动机正反转的 PLC 控制 …… 38
2.1.1　电动机正反转控制介绍 …… 38
2.1.2　电动机正反转控制实施 …… 41
2.1.3　工作台往返运动的 PLC 控制 …… 41
2.1.4　工作台往返运动的 PLC 控制实践操作 …… 43
本节习题 …… 44
2.2　电动机星-三角减压启动的 PLC 控制 …… 45
2.2.1　星-三角减压启动控制介绍 …… 45
2.2.2　定时器指令讲解 …… 46
2.2.3　星-三角减压启动实施及调试 …… 49

2.2.4　双向星-三角减压启动控制 …… 50
本节习题 …… 52
2.3　三级输送线的 PLC 控制 …… 53
2.3.1　三级输送线介绍 …… 53
2.3.2　PLC 程序设计 …… 54
2.3.3　三级输送线的调试 …… 57
本节习题 …… 57

第 3 章　灯的 PLC 控制 …… 59

3.1　灯的循环计数 PLC 控制 …… 59
3.1.1　彩灯的顺序循环控制 …… 59
3.1.2　多时段点亮的输出口编程 …… 61
3.1.3　灯的循环计数控制 …… 61
3.1.4　流水灯控制 …… 65
本节习题 …… 67
3.2　锁相续启及十字路口交通灯 PLC 控制 …… 69
3.2.1　锁相续启的灯控制 …… 69
3.2.2　锁相续启的 PLC 程序 …… 70
3.2.3　十字路口交通灯控制 …… 71
3.2.4　十字路口交通灯的 PLC 程序 …… 73
本节习题 …… 76
3.3　六路抢答器的 PLC 控制 …… 77
3.3.1　六路抢答器介绍 …… 77
3.3.2　六路抢答器的电气原理图设计 …… 78
3.3.3　六路抢答器程序设计 …… 79
本节习题 …… 84

第 4 章　气动设备的 PLC 控制 …… 85

4.1　气动冲压机的 PLC 控制 …… 85
4.1.1　气动冲压机介绍 …… 85
4.1.2　气动回路分析及电气原理图设计 …… 86
4.1.3　气动冲压机单缸控制程序编写与调试 …… 88
4.1.4　气动冲压机双缸控制程序编写与调试 …… 89
本节习题 …… 91
4.2　物料分拣装置的 PLC 控制 …… 91
4.2.1　物料分拣装置介绍 …… 91
4.2.2　物料分拣装置分析 …… 92

4.2.3　物料分拣装置电气原理图设计…… 94
4.2.4　物料分拣装置的程序编写与调试…… 96
本节习题 …… 98
4.3　气动机械手的PLC控制…… 99
4.3.1　气动机械手介绍…… 99
4.3.2　气动原理图和电气原理图设计 …… 100
4.3.3　子程序调用指令和顺序控制指令 …… 102
4.3.4　气动机械手的程序编写与调试 …… 103
本节习题…… 110

第5章　S7-1200 PLC的应用基础 …… 111

5.1　认识西门子S7-1200 PLC …… 111
5.1.1　西门子系列PLC产品 …… 111
5.1.2　S7-1200 PLC基本模块…… 113
5.1.3　硬件安装与接线 …… 116
本节习题…… 119
5.2　西门子TIA博途软件 …… 119
5.2.1　TIA博途软件介绍 …… 120
5.2.2　创建项目与硬件组态 …… 123
5.2.3　S7-1200的数据存储区…… 127
5.2.4　S7-1200的程序结构…… 129
本节习题…… 132
5.3　TIA博途编程指令及项目创建 …… 132
5.3.1　位逻辑指令介绍 …… 132
5.3.2　电动机启保停电路的PLC控制 …… 136
5.3.3　输送带的PLC控制 …… 143
本节习题…… 148

第6章　S7-1200 PLC的项目实例 …… 149

6.1　水塔水位的PLC控制 …… 149
6.1.1　项目介绍 …… 149
6.1.2　电气原理图设计 …… 150
6.1.3　PLC程序设计 …… 150
6.1.4　水塔水位控制调试 …… 157
本节习题…… 157
6.2　液体混料装置的PLC控制 …… 158
6.2.1　项目介绍 …… 158

6.2.2 电气原理图设计 …… 159
6.2.3 PLC 程序设计 …… 161
6.2.4 液体混料控制调试 …… 165
本节习题 …… 165
6.3 全自动洗衣机的 PLC 控制 …… 165
6.3.1 项目介绍 …… 165
6.3.2 电气原理图设计 …… 166
6.3.3 PLC 程序设计 …… 167
6.3.4 全自动洗衣机控制调试 …… 171
本节习题 …… 171

第 7 章 西门子 PLC 的运动控制及相关应用 …… 173

7.1 三相异步电动机的变频调速控制 …… 173
7.1.1 变频调速控制介绍 …… 173
7.1.2 汇川 MD200 变频器介绍 …… 174
7.1.3 通信拓扑图及电气原理图设计 …… 179
7.1.4 Modbus 通信指令 …… 180
7.1.5 PLC 程序设计 …… 183
7.1.6 三相异步电动机变频调速的项目调试 …… 189
本节习题 …… 189
7.2 伺服工作台的位移控制 …… 190
7.2.1 伺服工作台的位移控制介绍 …… 190
7.2.2 三菱伺服控制系统 …… 191
7.2.3 电气原理图设计 …… 192
7.2.4 PLC 程序设计 …… 193
7.2.5 伺服工作台位移控制的项目调试 …… 198
本节习题 …… 198
7.3 ABB 机器人的运动控制 …… 199
7.3.1 PLC 与 ABB 机器人联合控制介绍 …… 199
7.3.2 电气原理图设计 …… 201
7.3.3 PLC 程序设计 …… 201
7.3.4 ABB 机器人程序设计 …… 203
7.3.5 ABB 机器人运动控制的调试 …… 206
本节习题 …… 206

第 8 章 西门子 PLC 的以太网通信控制 …… 207

8.1 西门子 PLC 的 S7 通信 …… 207

8.1.1 S7 通信介绍 …… 207
8.1.2 GET 和 PUT 通信指令 …… 208
8.1.3 S7 通信组态实施 …… 210
8.1.4 西门子 S7 通信的项目调试 …… 219
本节习题 …… 220
8.2 西门子 PLC 的 PROFINET 通信 …… 221
8.2.1 PROFINET 通信介绍 …… 221
8.2.2 PROFINET 通信组态实施 …… 222
8.2.3 PROFINET 通信的项目调试 …… 224
本节习题 …… 225
8.3 西门子 PLC 的开放式用户通信 …… 225
8.3.1 开放式用户通信介绍 …… 225
8.3.2 开放式用户通信指令讲解 …… 226
8.3.3 OUC 通信组态实施 …… 228
8.3.4 开放式用户通信的项目调试 …… 233
本节习题 …… 234
附录 A　维修电工(中级)考工编程练习题 …… 235
A.1 电动机星-三角减压启动控制 …… 235
A.2 往返控制 …… 235
A.3 顺序控制 …… 236
参考文献 …… 238

第 1 章 S7-200 SMART PLC 的应用基础

西门子 S7 系列 PLC 在中国市场上应用非常广泛，其中 S7-200 SMART 作为小型 PLC 的代表，是一款适合初学者学习的 PLC。其结构简单、功能齐全，STEP 7 编程软件和仿真软件容易掌握。本章介绍 S7-200 SMART PLC 的基本应用技术，包括 PLC 的工作原理和硬件组成，PLC 的内存结构、寻址方法及外部接线，STEP 7 软件的布尔指令、编程方法、离线和在线调试等。

1.1 认识可编程控制器

学习目标

（1）了解 PLC 产生过程，PLC 控制和继电器控制的区别；

（2）掌握 PLC 的主要组成部分和工作原理；

（3）掌握 PLC 的硬件接口电路，理解 AC/DC/RELAY 的接线要点。

1.1.1 可编程控制器概述

视频

认识可编程控制器

1968 年美国最大的汽车制造商通用汽车公司（GM）为了适应汽车型号不断更新的要求，以在激烈竞争的汽车工业中占有优势，提出要研制一种新型的工业控制装置来取代继电器控制装置，为此特拟定了：①编程简单方便，可在现场修改程序；②硬件维护方便，最好是插件式结构；③可靠性要高于继电器控制装置；④体积小于继电器控制装置；⑤可将数据直接送入管理计算机；⑥成本上可与继电器控制柜竞争等十项公开招标的技术要求。根据招标要求，1969 年美国数字设备公司（DEC）研制出世界上第一台 PLC（PDP-14），并在通用汽车公司自动装配线上试用，获得了成功，从而开创了工业控制新时期。

从通用汽车公司提出的十项公开招标的技术要求里也能发现 PLC 控制与继电器控制电路是有区别的，是一种更先进的控制方法。

继电器控制系统与 PLC 控制系统的比较：

继电器控制系统由继电器、接触器和电子元件等分立元件组成，其控制任务是由它们用导线根据要求连接而实现的，它的逻辑关系蕴含在接线之中，因此它又称接线逻辑控制系统。图 1-1-1（a）所示为一个继电器控制系统，其输入对输出的控制是通过接线程序来实现的。输入设备（按钮、行程开关、限位开关和传感器等）用来向系统输入控制信号，输出设备（接触器、电磁阀等执行元件）用以控制生产机械和生产过程中的各种被控对象（电动机、电炉等）。在继电器控制系统中，控制要求的修改必须通过改变接线来实现。

PLC 控制为存储程序控制，工作的程序存放在存储器中，系统的控制任务通过存储器中的程序来实现，而程序是由程序语言来编写的，所以控制逻辑的修改只需通过编程器修改程序即可实现，不需要改变内部接线。PLC 就是一种存储程序控制器，图 1-1-1(b) 所示为 PLC 控制系统，其输入和输出设备与继电器控制系统相同，它们是直接接到 PLC 的输入和输出端的。在 PLC 控制系统中，控制程序的修改只需要通过改变存储器中的程序来实现。

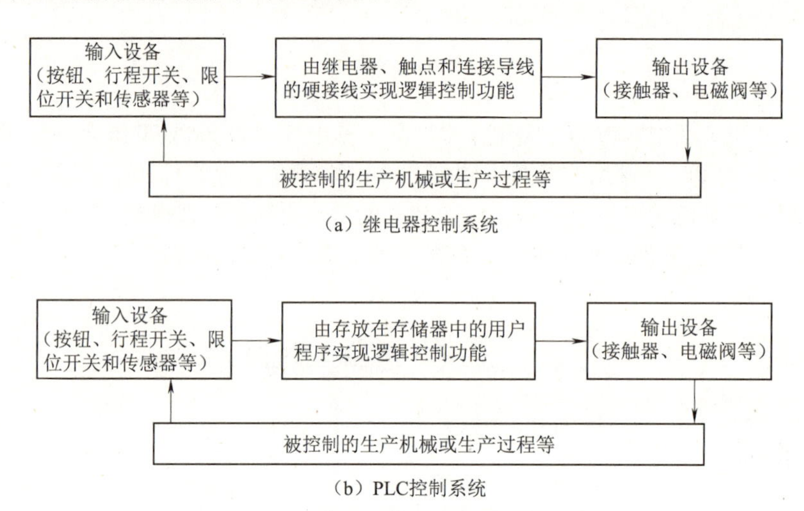

图 1-1-1　继电器控制系统与 PLC 控制系统的比较

继电器控制系统和 PLC 控制系统相比较，它们的输入、输出部分相同，只是实现逻辑控制的方法不同。

1.1.2　可编程控制器组成

PLC 的核心是微处理器，所以 PLC 的组成和计算机相似，由硬件和软件两大部分组成。

1. PLC 的硬件系统

PLC 的硬件系统如图 1-1-2 所示。

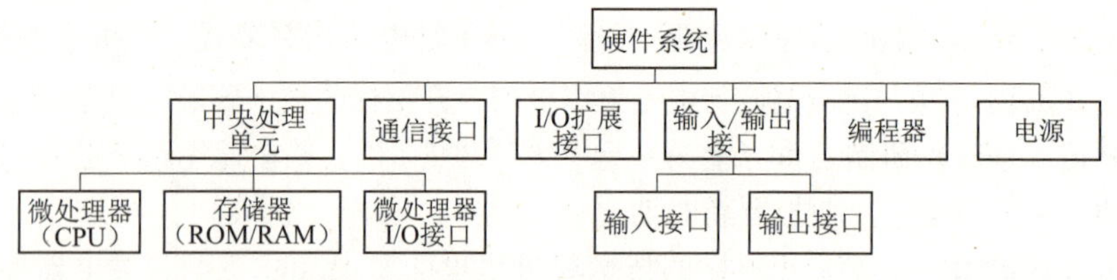

图 1-1-2　PLC 的硬件系统

(1) 中央处理单元：

①微处理器（CPU）是 PLC 的核心，它的主要任务有：

a. 自诊断 PLC 内部电路故障和编程语法错误；

b. 和外围设备（编程器、打印机、上位计算机等）通信处理；

c. 扫描输入装置状态和数据，并存入输入映像寄存器；

d. 在 PLC 处于运行状态时，按顺序逐条执行用户程序，根据执行结果更新有关的寄存器和输出映像寄存器；

e. 将与输出相关的数据寄存器和输出映像寄存器的内容送给输出电路。

②存储器（ROM/RAM）的作用是用来存放系统程序、用户程序及运行数据。存储器的类型如图 1-1-3所示。

存储器
- ROM 系列
  - ROM（只读存储器）：存放系统程序
  - EPROM（可擦编程只读存储器）：存放用户程序
  - EEPROM（电可擦编程只读存储器）：存放用户程序
- RAM 是可进行读写的随机存储器，掉电后状态随机：存放用户程序和运行数据

图 1-1-3　存储器类型

③微处理器 I/O 接口：负责微处理器及存储器与外围设备的信息交换。

（2）输入/输出接口。输入/输出接口是 PLC 与外界输入/输出设备进行连接的接口电路。外设输入到 PLC 的各种控制信号，如限位开关、操作按钮、行程开关以及一些传感器输出的开关量等，通过输入接口转换成中央处理单元能够接收的信号。中央处理单元输出的弱电控制信号通过输出接口变为电磁阀、接触器等执行元件的驱动信号。

（3）电源。PLC 一般使用 220 V 单相交流电源，也有的使用 24 V 直流电源。电源部件将外接电源转换为 PLC 的微处理器、存储器等电路工作所需的 5 V 直流电源。对于交流 220 V 电源的小型整体式 PLC，其内部有一个开关电源，此电源一方面为 PLC 内部电路提供 5 V 工作电源，另一方面可为外部输入元件提供直流 24 V 电源。对于组合式 PLC，有的采用单独电源模块。

对于西门子系列 PLC，在其 CPU 型号后面备注有电源类型，AC 表示交流供电，DC 表示直流供电。如 CPU224 AC/DC/Relay，表示交流电源供电，直流输入接口，继电器输出接口，具体供电电压范围详见产品样本手册。

（4）I/O 扩展接口。小型 PLC 的输入/输出接口是与中央处理单元集成在一起的。为了满足被控制设备输入/输出接口点数较多的要求，常需要扩展数字量输入/输出模块；为了满足模拟量控制要求，需要扩展模拟量输入/输出模块，如 A/D 模块、D/A 模块。

（5）通信接口。用于与触摸屏等人机界面、上位 PC、其他 PLC、打印机等外围设备通信的接口。

（6）编程器。编程器一种是专用编程器，如手持式或台式专用编程器。另一种是基于个人计算机加编程软件和监控软件的编程系统。

2. PLC 软件系统

PLC 软件系统由系统软件和用户程序两大部分组成。系统程序是 PLC 制造商编写的，固化在 PLC 内的 ROM 中，用以控制 PLC 本身的运作。用户程序是 PLC 使用者编写的，用于实现具体控制任务。

（1）系统程序。系统程序包括系统管理程序、用户指令解释程序和供程序调用的标准程序模块三部分。

①系统管理程序是系统程序的核心。系统管理程序有三项管理功能：一是运行时序分配管理，控制 PLC 何时输入、何时输出、何时执行用户程序、何时通信、何时自检等时间分配管理。二是存储空间管理，将用户使用的数据参数、存储地址化为实际的物理地址。如用户程序中的 I1.0、Q0.0、VB100、T38 等，存储空间管理将这些用户参数地址变为实际存放的物理地址。三是系统自检程序，自检系统内部电路故障、用户程序语法错误、警戒时钟等。当系统出现故障时，PLC 上的系统故障指示灯会亮，可以通过查询故障代码确定具体故障。

②用户指令解释程序。用户指令解释程序是将用户指令变成机器语言（二进制机器码）。由于计算机只能识别机器语言，而机器语言对于人来说又太烦琐，所以用户指令解释程序是人容易识别和记忆的高级语言和机器能识别的机器语言的桥梁。

③供程序调用的标准程序模块是由不同功能的各种程序块组成的，如网络的读写、PID 运算、高速计数、位置控制模块等，用户程序或许含一种或一种以上标准程序功能，用户可以采用“向导”工具给标准程序模块参数赋值，实现标准程序功能，而不用从头开始编程。

（2）用户程序。用户程序是可编程控制器使用者根据工程现场的生产过程和工艺要求，使用 PLC 生产厂家提供的专用编程语言而自行编制的应用程序。对 PLC 控制系统来说，不同的控制要求对应不同的用户程序，改变控制要求只需改变用户程序。对继电器控制系统来说，不同的控制要求对应的不同接线电路，改变控制要求，就要改变电路的接线。由此可理解 PLC 的“可编程”的内涵。

PLC 用户采用编程器，用 PLC 制造厂商提供的梯形图（LAD）、指令表（STL）、功能图块（SFC）编程语言进行编程，通过通信电缆下载到 PLC 内部存储器中，同时也可读取 PLC 中的程序并对其进行修改。

视 频

PLC的基本工作原理

1.1.3 PLC 的基本工作原理及分类

1. PLC 的工作流程

PLC 虽然具有与微型计算机（简称“微机”）相似的结构特点，但它的工作方式与微机不同。微机一般是等待命令的工作方式，如键盘扫描方式或 I/O 扫描方式，当有键按下或 I/O 动作则转入相应的服务子程序，无键按下则继续扫描。而 PLC 则采用循环扫描的工作方式，整个工作过程可分为五个阶段：CPU 自检诊断、扫描输入、执行用户程序、处理通信请求、刷新输出，如图 1-1-4 所示。

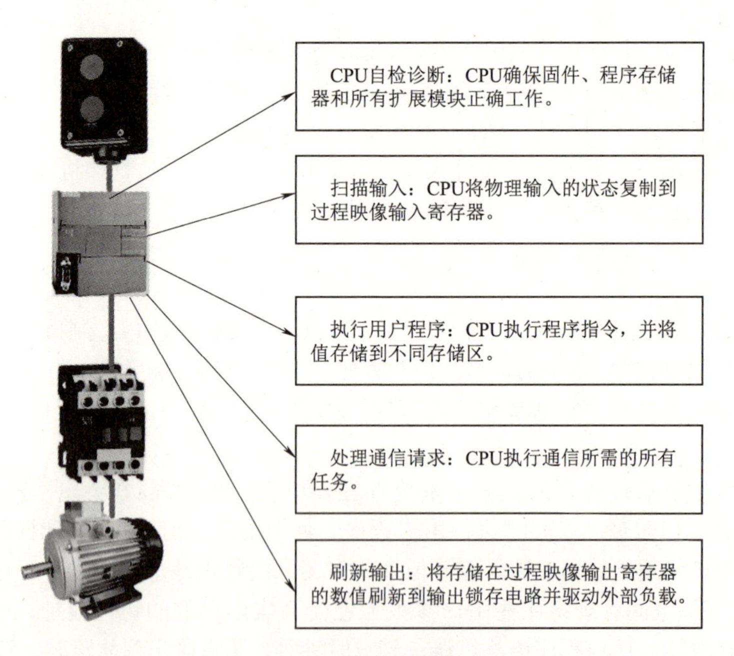

图 1-1-4　PLC 的扫描过程

PLC 经过这五个过程，称为一个扫描周期。一个扫描周期完成后，又重新执行上述过程，如此周而复始不断循环。作为 PLC 的使用者来讲，所关心的是 PLC 怎样完成控制要求，所以只详细分析一下“扫描输入”、“执行用户程序”和“刷新输出”三个阶段工作过程。

2. PLC 的扫描工作过程

PLC 控制系统的等效工作电路如图 1-1-5 所示，它由三部分组成，即输入部分、内部电路和输出部分，点画线框内在 PLC 内部。输入部分由输入开关、输入接口电路、输入锁存器和输入映像寄存器组成，输入开关状态（通、断）通过输入接口电路反映到输入锁存器中，PLC 以扫描方式按顺序将所有暂存在输入锁存器中的输入端子的通断状态或输入数据读入，并将其写入各对应的输入映像寄存器中，即刷新输入。内部电路也就是 PLC 的用户程序，PLC 控制系统的控制功能是由用户程序来实现的。输出部分由输出映像寄存器、输出锁存器、输出接口电路和输出负载组成。

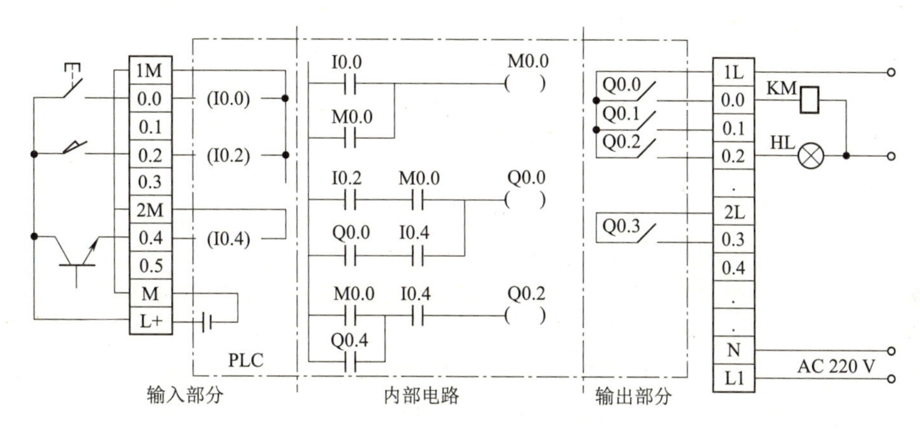

图 1-1-5 PLC 的等效工作电路

PLC 的“扫描输入”、“执行用户程序”和“刷新输出”三个阶段工作过程，如图 1-1-6 所示。

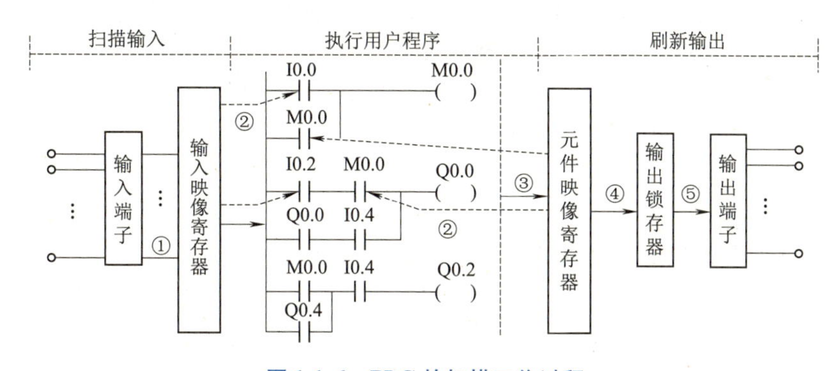

图 1-1-6 PLC 的扫描工作过程

（1）扫描输入阶段。扫描输入端子，将各输入状态存入对应的输入映像寄存器中，此时输入映像寄存器被刷新，其值保持到下一个扫描周期，在执行程序阶段和刷新输出阶段，输入端上的开关状态发生变化都不会引起输入映像寄存器内容的变化。

（2）执行用户程序阶段。PLC 根据从左到右，先上后下的顺序扫描原则，逐点扫描、逐条执行用户程序，根据逻辑运算的结果，刷新该逻辑线圈在系统 RAM 存储区中对应位的状态；或者刷新该输出线圈在 I/O 映像区中对应位的状态；排在上面的梯形图，其程序执行结果会对排在下面的凡是用到这些线圈或数据的梯形图起作用；相反，排在下面的梯形图，其被刷新的逻辑线圈的状态或数据只能到下一个扫描周期才能对排在其上面的程序起作用。

（3）刷新输出阶段。在所有的指令执行完之后，将元件映像寄存器中所有与输出相关的输出映像寄存器状态送给输出锁存器。通过 PLC 的输出电路、输出端子和外部电源，驱动外部负载。输出映像寄存器的数据取决于输出指令的执行结果，输出锁存器中的数据由上一次输出刷新期间输出映像寄存器中的数据决定，而输出端子的接通和断开状态，完全由输出锁存器决定。

从上面的工作过程可以看出，PLC 控制系统是以反复扫描的方式工作的，是循环、连续地逐条执行程序，任一时刻只能执行一条指令，是“串行”的方式工作的，这也是 PLC 控制系统与继电器控制系统的重要区别之一。继电器控制系统是按“并行”的方式工作的，也就是说，是按同时执行的工作方式工作的，只要形成电流通路，相应的电器就工作，这就可能有几个电器同时工作。综上所述，循环扫描、分时工作是 PLC 控制系统工作过程的特点。

3. PLC 的分类

（1）按 I/O 点数和功能分：

①小型 PLC：总点数在 256 点以下，以开关量控制为主，用户程序存储容量在 4 KB 左右。现在高性能的小型 PLC 具有一定的通信能力和模拟量处理能力。这类 PLC 的价格低廉、体积小，适用于单台设备开发。典型的机型有欧姆龙的 CPM2A 系列、三菱公司的 FX 系列、西门子公司的 S7-200 系列等。

②中型 PLC：总点数在 256 ~ 1 024 之间的称为中型 PLC，用户程序存储容量在 4 KB 左右。它除了具有逻辑、模拟量控制功能外，还具有强大的计算能力、通信功能和模拟量处理能力，如 PID 调节，浮点运算等。典型的机型有欧姆龙的 CH200 系列、西门子公司的 S7-300 系列等。适用于温度、压力、流量、速度等过程控制的场所。

③大型 PLC：总点数大于 1 024 点，具有计算、控制、调节等功能，强大的网络结构和通信能力，CRT（阴极射线管）显示，用于自动化生产线的控制、工厂自动化控制和集散控制系统。典型的机型有西门子公司的 S7-400 系列、欧姆龙的 CVM1 和 CS1 系列、AB 公司的 SLC5/05 系列等。

当前中小型 PLC 比较多，为了适应市场的多种需求，今后 PLC 会向多品种发展，特别是向超大型和超小型两个方面发展。现已有 I/O 点数达到 14 336 点的超大型 PLC，使用 32 位微处理器，多 CPU 并行工作和大容量存储器。为了满足市场需求，各公司又开发了各种简易、经济的超小型和微型 PLC，最小配置的 I/O 点数为 8 ~ 16 点，以适应单机及小型自动控制的需要，如西门子的 LOGO! 和三菱公司的 a 系列 PLC。

（2）按结构形式分：

①整体式结构。整体式结构的 PLC 是将中央处理单元（CPU）、存储器、输入单元、输出单元、电源、通信接口、I/O 扩展接口等组装在一个箱体内，如图 1-1-7 所示。

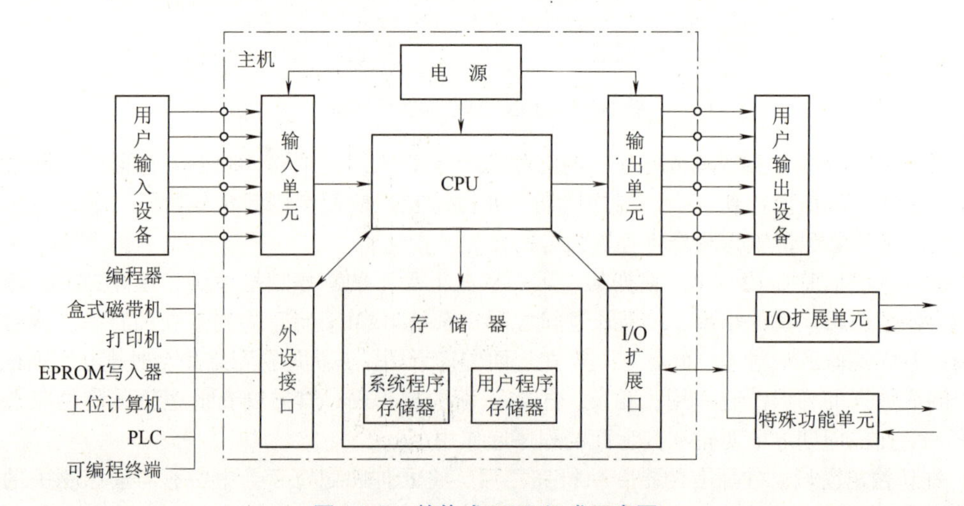

图 1-1-7　整体式 PLC 组成示意图

②模块式结构。模块式结构的 PLC 是将 PLC 各组成部分分别做成若干个单独的模块，如中央处理单元（CPU）、存储器、输入单元、输出单元、智能单元、通信单元等，模块装在框架或基板的插座上。这种结构方式的特点是配置灵活，可根据需要选配不同规模的系统，装配方便，便于扩展和维修。大、中型 PLC 一般采用模块式结构，如图 1-1-8 所示。

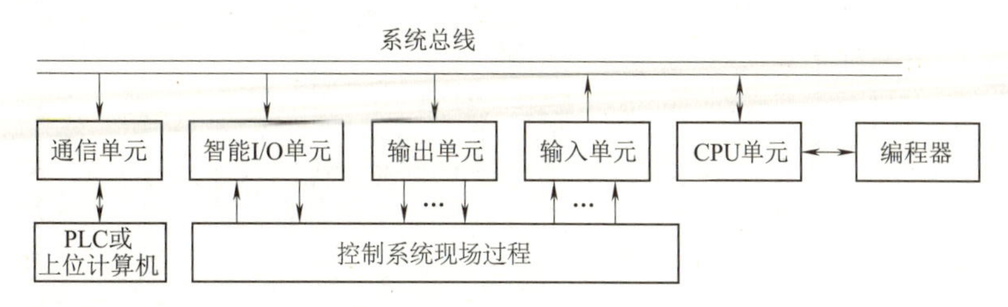

图 1-1-8　模块式 PLC 组成示意图

1.1.4　输入/输出接口电路

1. 开关量输入/输出接口电路

掌握 PLC 的输入/输出接口类型是学习及应用 PLC 的关键。PLC 的输入接口类型有三种，分别如下：

1）直流输入接口电路

如图 1-1-9 所示（图中只画出了一个输入接口电路），R_1、R_2 为分压电阻，C 为滤波电容，T 为光电耦合器。IN 为输入端，COM 为输入公共端。当输入端开关 S 闭合时，光电耦合器 T 导通，TTL 高电平信号送 PLC 内部电路。它为 DC 12～24 V 直流输入接口电路。

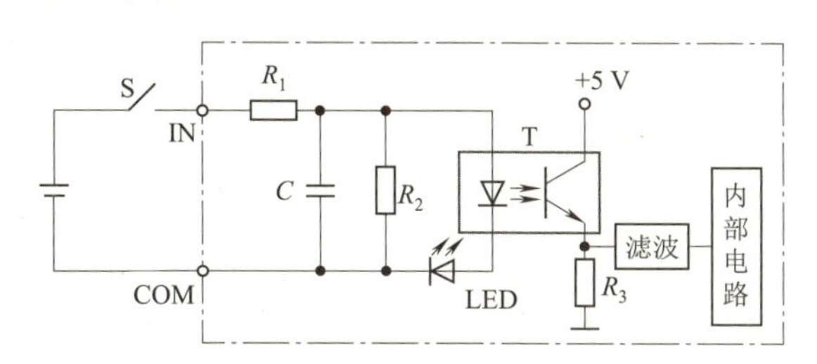

图 1-1-9　直流输入接口电路

2）交流输入接口电路

如图 1-1-10 所示，C 为隔直电容。当输入端开关 S 闭合，双向光电耦合器 T 导通，TTL 高电平信号送 PLC 内部电路。它为交流 100～120 V 或者 200～240 V 输入接口电路。

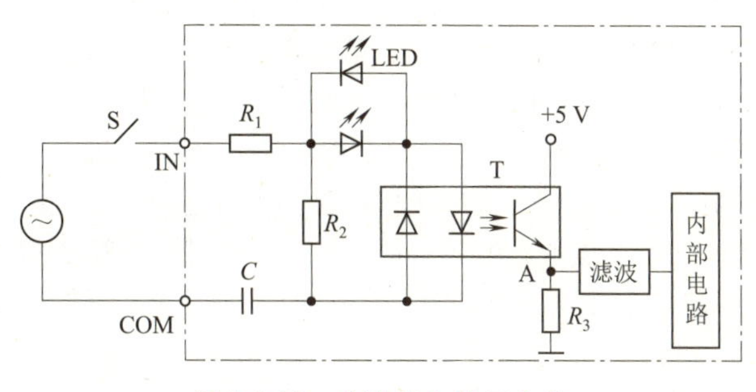

图 1-1-10　交流输入接口电路

3）交、直流输入接口电路

如图 1-1-11 所示，和直流输入接口电路有些相似，它为交、直流 12 ~ 24 V 输入接口。

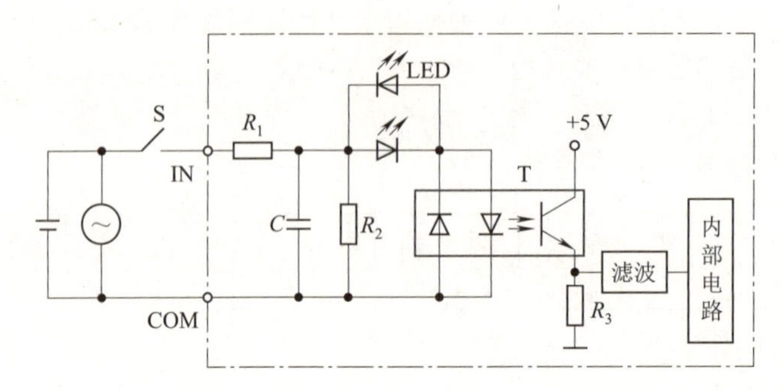

图 1-1-11 交、直流输入接口电路

上述三种输入电路都采用了光电耦合电路。由于外部输入信号是通过光电耦合器送到 PLC 内部电路的，没有电路上的连接，所以具有抗干扰能力。

源型和漏型输入接口电路对比：

直流输入接口电路中，PLC 开关量输入模块一般可分为源型和漏型两类。对于源型，其公共输入端为电源正（24 V），电流从输入模块流入开关，此时，要选用 NPN 型传感器。漏型输入，其公共输入端为电源负（0 V），电流由开关流入输入模块，此时，要选用 PNP 型传感器。图 1-1-12 是两类输入接口电路和传感器的接线示意图。

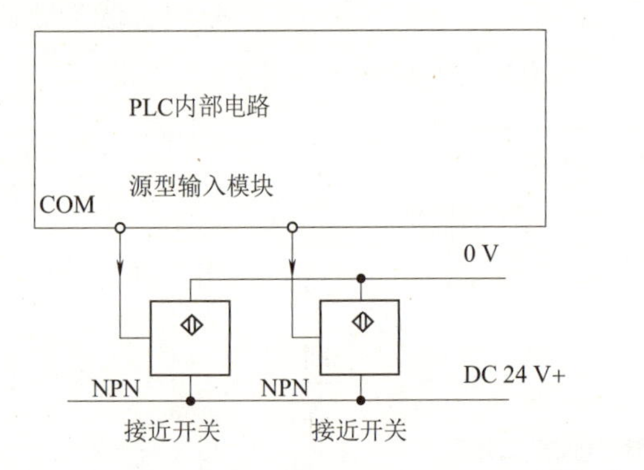

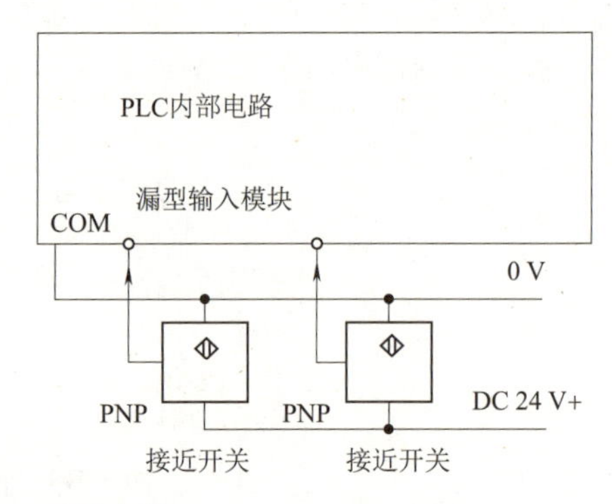

图 1-1-12 NPN 和 PNP 型输入接口

2. 开关量输出接口电路

1）晶体管（直流）输出接口电路

如图 1-1-13 所示（图中只画出了一个输出接口电路），点画线框内为 PLC 内部电路，框外为输出端与负载的连线。晶体管输出接口电路只适用于直流负载，当负载为感性时，为防止晶体管从导通变为截止时在回路中产生很高的反电动势，在负载两端并联续流二极管，并串限流电阻进行限流。

2）晶闸管（交流）输出接口电路

如图 1-1-14 所示（图中只画出了一个输出接口电路），当内部电路有输出时，固态继电器的晶闸管导通；当内部电路取消输出时，晶闸管在下半周关断，所以晶闸管输出接口电路只适用交流负载。当负载为感性时，在负载两端并联电阻和电容的串联电路，以防止晶闸管从导通变为截止时在回路中产生很高的反电势。

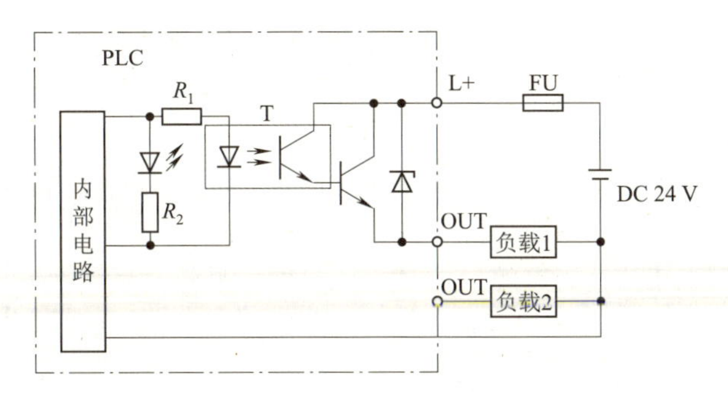

图 1-1-13　晶体管（直流）输出接口电路

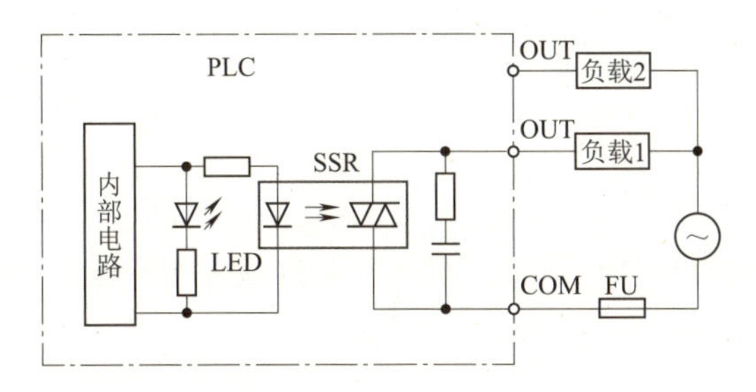

图 1-1-14　晶闸管（交流）输出接口电路

3）继电器（交、直流）输出接口电路

如图 1-1-15 所示，继电器输出接口电路本身有隔离的功能，当内部有输出时，相应的继电器吸合，使外部负载电路接通。继电器输出接口适用交、直流。当用于交流时，负载两端并联阻容吸收电路；当用于直流时，负载两端并联续流二极管。

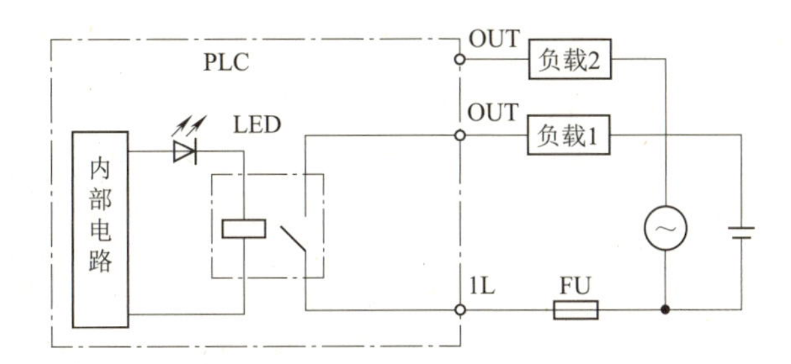

图 1-1-15　继电器（交、直流）输出接口电路

对于西门子系列 PLC，在其 CPU 型号后面备注有输入/输出接口类型，AC 表示交流输入/输出，DC 表示直流输入/输出，T 表示晶体管输出，R（relay）表示继电器输出（交、直流两用）。

继电器和晶体管接口电路的对比：

1）继电器输出接口电路

优势：继电器输出可通过交流和直流，一般负载 AC 250 V/50 V 以下，负载电流可达 2 A，因此，PLC 的输出一般不宜直接驱动大电流负载（一般通过一个小负载来驱动大负载，如 PLC 的输出可以接中间继电器，再由中间继电器触点驱动大负载，如接触器线圈等）。

劣势：继电器触点的使用寿命有限制（一般数十万次左右，根据负载而定，如连接感性负载时的寿命要小于阻性负载）。

此外，继电器输出的响应时间也比较慢（10 ms 左右），因此，在要求快速响应的场合不适合使用此种类型的电路输出形式。

2）晶体管输出接口电路

优势：晶体管响应速度快，适用于要求快速响应的场合，如高速输出脉冲；由于晶体管无机械触点，因此比继电器输出电路形式的寿命长。

劣势：晶体管输出型电路的外接电源只能是直流电源，另外，晶体管输出驱动能力要小于继电器输出，允许负载电压一般为 DC 5 ~ 30 V，允许负载电流为 0.2 ~ 0.5 A。

视频

PLC的编程语言

1.1.5 PLC 的编程语言

1993 年国际电工委员会为 PLC 编程语言制定了五种语言标准，有三种是图形化语言，两种是文本化语言，图形化语言有梯形图（LAD）、顺序功能图（SFC）、功能块图（FBD），文本化语言有语句表（IL）和结构化文本语言（ST）。最常用的两种编程语言，一是梯形图，二是语句表。

在编程过程中，要先为各输入/输出元器件定义物理地址，可能会用到的内部变量也有其专门的物理地址，然后根据控制要求以一种编程语言将各个物理地址联系起来。现以电动机的启保停为例，展示三种语言的表现形式（I 表示输入，Q 表示输出）。

1）梯形图（LAD）

梯形图是 PLC 程序设计中最常用的编程语言，它是与继电器线路类似的一种编程语言。由于电气设计人员对继电器控制较为熟悉，因此，梯形图得到了广泛的欢迎和应用。其特点是：与电气原理图相似，具有直观性和对应性，与原有的继电器控制相一致，电气设计人员易于掌握。但梯形图中的能流不是实际意义的电流，内部的继电器也不是实际存在的继电器，应用时，需要与原有继电器控制的概念区别对待。图 1-1-16 是继电器控制电路和对应的梯形图程序。

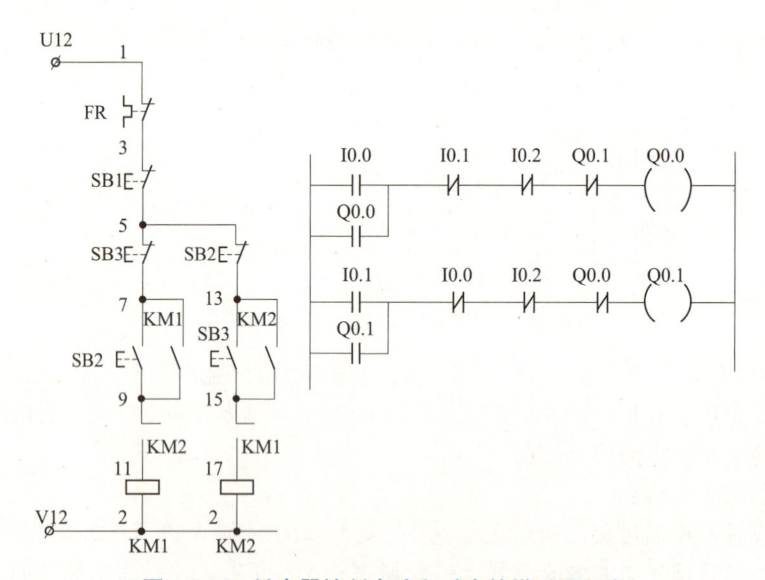

图 1-1-16　继电器控制电路和对应的梯形图程序

2）语句表（IL）

语句表是与汇编语言类似的一种助记符编程语言，和汇编语言一样由操作码和操作数组成。在无计算机的情况下，适合采用 PLC 手持编程器对用户程序进行编制。同时，语句表编程语言与梯形图编程语言一一对应，在 PLC 编程软件下可以相互转换。图 1-1-16 所示的梯形图程序所对应的语句表程序见表 1-1-1。

表 1-1-1　语句表程序

程序段 1 语句表		程序段 2 语句表	
LD	I0.0	LD	I0.1
O	Q0.0	O	Q0.1
AN	I0.1	AN	I0.0
AN	I0.2	AN	I0.2
AN	Q0.1	AN	Q0.0
=	Q0.0	=	Q0.1

3）功能块图（FBD）

功能块图语言是与数字逻辑电路类似的一种 PLC 编程语言。采用功能块图的形式来表示模块所具有的功能，不同的功能块图有不同的功能。图 1-1-16 所示的梯形图程序所对应的功能块图程序，如图 1-1-17所示。

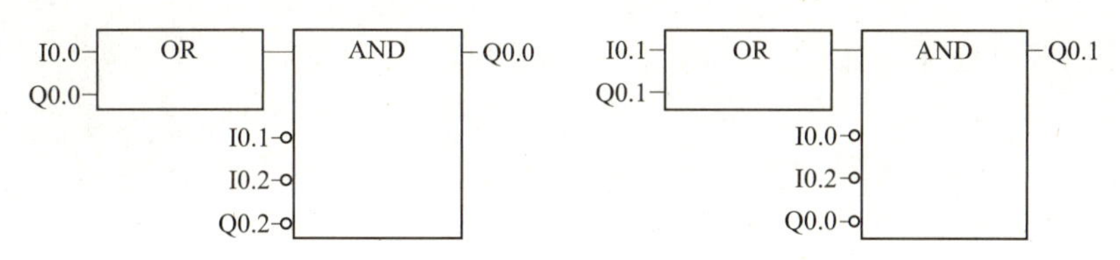

图 1-1-17　功能块图程序

本节习题

（1）与原有的继电器控制相比，PLC 控制的优势很多，以下（　　）不是它的优势。

A. 可靠性要高于继电器控制装置　　B. 体积小于继电器控制装置

C. PLC 价格较便宜　　D. 可在现场修改程序

（2）以下（　　）不是 PLC 的输入器件。

A. 按钮　　B. 指示灯

C. 行程开关　　D. 光电开关

（3）以下（　　）不是 PLC 的编程语言。

A. C 语言　　B. 梯形图 LAD

C. 语句表 STL　　D. 功能图 FBD

（4）PLC 运行过程中读取输入口每个点的状态，执行用户程序，更新（　　）的状态。

A. CPU　　B. 输出寄存器

C. 输入寄存器　　D. 梯形图程序

（5）PLC 执行用户程序时的扫描程序过程是（　　）。

A. 自上而下，自右向左扫描处理　　B. 自上而下，自左向右扫描处理

C. 主程序各行并行处理　　D. 以上都不对

1.2 认识 S7-200 SMART PLC

学习目标

（1）了解西门子 S7-200 SMART PLC 的主要性能，掌握 CPU ST30 PLC 的硬件构造；
（2）掌握 S7-200 SMART PLC 的内存单元分配，包括存储器名称和存储容量；
（3）掌握 PLC 的编址和寻址方式，理解 VB/VW/VD 的寻址区别；
（4）掌握 S7-200 SMART PLC 的电路设计，能够根据要求完成电源、输入、输出的接线。

视频
认识S7-200 SMART PLC

1.2.1 S7-200 SMART PLC 的结构和性能

西门子 S7-200 SMART 系列小型 PLC（Micro PLC）可应用于各种自动化系统中，其紧凑的结构、低廉的成本以及功能强大的指令集使得 S7-200 SMART PLC 成为各种小型控制任务理想的解决方案。SIMATIC S7-200 SMART 是西门子公司经过大量市场调研，为中国客户量身定制的一款高性价比小型 PLC 产品。结合西门子 SINAMICS 驱动产品及 SIMATIC 人机界面产品，以 S7-200 SMART 为核心的小型自动化解决方案将为中国客户创造更多的价值。图 1-2-1 为 S7-200 SMART 系列 PLC 实物图。

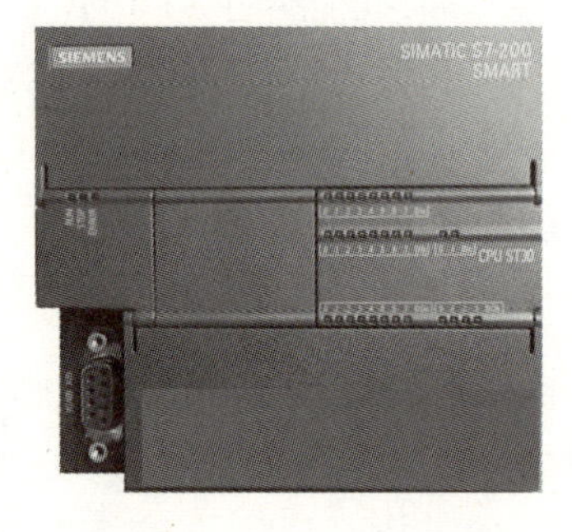

图 1-2-1 S7-200 SMART PLC 实物图

1. PLC 性能指标

西门子 S7-200 SMART PLC 标准型 CPU 的主要性能指标见表 1-2-1。

表 1-2-1 S7-200 SMART 系列标准型 CPU 的主要性能指标

型号		CPU SR20 CPU ST20	CPU SR30 CPU ST30	CPU SR40 CPU ST40	CPU SR60 CPU ST60
外形尺寸（长×宽×高）/mm		90×100×81	110×100×81	125×100×81	175×100×81
用户存储器	程序	12 KB	18 KB	24 KB	30 KB
	用户数据	8 KB	12 KB	16 KB	20 KB
	保持型	最大 10 KB①	最大 10 KB①	最大 10 KB①	最大 10 KB①
板载数字量 I/O	输入	12DI	18DI	24DI	36DI
	输出	8DQ	12DQ	16DQ	24DQ
扩展模块数量		6 个	6 个	6 个	6 个
信号板		1 块	1 块	1 块	1 块
最大开关量 I/O		216	226	236	256
最大模拟量 I/O		49	49	49	49
高速计数器（共 6 个）	单相	4 个，200 kHz 2 个，30 kHz	5 个，200 kHz 1 个，30 kHz	4 个，200 kHz 2 个，30 kHz	4 个，200 kHz 2 个，30 kHz

高速计数器（共 6 个）	A/B 相	2 个，100 kHz 2 个，20 kHz	3 个，100 kHz 1 个，20 kHz	2 个，100 kHz 2 个，20 kHz	2 个，100 kHz 2 个，20 kHz
脉冲输出（ST）②		2 个，100 kHz	3 个，100 kHz	3 个，100 kHz	3 个，100 kHz
通信口		最多 4 个	最多 4 个	最多 4 个	最多 4 个
PID 回路		8	8	8	8
位指令执行时间		0.15 μs	0.15 μs	0.15 μs	0.15 μs

注：①可组态 V 存储器、M 存储器、C 存储器的存储区（当前值），以及 T 存储器要保持的部分（保持型定时器上的当前值），最大可为最大指定量。

②指定的最大脉冲频率仅适用于带晶体管输出的 CPU 型号。对于带有继电器输出的 CPU 型号，不建议进行脉冲输出操作。

2. CPU ST30 的结构

（1）外部结构。图 1-2-2 为 CPU ST30 PLC 的外部结构图。图 1-2-2 中①～⑫是其主要组成部分。

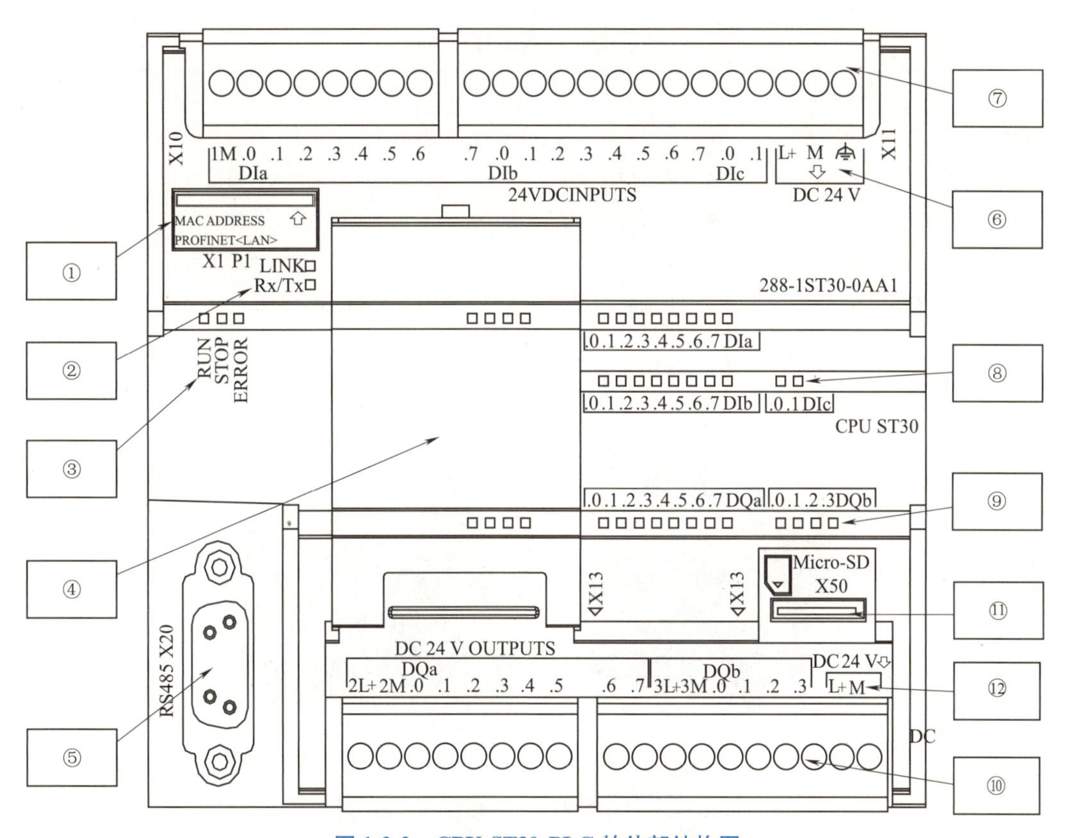

图 1-2-2　CPU ST30 PLC 的外部结构图

①以太网通信端口：支持 PROFINET 控制器、智能设备，开放式用户通信协议（TCP、UDP、ISO_on_TCP、Modbus TCP 等），可连接触摸屏、上位 PC 等。

②以太网状态指示灯：LINK 通信连接指示，Tx/Rx 数据读取状态指示。

③状态指示灯：ERROR 为系统故障；RUN 为运行用户程序状态；STOP 为停止状态。

④可选信号板：仅限标准型 PLC 模块，可用于少量的数字量、模拟量扩展，以及通信接口扩展。

⑤RS-485 通信接口：可与 PC、变频器、触摸屏等设备通信，支持 MODBUS RTU、USS、自由口

通信等通信协议。

⑥供电电源：PLC 的供电电源，L+接 DC 24 V+，M 接 0V，接地端接地。

⑦输入接线端子：用于连接外部开关、传感器数字量输入，最多 18 个点输入。

⑧输入指示灯：18 个输入指示灯，与 18 个输入对应。

⑨输出指示灯：12 个输出指示灯，与 12 个输出对应。

⑩输出接线端子：用于连接被控设备，最多 12 个点。

⑪用户程序存储卡：可以安装 Micro SD 卡，支持程序下载和 PLC 固件更新。

⑫电源输出：DC 24 V 传感器输出，可为 PLC 输入点提供电源。

另外，在 CPU 模块右侧还有插针式扩展模块接口，通过扁平线，连接数字量 I/O 扩展模块、模拟量 I/O 扩展模块、热电偶扩展模块、通信模块等，最多扩展六块。

（2）信号板。信号板直接安装在 S7-200 SMART 系列 PLC 的 CPU 本体正面，无须占用电控柜空间，安装、拆卸方便快捷。对于少量 I/O 点数扩展及更多通信端口需求，全新设计的信号板能提供更经济、灵活的解决方案。信号板基本信息见表 1-2-2。

表 1-2-2　信号板基本信息

型号	规格	描　述
SB DT04	2DI/2DO 晶体管输出	提供额外的数字量 I/O 扩展，支持 2 路数字量输入和 2 路数字量晶体管输出
SB AE01	1AI	提供额外的模拟量 I/O 扩展，支持 1 路模拟量输入，精度为 12 位
SB AQ01	1AQ	提供额外的模拟量 I/O 扩展，支持 1 路模拟量输出，精度为 12 位
SB CM01	RS-232/RS-485	提供额外的 RS-232 或 RS-485 串行通信接口，在软件中简单设置即可实现转换
SB BA01	实时时钟保持	支持普通的 CR1025 纽扣电池，能断电保持时钟运行约 1 年

必须按要求进行信号板的安装和拆卸。图 1-2-3 为信号板的拆装示意图。

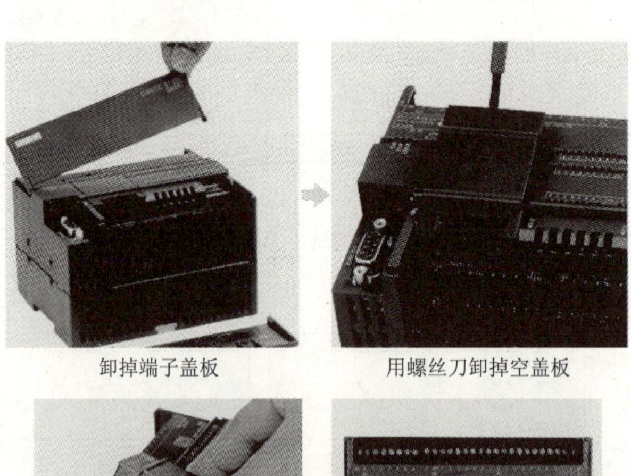

卸掉端子盖板　　用螺丝刀卸掉空盖板

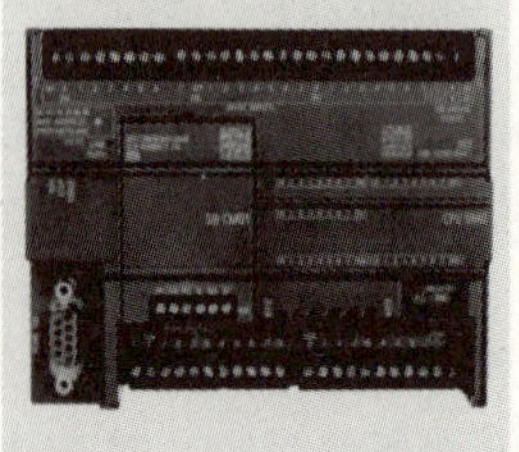

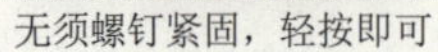

无须螺钉紧固，轻按即可　　安装完成

图 1-2-3　信号板的拆装示意图

（3）扩展模块。西门子 SMART PLC 提供了多种扩展模块，用于数字量、模拟量输入和输出信号扩展，满足个性化的定制需求。西门子 SMART PLC 扩展模块见表 1-2-3。

表 1-2-3　西门子 SMART PLC 扩展模块

扩展模块	型　号	说　明
数字量输入模块	EM DE08	8 路数字量输入
	EM DE16	16 路数字量输入
数字量输出模块	EM DR08/DT08	8 路数字量输出
	EM QR16/QT16	16 路数字量输出
数字量输入/输出模块	EM DR16/DT16	8 路数字量输入，8 路数字量输出
	EM DR32/DT32	16 路数字量输入，16 路数字量输出
模拟量输入模块	EM AE04	4 路模拟量输入
	EM AE08	8 路模拟量输入
模拟量输出模块	EM AQ02	2 路模拟量输出
	EM AQ04	4 路模拟量输出
模拟量输入/输出模块	EM AM03	2 路模拟量输入
	EM AM06	4 路模拟量输入
热电阻模块	EM AR02	2 路模拟量输入
	EM AR04	4 路模拟量输入
热电偶模块	EM AT04	4 路模拟量输入
PROFIBUS-DP 模块	EM DP01	1 个 RS-485 接口

（4）CPU 网络通信。S7-200 SMART PLC 的 CPU 模块本体集成 1 个 PROFINET 接口和 1 个 RS-485 接口，通过扩展 CM01 信号板或者 EM DP01 模块，其通信端口数量最多可增至 4 个，可满足小型自动化设备与触摸屏、变频器、伺服驱动器及第三方设备通信的需求。

①以太网通信。CPU 集成的 PROFINET 接口，支持多种协议，高效连接各种设备：

a. 可作为程序下载端口（使用普通网线即可）并支持 Web 服务器功能；

b. 与 SMART LINE 触摸屏进行通信，最多支持 8 台设备；

c. 开放式以太网通信：支持 TCP、UDP、ISO_on_TCP、Modbus TCP 等多种通信协议；

d. PROFINET 控制器：可与变频器或伺服驱动器进行通信，最多支持 8 台设备；

e. PROFINET 智能设备：支持与 PROFINET 控制器通信。

②串口通信。S7-200 SMART 系列 PLC 的 CPU 模块均集成 1 个 RS-485 接口，可以与变频器、触摸屏等第三方设备通信。如果需要额外的串口，可通过扩展 CM01 信号板来实现，信号板支持 RS-232/RS-485 自由转换。串口支持下列协议：Modbus RTU、USS、自由口通信。

③PROFIBUS 通信。使用 EM DP01 扩展模块可以将 S7-200 SMART 系列 PLC 的 CPU 作为 PROFIBUS DP 从站连接到 PROFIBUS 通信网络。通过模块上的旋转开关可以设置 PROFIBUS DP 从站地址。该模块支持波特率范围为 9 600 Bd～12 MBd，最大允许 244 输入字节和 244 输出字节。支持下列协议：MPI 从站协议、PROFIBUS DP 从站协议。

④OPC 通信。通过与上位 PC 通信的 OPC 软件 PC Access SMART，操作人员可以轻松通过上位 PC 读取 S7-200 SMART 的数据，从而实现设备监控或者进行数据存档管理。

视 频

SMART PLC的内存结构

1.2.2 S7-200 SMART PLC 的内存结构

（1）输入映像寄存器（I）。输入映像寄存器存放 CPU 在输入扫描阶段采样外部送到输入端子的结果。由接到输入接线端子控制信号驱动，不能由程序指令驱动。当输入回路接通时，输入继电器得电，相应的输入映像寄存器位状态为“1”；反之，当输入回路断开时，相应的输入映像寄存器位状态为“0”。

输入映像寄存器地址的范围为 I0.0 ~ I31.7，共 32 字节，256 位。

CPU ST30 单元的输入为 I0.0 ~ I0.7、I1.0 ~ I1.7、I2.0 ~ I2.1，共 18 点输入。

（2）输出映像寄存器（Q）。输出映像寄存器存放 CPU 执行的结果，并在输出扫描阶段，将其复制到输出接线端子上。输出映像寄存器又称输出继电器。连到输出接线端子的负载（接触器线圈、电磁阀等）由 PLC 控制其得电与失电。

输出寄存器地址的范围为 Q0.0 ~ Q31.7，共 32 字节，256 位。

CPU ST30 单元的输出为 Q0.0 ~ Q0.7、Q1.0 ~ Q1.3，共 12 点输出。

（3）变量存储器（V）。变量存储器用于存放用户程序执行的中间结果，也可用来保存与工序或任务相关的其他数据。可以按位、字节、字或双字访问变量存储器。相比较于 S7-200 CPU 224 的 5 KB存储容量，SMART 系列 PLC 的变量存储区更大，ST20 为 8 KB，ST30 为 12 KB，即从 V0 到 V12287 共 12 288 B。

（4）内部位存储器（M）。内部位存储器又称中间继电器，用于存储中间操作状态或其他控制信息，其作用相当于继电控制系统中的中间继电器。

内部位存储器地址的范围为 M0.0 ~ M31.7，共 32 字节，256 位。

（5）定时器存储器（T）。S7-200 SMART 系列 PLC 的 CPU 有三种定时器，分别是“通电延时”TON、“断电延时”TOF 和“保持式通电延时”TONR。定时时基有 1 ms、10 ms、100 ms 三种，共有 256 个，地址编号为 T0 ~ T255。

（6）计数器存储器（C）。CPU 提供三种类型的计数器，对计数器输入上的每一个由低到高的跳变事件进行计数：一种仅向上计数 CTU，一种仅向下计数 CTD，还有一种可向上和向下计数 CTUD。S7-200 SMART CPU 计数器有 256 个，地址编号为 C0 ~ C255。

（7）高速计数器（HC）。高速计数器用来累计比 CPU 的扫描速率更快的事件，计数过程与扫描周期无关。高速计数器有一个有符号 32 位整数计数值（或当前值），要访问高速计数器的计数值，需要利用存储器类型和计数器编号指定高速计数器的地址。

S7-200 SMART PLC 的 CPU 有 6 个高速计数器，地址编号为 HC0 ~ HC5。

（8）累加器（AC）。累加器是用来暂存数据的寄存器，它可以用来存放运算数据、中间数据和结果，S7-200 SMART CPU 提供 4 个 32 位的累加器，其地址编号为 AC0 ~ AC3。累加器支持以字节（B）、字（W）、双字（DB）的存取。按字节或字为单位访问累加器时，使用的是数值低 8 位或低 16 位。

（9）特殊存储器（SM）。SM 位提供了在 CPU 和用户程序之间传递信息的一种方法。可以使用这些位来选择和控制 CPU 的某些特殊功能，例如：在第一个扫描周期接通的位、以固定速率切换的位或显示数学或运算指令状态的位。可以按位、字节、字或双字访问 SM 位，S7-200 SMART CPU 提供特殊存储器字节范围为 SMB0 ~ SMB1999。程序中的 SMB0 ~ SMB29、SMB480 ~ SMB515、SMB1000 ~ SMB1699 以及 SMB1800 ~ SMB1999 为只读。

特殊存储器字节 0（SM0.0-SM0.7）包含 8 个位，在各扫描周期结束时 S7-200 SMART CPU 会更新这些位。SMB0 系统状态位见表 1-2-4。

表 1-2-4　SMB0 系统状态位

SM 符号名	SM 地址	说　明
Always_On	SM0. 0	该位始终为 TRUE
First_Scan_On	SM0. 1	在第一个扫描周期，CPU 将该位设置为 TRUE，此后将其设置为 FALSE。该位的一个用途是调用初始化子例程
Retentive_Lost	SM0. 2	该位可用作错误存储器位或用作调用特殊启动顺序的机制
RUN_Power_Up	SM0. 3	通过上电或暖启动条件进入 RUN 模式时，CPU 将该位设置为 TRUE 并持续一个扫描周期。该位可用于在开始操作之前给机器提供预热时间
Clock_60s	SM0. 4	该位提供一个时钟脉冲。周期时间为 1 min 时，该位有 30 s 的时间为 FALSE，有 30 s 的时间为 TRUE
Clock_1s	SM0. 5	该位提供一个时钟脉冲。周期时间为 1 s 时，该位有 0. 5 s 的时间为 FALSE，有 0. 5 s 的时间为 TRUE
Clock_Scan	SM0. 6	该位是一个扫描周期时钟，其在一次扫描时为 TRUE，然后在下一次扫描时为 FALSE。在后续扫描中，该位交替为 TRUE 和 FALSE
RTC_Lost	SM0. 7	该位适用于具有实时时钟的 CPU 型号。程序可将该位用作错误存储器位或用来调用特殊启动序列

（10）局部变量存储器（L）。局部变量存储器用来存放局部变量，它和变量存储器很相似，主要区别在于 V 全局变量全局有效，即同一个变量可以被任何程序访问；局部变量只在局部有效，即变量只和特定的程序相关联。

S7-200 SMART PLC 有 64 个局部变量存储器，其中 60 字节可以作为暂时存储器或给予程序传递参数，4 字节作为系统的保留字节。地址编号为 LB0. 0 ~ LB63. 7。

（11）模拟量输入寄存器（AI）。模拟量输入寄存器用于接收模拟量输入模块转换后的 16 位数字量。地址编号以偶数表示，如 AIW0，AIW2，AIW4，…，AIW62，共 32 个模拟量输入点。

（12）模拟量输出寄存（AQ）。模拟量输出寄存器用于暂存模拟量输出模块的输出值，该值经过模拟量输出模块（D/A）转换为现场所需要的标准电压和电流信号。其地址编号为 AQW0，AQW2，…，AQW62，共 32 个模拟量输出点。模拟量输出寄存器只写数据，不能读取。

（13）顺序控制状态寄存器（S）。顺序控制状态寄存器又称状态元件，与顺序控制指令（SCR）配合使用，用于组织设备的顺序操作。地址编号范围为 S0. 0 ~ S31. 7。

1. 2. 3　S7-200 SMART PLC 的编址和寻址方式

视 频

PLC的编址和寻址方式

1. 编址方式

计算机中使用的数据均为二进制数，8 位二进制数组成 1 字节，2 字节组成 1 个字，2 个字组成 1 个双字。

存储器的单位可以是位（bit）、字节（byte）、字（word）、双字（double word），编址方式也可以是位、字节、字、双字。存储单元的地址由区域标识符、字节地址和位地址组成。

位编址：寄存器标识符 + 字节地址 + 位地址，如 I0. 0、M0. 1、Q0. 2 等。

字节编址：寄存器标识符 + 字节长度 B + 字节号，如 IB1、VB20、QB2 等。

字编址：寄存器标识符 + 字长度 W + 起始字节号，如 VW20 表示 VB20 和 VB21 这 2 字节组成的字。

双字编址：寄存器标识符 + 双字长度 D + 起始字节号，如 VD20 表示 VB20 到 VB23 这 4 字节组成的双字。位、字节、字、双字编址如图 1-2-4 所示。

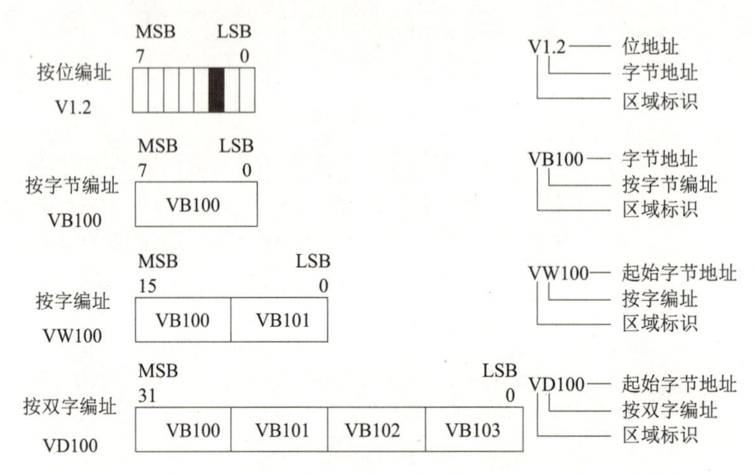

图 1-2-4　PLC 编址方式

数据类型：S7-200 SMART 系列 PLC 的数据类型有布尔型（BOOL）、整数型（INT）和实数型（REAL）三种。表 1-2-5 给出了字节、字、双字所表示的数值范围。

表 1-2-5　字节、字、双字所表示的数值范围

数据大小	无符号整数范围		有符号整数范围	
	十进制	十六进制	十进制	十六进制
字节 B（8 位）	0 ~ 255	0 ~ FF	− 128 ~ 127	80 ~ 7F
字 W（16 位）	0 ~ 65 535	0 ~ FFFF	− 32 768 ~ 32 767	8000 ~ 7FFF
双字（32 位）	0 ~ 4 294 967 296	0 ~ FFFFFFFF	− 2 147 483 648 ~ 2 147 483 647	80000000 ~ 7FFFFFFF

布尔型数据指字节型无符号整数。常用的整数型数据包括单字长（16 位）无符号整数和双字长（32）有符号整数两类。实数型数据（浮点数）采用 32 位单精度数表示，数据范围是正数 + 1. 175 495E − 38 ~ +3. 402 823E +38；负数 −1. 175 495E −38 ~ −3. 402 823E +38。

2. 寻址方式

在编写 PLC 程序时，大多数指令为“指令 + 操作数”的形式，操作数可以是某一位，或某一字节，或某一字，或某一双字。怎样才能找到所需的位、字节、字、双字呢？必须掌握正确的寻址规则。寻址方式有立即寻址、直接寻址、间接寻址三类。

（1）立即寻址。立即寻址的数据在指令中是以常数的形式出现。常数的长度由二进制的位数决定，常数的格式有二进制、十进制、十六进制、ASCII 码等。如：

二进制数：2#1001。

十进制数：20047。

十六进制数：16#3EB5。

（2）直接寻址。直接寻址是指在指令中直接使用存储器或寄存器的地址编号，直接到指定的区域读取或写入数据，如 I0. 0、MB20、VW100 等。

CPU 提供的本地 I/O 具有固定的 I/O 地址，通过在 CPU 的右侧连接扩展 I/O 模块，或通过安装信号板来增加 PLC 的 I/O 点数。模块点的地址取决于 I/O 类型和模块在 I/O 链中的位置。地址分配参照表 1-2-6 所示，其中输出模块不会影响输入模块上的点地址，类似地，模拟量模块不会影响数字量模块的寻址。CPU 及扩展模块实物图如图 1-2-5 所示。

表 1-2-6　本地 CPU 和扩展模块的 CPU I/O 地址

单元	CPU	信号板	扩展模块 0	扩展模块 1	扩展模块 2	扩展模块 3	扩展模块 4	扩展模块 5
I/O 地址	I0. 0 Q0. 0	I7. 0 Q7. 0 AI12 AQ12	I8. 0 Q8. 0 AI16 AQ16	I12. 0 Q12. 0 AI32 AQ32	I16. 0 Q16. 0 AI48 AQ48	I20. 0 Q20. 0 AI64 AQ64	I24. 0 Q24. 0 AI80 AQ80	I28. 0 Q28. 0 AI96 AQ96

图 1-2-5　CPU 及扩展模块实物图

（3）间接寻址。间接寻址时操作数不提供直接数据位置，而是通过使用地址指针来存取存储器中的数据。

间接寻址前，先创建一个指向数据位置的地址指针，地址指针为双字，只能用 VD、LD 或 AC 作为指针。建立指针时用双字传送指令。例如：MOVD &VB202，AC1 是将 VB202 的地址（而不是 VB202 的值）送累加器 AC1 中。

指针建立好了之后，利用指令存取数据时，操作前面加“ * ”号，表示该操作数为一个指针，例如：MOVW * AC1，AC0 表示将 AC1 中的内容为起始地址的一个字长的数据（即 VB202、VB203 的内容）送累加器 AC0 中。传送示意图如图 1-2-6 所示。

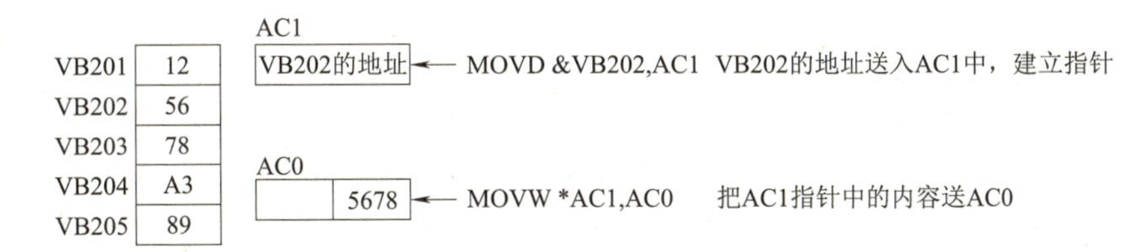

图 1-2-6　传送示意图

1. 2. 4　S7-200 SMART PLC 的外部接线

1. CPU ST30/SR30 的外部接线

下面以 S7-200 SMART PLC 的 CPU ST30（供电方式 DC/DC/DC）和 SR30（供电方式 AC/DC/RELAY）为例来了解一下 PLC 的外部接线。

（1）CPU ST30 接线端子图。如图 1-2-7 所示，DC/DC/DC 表示 PLC 直流电源供电、直流输入接口电路、晶体管直流输出接口（只能接直流负载）。

PLC 电源供电接线端子位于模块右上角的 L + 、M，由 DC 24 V 供电；右下角的 L + 、M 为 PLC

内部提供给输入传感器用直流 24 V 的电源，额定输出电流为 280 mA。

输入为直流输入，1M 为输入 I0.0 ~ I0.7、I1.0 ~ I1.7、I2.0 ~ I2.1 的公共端。

输出为晶体管直流输出。输出分两组，每组的公共端为本组的电源供给端，Q0.0 ~ Q0.7 共用 2M、2L +，Q1.0 ~ Q1.3 共用 3M、3L +。

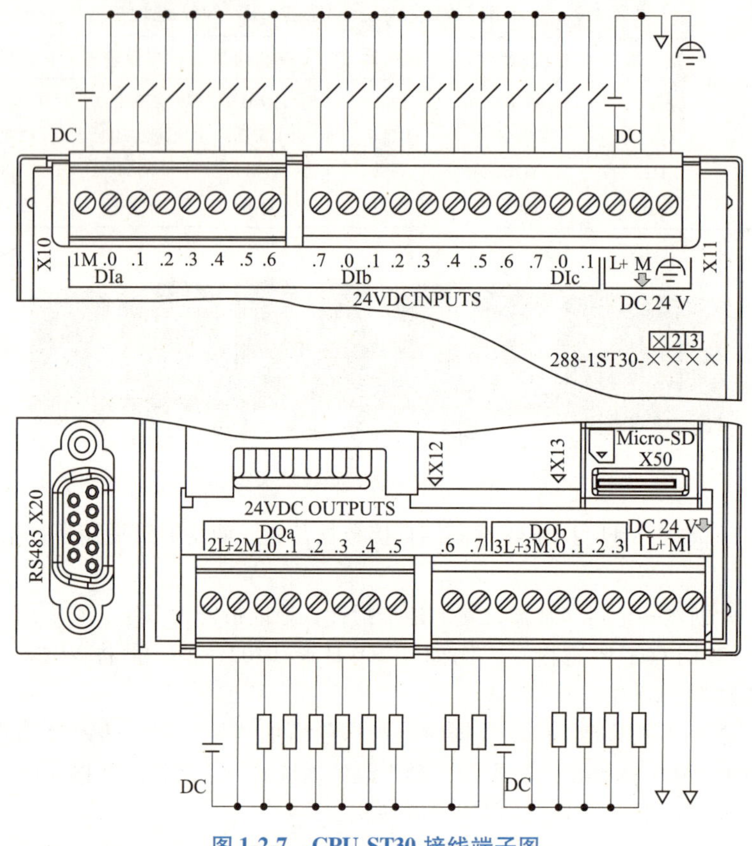

图 1-2-7 CPU ST30 接线端子图

（2）CPU SR30 接线端子图。PLC 由 220 V 交流电源供电。输入供电和点位分配与 ST30 相同。输出为继电器输出电路，负载由继电器驱动，所以既可以选用直流电源为负载供电，也可以采用交流电源为负载供电。输出分为三组，每组的公共端为本组的电源供给端，Q0.0 ~ Q0.3 共用 1L，Q0.4 ~ Q0.7 共用 2L，Q1.0 ~ Q1.3 共用 3L，各组之间可接入不同电压等级、不同电流性质的负载电源，如图 1-2-8 所示。

2. 根据要求完成电路图设计

（1）在图 1-2-9 中完成 PLC 的电路原理图设计，完成 PLC 的供电，PLC 输入口 I0.0 接启动按钮 SB1 的常开触点，I0.1 接停止按钮 SB2 的常闭触点，输出口 Q0.0 接 DC 24 V 指示灯 HL，Q0.2 接 DC 24 V 的电磁阀 YV。电路中提供必要的短路保护。

（2）在图 1-2-10 中完成 PLC 的电路原理图设计，完成 PLC 的供电，PLC 输入口 I0.0 接启动按钮 SB1 的常开触点，I0.1 接停止按钮 SB2 的常开触点，I1.0 接行程开关 SQ 的常开触点，I1.1 接热继电器 FR 的常闭触点；输出口 Q0.0 接交流接触器 KM1，Q0.1 接交流接触器 KM2，接触器线圈额定电压为 AC 220 V；Q0.4 接指示灯 HL1，Q0.5 接指示灯 HL2，指示灯工作电压为 DC 24 V。电路中提供必要的保护。

DC
AC
X10
1M .0 .1 .2 .3 .4 .5 .6
DIa
.7 .0 .1 .2 .3 .4 .5 .6 .7 .0 .1
DIb
DIc
L1 M
L+ M
X11
24 V DC INPUTS
120–240 V AC
110 V DC
288-1SR30-××××
RS485 X20
X12
X13
Micro-SD
X50
DQa
1L .0 .1 .2 .3
2L .4 .5
.6 .7
DQb
3L .0 .1 .2 .3
DC 24 V
L+ M
L(+)
N(−)

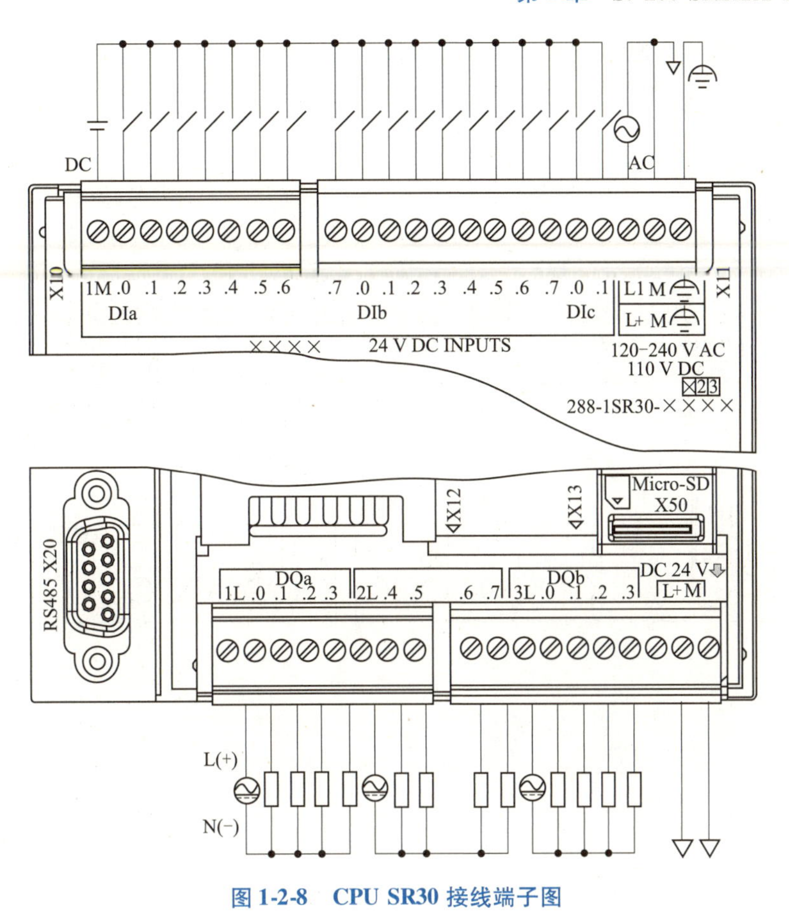

图 1-2-8　CPU SR30 接线端子图

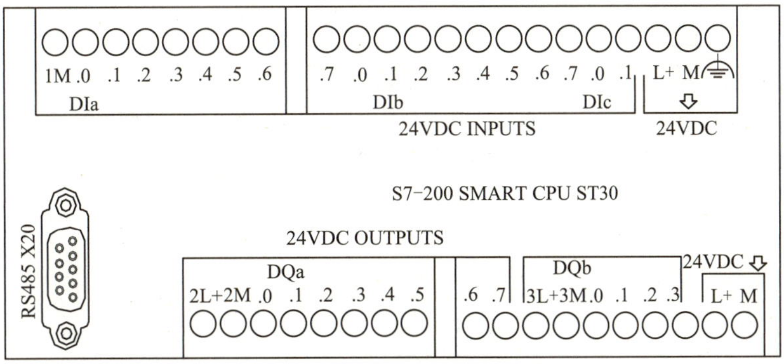

1M .0 .1 .2 .3 .4 .5 .6
DIa
.7 .0 .1 .2 .3 .4 .5 .6 .7 .0 .1
DIb
DIc
L+ M
24VDC INPUTS
24VDC
S7–200 SMART CPU ST30
RS485 X20
24VDC OUTPUTS
DQa
2L+2M .0 .1 .2 .3 .4 .5
.6 .7
DQb
3L+3M .0 .1 .2 .3
24VDC
L+ M

图 1-2-9　CPU224 DC/DC/DC PLC 电路原理图

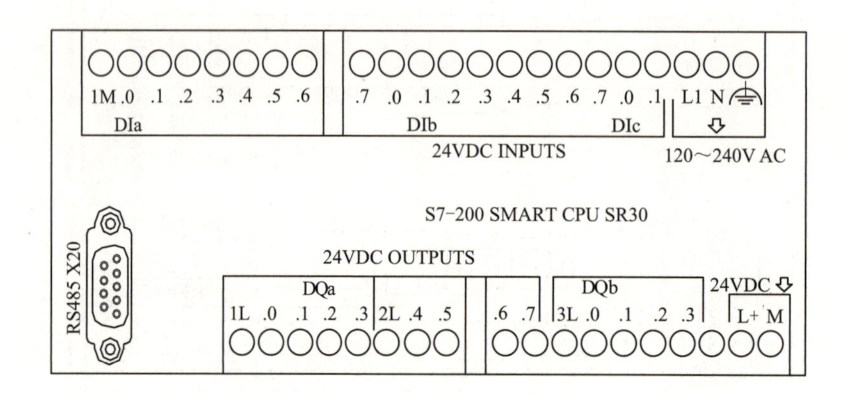

图 1-2-10　CPU224 AC/DC/RELAY PLC 电路原理图

参考电路图如图 1-2-11、图 1-2-12 所示。

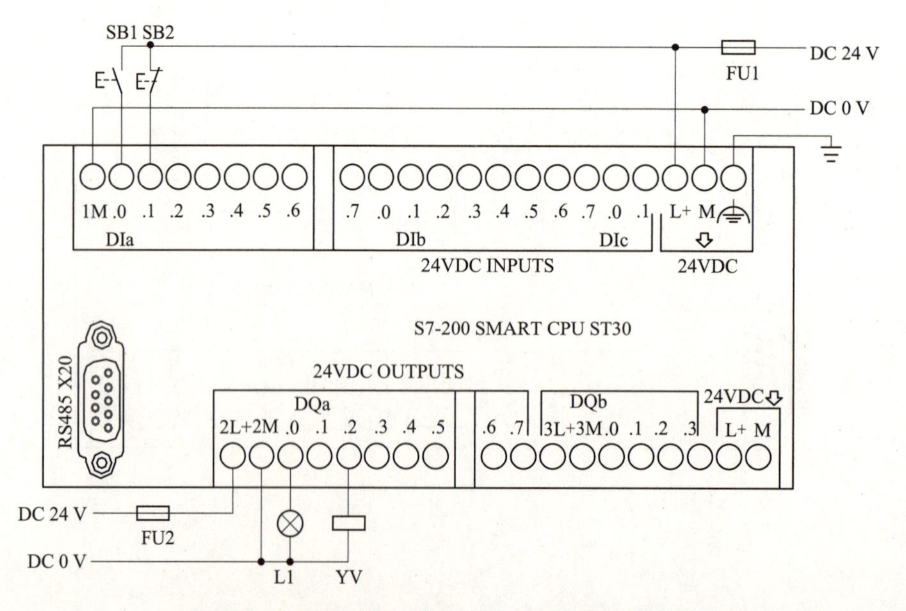

图 1-2-11　CPU224 DC/DC/DC PLC 电路原理图

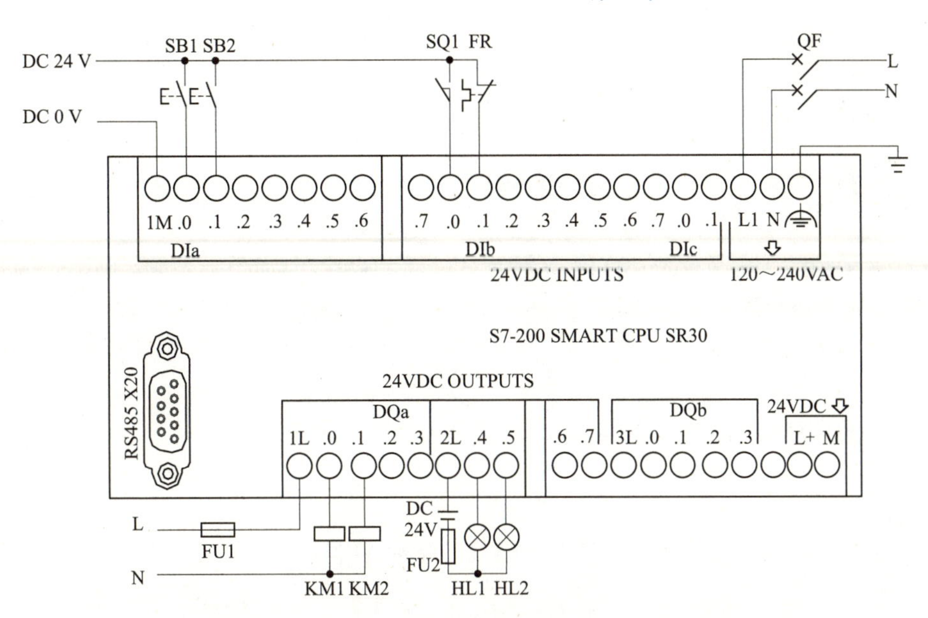

图 1-2-12　CPU224 AC/DC/RELAY PLC 电路原理图

本节习题

（1）西门子 S7-200 SMART 系列 PLC 的 CPU ST30 模块有（　　）个输入点和（　　）个输出点。

A. 10　14　　　　B. 18　12

C. 18　10　　　　D. 18　18

（2）SMART 系列 PLC 的铭牌上标识：CPU SR30，SR30 表示（　　）。

A. PLC 为直流输出接口，输入点数 30 个

B. PLC 为交流输出接口，输入和输出点数共 30 个

C. PLC 为继电器输出接口，输入和输出点数共 30 个

D. PLC 为继电器输出接口，输出点数 30 个

（3）对于 S7-200 SMART ST30，它的供电电源是（　　）。

A. AC 220 V　　　　B. DC 24 V

C. DC 36 V　　　　D. AC 110 V

（4）SMART 特殊存储器 SM 中提供周期为 1 s 的闪烁点的是（　　）。

A. SM0. 0　　　　B. SM0. 1

C. SM0. 4　　　　D. SM0. 5

（5）VD100 的下一个双字存储空间为（　　）。

A. VD102　　　　B. VD101

C. VD104　　　　D. VD108

1.3　STEP 7-Micro/WIN SMART 编程软件的应用

学习目标

（1）掌握 STEP 7-Micro/WIN SMART 编程软件的安装方法，熟悉软件界面；

（2）掌握编程软件的基本布尔指令，逻辑输入/输出、置复位、沿触发等指令的应用；

（3）掌握 PLC 和计算机的以太网和 RS-485 通信方式，能够上传和下载程序，并进行在线调试；

（4）熟悉 S7-200 仿真软件的应用，能够对程序进行仿真调试。

视频

STEP 7-Micro/WIN SMART 编程软件

1.3.1　STEP 7-Micro/WIN SMART 编程软件

STEP 7-Micro/WIN SMART 软件安装包可以到西门子中国官网下载，计算机安装 Windows 7/10 系统，内存大于 4 GB 的情况下，直接双击 setup 图标就可以顺利安装。

STEP 7-Micro/WIN SMART 的用户界面为创建用户项目程序提供了一个便捷的工作环境。每个编辑窗口均可按用户所选择的方式停放或浮动排列在屏幕上，可单独显示每个窗口，也可合并多个窗口以从单独选项卡访问各窗口。图 1-3-1 所示为 STEP 7-Micro/WIN SMART V2.6 版本的编程界面。

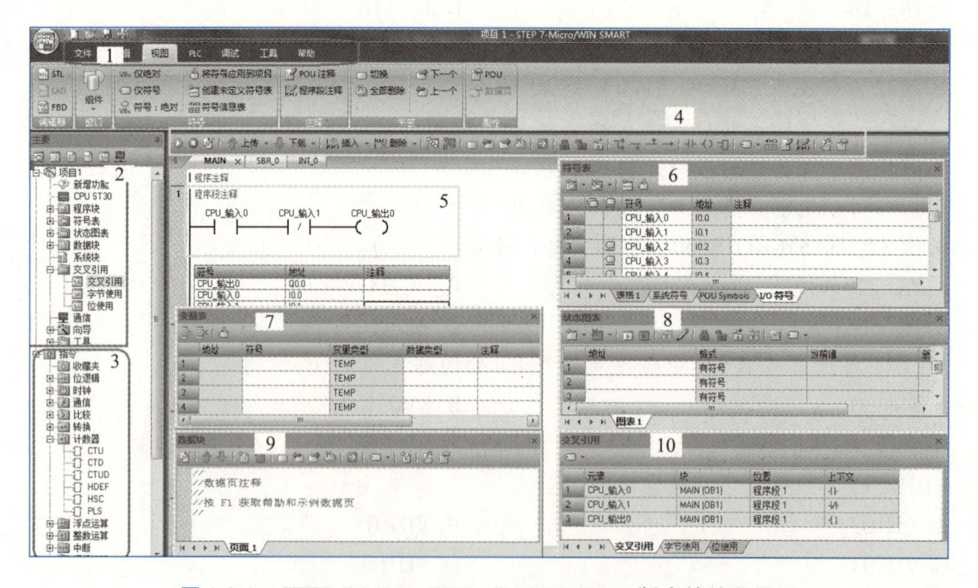

图 1-3-1　STEP 7-Micro/WIN SMART V2.6 版本的编程界面

1—主菜单；2—项目树；3—指令树；4—快捷工具栏；5—编程窗口；6—符号表；7—变量表；8—状态图表；9—数据块；10—交叉引用

1. 主菜单

包括：文件、编辑、视图、PLC、调试、工具和帮助七个主菜单。

（1）“文件”菜单：包括操作（新建、打开、关闭、保存、另存、导入、导出）、传送（上载、下载）、打印（打印、预览、页面设置）、保护、库等操作。

（2）“编辑”菜单：包括剪切、复制、粘贴、插入（对象、行、列、程序段等）、查找、替换等操作。

（3）“视图”菜单：编辑器（LAD/STL/FBD 的转换）、窗口切换、符号（仅绝对、仅符号、符号：绝对等）、注释（POU 注释、程序段注释）、书签、属性等。

（4）PLC 菜单：用于与 PLC 联机时的操作（控制 PLC 的运行、停止和编译）；传送 PLC 程序（上传和下载），对存储卡、时钟的操作等上电复位，查看 PLC 信息。

（5）“调试”菜单：用于联机时的动态测试。程序状态监控、程序强制与取消强制、指定 PLC 对程序执行单次或有限次数扫描等。

（6）“工具”菜单：提供复杂指令向导（高速计数器、运动、PID、PWM、PUT/GET、PROFINET 指令）、提供工具（运动控制面板、PID 控制面板、SMART 驱动器组态）、系统属性设置等。

（7）“帮助”菜单：可以提供 S7-200 的指令系统及软件所有信息，并提供在线帮助。

2. 项目树

以树的形式呈现项目软硬件配置情况、CPU 选型（扩展模块）、网络通信参数、程序块、符号块、状态图表、数据块、交叉引用、向导及工具，部分内容与主菜单有重复。

3. 指令树

以树的形式提供编程时用到的所有 PLC 指令，主要有常用位逻辑、时钟、通信、比较、计数器、整数运算、中断、逻辑运算、传送、程序控制、定时器、PROFINET、调用子程序等。在编写程序时，可以根据逻辑关系合理取用。

4. 快捷工具栏

（1）调试工具栏：

上传 · 下载 · 插入 · 删除

各快捷按钮从左到右分别为：将 PLC 设为运行模式、将 PLC 设为停止模式、编译项目、程序上传、程序下载、插入网络、删除网络、程序状态监控、暂停程序状态监控、切换书签、上一个书签、下一个书签、清除全部书签、转到指定程序行、强制 PLC 数据、取消强制 PLC 数据、取消全部强制。

（2）LAD 指令工具栏：

各快捷按钮从左到右分别为：插入分支、插入向下直线、插入向上直线、插入水平线、插入触点、插入线圈、插入框、切换寻址方式、符号信息表、POU 注释、程序段注释、POU 保护和 POU 属性。

5. 窗口栏

窗口栏可以根据需要调用任一功能窗口，如图 1-3-1 所示，有编程窗口、符号表、变量表、状态图表、数据块、交叉引用等。

视频

SMART PLC 的程序下载及在线调试

1.3.2　SMART PLC 的程序下载及在线调试

1. 通信连接方式

SMART CPU 可与两类通信网络中的 STEP 7-Micro/WIN SMART 编程设备进行通信，如图 1-3-2所示。分别为：

（1）CPU 与以太网中的 STEP 7-Micro/WIN SMART 编程设备进行通信。

（2）CPU 与 RS-485 中的 STEP 7-Micro/WIN SMART 编程设备进行通信。

2. 以太网通信连接

以太网接口可在编程设备和 CPU 之间建立物理连接，CPU 内置了自动跨接功能，所以对该接口使用标准以太网电缆就可以实现通信。单击项目树下的硬件配置“CPU ST30”，在系统块以太网端口参数中选中“IP 地址数据固定为下面的值，不能通过其他方式更改”复选框，此时显示 IP 地址为 192.168.2.1，子网掩码为 255.255.255.0，可以根据需要修改 IP 地址第三段和第四段的地址数值，如图 1-3-3 所示。

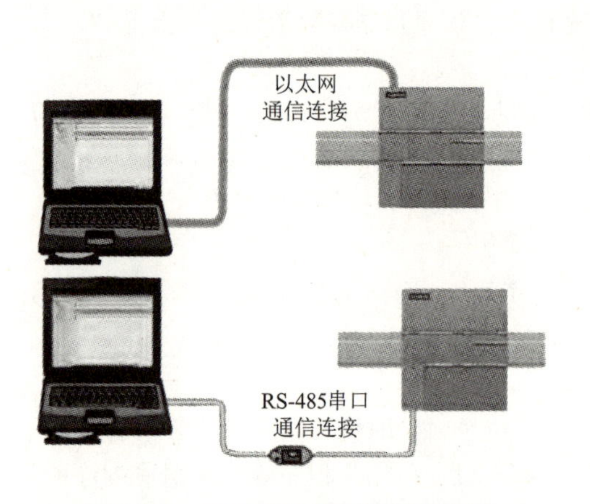

图 1-3-2　PLC 和计算机的通信连接

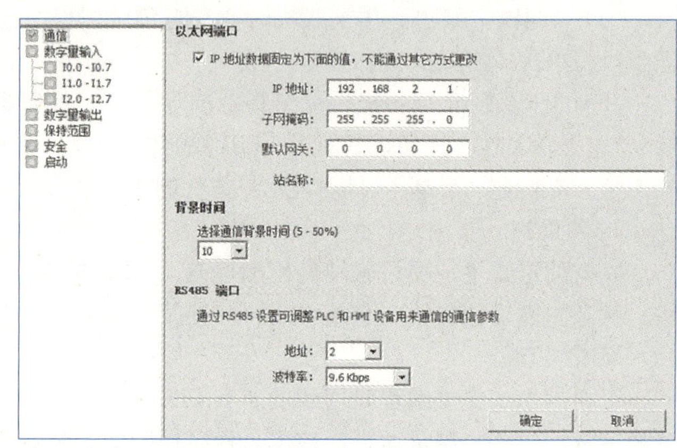

图 1-3-3　以太网 IP 地址设置

打开编程计算机“控制面板”，单击“网络和 Internet”，在“网络和共享中心”中设置“本地连接”中的 IP 地址，IP 地址应与 PLC 的 IP 地址处于同一个局域网段中，如 192.168.2.10，如图 1-3-4 所示。

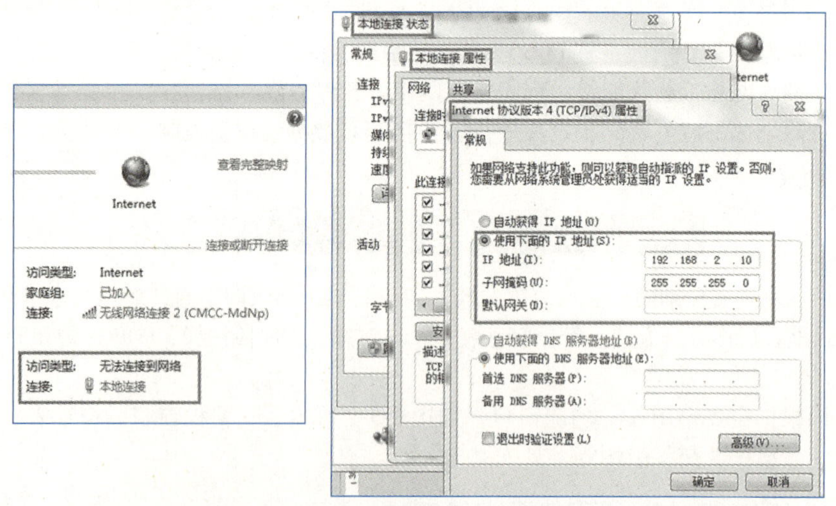

图 1-3-4　计算机 IP 地址设置

在项目树中，双击“通信”节点，显示以太网“通信”对话框，选择通信接口“Realtek PCIe ＊＊＊＊ TCPIP.1”，在 PLC 和计算机的 IP 地址设置正确的前提下，单击“查找 CPU”按钮，将显示本地以太网网络中所有可操作 CPU（“已发现 CPU”），所有 CPU 都有默认 IP 地址，如图 1-3-5 所示。

也可以单击“添加 CPU”按钮，通过通信接口的 TCP/IP 地址“添加 CPU”（CPU 位于本地网络或远程网络），高亮显示 CPU，然后单击“确定”按钮。

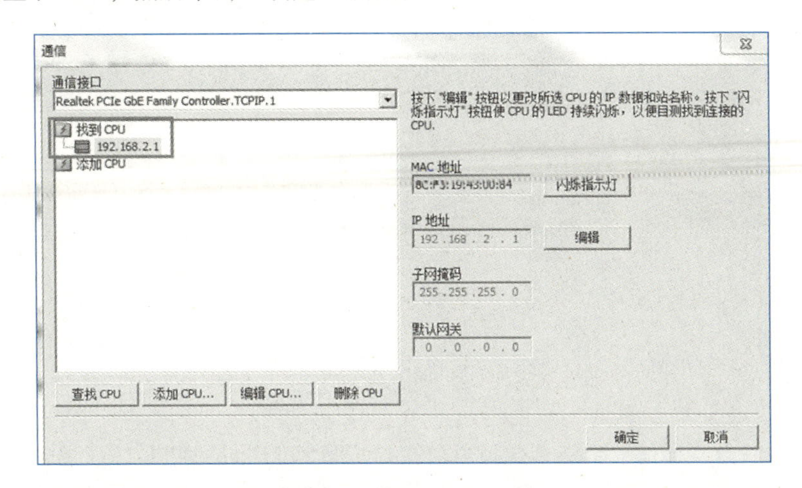

图 1-3-5　查找 CPU 单元

下载程序：单击快捷工具栏中的“下载”按钮（也可按组合键【Ctrl + D】），此时弹出“下载”窗口，选择需要下载的块内容和选项（一般为默认值），然后单击右下角的“下载”按钮，会弹出“下载完成”窗口，如图 1-3-6 所示。

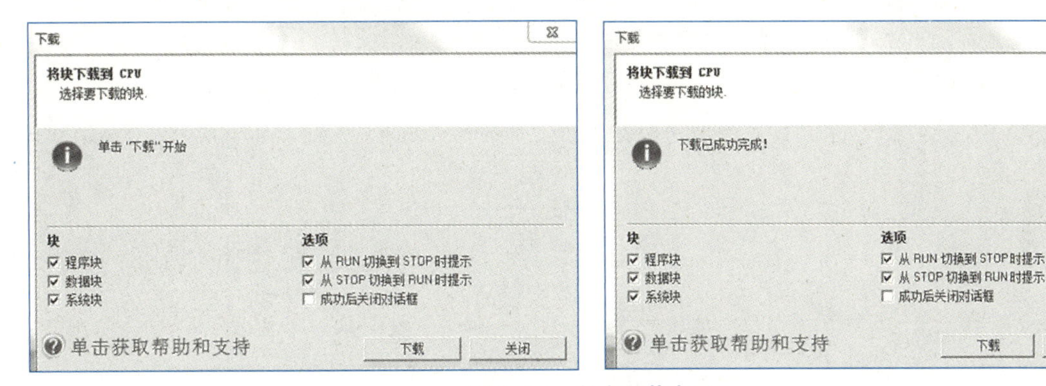

图 1-3-6　程序下载窗口

程序下载完成后，单击快捷工具栏中的运行按钮，启动 PLC，单击程序监控按钮，启动程序的实时监控，如图 1-3-7 所示。

3. RS-485 通信连接

将 USB/PPI 电缆插入 CPU 左下部的 RS-485 端口，在项目树中，选择“系统块”（System Block）节点，然后按下【Enter】键，或双击“系统块”（System Block）节点。输入或更改以下访问信息：

（1）RS-485 端口地址。

（2）RS-485 端口波特率。

RS-485 端口设置如图 1-3-8 所示。

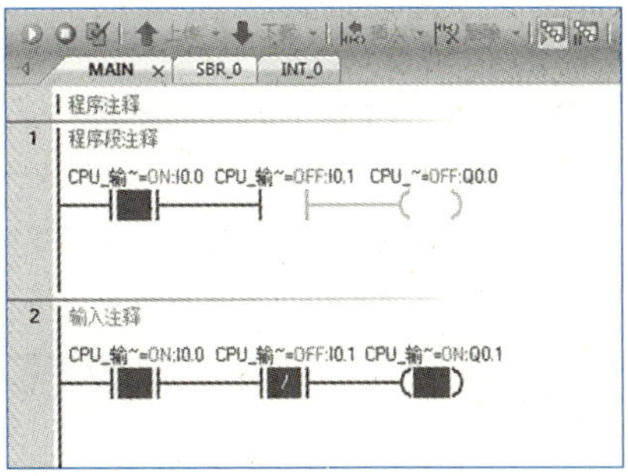

图 1-3-7　程序监控窗口

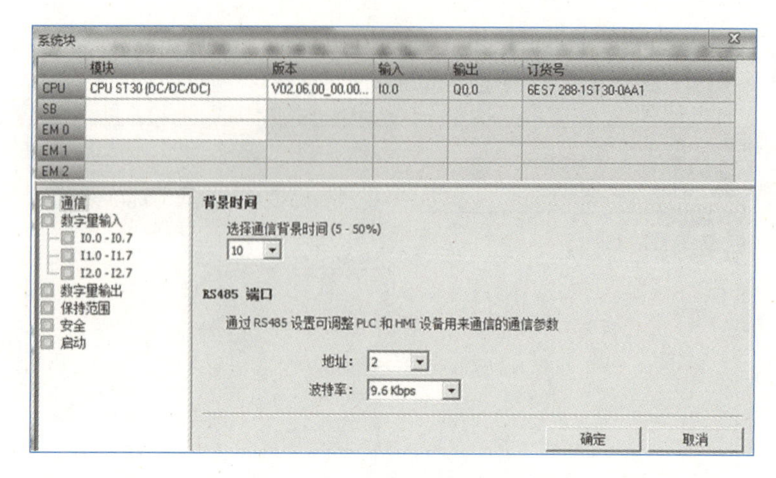

图 1-3-8　RS-485 端口设置

在项目树中，双击“通信”节点，选择通信接口“PC/PPI cable. PPI. 1”，单击“查找 CPU”按钮，如图 1-3-9所示。也可以单击“添加 CPU”按钮，通过通信接口的地址和波特率“添加 CPU”（CPU 位于本地网络或远程网络），高亮显示 CPU，然后单击“确定”按钮。

查找到 CPU 后可以通过“上传”或“下载”按钮上传或下载 PLC 程序。

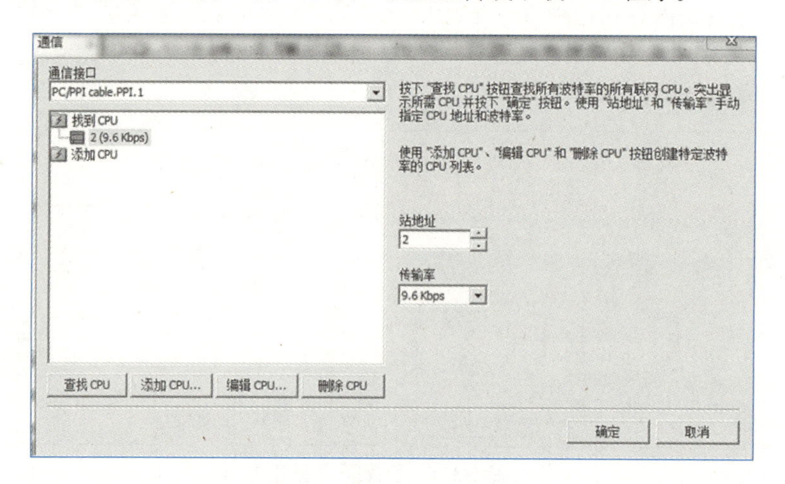

图 1-3-9　RS-485 通信接口查找 CPU

1.3.3　S7-200 SMART PLC 的位逻辑指令

位逻辑指令即位操作指令，运算结果用二进制数字 1 和 0 表示。

1. 触点指令

常用触点指令见表 1-3-1。

表 1-3-1　常用触点指令

梯形图（LAD）	语句表（STL）	梯形图含义
bit ─┤├─	LD bit	将一常开触点 bit 与母线相连

续上表

梯形图（LAD）	语句表（STL）	梯形图含义
bit	LDN bit	将一常闭触点 bit 与母线相连
bit	A bit	将常开触点 bit 与上一触点串联
bit	AN bit	将一常闭触点 bit 与上一触点串联
bit	O bit	将一常开触点 bit 与上一触点并联
bit	ON bit	将一常闭触点 bit 与上一触点并联

说明：（1）表中操作数 bit 为寻址寄存器 I、Q、M、SM、T、C、V、S、L 的位值。

（2）梯形图中的常开和常闭触点，类似于继电器控制系统电器接点，可以自由地串并联。

（3）语句表程序的触点指令运算在栈顶进行，一个栈有九层深度，每一层有一位宽度。

2. 输出线圈指令

输出线圈指令（见表 1-3-2）代表 CPU 对存储器的写操作。若线圈左侧的运算结果为“1”，则表示能流能够到达线圈，CPU 将该线圈对应的存储器的位置“1”；若线圈左侧的运算结果为“0”，则表示能流不能够到达线圈，CPU 将该线圈对应的存储器的位写入“0”。在同一程序中，同一线圈只能输出一次。

表 1-3-2　输出线圈指令

梯形图（LAD）	语句表（STL）		功　能	
	操作码	操作数	梯形图含义	语句表含义
bit —(　)	=	bit	当能流流进线圈时，线圈对应的操作数 bit 置“1”	复制栈顶值到 bit

说明：（1）表中操作数 bit 为寻址寄存器 I、Q、M、SM、T、C、V、S、L 的位值。

（2）在同一程序中，同一线圈只能输出一次。

例 1-3-1　三个开关控制一只灯，三个开关分别接入输入点 I0.0、I0.1 和 I0.2，灯接入 PLC 的输出点 Q0.0。要求当三个开关全部闭合时灯才能点亮，否则灯不亮。对应的梯形图如图 1-3-10 所示。

例 1-3-2　三个开关控制一只灯，三个开关分别接入输入点 I0.1、I0.3 和 I0.4，灯接入 PLC 的输出点 Q0.0。要求当三个开关任意一个闭合时，均可使灯点亮。对应的梯形图如图 1-3-11 所示。

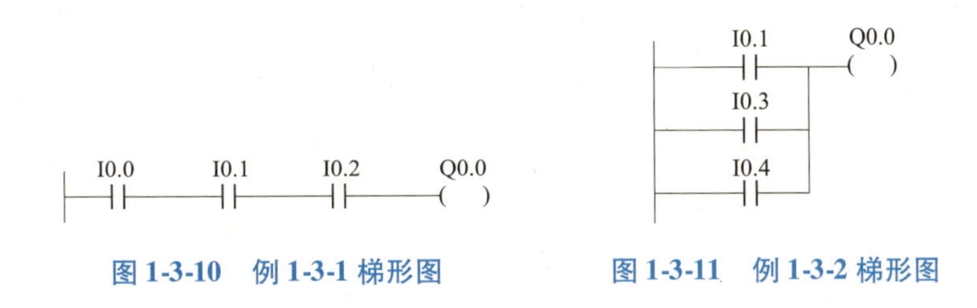

图 1-3-10　例 1-3-1 梯形图　　图 1-3-11　例 1-3-2 梯形图

3. 逻辑取反指令

逻辑取反指令是将该指令前面的运算结果取反见表 1-3-3。

表 1-3-3　逻辑取反指令

梯形图（LAD）	语句表（STL）		功　　能
	操作码	操作数	
—┤NOT├—	NOT	无	对该指令前面的逻辑运算结果取反

例 1-3-3　取反指令编程：假定输入 I0.0 闭合，输出 Q0.0 失电；输入 I0.0 断开，输出 Q0.0 得电。对应的梯形图如图 1-3-12 所示。

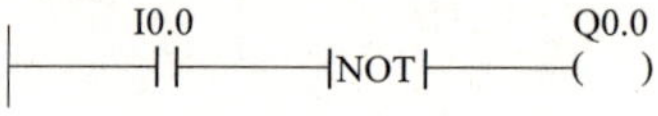

I0.0　NOT　Q0.0

图 1-3-12　例 1-3-3 梯形图

4. 置位复位指令

置位复位指令（见表 1-3-4）可直接实现对指定的寄存器进行置“1”和清“0”操作。

表 1-3-4　置位复位指令

梯形图（LAD）	语句表（STL）		功　　能
	操作码	操作数	
bit —(S) N	S	bit　N	条件满足时，从 bit 开始的 N 个位被置“1”
bit —(R) N	R	bit　N	条件满足时，从 bit 开始的 N 个位被清“0”

注：1. 表中操作数 bit 为寻址寄存器 Q、M、V、S、L 的位值，指定操作的起始位地址。

2. N 指定操作的位数，其值范围是 0～255，可立即操作数，也可用寄存器寻址（IB、QB、SMB、SB、VB、LB、＊AC、＊VD）。

例 1-3-4　置位复位指令编程：启保停程序可由置位复位指令编写，其对应的梯形图及波形图如图 1-3-13 所示。

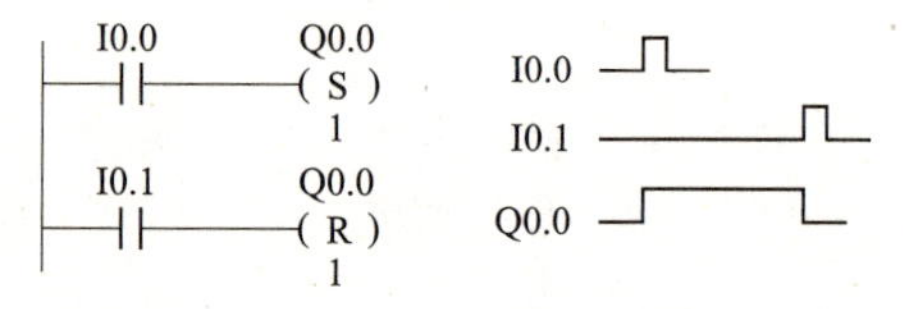

图 1-3-13　例 1-3-4 梯形图及波形图

5. 触发器指令

触发器指令有复位优先 RS 触发器指令和置位优先 SR 触发器指令，其格式见表 1-3-5。

表 1-3-5　触发器指令

梯形图（LAD）	功　　能
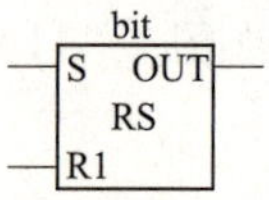 bit S　OUT RS R1	复位优先（RS）触发器的置位信号 S 和复位信号 R1 同时为 1 时，使 bit 位为 0
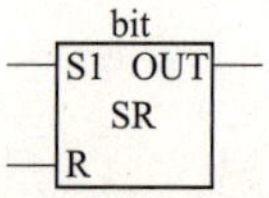 bit S1　OUT SR R	置位优先（SR）触发器的置位信号 S1 和复位信号 R 同时为 1 时，使 bit 位为 1

说明：bit 指定被操作的寄存器的位，位寻址可以是 Q、M、V、S 的位。

例 1-3-5　RS 触发器指令的梯形图及波形图如图 1-3-14 所示。

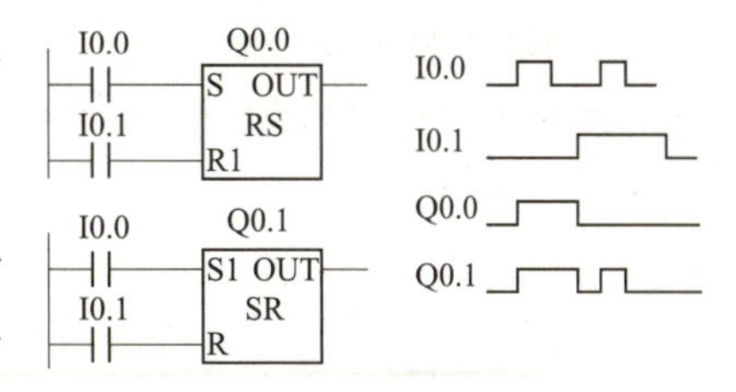

图 1-3-14　RS 触发器指令梯形图和波形图

6. 沿触发指令

当信号从 0 变 1 时，将产生一个上升沿，又称正跳变；当信号从 1 变 0 时，将产生一个下降沿，又称负跳变。正负跳变指令检测信号上升沿或下降沿时，将产生一个扫描周期宽度的脉冲。其指令格式见表 1-3-6。

表 1-3-6　正负跳变指令

梯形图（LAD）	语句表（STL）		功　能
	操作码	操作数	
─┤P├─	EU	无	正跳变指令检测到每一次正跳变，让能流接通一个扫描周期
─┤N├─	ED	无	负跳变指令检测到每一次负跳变，让能流接通一个扫描周期

例 1-3-6　正负跳变指令编程举例：采用一个按钮控制两台电动机的顺序启动。控制要求是：按下按钮，第一台电动机启动，松开按钮，第二台电动机启动。两台电动机启动时间分开，减少两台电动机同时启动对电网的不良影响。设 I0.0 为启动按钮，I0.1 为停止按钮。其程序梯形图、PLC 外部接线图及波形图如图 1-3-15 所示。

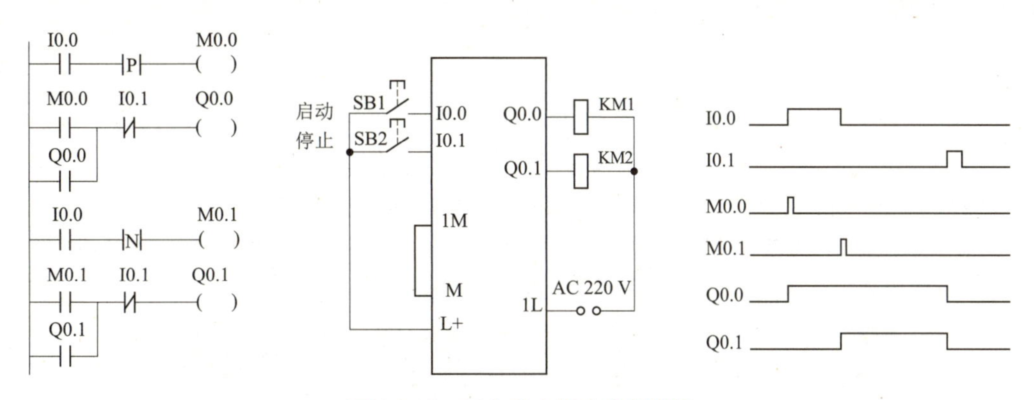

图 1-3-15　正负跳变指令编程举例

1.3.4　创建编程项目

STEP 7-Micro/WIN SMART 一个基本的项目包括程序块、数据块、系统块、符号表、状态图和交叉引用表。程序块、数据块、系统块须下载到 PLC，而符号表、状态图和交叉引用表不下载到 PLC。

程序块：由可执行代码和注释组成，可执行代码由一个主程序和可选子程序组成或中断程序组成。程序代码被编译后下载到 PLC，注释被忽略。

数据块：由数据（包括初始内存值和常数）和注释两部分组成。数据被编译后下载到 PLC，注释被忽略。

系统块：用来设置系统参数，包括通信口配置信息、保存范围、模拟和数字输入过滤器、背景时间、密码表、脉冲截取位和输出表等选项。

下面以实例创建一个 SMART 程序项目，利用启动和停止按钮控制四盏灯的亮灭，按钮 SB1 常开触点接 I0.0，SB2 的常闭触点接 I0.2，L1 ~ L4 连接输出触点 Q0.0 ~ Q0.3，其 PLC 接线图和程序如图 1-3-16所示。

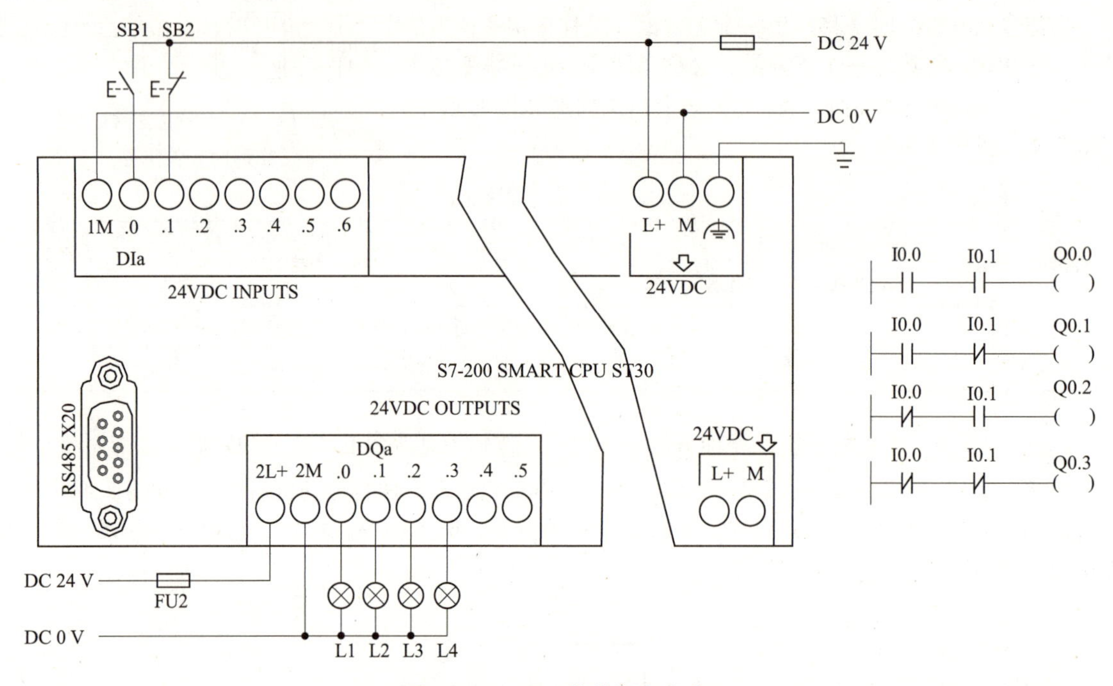

图 1-3-16　PLC 接线图和程序

1. 新建项目

双击 SMART 编程软件图标，打开 STEP-Micro/WIN SMART V2.6 软件。

选择项目树下方的“CPU”配置，设置 CPU 的硬件配置，如“CPU ST40（DC/DC/DC）”。如果硬件上有扩展模块，可配置相应的 SB 或 EM 模块，如图 1-3-17 所示。

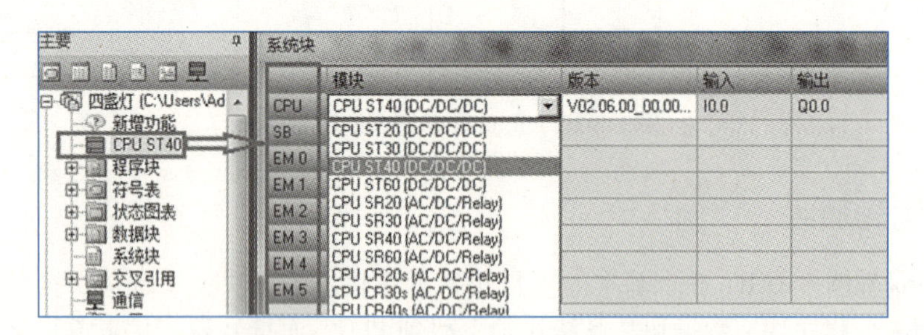

图 1-3-17　PLC 电气原理图和程序

2. 编写程序

在编程窗口，选中要放置指令的位置，单击快捷工具栏中的指令 ⊣⊢，选择常开触点 ⊣ ⊢，在“?? . ?”位置输入“I0.0”，则 I0.0 的常开触点指令就放置好了，如图 1-3-18 所示。同样的，可以单击快捷工具栏中的指令 ⟨⟩，选择输出 ( )，在“?? . ?”位置输入“Q0.0”，则输出 Q0.0 指令就放置好了。根据此方法，将图 1-3-16 中的程序段依次编写到编程界面中。

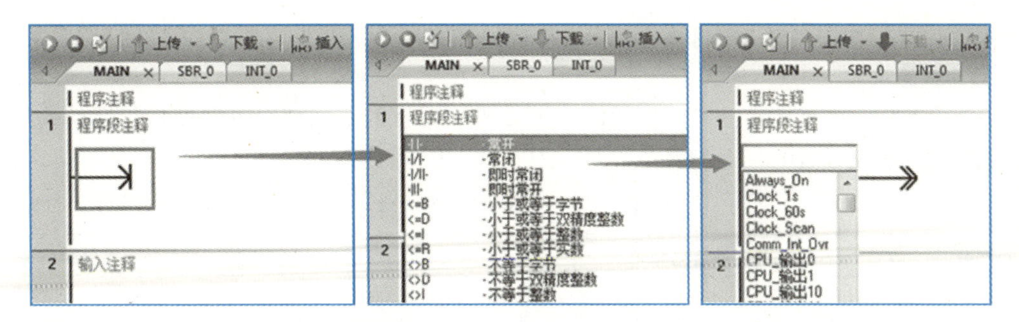

图 1-3-18 编程指令的编写 1

单击快捷工具栏中的按钮，可以显示或隐去“符号信息表”，如图 1-3-19 所示。

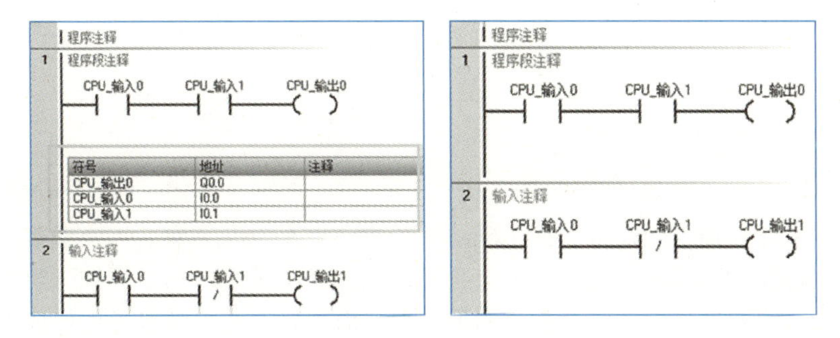

图 1-3-19 符号信息表

单击快捷工具栏中的按钮，可以切换指令显示。有三种方式：仅绝对（如 I0.0）、仅符号（如 CPU 输入 0），符号：绝对，如图 1-3-20 所示。

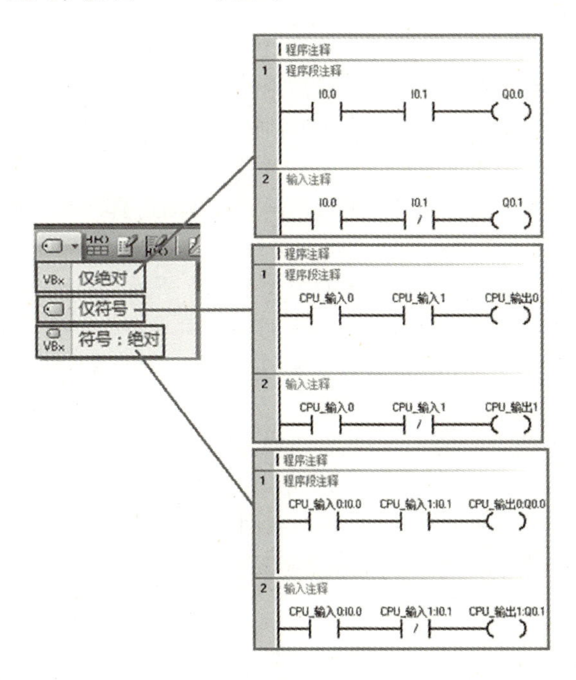

图 1-3-20 切换寻址方式

单击“保存”按钮，定义项目名称和保存位置。

3. 程序逻辑训练

下面结合程序和电气接线，探讨在 SB1 和 SB2 是否按下的不同情况下程序执行后的输出结果。结合前面所学知识完成表 1-3-7，灯亮填“1”，灯灭填“0”。

表 1-3-7　PLC 扫描过程分析表

状态	程序执行后结果		状态	程序执行后结果	
PLC 上电运行后	L1		按下按钮 SB2	L1	
	L2			L2	
	L3			L3	
	L4			L4	
按下按钮 SB1	L1		同时按下按钮 SB1 和 SB2	L1	
	L2			L2	
	L3			L3	
	L4			L4	

注意：PLC 的扫描周期一般以 ms 为单位，是一个非常快的变化过程，当在线观察程序时，人眼很难捕捉到一个扫描周期，往往看到的一个变化其实已经经历了几个扫描周期。当按下按钮时，按钮从闭合到松开的时间已经经历了多个扫描周期，在上面的思考题中没有考虑扫描周期的问题，在某些开关快速变化的场合是要考虑的。

视频

西门子STEP 7仿真软件

1.3.5　西门子 STEP 7 仿真软件

1. 仿真软件简介

S7-200 Simulator 仿真软件可以兼容 STEP 7-Micro/WIN SMART 导出的 . awl 文件。该仿真软件可以仿真大量的 S7-200 指令（支持常用的位触点指令、定时器指令、计数器指令、比较指令、逻辑运算指令和大部分的数学运算指令等），但部分指令如顺序控制指令、循环指令、高速计数器指令和通信指令等尚无法支持。仿真程序提供了数字信号输入开关、两个模拟电位器和 LED 输出显示，仿真程序同时还支持对 TD-200 文本显示器的仿真，在实验条件尚不具备的情况下，完全可以作为学习 S7-200 SMART PLC 的一个辅助工具。

仿真软件运行后的界面介绍。仿真软件界面如图 1-3-21 所示。和所有基于 Windows 的软件一样，仿真软件最上方是菜单，仿真软件的所有功能都有对应的菜单命令。在工具栏中列出了部分常用的命令（如 PLC 程序加载、启动程序、停止程序、AWL、KOP、DB1 和状态观察窗口等）。

2. 准备工作

仿真软件不提供源程序的编辑功能，因此必须和 STEP 7-Micro/WIN SMART 程序编辑软件配合使用，即在 STEP 7-Micro/WIN SMART 中编辑好源程序后，然后加载到仿真程序中执行。

（1）在 STEP 7-Micro/WIN SMART 中编辑好梯形图。

（2）利用“文件”→“导出”按钮（见图 1-3-22）将梯形图程序导出为扩展名为 . awl 的文件。

3. 程序仿真

（1）启动仿真程序。

（2）利用 Configuration→CPU Type 命令选择合适的 CPU 类型，如图 1-3-23 所示。

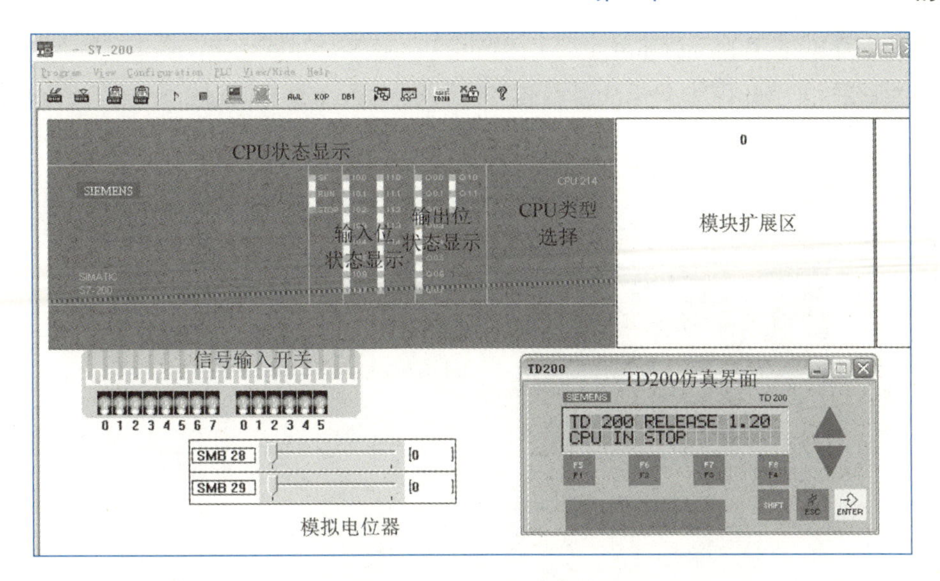

图 1-3-21 仿真软件界面

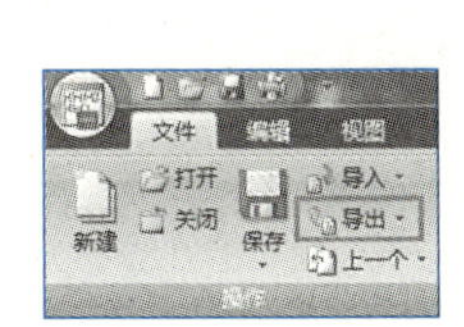

图1-3-22 准备工作

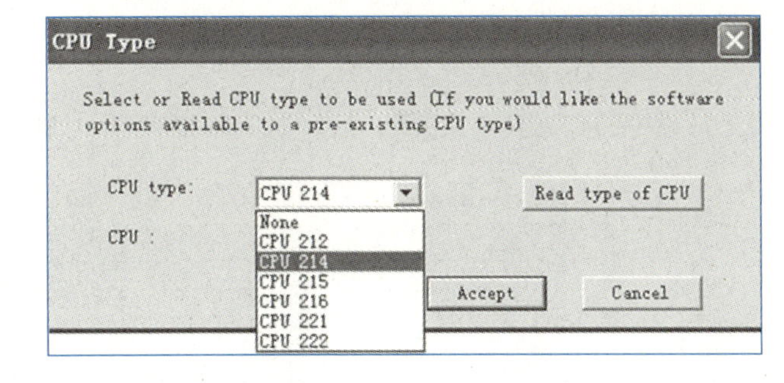

图 1-3-23 CPU 类型的选择

（3）程序加载。利用 Program→Load Program 命令，打开加载梯形图程序窗口如图 1-3-24 所示，仅选择 Logic Block（梯形图程序）和 Data Block（数据块）复选框。单击 Accept 按钮，从文件列表框选择 awl 文件。

加载成功后，在仿真软件中的 AWL、DB1 和 KOP 观察窗口中就可以分别观察到加载的语句表程序、梯形图程序和数据块，如图 1-3-25 所示。

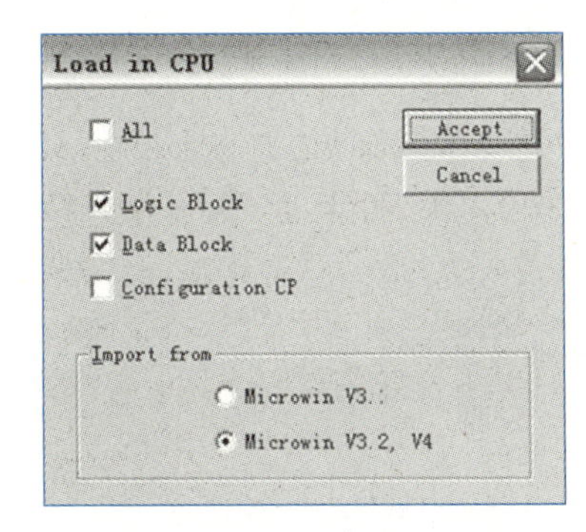

图 1-3-24 程序加载窗口

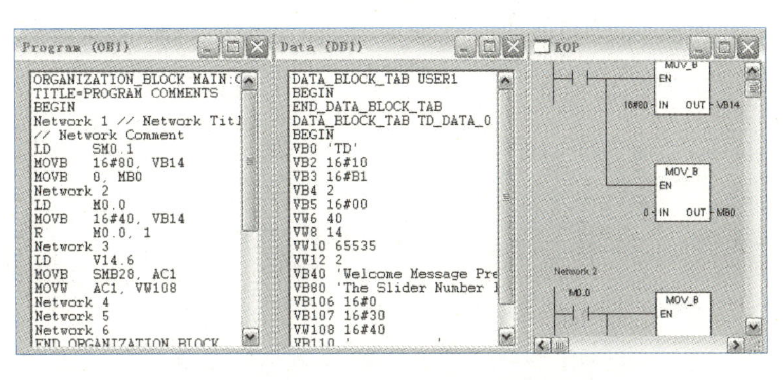

图 1-3-25 仿真软件的 AWL、DB1 和 KOP 观察窗口

（4）单击工具栏 按钮，启动仿真。

（5）仿真启动后，利用工具栏中的状态监控按钮 可以非常方便地监控程序的执行情况，如图 1-3-26所示。

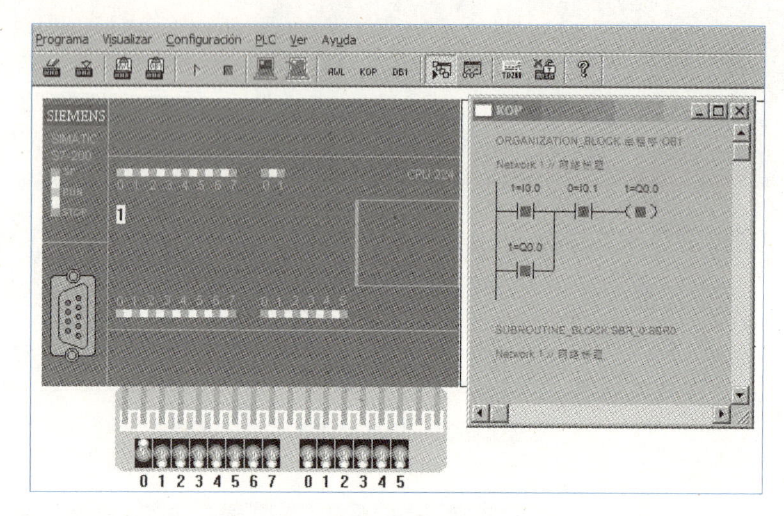

图 1-3-26　仿真监控程序运行情况

（6）利用工具栏中的状态表按钮 ，启动状态观察窗口，如图 1-3-27 所示。

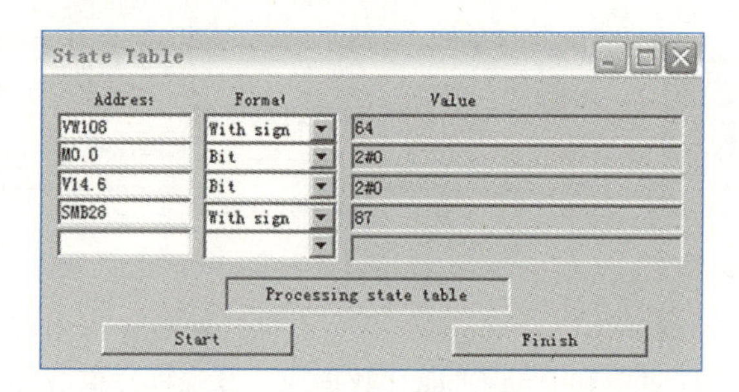

图 1-3-27　状态观察窗口

在 Address 对应的对话框中，可以添加需要观察的编程元件的地址；在 Format 对应的对话框中选择数据显示模式。单击窗口中的 Start 按钮后，在 Value 对应的对话框中可以观察按照指定格式显示的指定编程元件当前数值。

本节习题

（1）按钮 SB1 和 SB2 的常开触点分别连接 I0.0、I0.1，灯 L1 接 Q0.0，按下 SB1 灯 L1 点亮的程序是（　　）。

（2）按钮 SB1 和 SB2 的常开触点分别连接 I0.0、I0.1，按下 I0.0 则 Q0.0 和 Q0.1 都得电，按下 SB2 后两个都失电，以下程序正确的是（　　）。

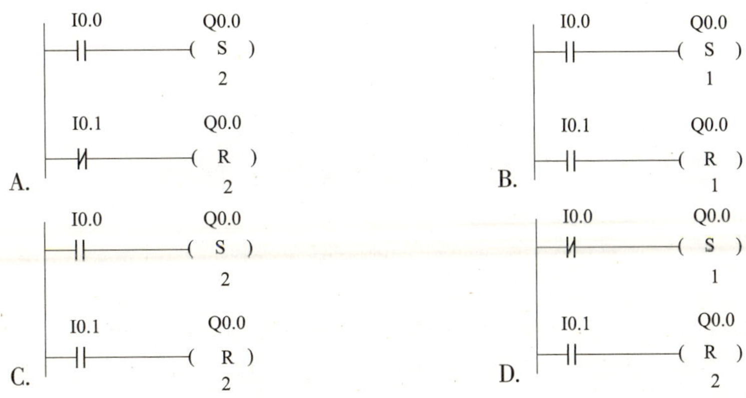

(3) 按钮 SB1 的常开触点和 SB2 的常闭触点分别连接 I0.0、I0.1，按下 SB1 则 M0.0 得电自锁的程序是（　　）。

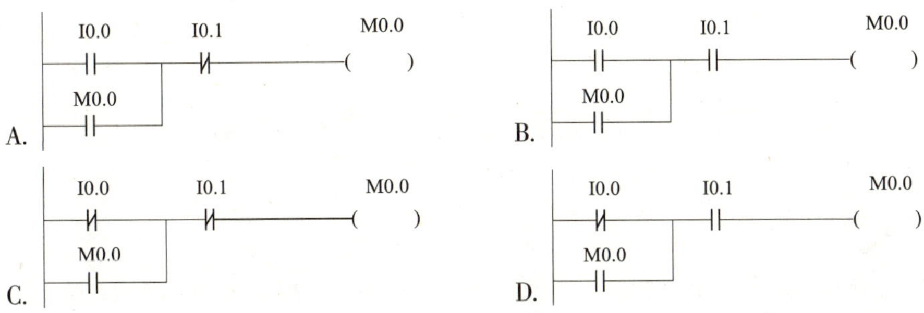

(4) 按钮 SB1 的常开触点连接 I0.0，按下 SB1 输出口 Q0.0 出现 1 s 周期闪烁的程序是（　　）。

A. I0.0　NOT　Q0.0
B. I0.0　SM0.4　Q0.0
C. I0.0　SM0.5　Q0.0
D. I0.0　SM0.0　Q0.0

(5) 按钮 SB1 和 SB2 的常开触点分别连接 I0.0、I0.1，程序如下所示：I0.0　P　M0.0

I0.1　N　M0.1，以下对这段程序描述正确的是（　　）。

A. 按下按钮 SB1，输出 M0.0 得电并一直点亮
B. 按下按钮 SB1，输出 M0.0 只得电一个扫描周期
C. 按下按钮 SB2，输出 M0.1 只得电一个扫描周期
D. 按下按钮 SB2，输出 M0.1 得电并一直点亮

第2章 交流电动机的PLC控制

三相交流异步电动机在机电设备中应用很广泛，是最常用的控制动力源。本章将介绍电动机正反转、星-三角减压启动、三级输送带的PLC控制。在讲解中，每个控制项目都制作了实物对象，提供了丰富的视频资源供读者参考。在2.1节中详细分解了电动机正反转控制实物的制作、调试过程，在2.2节中介绍了定时器指令及其应用，在2.3节中对三级输送线的PLC控制进行分析，请读者根据自身需求酌情选读。

2.1 电动机正反转的PLC控制

（1）掌握电动机正反转控制的PLC电气原理图设计方法，合理选用PLC类型；

（2）能够在理解继电器控制电路的基础上完成梯形图程序的编写，并仿真调试或在线调试；

（3）理解工作台往返控制的工作过程，完成PLC电气原理图设计；

（4）能够编写工作台往复运动的PLC梯形图程序，理解行程限位的应用要点。

视频

电动机正反转控制介绍

2.1.1 电动机正反转控制介绍

1. 控制要求

控制三相交流电动机正反向运转。按下正转启动按钮SB2，电动机正转；按下反转启动按钮SB3，电动机反转；按下停止按钮SB1，电动机停转，同时按下SB2和SB3，电动机不能启动。已学过的继电器控制的电气原理图如图2-1-1所示。根据要求实现电动机正反转的PLC控制，PLC选用S7-200 SMART CPU SR30。

在这个电路图中，有机械互锁：将正反转启动按钮的常闭触点串联在对方接触器线圈中，这种互锁称为按钮互锁或机械互锁；还有电气互锁：通常在控制电路中将KM1、KM2正反转接触器常闭辅助触点串联在对方线圈电路中，形成相互制约的控制，这种相互制约的控制关系称为电气互锁。

本节是将原来继电器电路控制改为PLC控制。与继电器控制相比，PLC控制中电动机的主电路是不改变的，要将输入和输出送PLC。在这个电路中，按下正转启动按钮SB2，KM1得电，此时KM1的常开触点闭合，实现电路自锁，同时KM1的常闭触点断开，实现电路的互锁；按下反转启动按钮SB3，首先断开按钮SB3常闭触点，接着接通按钮SB3的常开触点，从而保证反转电路接通，KM2得电；任意时刻按下停止按钮SB1，电动机停转，灯灭。

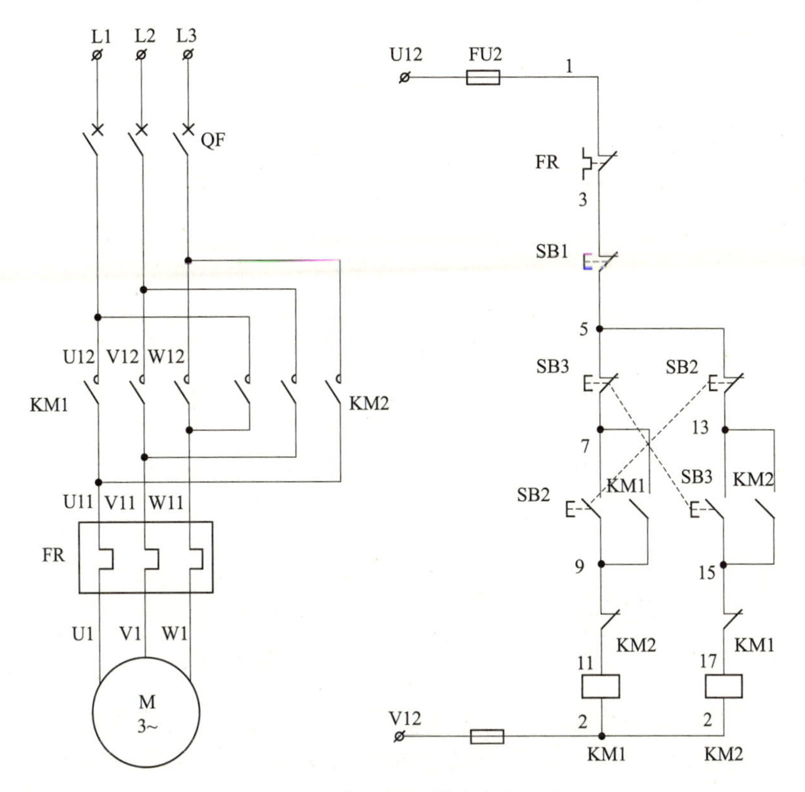

图 2-1-1　电机正反转电气原理图

2. 电气原理图设计

1）PLC 的 I/O 分配

对照图 2-1 中的辅助控制电路，给出 PLC 控制所用到的输入/输出点。经过分析，此电路控制中有三个输入点（开关量），两个输出点，共五点，见表 2-1-1。

表 2-1-1　I/O 地址分配表

序号	器件名称	器件符号	PLC 地址
输入元件	停止按钮	SB1	I0. 0
	正转启动按钮	SB2	I0. 1
	反转启动按钮	SB3	I0. 2
输出元件	接触器	KM1	Q0. 0
	接触器	KM2	Q0. 1

2）PLC 电路原理图

原理图 1 实例：CPU ST30 的输出接口是直流输出，控制电动机得失电的低压电器是交流接触器 KM，PLC 的 DC 输出口可以接 DC 24 V 的中间继电器 KA，然后利用 KA 的常开触点控制接触器线圈，如图 2-1-2 所示。

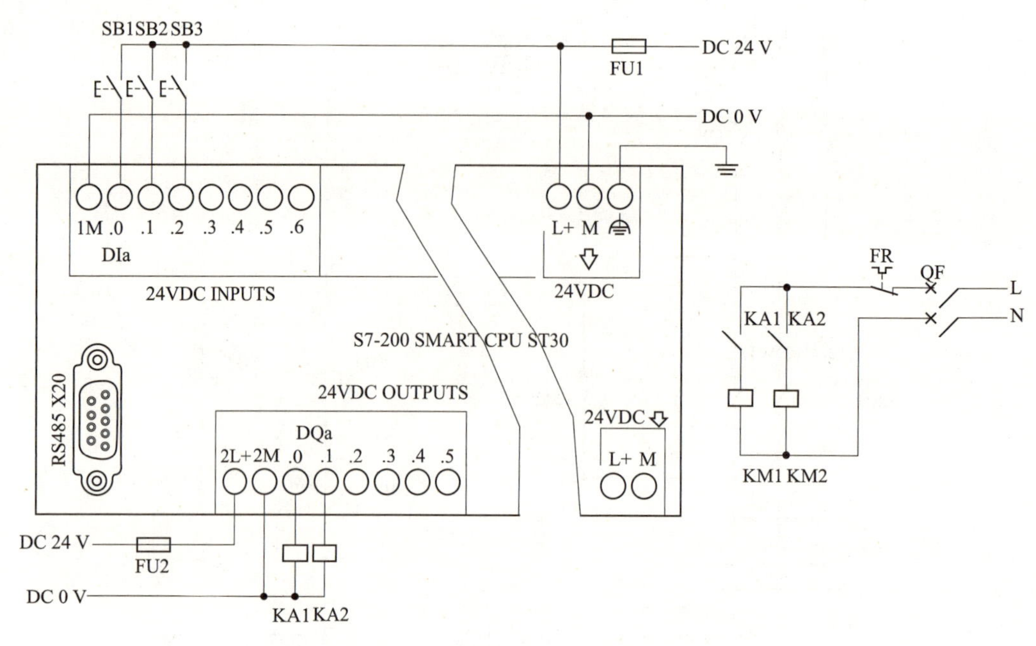

图 2-1-2　PLC 控制原理图 1（输出口 DC 供电）

原理图 2 实例：CPU SR30 的输出接口是继电器输出，理论上交直流负载都可以连接，在 PLC 输出电流可驱动负载的情况下，也可以将交流接触器 KM 直接连接到 PLC 输出口，如图 2-1-3 所示。

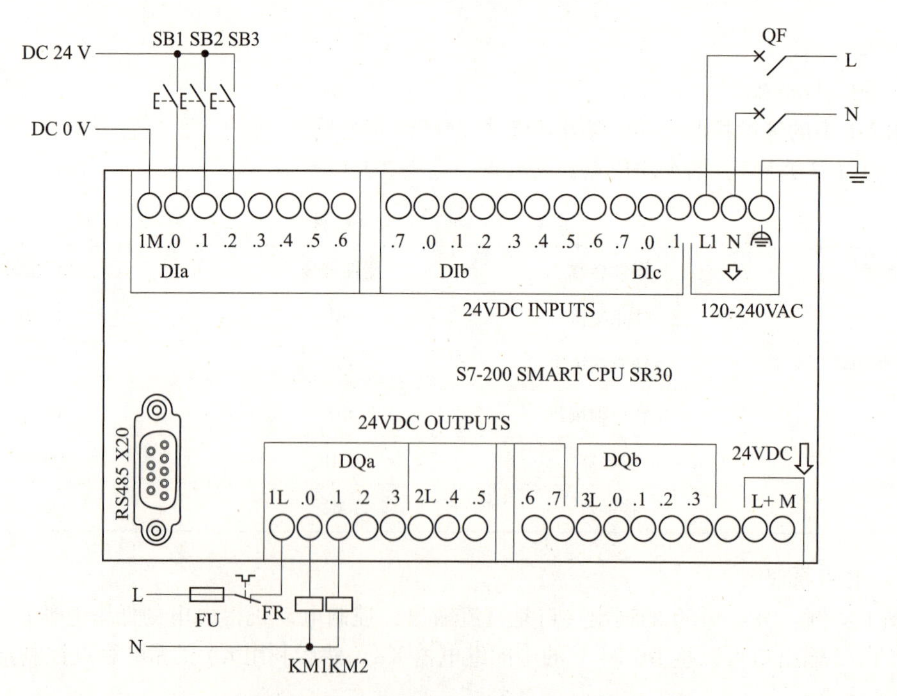

图 2-1-3　电机正反转控制电气原理图

2.1.2 电动机正反转控制实施

视 频

电动机正反转控制实施

1. 根据要求，填写所要领取的材料清单（见表 2-1-2）

表 2-1-2 材料清单

序号	器件名称	型号规格	数量	备注

2. 控制板的接线

在选择好元器件，设计好原理图的基础上按照接线规则完成控制板的接线。

3. 编程调试

编写电动机正反转控制的梯形图程序。图 2-1-4 所示梯形图程序仅供参考。

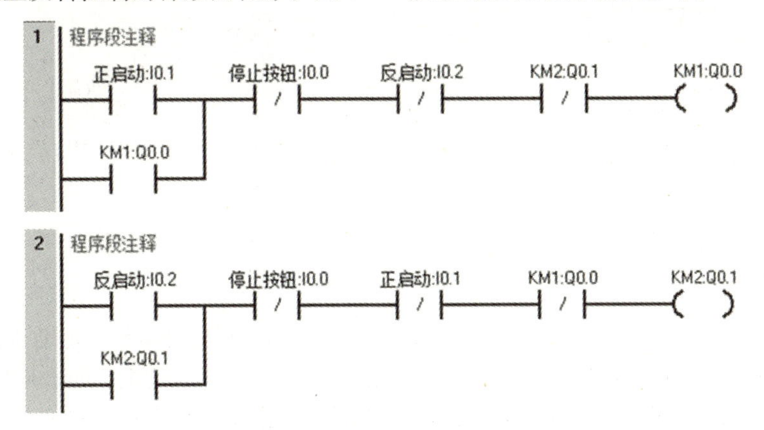

图 2-1-4 梯形图程序

2.1.3 工作台往返运动的 PLC 控制

视 频

工作台往返运动的PLC控制

1. 电路分析

在生产中，某些机床的工作台需要进行自动往复运动，如线切割机床的绕丝运动、各种刨床的工作台运动等。往返运动的行程控制是由行程开关实现的，往返运动往往是通过电动机的正反转、电磁阀的通电与断电实现的。如图 2-1-5 所示，在床身的两端装有行程开关 SQ1、SQ2 分别表示加工的起点与终点。在工作台上安装有撞块 A、B，随工作台一起移动，分别压下 SQ2、SQ1，来改变电动机的转向，实现工作台的自动往返运动。

图 2-1-6 为自动往返循环的电气控制电路图，图中 SQ1 为反向转正向行程开关，SQ2 为正向转反向行程开关。SQ3 为正向限位开关，SQ4 为反向限位开关。

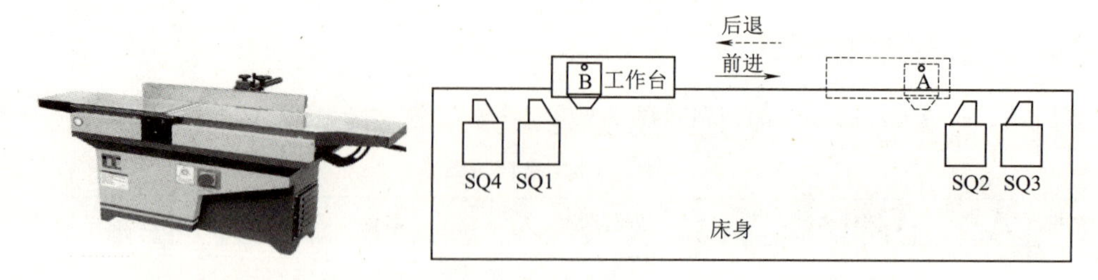

图 2-1-5　机床工作台自动往返运动示意图

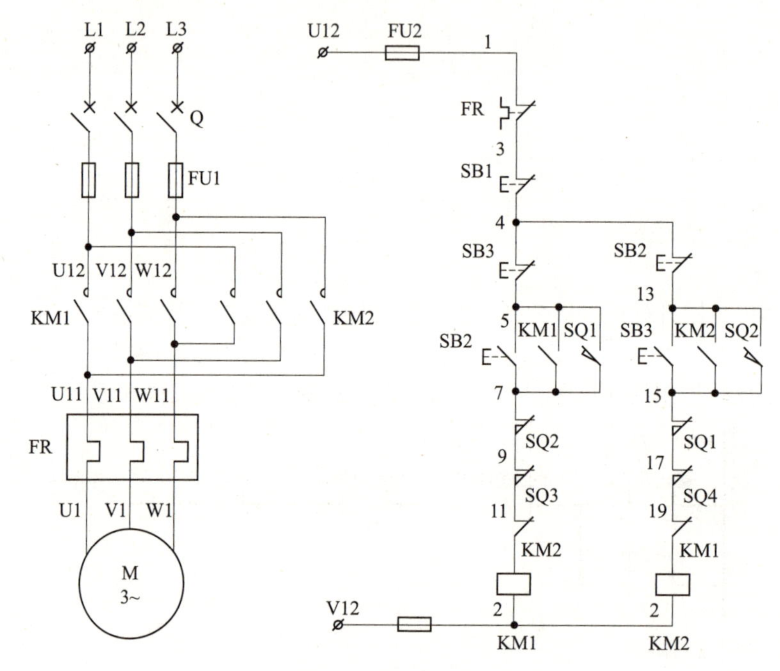

图 2-1-6　自动往返循环的电气控制电路图

电路工作原理：合上电源开关 Q，按下按钮 SB2，线圈 KM1 得电并自锁，电动机正转，拖动工作台向前（向右）移动，当移到位后，挡块 A 压下行程开关 SQ2，其常闭触点断开 KM1 线圈，其常开触点闭合使 KM2 线圈得电并自锁，电动机由正转变为反转，拖动工作台由前进变为后退，当后退到位后，挡块 B 压下行程开关 SQ1，SQ1 的常闭触点断开 KM2 线圈，同时 SQ1 的常开触点使 KM1 线圈得电并自锁，电动机由反转变为正转，工作台由后退变为前进，如此周而复始实现自动往返工作。当 SQ1、SQ2 失灵时，无法实现电动机换向，工作台继续沿着原来的方向移动，挡块压下限位开关 SQ3 或 SQ4，使相应的接触器断电释放，电动机停止，工作台停止，从而避免超行程发生出轨等机械故障。

现在要求用 PLC 控制实现工作台的往返动作过程。下面介绍 PLC 原理图和程序设计。

2. PLC 电气原理图

根据要求完成电路原理图设计，绘制输入/输出元器件，并给出各部分的供电电压。电动机正反转 PLC 控制部分的电气原理图如图 2-1-7 所示，主电路与图 2-1-6 相同。

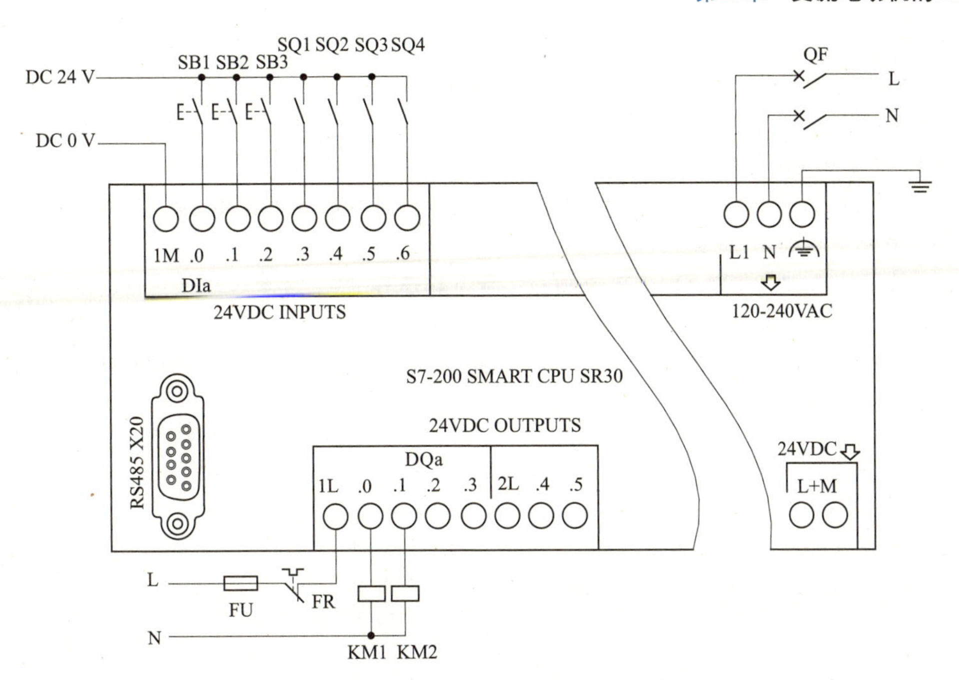

图 2-1-7　电动机正反转 PLC 控制部分的电气原理图

3. PLC 程序（见图 2-1-8）

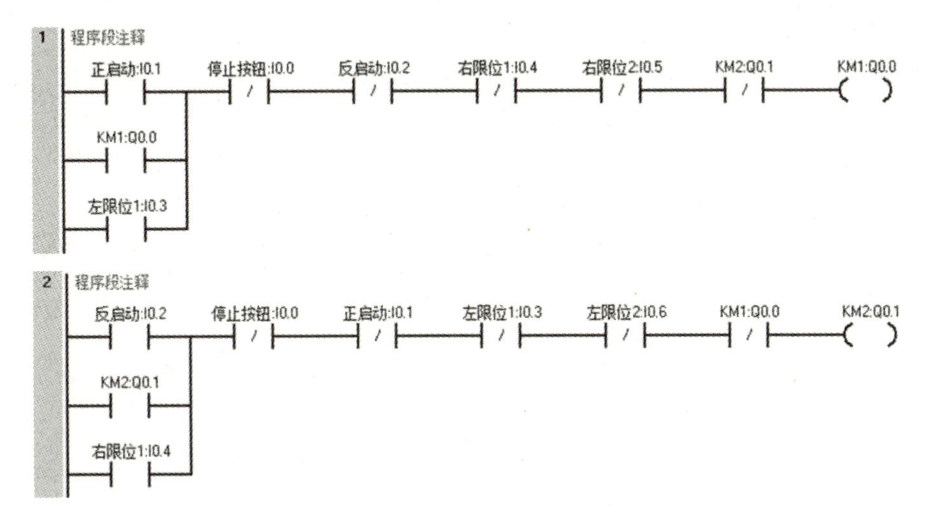

图 2-1-8　PLC 程序

2. 1. 4　工作台往返运动的 PLC 控制实践操作

学生完成接线、编程并检查线路程序无误的前提下，上电调试，其过程详见二维码视频。

视　频

工作台往返运动的项目实践

本节习题

（1）电动机正转时接触器 KM1 闭合，反转时接触器 KM2 闭合，用 PLC 控制电动机正转和反转，PLC 输出口 Q0.0 和 Q0.1 分别连接（　　）。

A. 输出口电路为 DC 类型的 PLC 不能直接连接 KM，要经过中间继电器 KA 进行过渡

B. 直接连接 KM1 和 KM2

C. 输出口电路为 RELAY 类型的 PLC 不能直接连接 KM，要经过中间继电器 KA 进行过渡

D. 直接连接 KA1 和 KA2

（2）启动按钮 SB1 常开触点接 I0.0，停止按钮 SB2 常闭触点接 I0.1，则 M0.0 的启停自锁程序应该是（　　）。

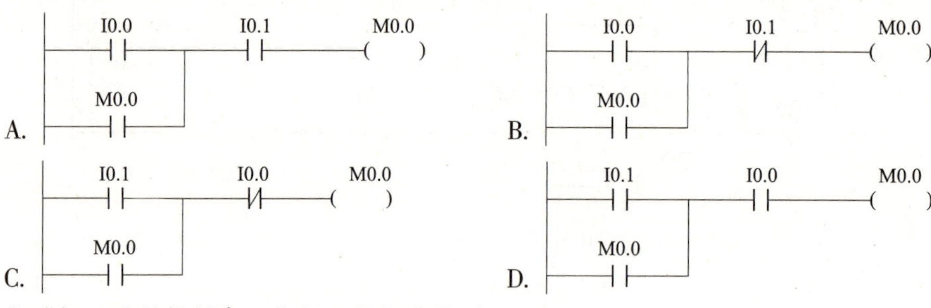

（3）电动机正反转控制中，电气互锁指的是（　　）。

A. 把正反转的启动按钮的常闭触点接到对方的电路中

B. 把接触器的常闭触点串联到对方电路中

C. 把正反转的启动按钮的常开触点接到对方的电路中

D. 把接触器的常开触点串联到对方电路中

（4）停止按钮 SB1 常开触点接 I0.0，正转启动按钮 SB2 和反转启动按钮 SB3 常开触点接 I0.1 和 I0.2，则正转接触器 Q0.0 的带自锁、电气互锁、按钮互锁的程序应该是（　　）。

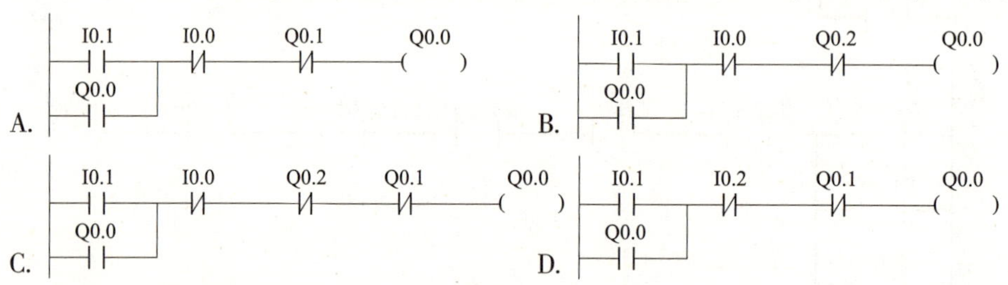

（5）工作台的往返控制中，（　　）不是行程限位的作用。

A. 防止启动按钮失效时可以启动工作台的运动

B. 防止工作台运动中超行程

C. 碰到行程限位及时切断电源

D. 往返控制时在切断一个方向的运动的同时接通反向的电源

2.2　电动机星-三角减压启动的 PLC 控制

学习目标

(1) 掌握星-三角减压启动的主电路和控制电路，能够进行控制电路的 PLC 改造；
(2) 掌握 PLC 的定时器指令，能够应用定时器指令编写程序；
(3) 掌握 PLC 电气原理图的设计和 PLC 梯形图程序的编写；
(4) 能够根据控制要求，进行相关调试，完成故障排查。

2.2.1　星-三角减压启动控制介绍

视频

星-三角减压启动控制介绍

1. 控制要求

一台皮带运输机的电动机为三角形运行，功率为 4 kW，额定电流为 8.8 A，由于供电变压器的容量比较小，现要求采用星-三角减压启动。按下启动按钮 SB1，KM1 和 KM3 得电触点闭合，电动机星形运行，延时 5 s 后，KM1 和 KM2 得电触点闭合，电动机进入三角形全压运行，按下停止按钮 SB2，电动机停止运行。请完成电动机 PLC 控制电路的设计、编程和安装调试。电动机星-三角减压启动的主电路和绕组接线方式如图 2-2-1 所示。

图 2-2-1　电动机星-三角减压启动的主电路和绕组接线方式

在这个控制中需要用到定时器来延时，下面学习西门子 PLC 的定时器指令。

2. 电气原理图设计

1）PLC 的 I/O 分配

经过分析，此电路控制中有三个输入点（开关量），两个输出点，共五点，见表 2-2-1。

表 2-2-1　I/O 地址分配表

项目	器件名称	器件符号	PLC 地址
输入元件	启动按钮	SB1	I0. 0
	停止按钮	SB2	I0. 1
输出元件	接触器	KM1	Q0. 0
	接触器	KM2	Q0. 1
	接触器	KM3	Q0. 2

2）PLC 电气原理图

根据表 2-2-1 中的 I/O 地址分配完成电气原理图设计，绘制输入/输出元器件，并给出各部分的供电电压。电动机星-三角减压启动电气原理图如图 2-2-2 所示，主电路与图 2-2-1 相同。

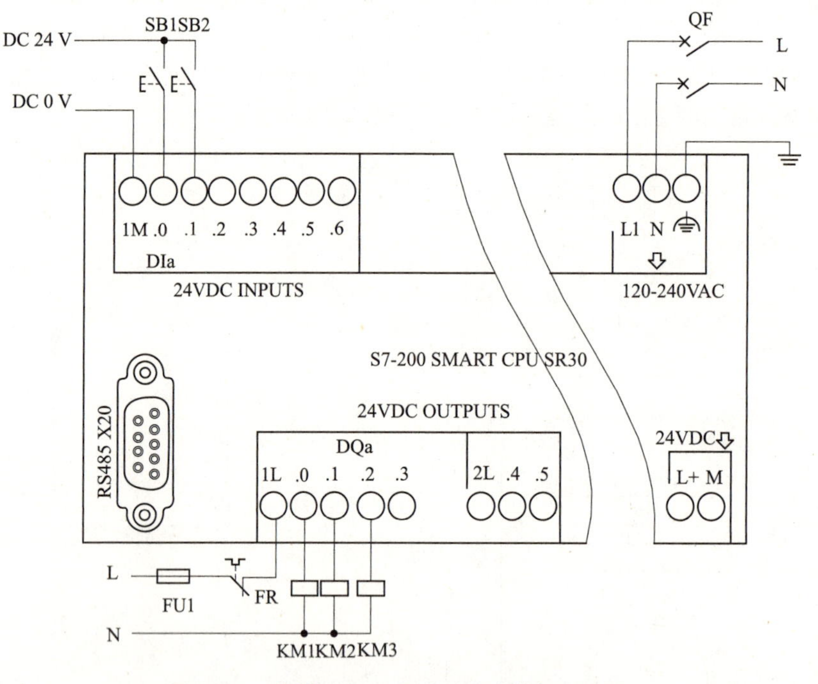

图 2-2-2　电动机星-三角减压启动电气原理图

2. 2. 2　定时器指令讲解

S7-200 SMART 系列 PLC 的软定时器的时基标准（分辨率）有 1 ms、10 ms、100 ms 三种，取决于定时器号码，详细分配关系见表 2-2-2。

定时时间等于时基与设定值的乘积。定时器的设定值和当前值均为 16 位的有符号整数，允许的最大值为 32 767。预设定值 PT 可以是常数，可以是直接寻址寄存器 VW、IW、QW、

MW、SMW、SW、LW、AC、T、C，还可以是间接寻址存储器＊VD、＊AC。

表 2-2-2　S7-200 SMART 系列 PLC 的定时器分配

工作方式	时基/ms	最大定时范围/s	定时器号
TONR	1	32.767	T0，T64
	10	327.76	T1～T4，T65～T68
	100	3 276.7	T5～T31，T69～T95
TON/TOF	1	32.767	T32，T96
	10	327.76	T33～T36，T97～T100
	100	3276.7	T37～T63，T101～T255

1. 通电延时定时器（TON）

（1）指令格式及功能见表 2-2-3。

表 2-2-3　通电延时定时器指令格式及功能

梯形图（LAD）	语句表（STL）		功　能
	操作码	操作数	
T××× IN TON PT	TON	T×××，PT	当使能输入端 IN 为“1”时，TON 定时器开始定时，当定时器的当前值大于或等于预定值 PT 时，定时器位状态变为 ON；当定时器的输入端由“1”变为“0”时，定时器复位

通电延时定时器的梯形图程序及波形图如图 2-2-3 所示。

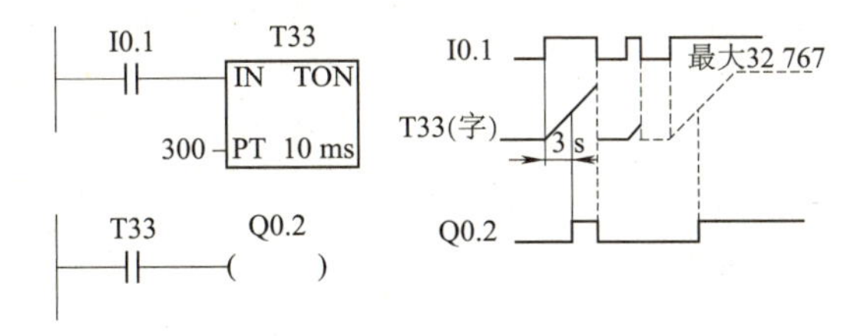

图 2-2-3　通电延时定时应用程序

当 I0.1 为高电平时，T33 定时器开始计时（计数内部时钟），当计时值为 300 时（定时值 = 10 × 300 ms = 3 000 ms = 3 s），Q0.2 输出高电平。

（2）通电延时定时器应用举例：

例 2-2-1　用接在 I0.0 输入端的光电开关检测传送带上通过的产品，有产品通过时 I0.0 为 ON，如果 10 s 内没有产品通过，由 Q0.0 发出报警信号，报警信号的解除用 I0.1 输入端开关解除，梯形图程序及波形图如图 2-2-4 所示。

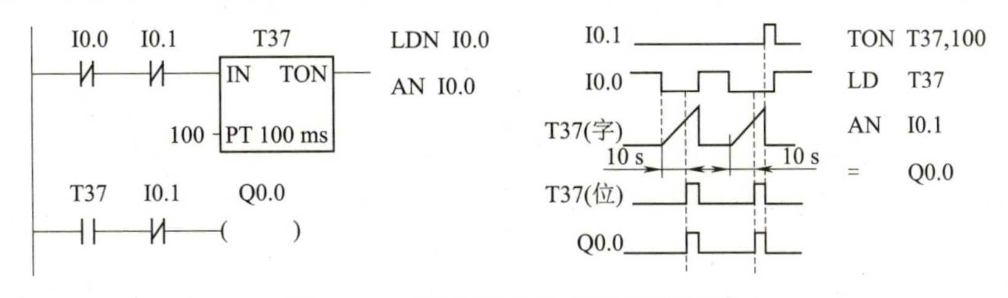

图 2-2-4　通电延时定时器应用举例

2. 断电延时定时器（TOF）

（1）指令格式及功能见表 2-2-4。

表 2-2-4 断电延时定时器指令格式及功能

梯形图（LAD）	语句表（STL）		功　能
	操作码	操作数	
T××× IN TOF PT	TOF	T×××，PT	当输入端 IN 为“1”时，定时器位状态变为 ON，当前值被清零；当输入端 IN 为“0”时，TOF 定时器开始计时，当前值达到预定值 PT 时，定时器位状态变为 OFF（该位为 0）

（2）指令编程举例：

例 2-2-2 系统正常工作，I0.1 接通，系统出现故障，I0.1 断开。要求系统故障 1 s 时，通过 Q0.1 发出报警信号。对应的梯形图程序及时序图如图 2-2-5 所示。

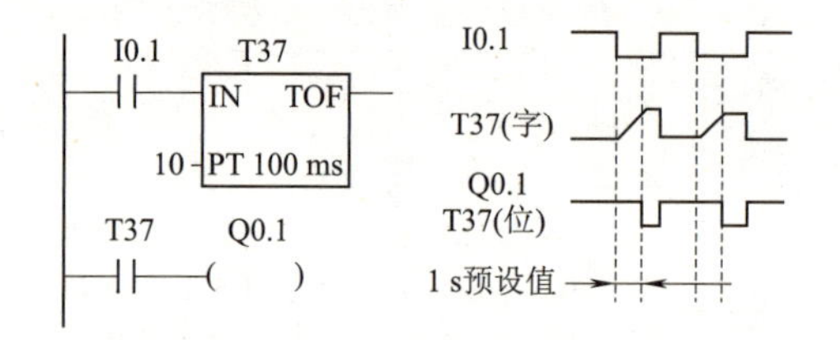

图 2-2-5 断电延时定时器举例

3. 保持型通电延时定时器（TONR）

（1）指令格式及功能见表 2-2-5。

表 2-2-5 保持型通电延时定时器指令格式及功能

梯形图（LAD）	语句表（STL）		功　能
	操作码	操作数	
T××× IN TONR PT	TONR	T×××，PT	当输入端 IN 为“1”时，定时器计时；当输入端 IN 为“0”时，停止计时，并保持当前值不变。当前值达到预定值 PT 时，定时器位状态变为 ON（该位为 1）

注：1. TONR 定时器只能用复位指令来复位。
2. TONR 定时器指令用于对多次输入接通时间的累加。

（2）指令编程举例：

例 2-2-3 某设备间歇性工作，要求总工作时间达到 300 s 后系统发出报告信息。工作时，I0.1 发出得电，工作时间达到由 Q0.1 发出报告信息，由 I0.2 复位报告信息。对应的梯形图程序及时序图如图 2-2-6 所示。

4. 定时器刷新方式和编程技巧

（1）1 ms 时基定时器每隔 1 ms 刷新一次，与扫描周期无关。当扫描周期较长时，定时器的当前值在一个周期内多次刷新，和普通计数器一样，当计数值等于预置值时，一旦定时器中断允许，CPU 响应中断，执行被连接的中断服务程序。

（2）10 ms 时基定时器在每个扫描周期开始自动刷新，当前值在每个扫描周期内不变。

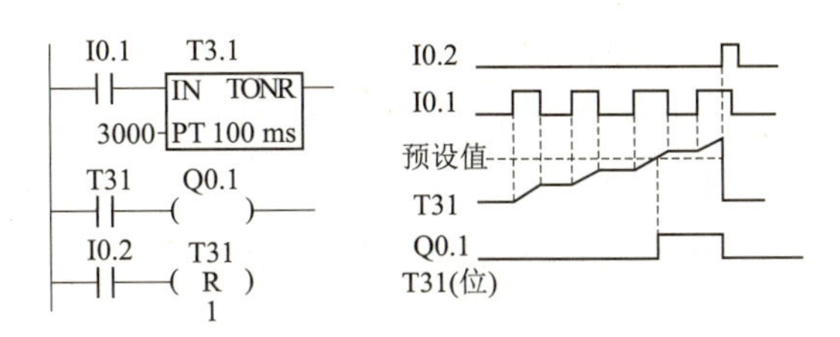

图 2-2-6　保持型通电延时定时器举例

（3）100 ms 时基定时器是定时器指令执行时被刷新，下一条执行的指令即可使用刷新后的结果。

（4）在定时器的使用中要考虑定时器的刷新方式，只有这样才能达到预期的结果。

例 2-2-4　如图 2-2-7 所示，T96 是 1 ms 定时器（1 ms 刷新一次），只有正好在扫描到 T96 常闭触点与 T96 常开触点之间，当前值等于预置值时，T96 被刷新，进行位状态切换，使 T96 的常开触点 ON，从而使 M0.0 能 ON 一个扫描周期，否则 M0.0 将总是处于 OFF 状态。图 2-2-7（b）所示的梯形图始终能使 M0.0 能 ON 一个扫描周期。

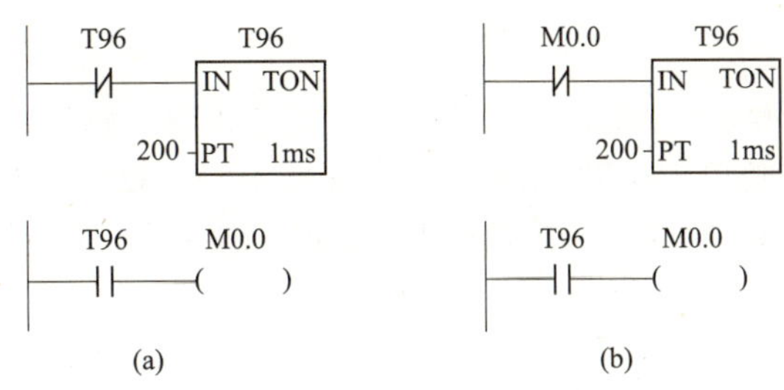

图 2-2-7　1 ms 定时器

2.2.3　星-三角减压启动实施及调试

视频

星-三角减压启动实施及调试

根据要求，完成元器件选型、布局、安装接线，并编写控制程序，参考程序如图 2-2-8 所示，按下启动按钮 I0. 0，KM1 得电并启动 T37 延时，KM3 在启动后得电，直至 T37 延时时间到，KM3 失电，KM2 得电。星-三角减压启动实施及调试过程请扫码看视频。

1 正向
正启:I0.0　停止:I0.2　KM1:Q0.0
KM1:Q0.0

2 延时5秒
KM1:Q0.0　T37
IN TON
50 PT 100~

3 接触器KM3
KM1:Q0.0　T37　KM3:Q0.2

图 2-2-8　星-三角减压启动程序

图 2-2-8　星-三角减压启动程序（续）

2.2.4　双向星-三角减压启动控制

实现电动机双向星-三角减压启动的控制：按下正转启动按钮 SB2，电动机正向星形启动（KM1 和 KM3 得电），同时指示灯 HL1 闪烁（1 步/s），延时 5 s 后进入三角形全压运行（KM1 和 KM2 得电），同时指示灯 HL1 长亮，按下停止按钮 SB1，电动机停、灯灭；按下反转启动按钮 SB3，电动机反向星形启动（KM4 和 KM3 得电），同时指示灯 HL2 闪烁（1 步/s），延时 3 s 后进入三角形全压运行（KM4 和 KM2 得电），同时指示灯 HL2 长亮，按下停止按钮 SB1 电动机停、灯灭；正向和反向运行要有互锁保护。利用 PLC 作为控制器，完成控制电路的电气原理图设计和程序设计。

1. 电气原理图

根据控制要求绘制电气原理图。双向星-三角减压启动主电路图如图 2-2-9 所示，PLC 电气原理图如图 2-2-10 所示，其中 PLC 选用 SMART SR30，输出口 1L 接 AC 220 V 交流电，Q0. 0 ~ Q0. 3 连接接触器 KM1 ~ KM4（注意：如选用 ST30，则输出口先连接中继 KA）；2L 接 DC 24 V 直流电，Q0. 4 ~ Q0. 5 连接指示灯 HL1 ~ HL2。

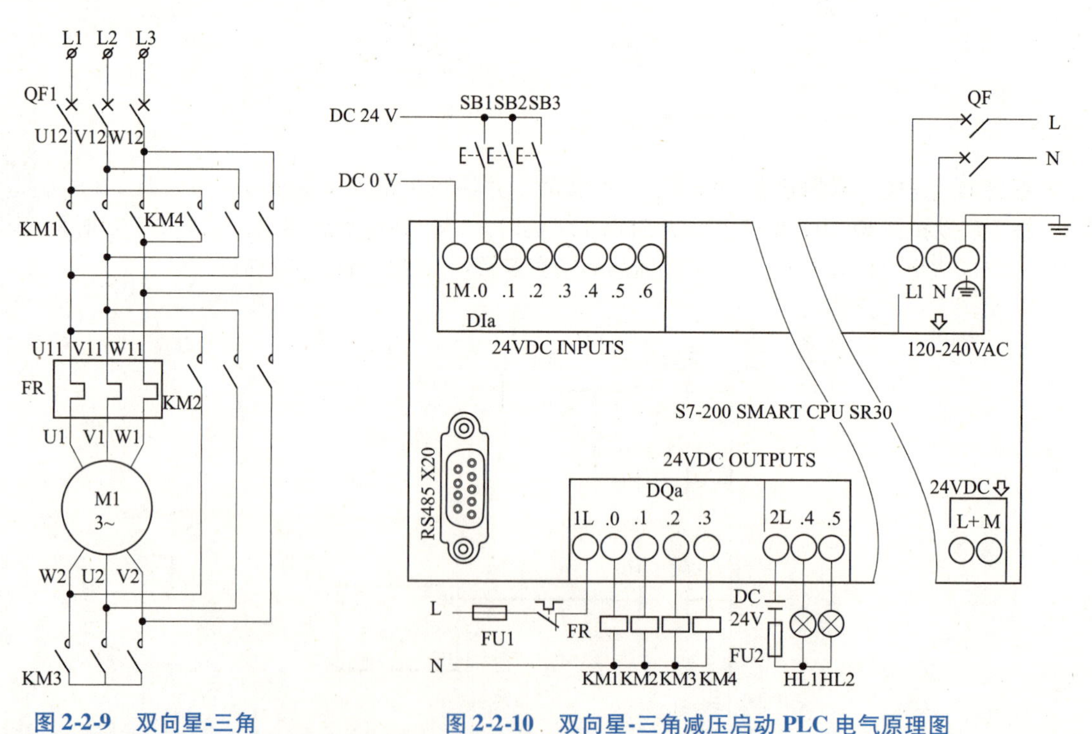

图 2-2-9　双向星-三角减压启动主电路图

图 2-2-10　双向星-三角减压启动 PLC 电气原理图

2. PLC 程序

下面分析双向星三角减压启动的 PLC 程序，如图 2-2-11 所示。

程序段 1 ~ 程序段 4：电动机正向运行时 KM1 始终得电，反向运行时 KM4 始终得电，利用正启动按钮和反启动按钮分别编写 KM1 和 KM4 的启停程序，同时用 KM1 启动 T37 的 5 s 延时，KM4 启动 T38 的 3 s 延时。

程序段 5 ~ 程序段 8：KM3 和 KM2 在正转和反转的不同时间都有得电状态，编程时不能用两个程序段分别编写，而是将不同时间段采用并联的方式实现同一个输出口的控制。灯 HL1 和 HL2 在不同时间有长亮和闪烁两种状态，编程时不同时间段采用并联的方式实现同一个输出口的控制。

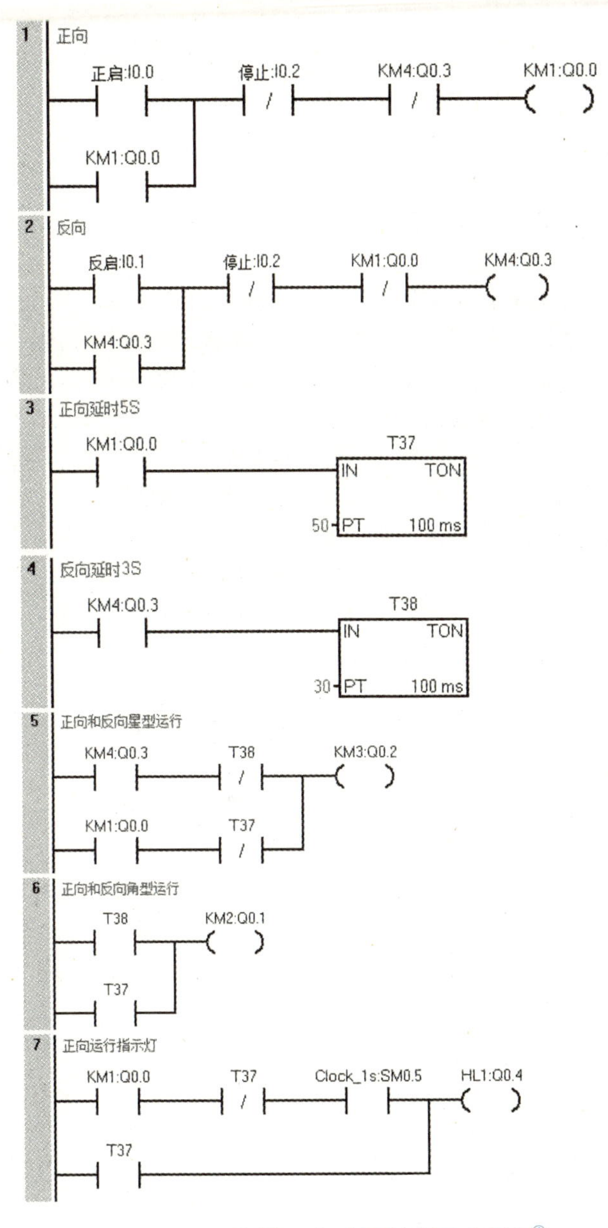

图 2-2-11　双向星-三角减压启动 PLC 程序①

①类似梯形图为软件截屏图，其中 5S 即 5 s，下同。

8 反向运行指示灯
KM4:Q0.3 T38 Clock_1s:SM0.5 HL2:Q0.5
T38

图 2-2-11　双向星-三角减压启动 PLC 程序（续）

本节习题

（1）以下（　　）不是 S7-200 SMART 系列 PLC 的软定时器。

A. TON　　B. TOR

C. TOF　　D. TONR

（2）电动机星-三角减压启动控制中，T37 定时器延时 5 s 进行切换，定时器的常开触点接通________，常闭触点断开________。（　　）

A. 角接触器 KM2，星接触器 KM3　　B. 星接触器 KM3，角接触器 KM2

C. 接触器 KM1，星接触器 KM3　　D. 接触器 KM1，角接触器 KM2

（3）电动机星-三角减压启动中，用到三个接触器 KM1 KM2 KM3，在星形运行时，接通 KM1、KM3，则三角形运行时，要接通（　　）。

A. KM1、KM2　　B. KM3

C. KM1、KM3　　D. KM2、KM3

（4）定时器 T33 要延时 3 s，PT 预设值应设置为（　　）。

A. 3　　B. 30

C. 300　　D. 3 000

（5）结合下面这段程序，以下分析正确的是（　　）。

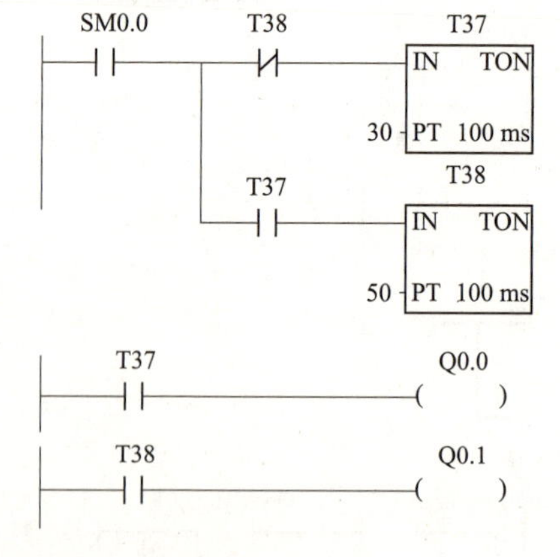

A. Q0.0 口输出以亮 5 s 灭 3 s 的规律循环

B. Q0.0 口输出以亮 3 s 灭 5 s 的规律循环

C. Q0.1 口输出以亮 3 s 灭 5 s 的规律循环

D. Q0.1 口输出以亮 5 s 灭 3 s 的规律循环

2.3　三级输送线的 PLC 控制

学习目标

（1）掌握三级输送线的控制电路及应用要点；

（2）能够设计 AC/DC/RELAY 和 DC/DC/DC 两种类型的 PLC 电气原理图，并理解其不同之处；

（3）进一步理解 PLC 硬件接线常开常闭触点的状态对软件编程的影响；

（4）能够完成接线并进行调试。

2.3.1　三级输送线介绍

视频

三级输送线的介绍

1. 控制要求

图 2-3-1 是一个三级输送线。三级输送线由三条输送带构成，分别由 M1 电动机、M2 电动机和 M3 电动机驱动，对于这三条输送带的要求如下：

（1）按下启动按钮，输送线的 1 号、2 号、3 号输送带以时间间隔 2 s 的速率启动，防止货物在输送带上堆积。

（2）按下停止按钮，输送线的 3 号、2 号、1 号输送带以时间间隔 2 s 的速率停止，保证停车后输送带上不残存货物。

（3）当 1 号输送带过载停车时，报警灯 L1 闪烁，2 号、3 号输送带也随即停车；当 2 号输送带过载停车时，报警灯 L2 闪烁，3 号输送带也随即停车，以免继续进料；当 3 号输送带过载停车时，报警灯 L3 闪烁。过载故障清除复位后，输送带在原有基础上继续运行。

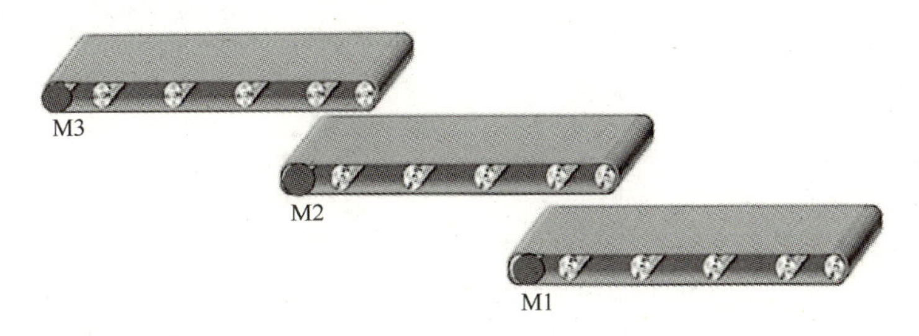

图 2-3-1　三级输送线示意图

2. 电气原理图设计

1）主电路原理图

三级输送线主电路图如图 2-3-2 所示。

2）I/O 地址分配

对照主电路图，给出 PLC 控制所用到的输入/输出点，见表 2-3-1。

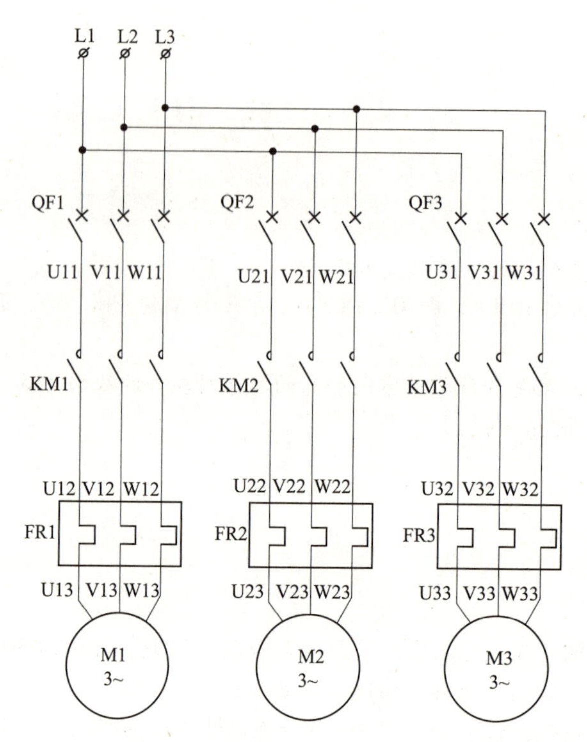

图 2-3-2　三级输送线主电路图

表 2-3-1　输入地址分配表

类别	器件名称	PLC 地址	类别	器件名称	PLC 地址
输入元件	启动按钮 SB1	I0. 0	输出元件	接触器 KM1	Q0. 0
	停止按钮 SB2	I0. 1		接触器 KM2	Q0. 1
	热继电器 FR1	I0. 2		接触器 KM3	Q0. 2
	热继电器 FR2	I0. 3		灯 L1	Q0. 3
	热继电器 FR3	I0. 4		灯 L2	Q0. 4
				灯 L3	Q0. 5

3）PLC 控制电路原理图

根据表 2-3-1 中的 I/O 地址分配绘制电气原理图，绘制输入/输出元器件，并给出各部分的供电电压。采用 CPU ST30 DC/DC/DC 作为控制器，其电路原理图如图 2-3-3 所示。

视 频

PLC程序设计

2. 3. 2　PLC 程序设计

要实现三级输送线的顺序启停控制，需要先清楚它们之间的时序关系，如图 2-3-4 所示。分析可知，启动过程需要两个 2 s 的延时（T37 和 T38），停止过程也需要两个 2 s 的延时（T39 和 T40），关键是什么信号启动 T37 延时，什么信号启动 T39 延时？

按照控制要求，应该是启动按钮 SB1 启动 T37 延时，停止按钮 SB2 启动 T39 延时，但 SB1 和 SB2 都是不带自锁的点动按钮，不能一直维持得电状态，故在此需要引入标志位（中间继电器 M）来表示启动按钮和停止按钮按下的时刻。

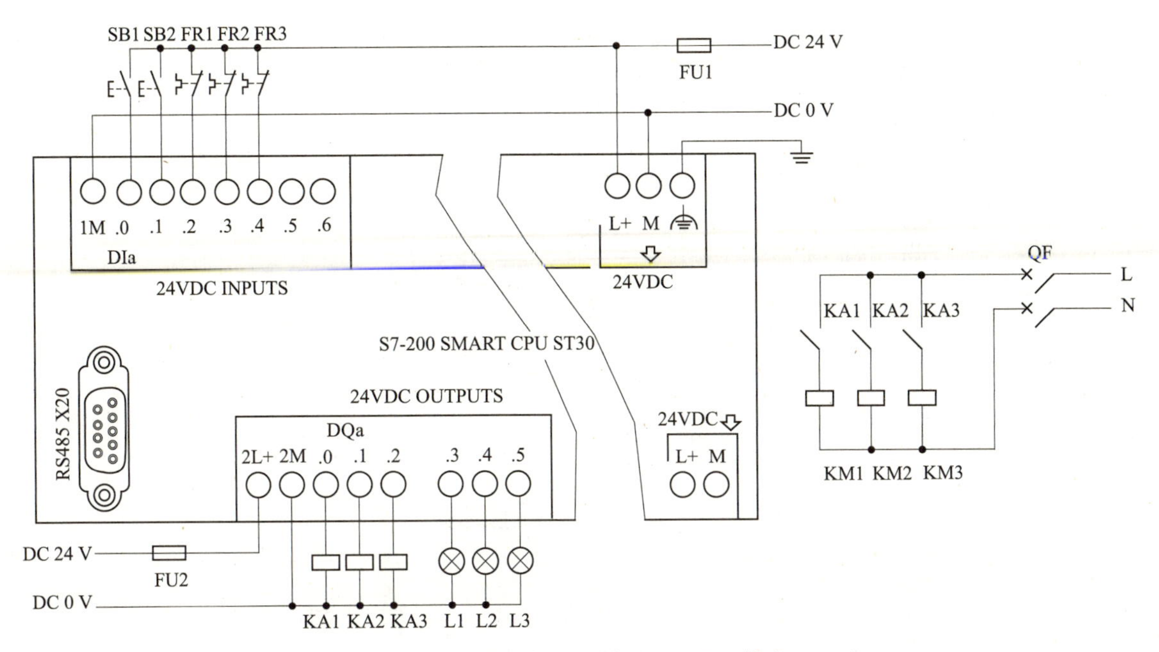

图 2-3-3　三级输送线的 PLC 控制原理图（输出口 DC）

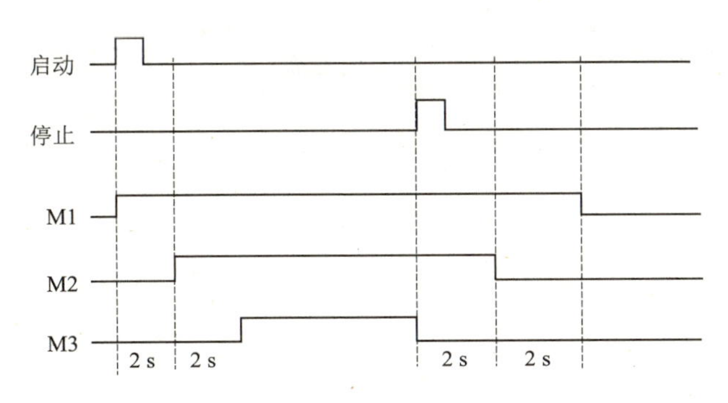

图 2-3-4　三级输送线时序关系图

下面分析三级输送线的 PLC 程序，如图 2-3-5 所示

程序段 1 ~ 程序段 2：按照控制要求，应该是启动按钮 SB1 启动 T37 延时，停止按钮 SB2 启动 T39 延时，但 SB1 和 SB2 都是不带自锁的点动按钮，不能一直维持得电状态，故在此需要引入标志位（中间继电器 M）来表示启动按钮和停止按钮按下的时刻。

程序段 3 ~ 程序段 4：启动后，驱动顺序延时定时器 T37 和 T38，考虑到热继电器过载后停止输送线的要求，将 FR 串联到定时器的程序中。

程序段 5 ~ 程序段 7：输送线 M1 电动机由 M0. 0 得电启动，T40 位状态变 1 时停止；M2 电动机由 T37 位状态变 1 时启动，T39 位状态变 1 时停止；M3 电动机由 T38 位状态变 1 时启动，按下停止按钮时停止。

程序段 8：要求过载后报警灯闪烁，故将热继电器的常闭触点接入报警灯程序，如发生过载情况，相应的报警灯闪烁。

注意：热继电器的硬件接线常闭 + 软件程序常闭 = 断开，所以不过载时灯是熄灭的。

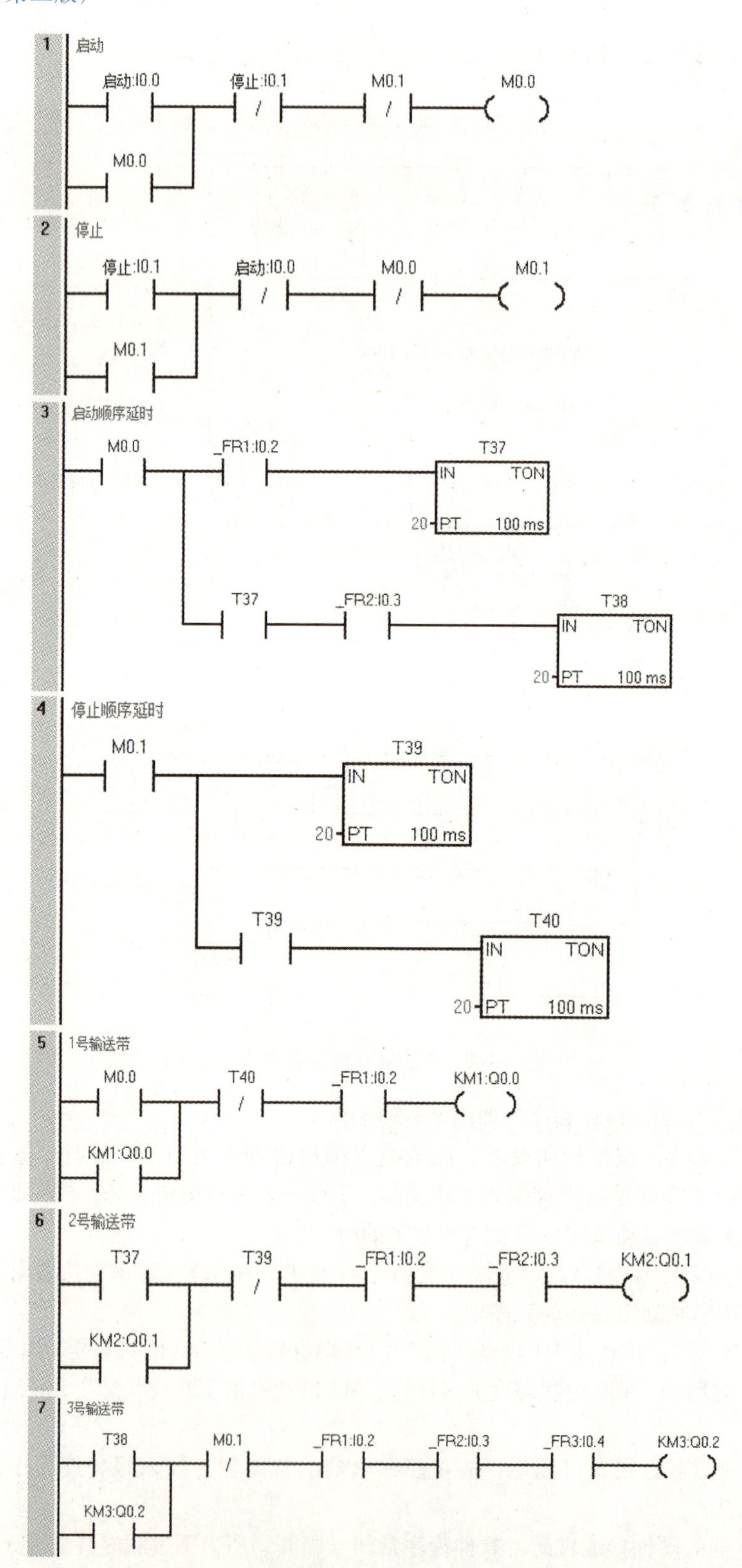

图 2-3-5　三级输送线的 PLC 程序

8　报警灯闪烁程序

Always_~:SM0.0　_FR1:I0.2　Clock_1s:SM0.5　L1:Q0.3

_FR2:I0.3　Clock_1s:SM0.5　L2:Q0.4

_FR3:I0.4　Clock_1s:SM0.5　L3:Q0.5

图 2-3-5　三级输送线的 PLC 程序（续）

2.3.3　三级输送线的调试

仿真调试注意事项：在调试时要注意三个热继电器的初始状态都是常闭触点，所以 I0.2 ~ I0.4 要全部闭合；当热继电器过载时再断开相应的输入点，三级输送线的仿真画面如图 2-3-6 所示。

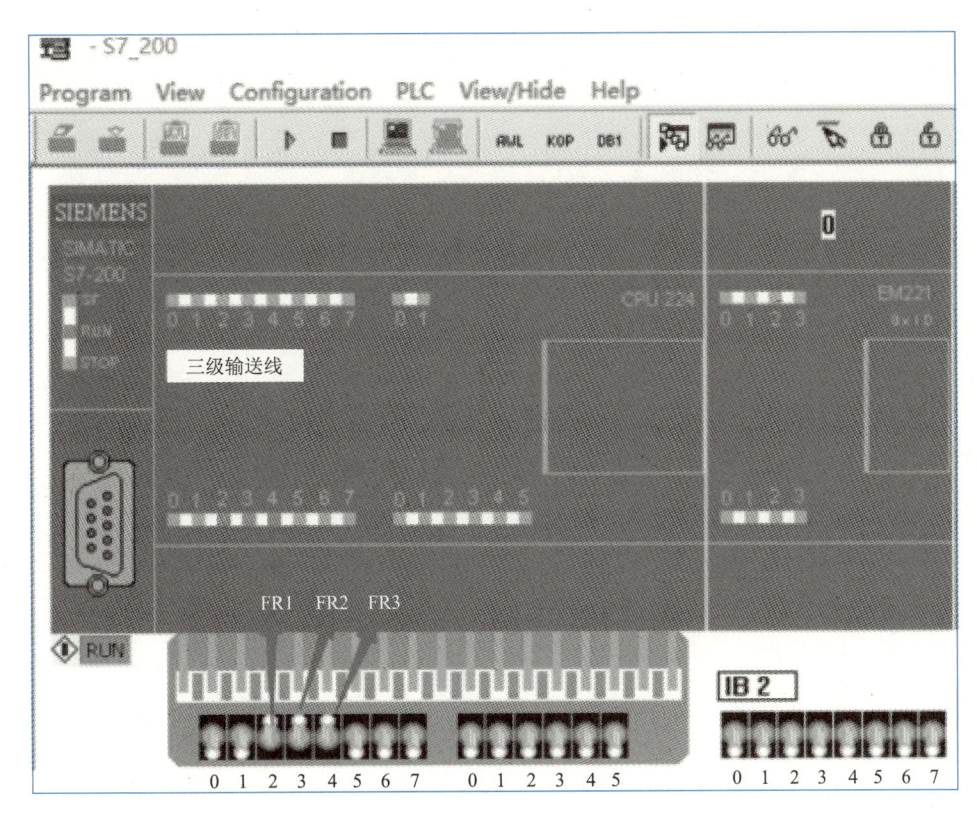

图 2-3-6　三级输送线的仿真画面

本节习题

根据题目要求，确定输入/输出地址分配，并编写 PLC 梯形图程序，仿真或实物调试实现控制要求。

（1）电动机顺序控制：按下按钮 SB2，M1 得电正转，延时 5 s 后，M2 得电正转，延时 5 s 后，M3 得电正转，按下停止按钮 SB1，电动机停止旋转。

（2）按下启动按钮 SB2，平面工作台实现向左运行，运行过程中碰触左限位开关 SQ1 后停止左行，3 s 后工作台实现向右运行，运行过程中碰触到右限位开关 SQ2 后停止右行，5 s 后又实现左行，以此方式循环工作。按下停止按钮 SB1 后，工作台失电停行。

（3）按下启动按钮，电动机 M 实现星形减压启动，灯 HL1 亮，延时 5 s 后实现三角形全压运行，同时灯 HL1 灭，按下停止按钮电动机停止运行。

（4）设计一个星-三角减压控制系统，上电 2 s 后电动机 M 实现星形减压启动，指示灯 L1 以 0.5 s的间隔闪亮，4 s 后电动机 M 实现三角形全压正常运行，灯 L1 变为长亮。任何时刻按下停止按钮，电动机 M 停止工作。

（5）按下正转启动按钮 SB2，三相异步电动机 M 实现正转星形减压启动，5 s 后 M 实现正转三角形全压运行；按下反转启动按钮 SB3，M 实现反转星形减压启动，3 s 后 M 实现反转三角形全压运行；在正转运行过程中，反转控制失效；在反转运行过程中，正转控制失效；按下停止按钮 SB1，M 失电停转。

第3章 灯的PLC控制

在日常生活中，彩灯、霓虹灯的循环点亮是经常见到的，因PLC价格高，用它控制彩灯顺序点亮并不是可取的方法，但利用PLC指令编写程序控制彩灯按较复杂的逻辑工作，可以培养初学者的编程理念，这也是本章节编写的初衷。3.1节中分析了顺序加循环的编程方法、输出口编程注意事项及TONR定时器的应用，3.2节介绍了十字路口交通灯的编程及调试，3.3节介绍了抢答器的工作过程、数码管的编程及应用等。

3.1 灯的循环计数PLC控制

学习目标

（1）掌握利用定时器实现顺序控制的编程思路；

（2）掌握实现循环的编程要点，特别是循环切入点的位置；

（3）掌握PLC程序中同一个输出口不同时刻得电的编程方法；

（4）掌握计数器指令，并能利用计数器实现“循环＋计数”的控制。

3.1.1 彩灯的顺序循环控制

视 频

彩灯的顺序循环控制

1. 控制要求

按下启动按钮SB2指示灯循环工作，循环点亮过程如图3-1-1所示，按下停止按钮SB1停止，控制器选用西门子S7-200 SMART CPU ST30的PLC。

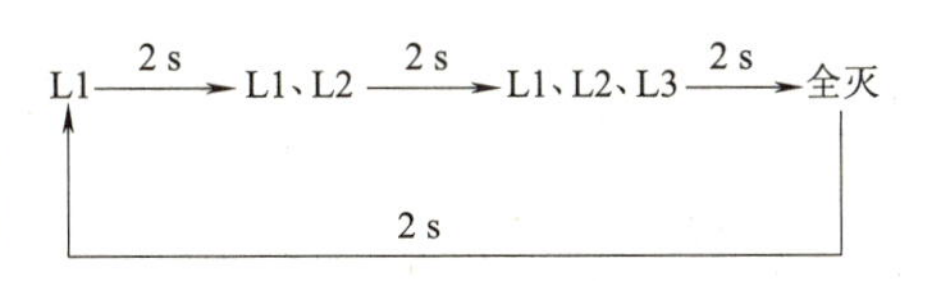

图3-1-1 灯顺序循环示意图

2. I/O地址分配

对照控制电路图，给出PLC控制所用到的输入/输出点。

3. 电气原理图

根据表3-1-1中的I/O地址分配绘制电气原理图，绘制输入/输出元器件，并给出各部分的供电电压。采用CPU ST30 DC/DC/DC作为控制器，其参考电路图如图3-1-2所示。

表3-1-1 I/O地址分配表

项目	器件名称	器件符号	PLC地址
输入元件	停止按钮	SB1	I0.0
	启动按钮	SB2	I0.1

续上表

项目	器件名称	器件符号	PLC 地址
输出元件	灯 L1	L1	Q0. 0
	灯 L2	L2	Q0. 1
	灯 L3	L3	Q0. 2

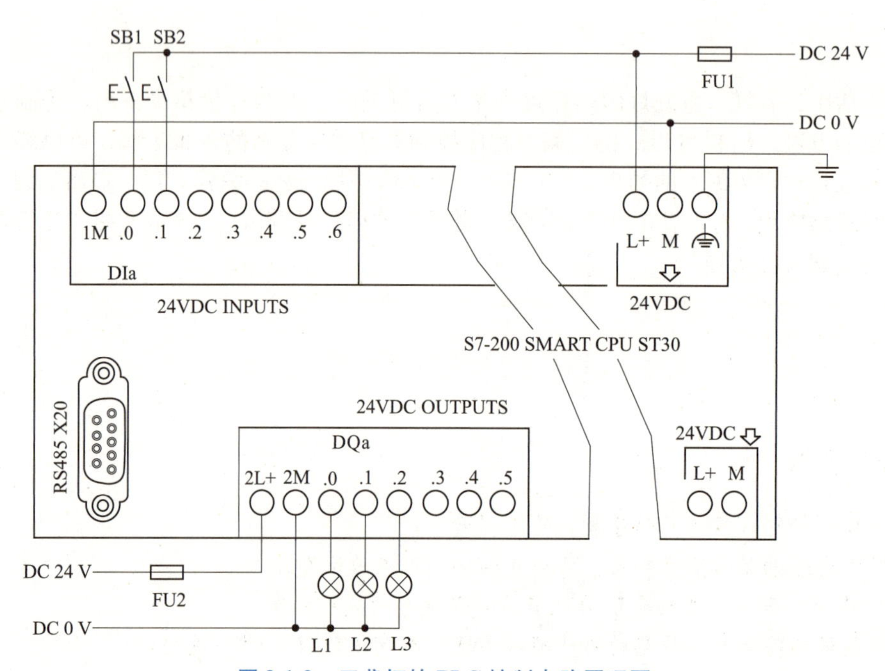

图 3-1-2　三盏灯的 PLC 控制电路原理图

4. PLC 程序

灯的顺序控制是多个维修电工考工时经常遇到的题目，只要掌握编程的要点和思路，灯的顺序控制类题目的编程还是很好掌握的。

三盏灯顺序循环点亮的梯形图程序如图 3-1-3 所示。

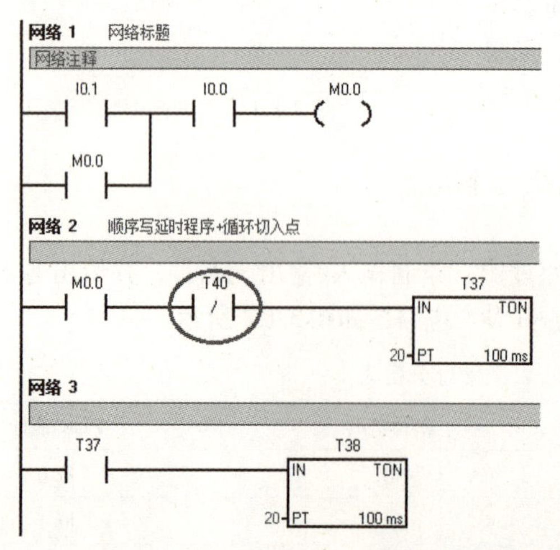

网络1：利用启停按钮启动M0.0。M0.0不是PLC的输出口，只是内存单元中一个内部存储位。M0.0在按下启动按钮时开始得电，按下停止按钮时失电。I0.0编程时用了逻辑常开触点，以为硬件电路图中连接了按钮的常闭触点。

网络2～网络5：M0.0带动定时器顺次启动延时。如果题目中有循环启动的要求，就在循环切入的定时器前面放入最后一个定时器的常闭位指令，实现循环的目的。

这里，循环切入点为T40。

图 3-1-3　三盏灯顺序循环点亮的梯形图程序

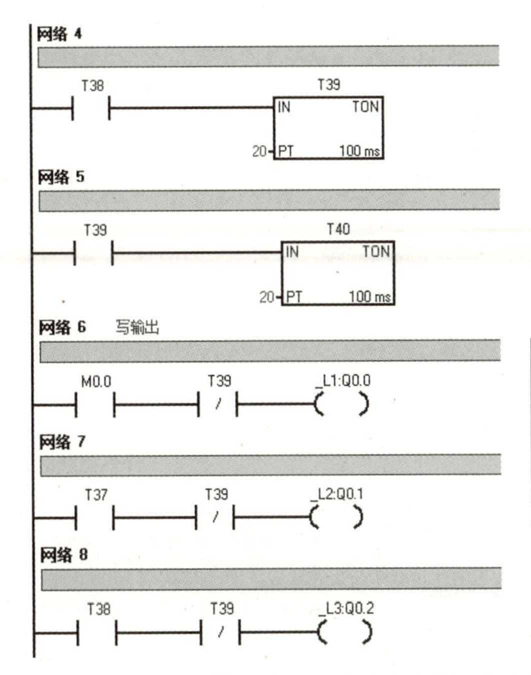

网络6～网络8：定时器程序完成后，就要在灯动作的单个流程中分析每一盏灯开始亮（常开位指令）和灭（常闭位指令）的时刻，两个时刻点串联，写输出Q。

如果灯在多个时刻点亮，就要把每一个亮灭的时间段取出来，然后多个时间段进行并联，最后写输出Q。

图 3-1-3　三盏灯顺序循环点亮的梯形图程序（续）

3.1.2　多时段点亮的输出口编程

控制要求如下：按下启动按钮 SB2，指示灯循环工作，按下停止按钮 SB1 停止，指示灯顺序过程如图 3-1-4 所示。

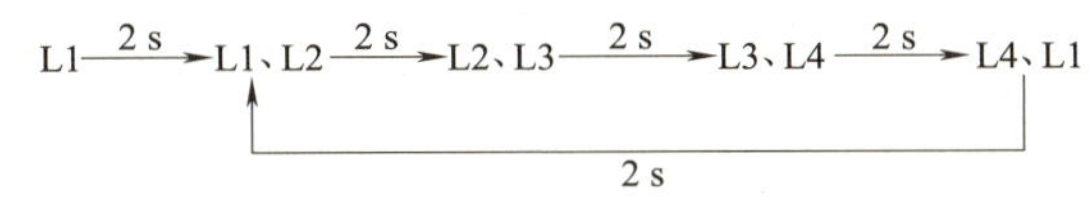

图 3-1-4　四盏灯顺序控制过程

在一个周期循环的控制过程中，共计 5 个 2 s 延时，分别用定时器 T37 ~ T41 代表，四盏灯在一个周期内亮的时间段用实线段表示，如图 3-1-5 所示。

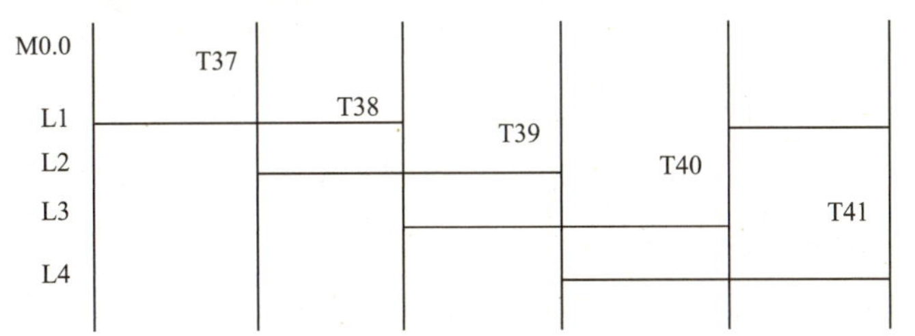

图 3-1-5　四盏灯顺序控制过程时间序列

注意：这个控制过程，L1 灯在两个时间段都得电，程序编写时不能把两个时间段单独编写程序写输出，而只能把两个时间段的程序并联然后写输出。如图 3-1-6 中网络 7 所示。

3.1.3　灯的循环计数控制

控制要求：按下启动按钮 SB2，指示灯循环工作，循环三遍后自动停止，按下停止按钮

SB1 停止，指示灯顺序控制过程同图 3-1-4。

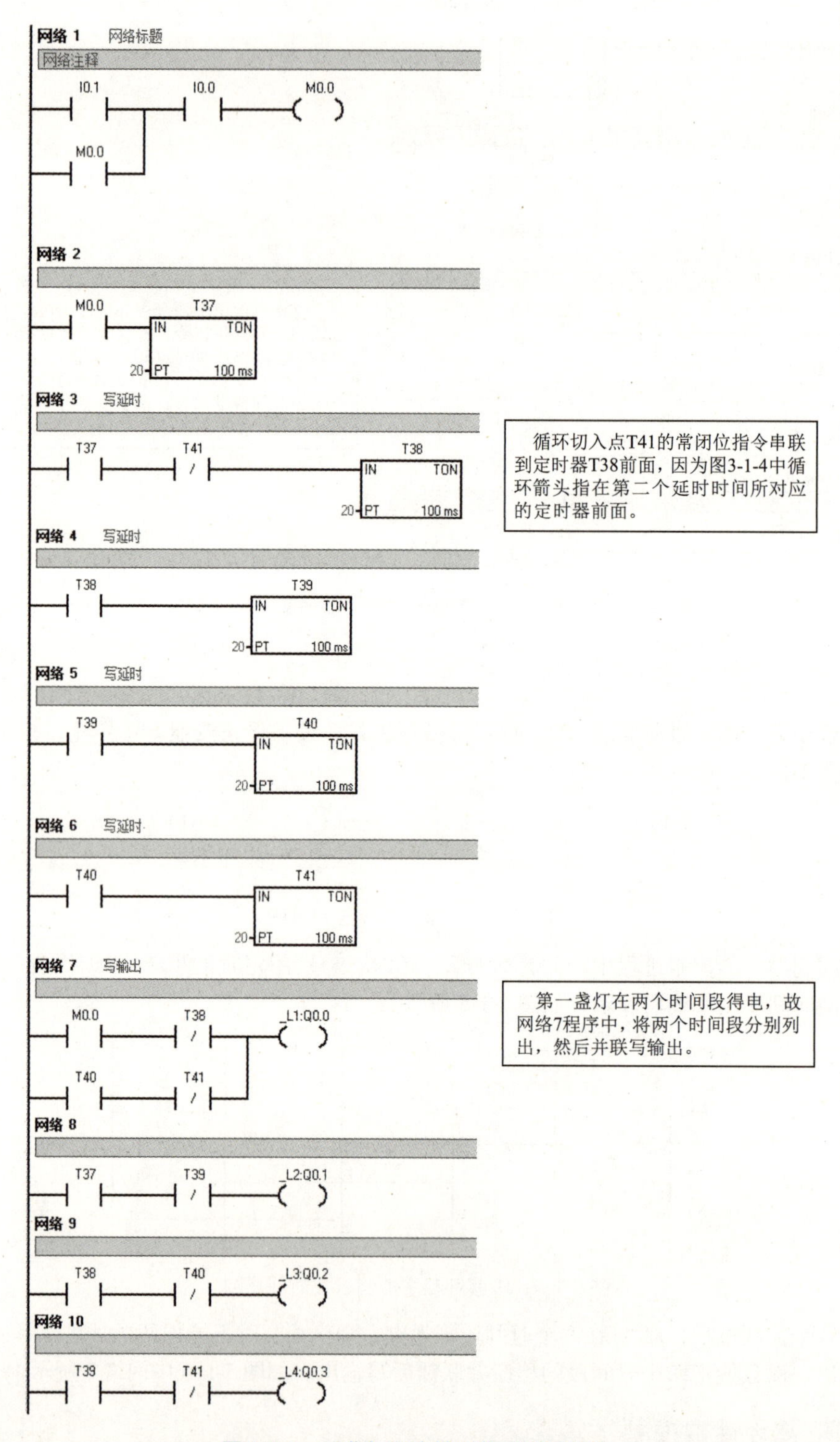

图 3-1-6 四盏灯顺序控制的梯形图程序

1. 计数器指令

计数器是计外部输入脉冲的个数，上升沿触发，S7-200 PLC 有三类计数器：加计数器（CTU）、减计数器（CTD）和加减计数（CTUD），共计 256 个。

1）加计数器（CTU）

（1）加计数器指令格式与功能见表 3-1-2。

表 3-1-2　加计数器指令格式与功能

梯形图（LAD）	语句表（STL）		功　能
	操作码	操作数	
C××× CU　CTU R PV	CTU	C×××，PV	CTU 计数器对 CU 端的上升沿进行加计数。当计数器当前值大于或等于设定值 PV 时，计数器位状态置 1；当计数器的复位输入端 R 变为 ON 时，计数器被复位，当前值清零，位状态变为 OFF

注：1. CU 为计数脉冲输入端；R 为复位端；PV 为计数器预置值（1～32 767）。
2. 计数器也可通过复位指令位。

（2）加计数器指令编程举例：

例 3-1-1　图 3-1-7 所示为加计数器编程举例。

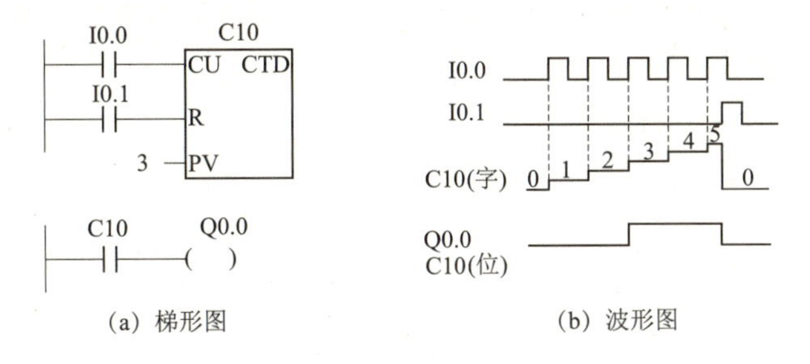

(a) 梯形图　　(b) 波形图

图 3-1-7　加计数器编程举例

2）减计数器（CTD）

（1）减计数器指令格式与功能见表 3-1-3。

表 3-1-3　减计数器指令格式与功能

梯形图（LAD）	语句表（STL）		功　能
	操作码	操作数	
C××× CD　CTD LD PV	CTD	C×××，PV	CTD 计数器对 CD 端的上升沿进行减计数；当计数器当前值等于 0 时，该计数器被置位，同时停止计数；当计数器装载端 LD 为 ON 时，该计数器当前值恢复为预置值

注：CD 为减计数脉冲输入端；LD 为计数器的装载端；PV 为计数器的预置值（1～32 767）。

（2）减计数器指令编程举例：

例 3-1-2　如图 3-1-8 所示为减计数器编程举例。

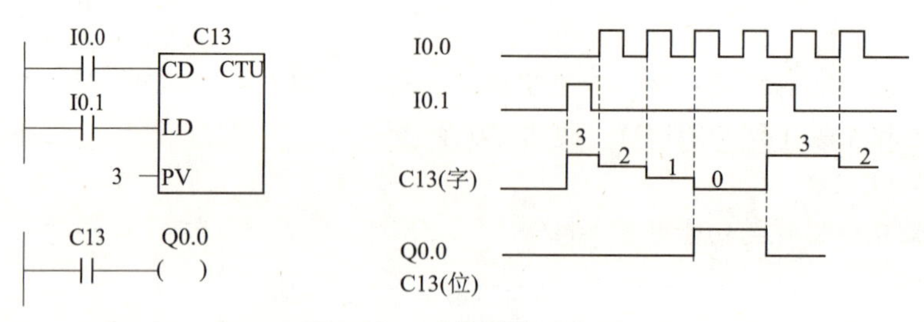

图 3-1-8 减计数编程举例

3）加减计数器（CTUD）

（1）加减计数器指令格式与功能见表 3-1-4。

表 3-1-4 加减计数器指令格式与功能

梯形图（LAD）	语句表（STL）		功　　能
	操作码	操作数	
C××× CU CTUD CD R PV	CTUD	C×××，PV	在加计数脉冲输入端 CU 的上升沿进行加 1 计数，在减计数脉冲输入端 CD 的上升沿进行减 1 计数，当计数器当前值大于等于设定值 PV 时，计数器被置位。若复位输入端 R 为 ON 时，该计数器被复位

注：1. 当计数器的当前值达到最大计数值（32 767）后，下一个 CU 上升沿使计数器的当前值变为最小值（－32 768）；同样，在当前计数值达到最小计数值（－32 768）后，下一个 CD 输入上升沿使计数器变为最大值（32 767）。
2. 加减计数器也可用复位指令复位。

（2）加减计数器指令编程举例：

例 3-1-3　图 3-1-9 所示为加减计数器的梯形图，语句表和波形图。

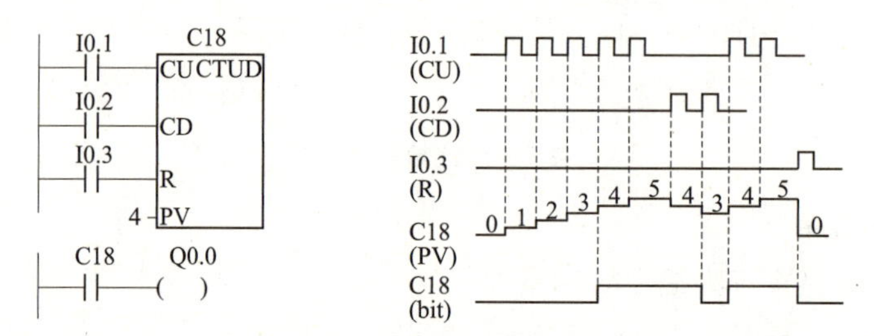

图 3-1-9 加减计数器编程举例

2. PLC 程序

PLC 程序如图 3-1-10 所示。这个程序与 3.1.2 的程序相似，只是将网络 1 增加 C1 常闭位逻辑点，添加网络 11 增加计数功能，启动按钮 I0.1 作为计数器复位按钮，可以保证第二遍循环计数的启动。

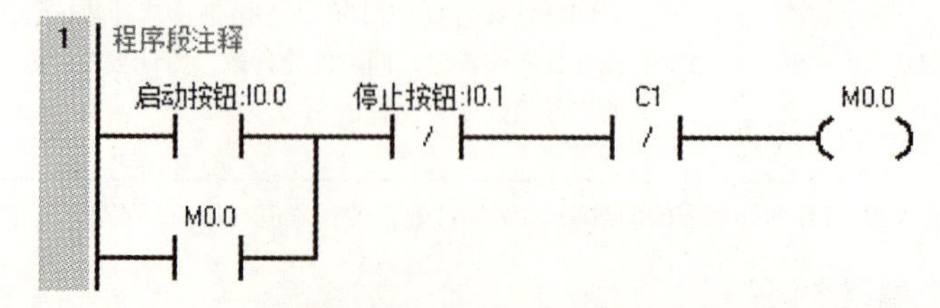

图 3-1-10 PLC 程序

程序段2~程序段10与3.1.2节相同

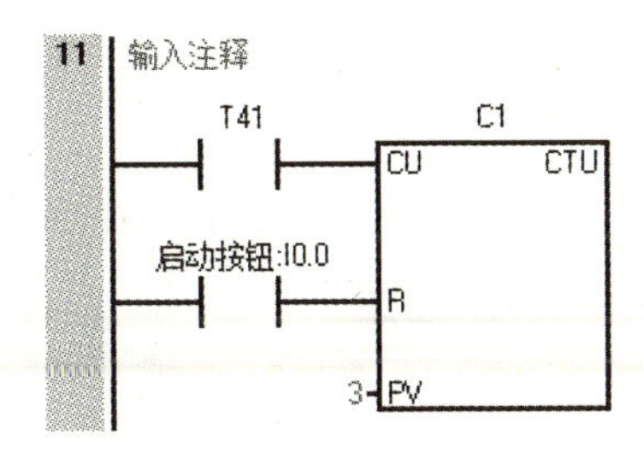

图 3-1-10　PLC 程序（续）

3.1.4　流水灯控制

1. 测试要求

在节庆日经常会看到建筑物张灯结彩，彩灯顺序点亮并循环，如流水一般，是最常见的变换花样，这种灯也常称为跑马灯。下面编写一个简单的测试程序，完成 PLC 上电后输出口 Q0.0 ~ Q0.7 顺次得电（时间间隔 1 s）并循环。下面介绍 PLC 的传送和移位指令，并尝试用移位/循环移位指令完成测试程序的编写。

视 频

流水灯控制——传送指令

2. 传送指令

指令格式及功能见表 3-1-5。

表 3-1-5　传送指令格式及功能

梯形图（LAD）	语句表（STL）		功　能
	操作码	操作数	
MOV_X（EN，IN，OUT）	MOV_X	IN，OUT	当使能位 EN 为 1 时，把输入的数据 IN 传送到输出 OUT

注：1. 操作码中的 X 代表被传送数据的长度，它包括四种数据长度，即字节（B）、字（W）、双字（D）和实数（R）。
2. 操作数的寻址范围要与指令码中的 X 一致。T、C 和 HC 为双字。OUT 寻址不能寻址常数。

例 3-1-4　按下按钮 SB1（I0.0），给 Q2.0 ~ Q2.7 分别赋值为 10001010，V100.0 ~ V101.7 赋值为 1000010110001100，请完成 PLC 程序设计。

程序示例如图 3-1-11 所示，Q2.0 ~ Q2.7 是一个字节，所以用 MOV_B 指令，V100.0 ~ V101.7 是一个 16 位的字，所以用 MOV_W 指令。

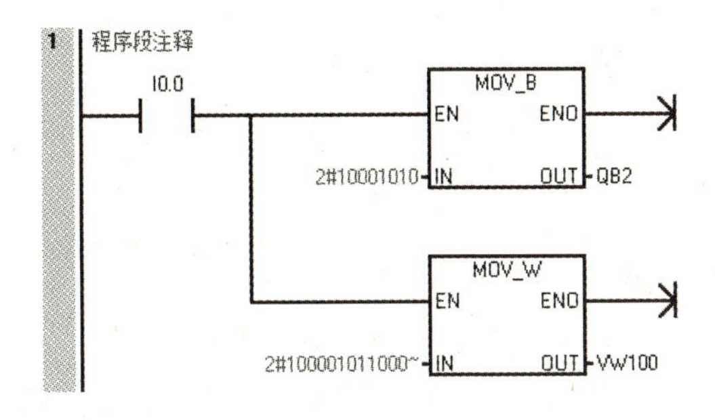

图 3-1-11　传送程序实例

视频

流水灯控制——移位/循环移位指令

3. 移位/循环移位指令

指令格式及功能见表 3-1-6。

表 3-1-6　移位/循环移位指令

梯形图（LAD）	语句表（STL）	功　能
SHL_B EN　ENO IN　OUT N	左移字节 SLB OUT，N	移位指令将输入值 IN 的位值右移或左移位，位置移位计数 N，然后将结果装载到分配给 OUT 的存储单元中。对于每一位移出后留下的空位，移位指令会补零。如果移位计数 N 大于或等于允许的最大值（字节操作为 8、字操作为 16、双字操作为 32），则会按相应操作的最大次数对值进行移位。如果移位计数大于 0，则将溢出存储器位 SM1.1 置位为移出的最后一位的值。如果移位操作的结果为零，则零存储器位 SM1.0 将置位
SHR_B EN　ENO IN　OUT N	右移字节 SRB OUT，N	
ROL_B EN　ENO IN　OUT N	循环左移字节 RLB OUT，N	循环移位指令将输入值 IN 的位值循环右移或循环左移位，位置循环移位计数 N，然后将结果装载到分配给 OUT 的存储单元中。循环移位计数操作的最大值字节操作为 8、字操作为 16、双字操作为 32，如果执行循环移位操作，则溢出存储器位 SM1.1 将置位为循环移出的最后一位的值。如果循环移位计数不是 8 的整倍数（对于字节操作）、16 的整倍数（对于字操作）或 32 的整倍数（对于双字操作），则将循环移出的最后一位的值复制到溢出存储器位 SM1.1。如果要循环移位的值为零，则零存储器位 SM1.0 将置位
ROR_B EN　ENO IN　OUT N	循环右移字节 RRB OUT，N	

例 3-1-5　当 I2.0 信号为 1 时，执行左移位指令和循环右移位指令，程序如图 3-1-12 所示。VB0 初始值为 1101 0010，VB200 初始值为 0100 0001，请给出当 I2.0 信号为 1 时执行移位后的 VB0 和 VB200 的值。

图 3-1-12 中移位指令的执行过程如图 3-1-13 所示，左移指令实现 VB0 字节二进制位的左移，溢出存入 SM1.1，右位空缺补 0；循环右移指令执行移位后 VB200 内字节二进制位右移，溢出存入 SM1.1，同时左位空缺补入溢出位状态。当 I2.0 信号为 1 时执行移位后的 VB0 = 0100 1000，VB200 = 0010 1000。

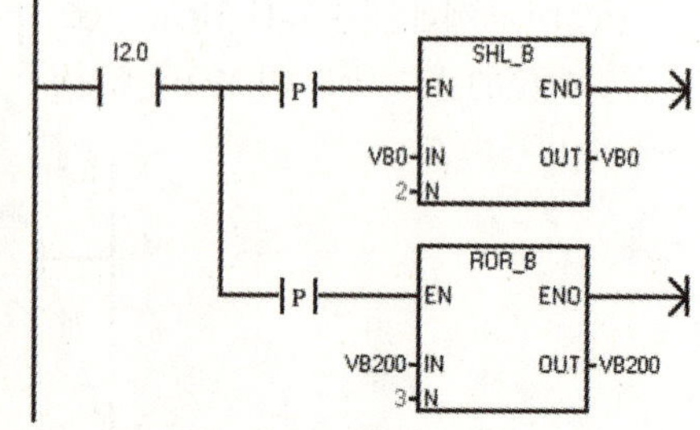

图 3-1-12　移位程序实例

4. 流水灯测试程序

利用移位指令完成 Q0.0 ~ Q0.7 的顺次点亮，可以利用循环左移位指令 ROL，N = 1，即每次移位指令使能有效，左移动 1 位；时间间隔为 1 s，可以利用时钟脉冲信号 SM0.5 作为 ROL 的使能触发信号，左移位的工作过程如图 3-1-14 所示。

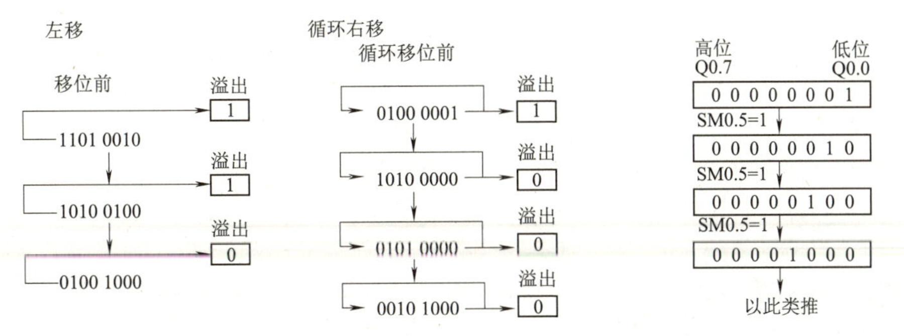

图 3-1-13　移位程序实例　　　图 3-1-14　左移位的工作工程

观察下面两个 PLC 程序，并下载到 PLC 上进行测试。哪一个可以实现正确的顺序移位？

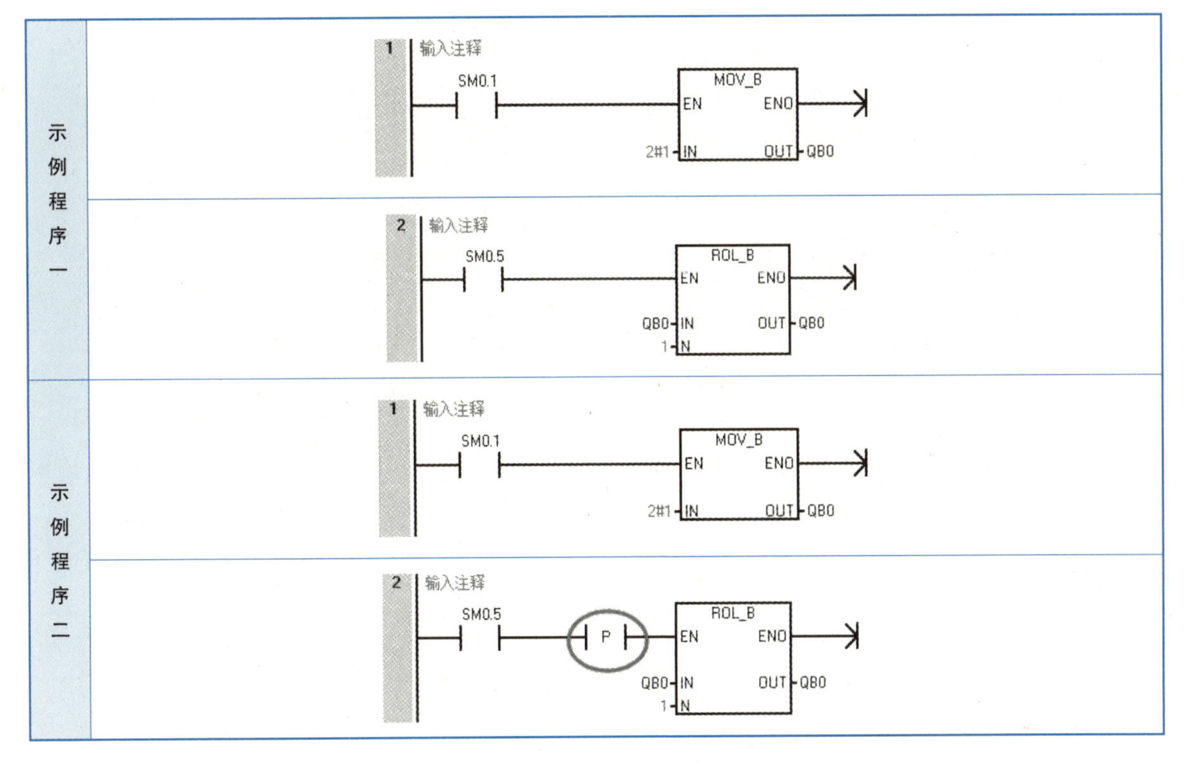

通过观察不难发现，示例程序一上电运行后只观察到上电初始化时 Q0. 0 的点亮，SM0. 5 得电后 Q0. 0 ~ Q0. 7 不按规则点亮，没有出现顺序点亮。在 ROL 的使能 EN 信号上加上上升沿触发，重新下载程序并运行，就可以观察到 Q0. 0 ~ Q0. 7 的顺序点亮效果。

这是因为添加沿触发信号时，SM0. 5 脉冲信号得电时间为 0. 5 s，0. 5 s 的时间里 ROL 一直使能有效，也就是不断地在每个扫描周期执行向左移位指令，每个扫描周期很短，0. 5 s 的时间完全可以把 0000 0001 左移到其他状态。而在示例程序二中添加沿触发指令将使能得电有效时间严格限制在一个脉冲上升沿，也就是仅在一个扫描周期触发一次移位指令，所以可以观察到 Q0. 0 ~ Q0. 7 的顺序循环点亮效果。

本节习题

（1）在如下图所示的顺序循环控制中，灯 L2 的得失电程序正确的是（　）。

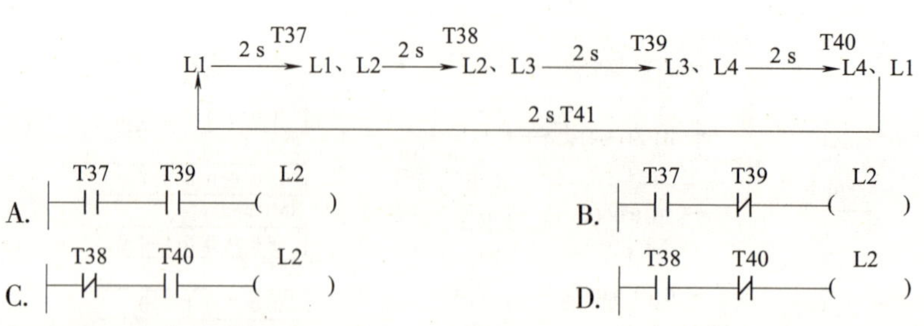

（2）灯的循环点亮过程如题（1），启动按钮 SB1 常开触点接 I0.0，停止按钮 SB2 常开触点接 I0.1，则 M0.0 的启停自锁程序是（　　）。

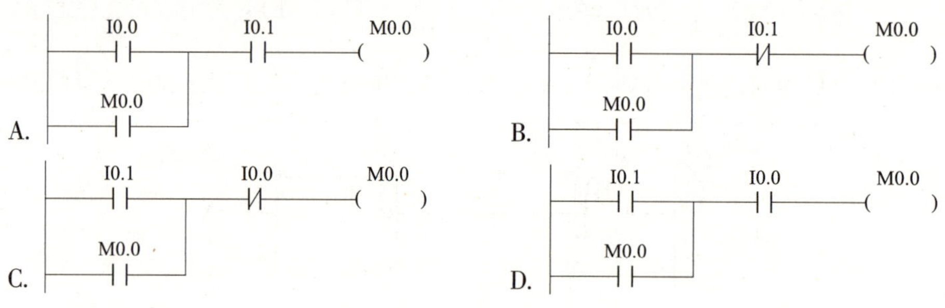

（3）灯的循环点亮过程如题（1），灯 L1 的正确程序是（　　）。

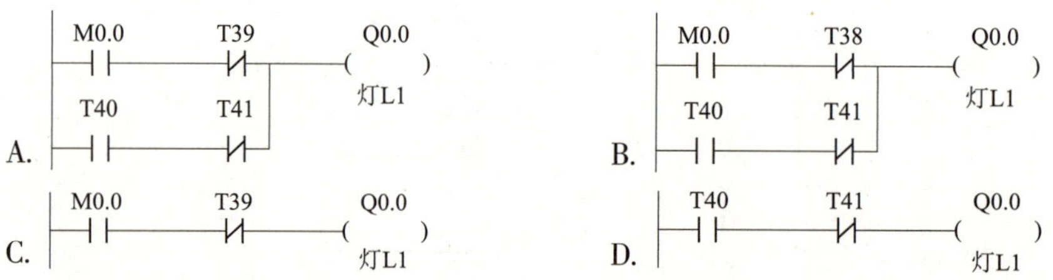

（4）灯的循环点亮过程如题（1），要求灯循环点亮三遍后自动熄灭，则计数器指令的正确程序是（　　）。

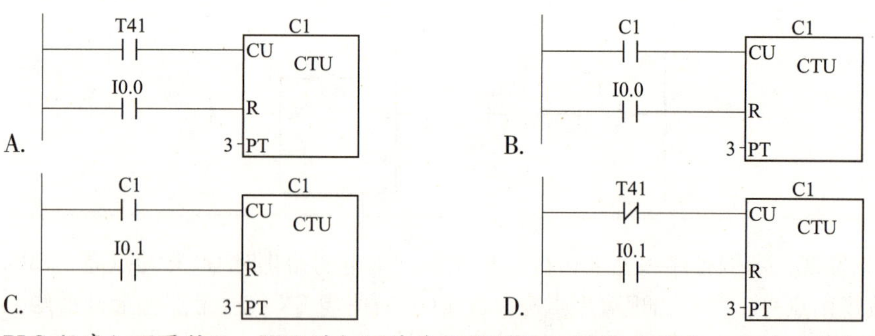

（5）PLC 程序如下图所示，VB0 的初始值为 11101001，则 I2.0 得电一次后，VB0 的值变为（　　）。

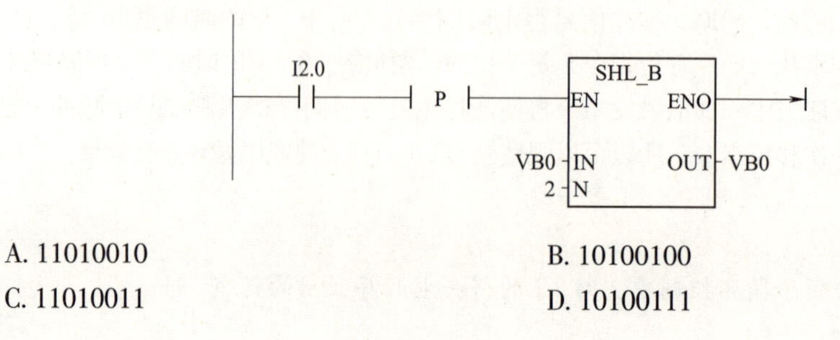

A. 11010010　　　　B. 10100100

C. 11010011　　　　D. 10100111

3.2 锁相续启及十字路口交通灯 PLC 控制

学习目标

(1) 掌握 TONR 定时器的编程要点，掌握锁相续启控制的编程方法。
(2) 掌握灯闪烁的控制过程，利用特殊存储器位 SM0.5 编写闪烁程序；
(3) 掌握比较指令，并利用指令编写顺序循环控制；
(4) 能够完成的接线并进行调试。

3.2.1 锁相续启的灯控制

1. 控制要求

设计一个顺序控制系统，输出指示灯编号 A、B、C、D，要求上电自动启动。输出指示灯按每秒一步的速率得电，顺序为 AB—AC—AD—BC—BD—CD。当任何时刻按下暂停按钮能暂停运行，且锁相（即暂停时刻的输出状态保持不变），再按下续启按钮，则继续循环下去，任何时刻按下停止按钮，灯全部熄灭。

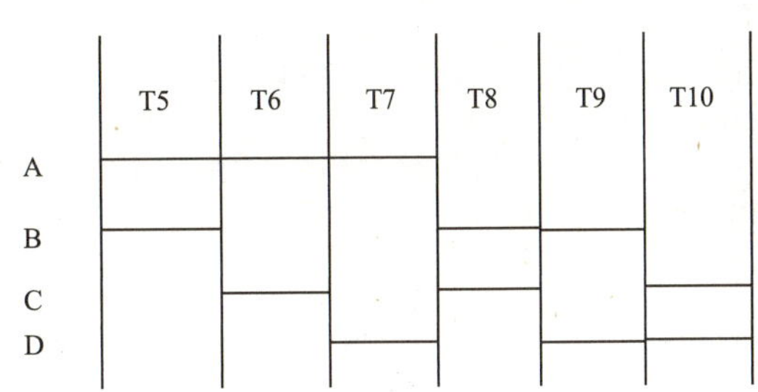

图 3-2-1 灯的循环锁相时序图

因要实现锁相功能，需要采用具有通电延时带保持功能的 TONR 定时器，该定时器的功能前面已经介绍过，此处不再赘述。时序图如图 3-2-1 所示，电气原理图如图 3-2-2 所示。

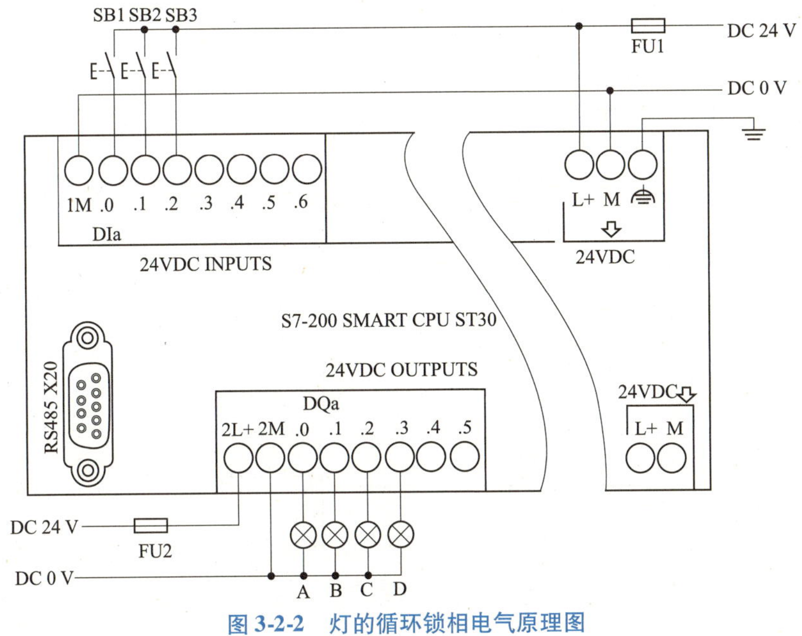

图 3-2-2 灯的循环锁相电气原理图

2. I/O 地址分配

对照电气原理图，给出 PLC 控制所用到的输入/输出点。I/O 地址分配表见表 3-2-1。

表 3-2-1　I/O 地址分配表

项目	器件名称	器件符号	PLC 地址
输入元件	停止按钮	SB1	I0. 0
	暂停按钮	SB2	I0. 1
	续启按钮	SB3	I0. 2
输出元件	灯 A	A	Q0. 0
	灯 B	B	Q0. 1
	灯 C	C	Q0. 2
	灯 D	D	Q0. 3

3. PLC 电气原理图

根据表 3-2-1 中的 I/O 地址分配绘制电气原理图，绘制输入/输出元器件，并给出各部分的供电电压。采用 CPU ST30 DC/DC/DC 作为控制器，其电路原理图如图 3-2-2 所示。

视 频

锁相续启的PLC程序

3. 2. 2　锁相续启的 PLC 程序

锁相续启的 PLC 程序如图 3-2-3 所示。

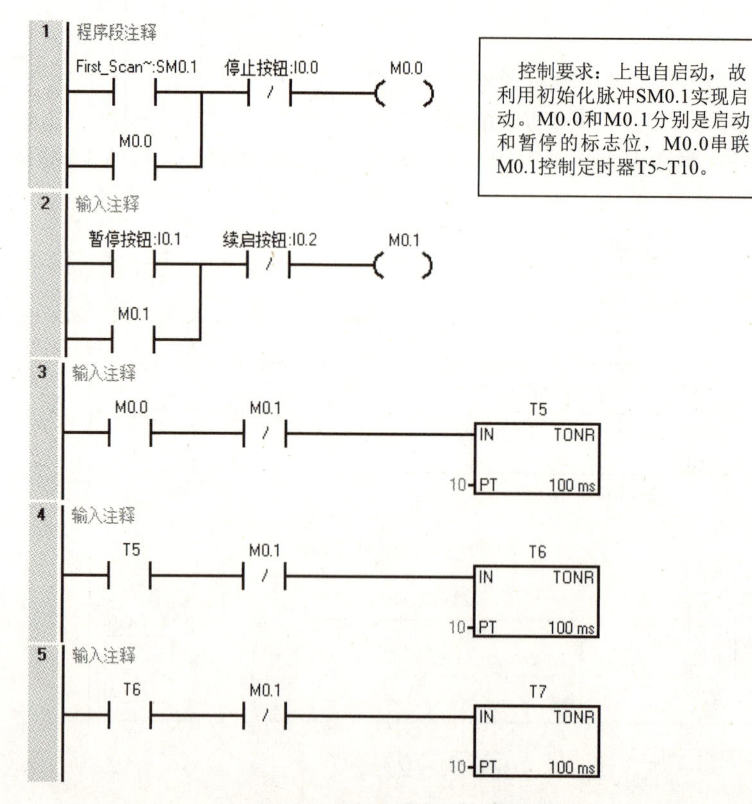

图 3-2-3　锁相续启的 PLC 程序

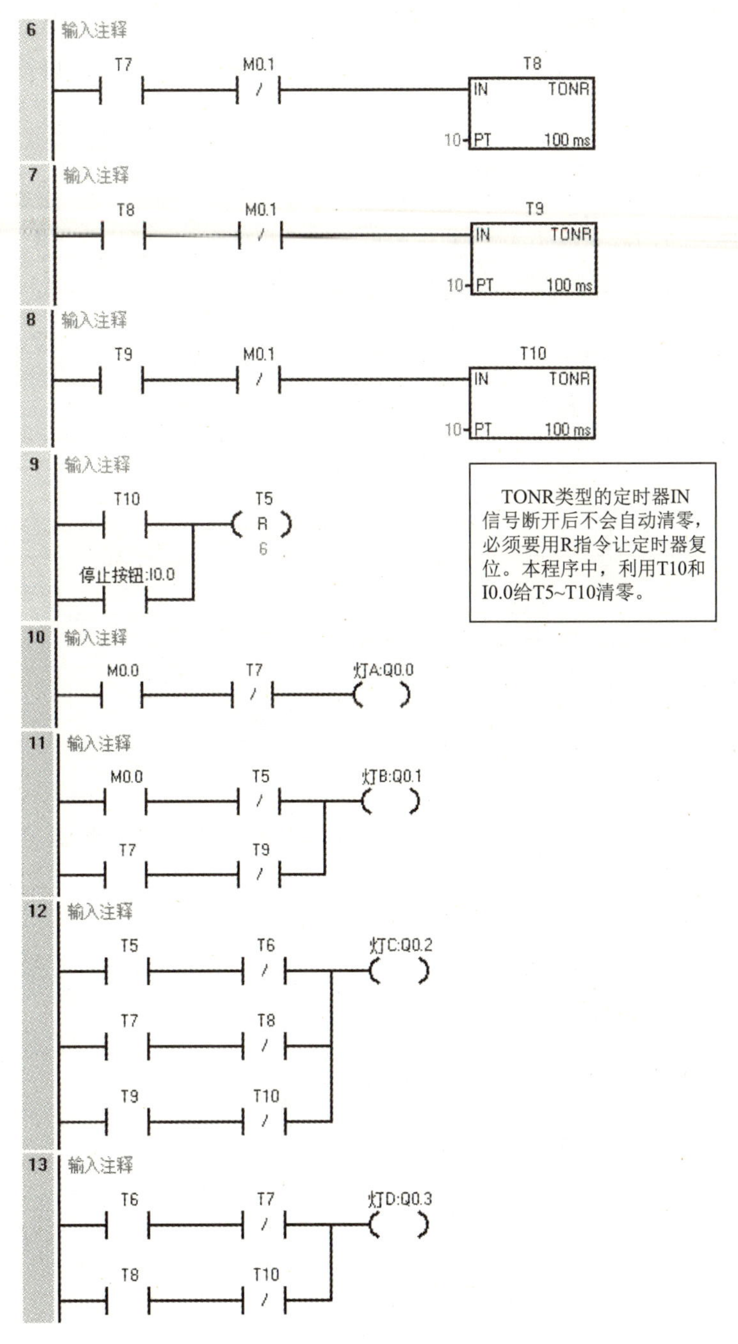

图 3-2-3　锁相续启的 PLC 程序（续）

3. 2. 3　十字路口交通灯控制

1. 控制要求

按下启动按钮，首先是南北方向的红灯、东西方向的绿灯亮，东西方向绿灯亮 15 s，绿灯闪 3 s（每秒 1 次），黄灯亮 2 s 后转为红灯，同时南北方向转为绿灯亮，然后绿灯闪，重复东西方向的过程，南北方向黄灯亮 2 s 后，再次转入南北方向的红灯、东西方向绿灯亮，系统进入下一工作周期，不断周而复始工作。按下暂停按钮暂停运行并锁相，按下续启按钮继续运行，按下停止按钮灯全部熄灭。其工作时序图如图 3-2-4 所示。

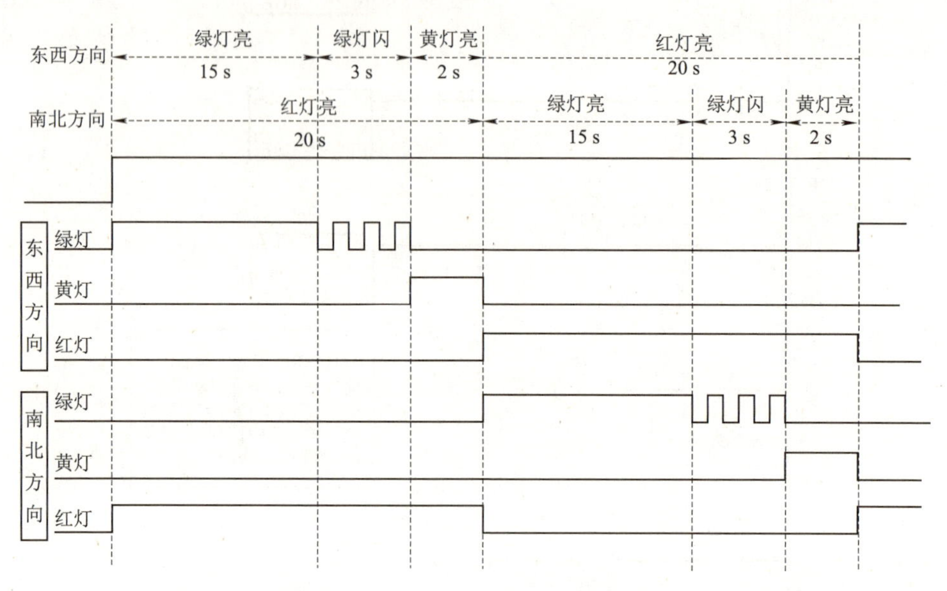

图 3-2-4　十字路口交通信号灯工作时序图

2. I/O 地址分配

交通灯控制选用 S7-200 SMART ST30 PLC 作为控制器。根据前面所学知识，其 I/O 地址分配见表 3-2-2。

表 3-2-2　I/O 地址分配表

I/O	器件名称	器件符号	PLC 地址
输入	启动按钮	SB1	I0. 0
	停止按钮	SB2	I0. 1
	暂停按钮	SB3	I0. 2
	续启按钮	SB4	I0. 3
输出	东西绿灯	HL1	Q0. 0
	东西黄灯	HL2	Q0. 1
	东西红灯	HL3	Q0. 2
	南北绿灯	HL4	Q0. 3
	南北黄灯	HL5	Q0. 4
	南北红灯	HL6	Q0. 5

3. PLC 电气原理图

图 3-2-5 是给出的参考电气原理图，共有 4 个输入，6 个输出。

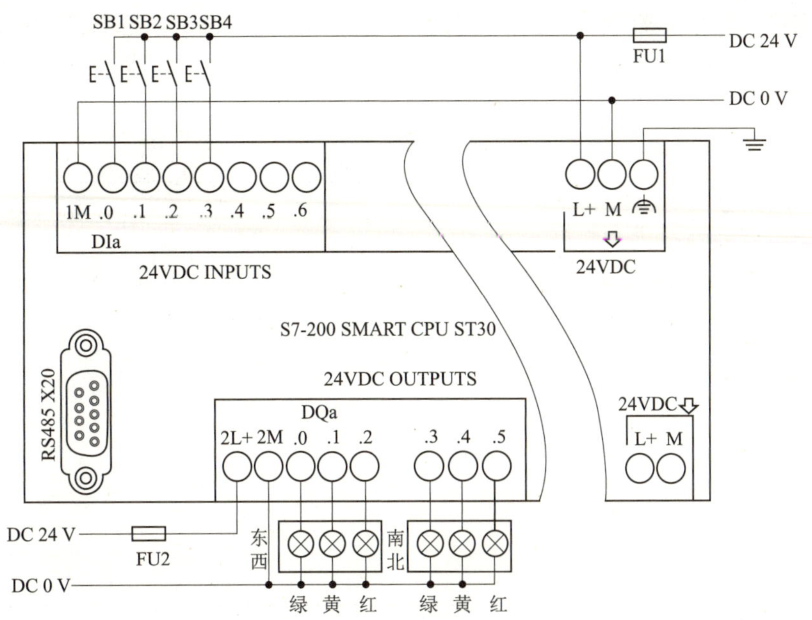

图 3-2-5　十字路口交通灯 PLC 电气原理图

3.2.4　十字路口交通灯的 PLC 程序

视频
灯闪烁的PLC编程

1. 灯闪烁的 PLC 编程

在这个控制过程中有灯的闪烁控制，S7-200 本身有特殊位寄存器 SM0.5（占空比周期为 1 s 的时钟脉冲）和 SM0.4（占空比周期为 1 min 的时钟脉冲），可以实现周期为 1 s 或 1 min 的闪烁控制，对于其他周期控制要求的闪烁电路如何编程设计？

下面介绍如何用两个定时器实现灯的闪烁控制。闪烁电路常称为振荡电路，可用两个接通延时定时器实现控制逻辑。如图 3-2-6 所示，I0.0 为启动按钮，I0.0 输入为 1 时，T37 开始延时，延时时间到，T37 位触点输出为 1，这时 T38 开始延时，T38 延时时间到，其常闭触点切断 T37，T38 本身也断电，T38 输出为 0，T37 又开始延时，进入新的一轮循环。在这个过程中，T37 和 T38 输出位状态均为方波，在程序中把灯输出与 T37 方波输出串联就可以得到灯的闪烁控制。

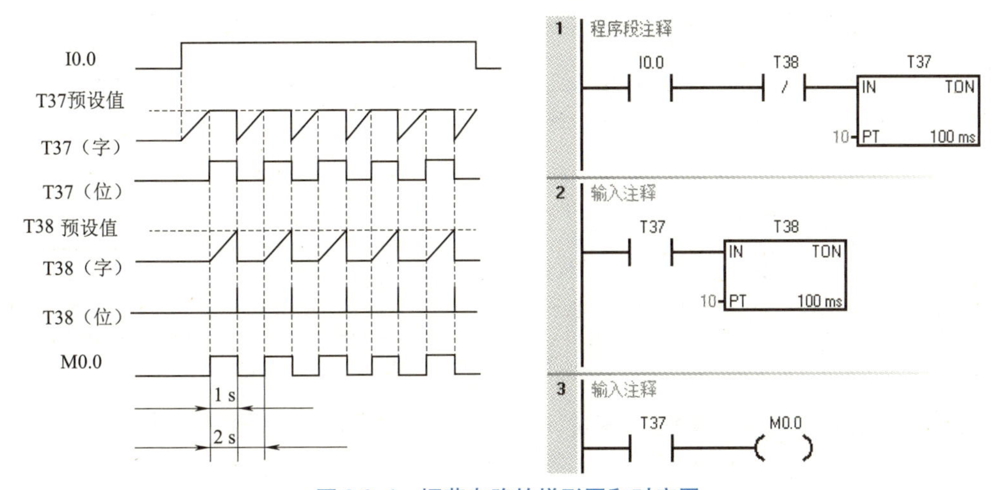

图 3-2-6　振荡电路的梯形图和时序图

请读者根据这个实例，理解利用定时器实现振荡的程序设计方法。在这个例子中输出 M0.0 每2 s 完成一个闪烁周期，下面请利用定时器 T37 和 T38 来实现灯亮 2 s 灭 1 s，周期 3 s 的闪烁。请在下面写出梯形图程序。

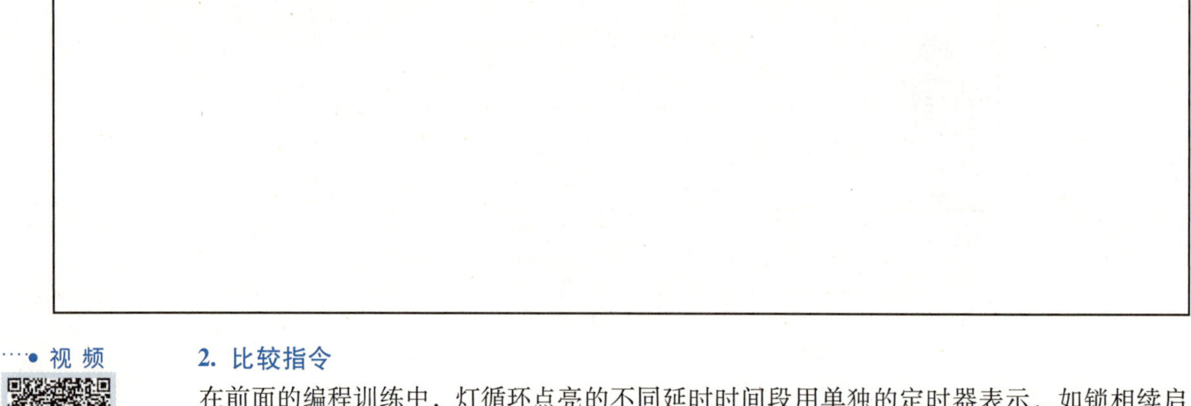

视 频

比较指令

2. 比较指令

在前面的编程训练中，灯循环点亮的不同延时时间段用单独的定时器表示，如锁相续启控制中的 T5 ~ T10 分别对应灯延时的时刻。也可以将循环控制的过程看作一个大周期，利用 PLC 的比较指令对定时器时间进行精确划分。下面介绍比较指令。

比较指令格式及功能见表 3-2-3。

表 3-2-3　比较指令格式及功能

梯形图（LAD）	语句表（STL）		功　能
	操作码	操作数	
IN1 —|FX|— IN2	LDXF AXF OXF	IN1，IN2 IN1，IN2 IN1，IN2	比较两个数 IN1 和 IN2 的大小，比较为真，则该触点闭合

注：1. 操作码中的 F 代表比较符号，可分为“ = ”、“ < > ”、“ > = ”、“ < = ”、“ > ” 和 “ < ” 6 种。
2. 操作码中的 X 代表数据类型，分别为字节（B）、整数字（I）、双整数字（D）和实数（R）4 种。
3. 操作数 IN1（IN2）类型要与操作码中的 X 一致。

指令应用举例：

例 3-2-1　空调控制器中 VW100 = “1” 表示冬天；VW100 = “0” 表示夏天。VW200 中存放测量温度，夏天当测量温度大于 25 ℃时，开压缩机；冬天当测量温度小于 18 ℃时，开压缩机。Q0.0 控制压缩机的开关。写出相应的梯形图。

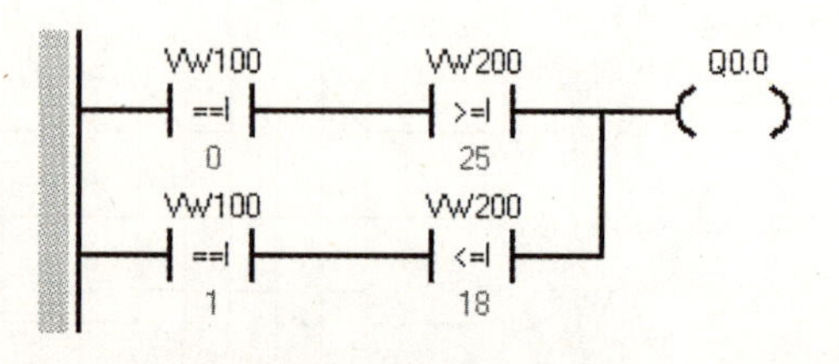

图 3-2-7　温度控制梯形图

按照题意画出控制梯形图如图 3-2-7 所示。

3. 十字路口交通灯的 PLC 编程

十字路口交通灯的循环大周期为 40 s，如图 3-2-8 所示。在 40 s 的时间内，1 ~ 15 s 是东西绿灯亮，16 ~ 18 s 是东西绿灯闪烁，以此类推，下面用比较指令完成十字路口交通灯的控制程序。

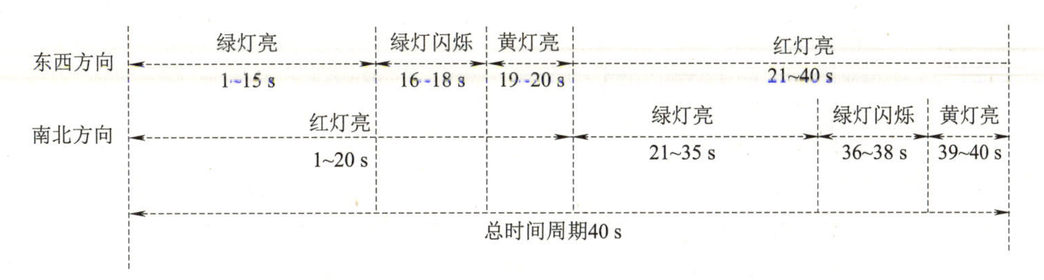

图 3-2-8　十字路口交通灯循环大周期示意图

PLC 程序如图 3-2-9 所示。

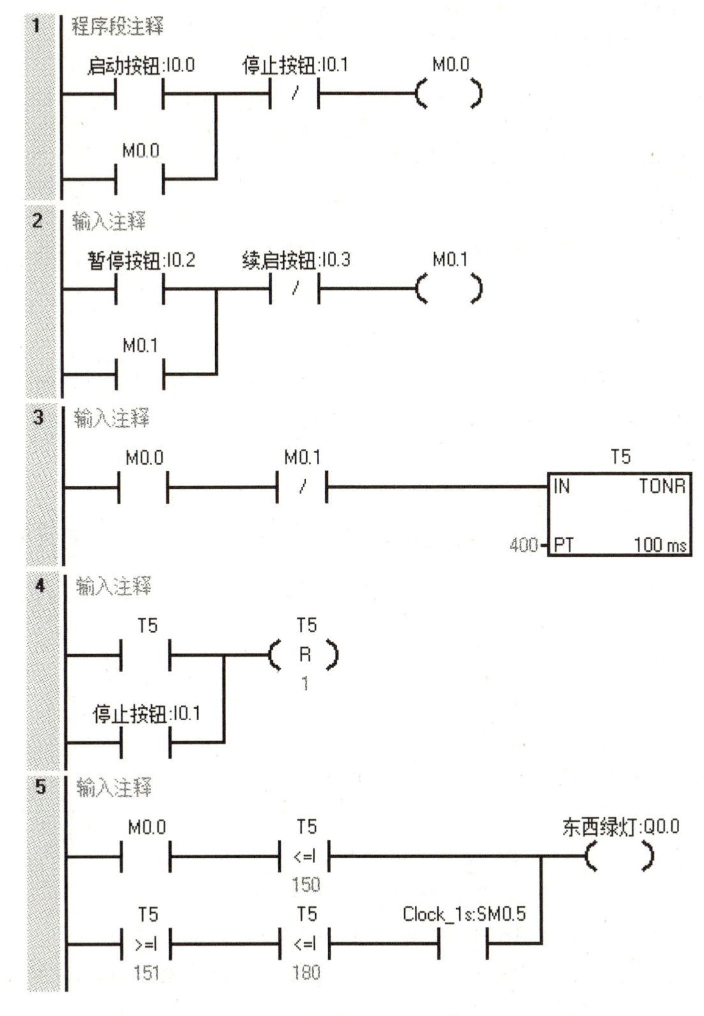

图 3-2-9　PLC 程序

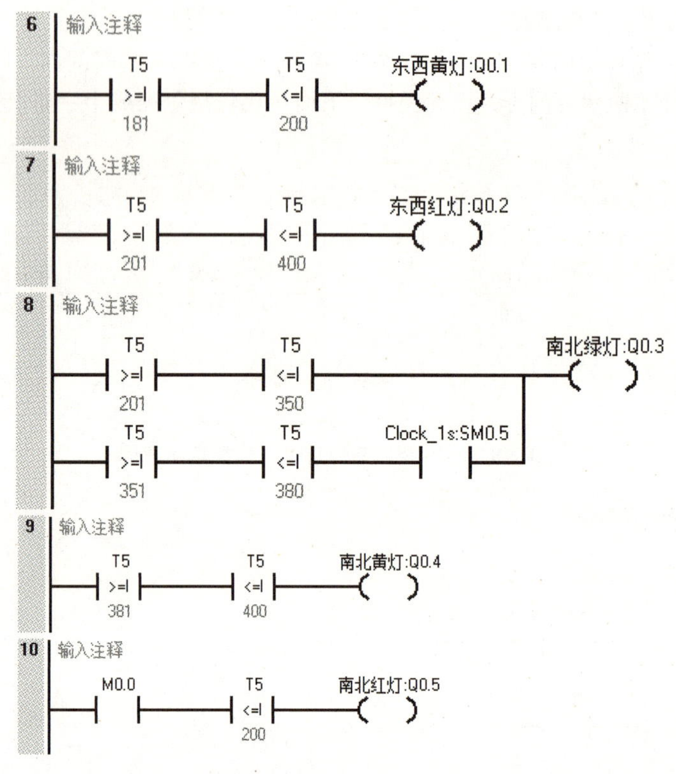

图 3-2-9　PLC 程序（续）

本节习题

（1）利用定时器实现延时功能，要求定时器输入 IN 侧接通时延时计数，断开时延时停止，再次接通时在原有延时基础上继续计数，则需要选用（　　）。

A. TON　　B. TOF

C. TONR　　D. 以上都不是

（2）利用 TONR 定时器 T5 实现 10 s 的延时，则读取 T5 延时 2～4 s 之间时间段的程序正确的是（　　）。

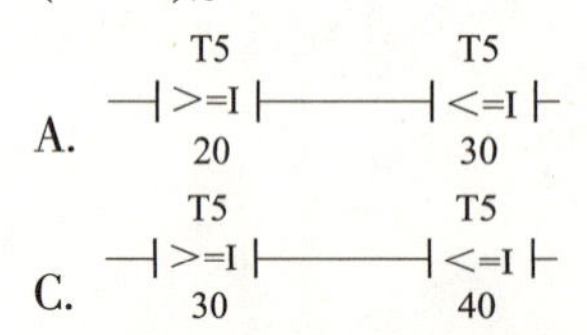

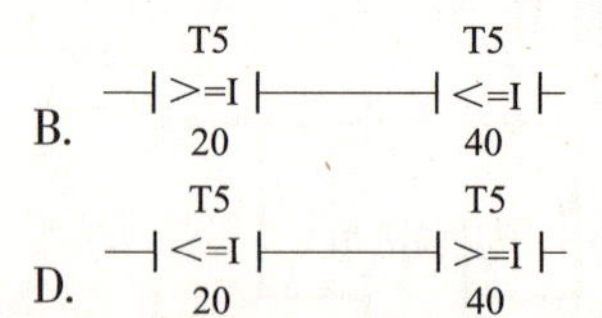

（3）在如下程序中，按钮 SB1 连接定时器 T6 的输入参数 IN，则以下描述正确的是（　　）。

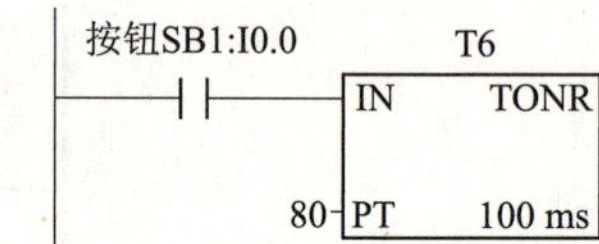

A. 按下按钮 SB1 后定时器 T6 的位逻辑状态立即取反

B. 松开按钮 SB1 后定时器 T6 开始延时

C. 按下按钮 SB1 后定时器 T6 开始延时，松开按钮定时器立即复零

D. 按下按钮 SB1 后定时器 T6 开始延时，松开按钮定时器暂停在已延时时刻

（4）PLC程序如下图所示，则程序运行后以下描述正确的是（　　）。

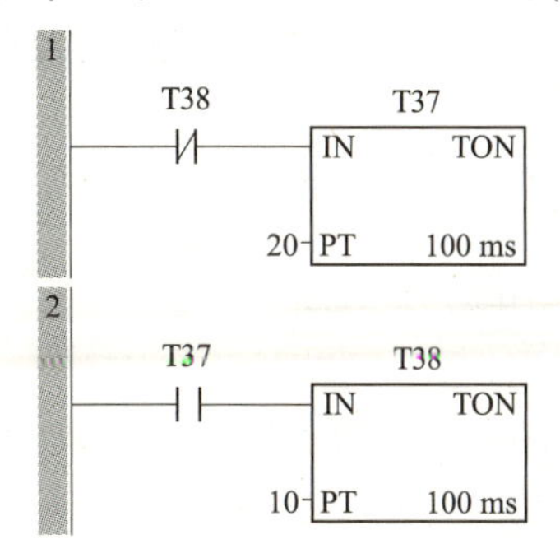

A. T37以亮2 s灭1 s的规律闪烁　　B. T37以亮1 s灭2 s的规律闪烁

C. T38以亮2 s灭1 s的规律闪烁　　D. T38以亮1 s灭2 s的规律闪烁

（5）利用TONR定时器T5进行延时。当延时时间到之后让定时器归零正确的做法是（　　）。

A. 断开定时器T5的输入信号IN　　B. 利用复位指令—(R)—

C. 将PLC切换到STOP模式　　D. 给PLC直接断电

3.3　六路抢答器的PLC控制

学习目标

（1）掌握数码管的构造和数码管与PLC的硬件连接方法；

（2）掌握PLC的传送指令，并利用指令编写测试数码管程序；

（3）掌握PLC的转换指令，并利用SEG指令编写数码管顺序显示的程序；

（4）能够完成实物的电路接线并进行调试。

3.3.1　六路抢答器介绍

视频

六路抢答器介绍

1. 控制要求

本设计要求利用西门子S7-200 SMART PLC作为控制器，完成一个六路抢答器的控制，如图3-3-1所示。

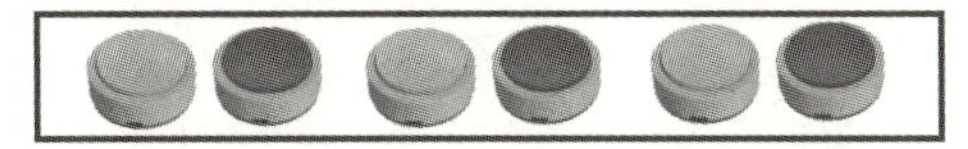

图3-3-1　六路抢答器示意图

（1）主持人宣布可以开始抢答时，选手抢答，数码管显示获得抢答权的选手号，同时绿灯亮，选手在主持人宣布开始答题之后倒计时 15 s 内完成答题，若超时，则绿灯灭，红灯亮，同时蜂鸣器响。

（2）违规抢答：主持人未按下允许抢答按钮，选手提前抢答，红灯 L1 亮，蜂鸣器响，抢答无效。

（3）主持人按下复位按钮，系统开始下一轮抢答。

2. 数码管简介

8 段数码管可以显示数字 0 ~ 9，还有个小数点位 DP。各段对应不同的引脚位置，3、8 两位为公共引脚，按照共阳或共阴极的不同，接 +5 V 或 0 V 接地。具体的引脚分布如图 3-3-2 所示。

用 PLC 输出口驱动数码管显示最简单的方法是数码管的引脚 1、2、4、5、6、7、9、10 依次连接到 PLC 的 8 个输出口上。因数码管供电要求是 +5 V，而 PLC 输出口一般为 +24 V，故在实际接线时要串电阻降压限流。

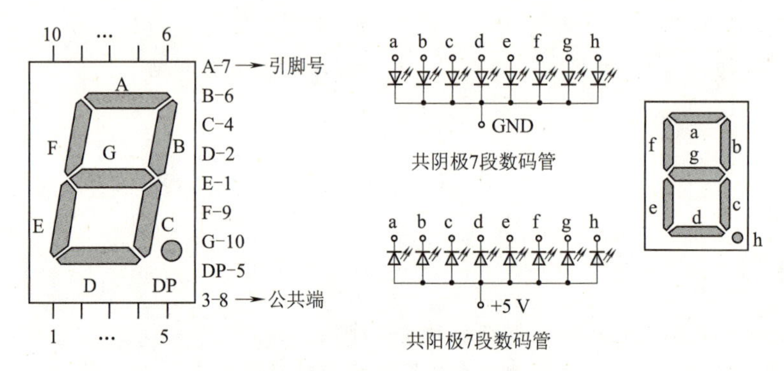

图 3-3-2 数码管引脚示意图

3.3.2 六路抢答器的电气原理图设计

1. I/O 地址分配

六路抢答器的 I/O 地址分配见表 3-3-1，其中抢答选手号码由数码管显示，答题倒计时只计时不显示。

表 3-3-1 I/O 地址分配表

输入端			
器件名称	地址	器件名称	地址
开始按钮 SB1	I0.0	选手 3 按钮	I0.5
答题计时按钮 SB2	I0.1	选手 4 按钮	I0.6
复位按钮 SB3	I0.2	选手 5 按钮	I0.7
选手 1 按钮	I0.3	选手 6 按钮	I1.0
选手 2 按钮	I0.4		
输出端			
器件名称	地址	器件名称	地址
数码管 A 段	Q0.0	数码管 G 段	Q0.6

续上表

输出端			
器件名称	地址	器件名称	地址
数码管 B 段	Q0. 1	数码管 DP 段	Q0. 7
数码管 C 段	Q0. 2	蜂鸣器 HA	Q1. 0
数码管 D 段	Q0. 3	绿色指示灯 L1	Q1. 1
数码管 E 段	Q0. 4	红色指示灯 L2	Q1. 2
数码管 F 段	Q0. 5		

2. PLC 电气原理图设计

根据表 3-3-1 中的 I/O 地址分配完成图 3-3-3 所示的电气原理图。

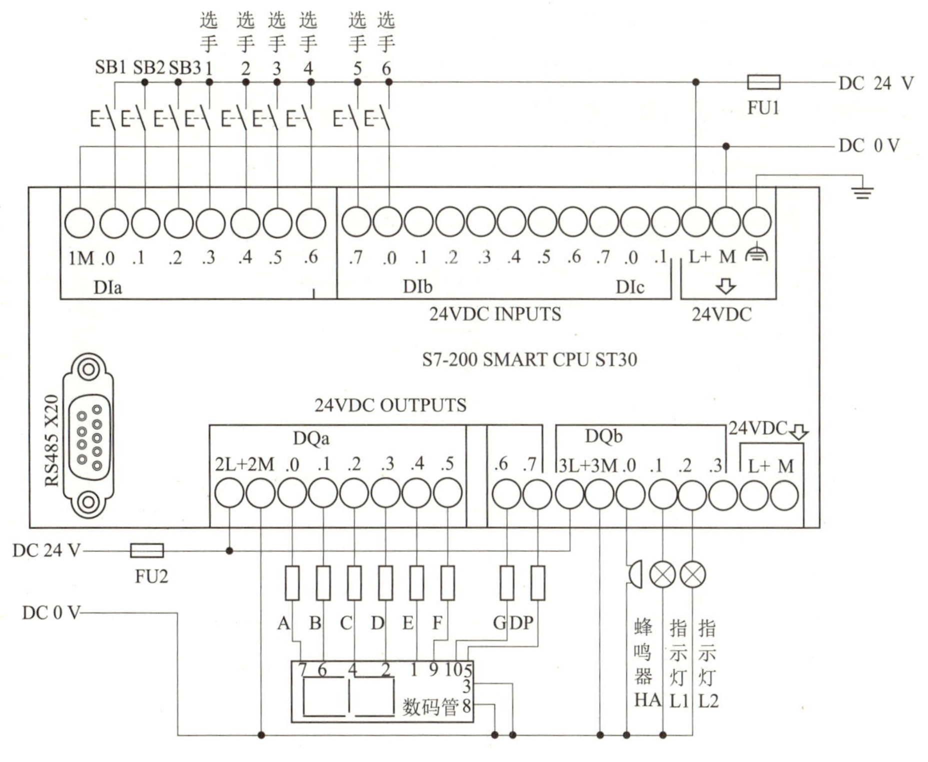

图 3-3-3　六路抢答器的 PLC 电气原理图

3. 3. 3　六路抢答器程序设计

1. 数码管编码分析

数码管的编码见表 3-3-2。单个数码管可以显示数字 0 ~ F，下面利用 PLC 控制数码管实现 0 ~ 3 的顺序循环显示，时间间隔 1 s，即 PLC 上电后开始显示 0，1 s 后显示 1，依次类推，直至显示到 3，然后又显示 0，按此规律循环显示。

表 3-3-2　数码管的编码

十进制数值	八段显示数值								十进制数值	八段显示数值							
	DP	G	F	E	D	C	B	A		DP	G	F	E	D	C	B	A
0	0	0	1	1	1	1	1	1	8	0	1	1	1	1	1	1	1
1	0	0	0	0	0	1	1	0	9	0	1	1	0	0	1	1	1
2	0	1	0	1	1	0	1	1	A	0	1	1	1	0	1	1	1
3	0	1	0	0	1	1	1	1	B	0	1	1	1	1	1	0	0
4	0	1	1	0	0	1	1	0	C	0	0	1	1	1	0	0	1
5	0	1	1	0	1	1	0	1	D	0	1	0	1	1	1	1	0
6	0	1	1	1	1	1	0	1	E	0	1	1	1	1	0	0	1
7	0	0	0	0	0	1	1	1	F	0	1	1	1	0	0	0	1

如果要显示数字“0”，则 Q0.0～Q0.7 要赋值为 1111 1100，显示数字“4”，则 Q0.0～Q0.7 要赋值为 0110 0110，可以利用 MOVE 指令实现数字的顺序显示。图 3-3-4 给出了数码管 0～3 顺序显示的程序，同时思考 0～9 顺序显示程序的编写。

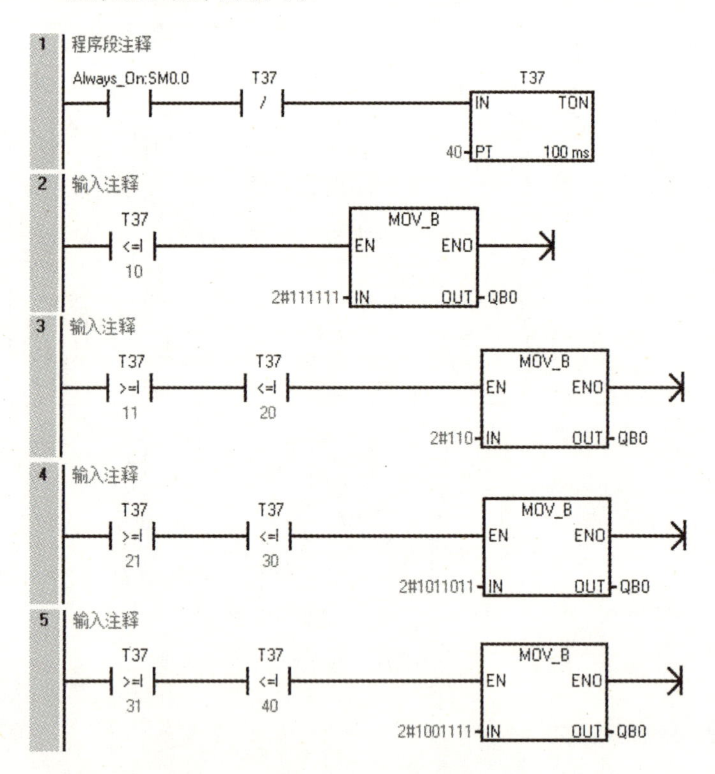

图 3-3-4　数码管 0～3 顺序显示的程序

视频

数据转换指令

在这个程序编写中，关键是要将数字的二进制数值编写正确，如果有一位出错，则显示的数字就不正确，那有没有一种简单的方法直接传送“数字”赋值给 QB0？下面介绍 PLC 的数据转换指令。

2. 数据转换指令

数据转换指令格式及功能见表 3-3-3。

表3-3-3 数据转换指令及功能

梯形图（LAD）	语句表（STL）		功能
	操作码	操作数	
B_I（EN ENO IN OUT） I_B（EN ENO IN OUT）	BTI ITB	IN，OUT IN，OUT	（1）将字节值IN转换为整数值，并将结果存入分配给OUT的地址中。字节是无符号的，因此没有符号扩展位。 （2）将字值IN转换为字节值，并将结果存入分配给OUT的地址中。可转换0～255之间的值。所有其他值将导致溢出，且输出不受影响
I_DI（EN ENO IN OUT） DI_I（EN ENO IN OUT）	ITD DTI	IN，OUT IN，OUT	（1）指令将整数值（IN）转换为双整数值并将结果置入OUT指定的变量中。 （2）指令将双整数值（IN）转换为整数值并将结果置入OUT指定的变量中，如果转换的值过大，则无法在输出中表示，设置溢出位，输出不受影响
DI_R（EN ENO IN OUT）	DTR	IN，OUT	指令将32位带符号整数IN转换成32位实数，并将结果置入OUT指定的变量中
ROUND（EN ENO IN OUT）	ROUND	IN，OUT	取整指令将实数（IN）转换成双整数值，并将结果置入OUT指定的变量中。如果小数部分等于或大于0.5，则进位为整数
TRUNC（EN ENO IN OUT）	TRUNC	IN，OUT	截断指令将32位实数（IN）转换成32位双整数，并将结果的整数部分置入OUT指定的变量中。只有实数的整数部分被转换，小数部分被丢弃
BCD_I（EN ENO IN OUT） I_BCD（EN ENO IN OUT）	BCDI IBCD	IN，OUT IN，OUT	（1）BCD至整数指令将二进制编码的十进制值IN转换成整数值，并将结果载入OUT指定的变量中。IN的有效范围是0～9999 BCD。 （2）整数至BCD指令将输入整数值IN转换成二进制编码的十进制数，并将结果载入OUT指定的变量中。IN的有效范围是0～9999 BCD
SEG（EN ENO IN OUT）	SEG	IN，OUT	要点亮7段显示中的各个段，可通过“段码”指令转换IN指定的字符字节，以生成位模式字节，并将其存入分配给OUT的地址中。点亮的段表示输入字节最低有效位中的字符

注：

IN：整数包括VW，IW，QW，MW，SW，SMW，LW，T，C，AIW，AC，常数，*VD，*LD，*AC。

双整数包括VD，ID，QD，MD，SD，SMD，LD，HC，AC，常数，*VD，*LD，*AC。

实数包括VD，ID，QD，MD，SD，SMD，LD，AC，常数，*VD，*LD，*AC。

OUT：整数包括VW，IW，QW，MW，SW，SMW，LW，AQW，T，C，AC，*VD，*LD，*AC。

双整数包括VD，ID，QD，MD，SD，SMD，LD，AC，*VD，*AC，*LD。

实数包括VD，ID，QD，MD，SD，SMD，LD，AC，*VD，*LD，*AC。

例 3-3-1　数据转换实例。

将英寸转换为厘米：将计数器 C10 值（英寸，C10 = 101）载入累加器 AC1，将该值转换为实数（VD0 = 101. 0），然后乘以 2. 54 转换为厘米（如：VD4 = 2. 54，VD8 = 256. 54），最后将该值转回整数（VD12 = 257）。对应的程序如图 3-3-5 所示。

例 3-3-2　SEG 指令实例。

VB100 字节内存储的要显示的数字（VB100 与触摸屏等显示单元关联），QB0 为数码管的输出连接，编写程序实现 VB100 设置数字的实时显示。程序如图 3-3-6 所示。

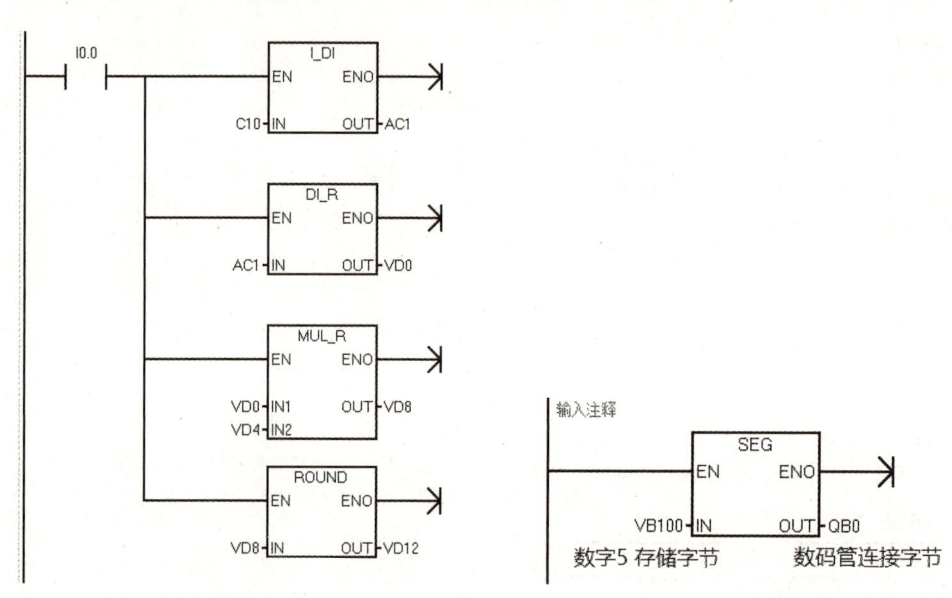

图 3-3-5　数据转换程序　　图 3-3-6　SEG 转换程序

3. 六路抢答器程序编写

六路抢答器程序如图 3-3-7 所示。

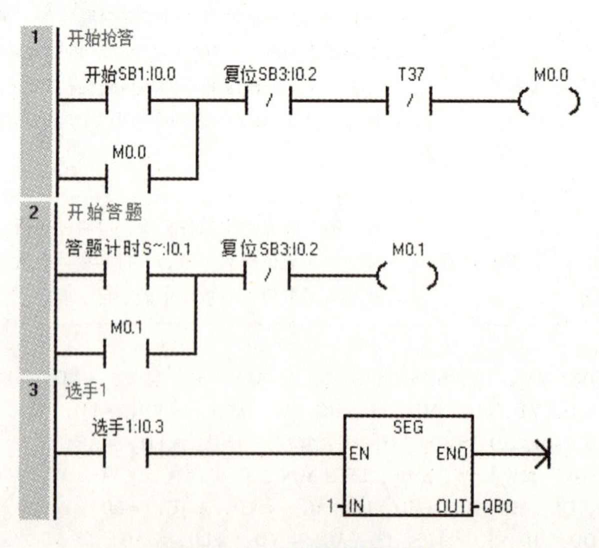

图 3-3-7　六路抢答器程序

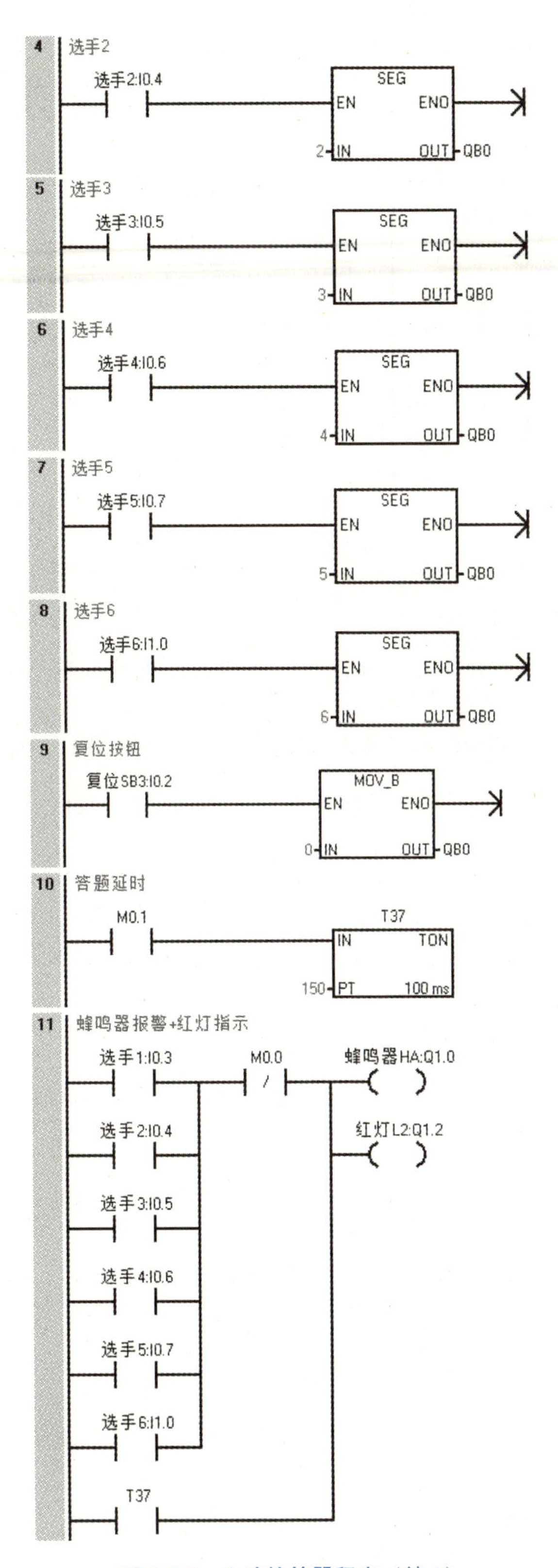

图 3-3-7　六路抢答器程序（续 1）

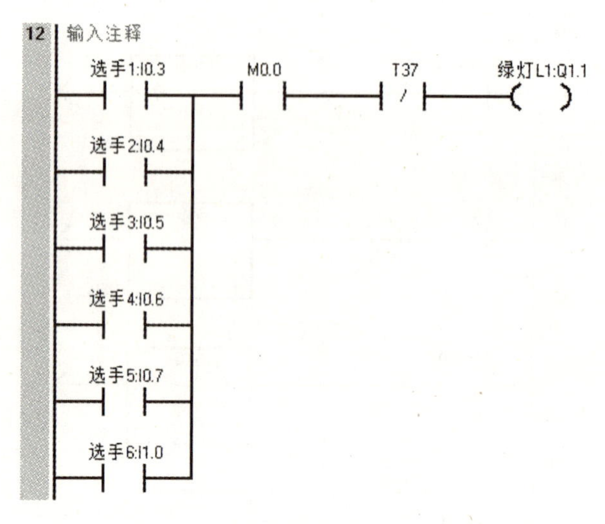

图 3-3-7　六路抢答器程序（续 2）

本节习题

根据题目要求，确定输入/输出地址分配，编写 PLC 梯形图程序，仿真或实物调试实现控制要求。

（1）按下启动按钮 SB2，指示灯循环工作，按下停止按钮 SB1 停止，指示灯顺序点亮过程如下：

L1 —2 s→ L1、L2 —2 s→ L1、L2、L3 —2 s→ L2、L3、L4 —2 s→ L3、L4 —2 s→ L4、L1 —2 s→ L4 —2 s→（返回 L1）

（2）按下启动按钮 SB1，指示灯 L1 和 L2 亮，2 s 后指示灯 L2 和 L3 亮，再 2 s 后指示灯 L3 和 L4 亮，再 2 s 后指示灯 L4 和 L1 亮，再 2 s 后指示灯 L1 和 L2 又亮，以此规律循环工作。按下停止按钮 SB2，全部停止。

（3）按下启动按钮 SB2，指示灯循环工作，按下停止按钮 SB1 停止，指示灯顺序过程如下：

L1 —2 s→ L1、L2 —2 s→ L2、L3 —2 s→ L3、L4 —2 s→ L4、L1 —2 s→（返回 L1、L2）

（4）如第（1）题所示的指示灯循环控制，按下启动按钮 SB2 启动，循环三遍后自动停止，完成程序编写。

（5）如第（3）题所示的指示灯循环控制，按下启动按钮 SB2 启动，循环三遍后自动停止，完成程序编写。

第 4 章 气动设备的 PLC 控制

机电设备上常用的两大动力源：一是电动机驱动（直流电动机、交流电动机、步进电动机、伺服电动机等），二是液气压传动（气动传动、液压传动）。第 2 章讲解了交流电动机的 PLC 控制，本章主要介绍气动设备的 PLC 控制，主要包括气动回路的基本构成、磁开关工作过程、气动控制阀（单电控阀和双电控阀）的工作过程及 PLC 编程、气动顺序控制的程序编写等。

4.1 气动冲压机的 PLC 控制

学习目标

（1）掌握气缸气动回路的工作过程，熟悉各类气动元器件；

（2）掌握磁开关、电磁阀的工作原理；

（3）掌握气动单（电）控阀和气动双（电）控阀的控制过程，以及两者的控制区别；

（4）能够合理利用沿触发指令置复位电磁阀，控制气缸伸出和缩回。

4.1.1 气动冲压机介绍

视 频

气动冲压机介绍

1. 气动冲压机简介

气动冲压机（见图 4-1-1）运动通过气缸活塞杆带动，冲压气动回路由气源、减压阀、压力开关、二位五通阀等组成。冲压动作的左右限位通过两个装在气缸上的磁开关 1B1、1B2 来控制。

气动冲压机有手动和自动两种工作方式，通过方式选择开关 SA1 选择。当工作在手动方式下时，按下冲压按钮 SB1，冲压机冲压一次，即气缸活塞杆伸出、缩回各一次；当工作在自动方式下时，按下冲压按钮 SB2，冲压机冲压两次，即气缸活塞杆伸出、缩回各两次；无论在哪种工作方式下，再次按下冲压按钮，冲压机重复上述动作。

2. 磁性开关及磁簧管

（1）磁性开关。磁性开关是用来检测气缸活塞位置的，即检测活塞的运动行程的。图 4-1-2 是磁性开关的实物图和两线制磁性开关的图形符号。

（2）磁簧管。磁簧管的内部结构图和外部接线图如图 4-1-3 所示。

将磁环安装在活塞上，当随气缸移动的磁环靠近感应开关时，感应开关的两根磁簧片被磁化而使触点闭合，产生电信号；当磁环离开磁性开关后，舌簧片失磁，触点断开，电信号消失。这样可以检测到气缸的活塞位置从而控制相应的电磁阀动作。气缸剖视图如图 4-1-4 所示。

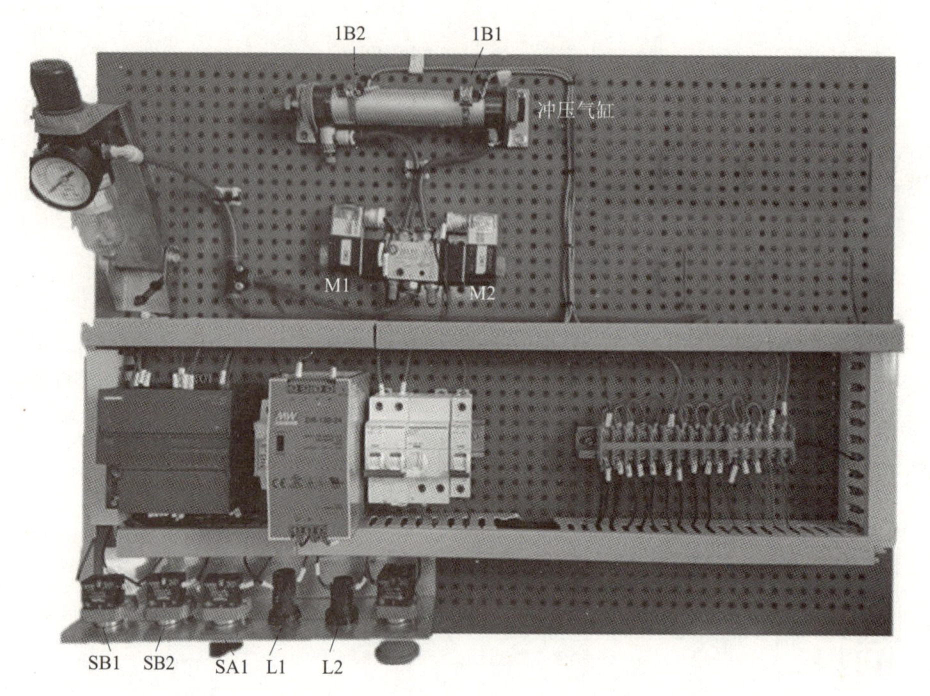

图 4-1-1　气动冲压机实物图片

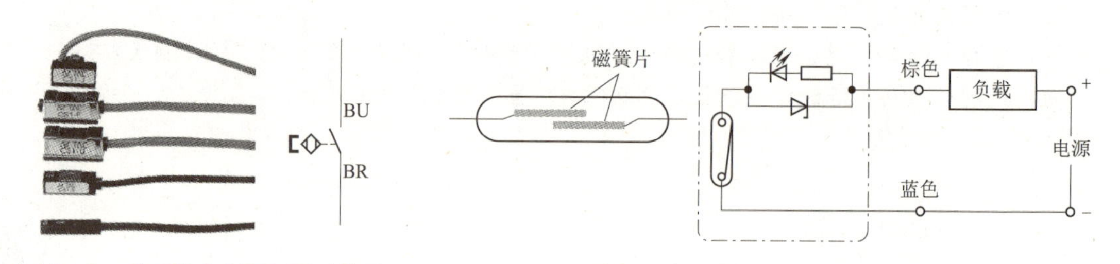

图 4-1-2　磁开关实物图和图形符号　　图 4-1-3　磁簧管结构图和接线图

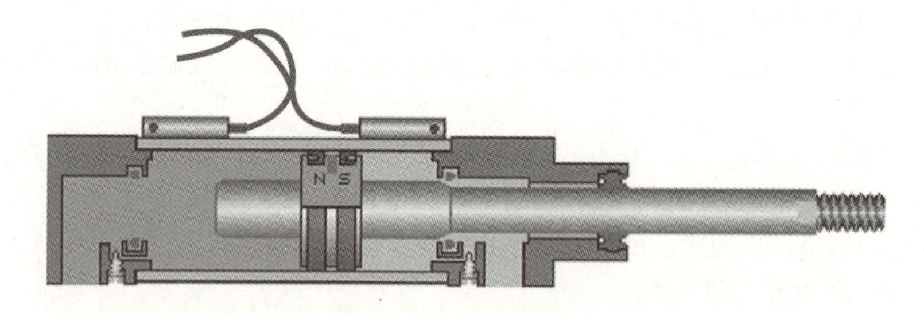

图 4-1-4　气缸剖视图

视频

气动回路分析及电气原理图设计

4.1.2　气动回路分析及电气原理图设计

1. 气动回路分析

气动回路图如图 4-1-5 所示，图中①为气源，②为分水滤气器，③为调压阀，④为二位五通电磁换向阀，⑤为单向节流阀，⑥为单活塞杆双作用气缸。二位五通阀左位电磁线圈 M1 接通气缸伸出，右位电磁线圈 M2 接通气缸缩回。当 M1 和 M2 同时得电时，气缸在原来的位置上不动作，当电磁阀全部失电，气缸能保持前一时刻的伸出或缩回状态不变。通过调节节流阀的开度可以控制气缸伸出或缩回的速度。

单电控阀和双电控阀的控制是有区别的，下面通过图 4-1-6 了解气动回路的区别。图中①为气源，②为空气过滤器，③为减压阀，④为双电控阀二位五通电磁换向阀，⑤为单电控阀二位五通电磁阀，⑥为单向节流阀。在回路中，左侧为双控阀控制，左位电磁线圈 M1 得电气缸 1 伸出，右位电磁线圈 M2 得电气缸 1 缩回，当 M1 和 M2 同时得电气缸 1 在原来位置上不动作。所以，在双控阀控制编程过程中，当气缸 1 伸出到位后要及时复位伸出电磁线圈，才可以通过置位缩回电磁线圈让其缩回。对于右侧的单电控阀回路，电磁线圈 M3 得电气缸 2 伸出，电磁线圈 M3 失电弹簧自动复位，气缸 2 缩回，所以如果要气缸伸出并维持在伸出状态，则电磁线圈 M3 也要一直得电。

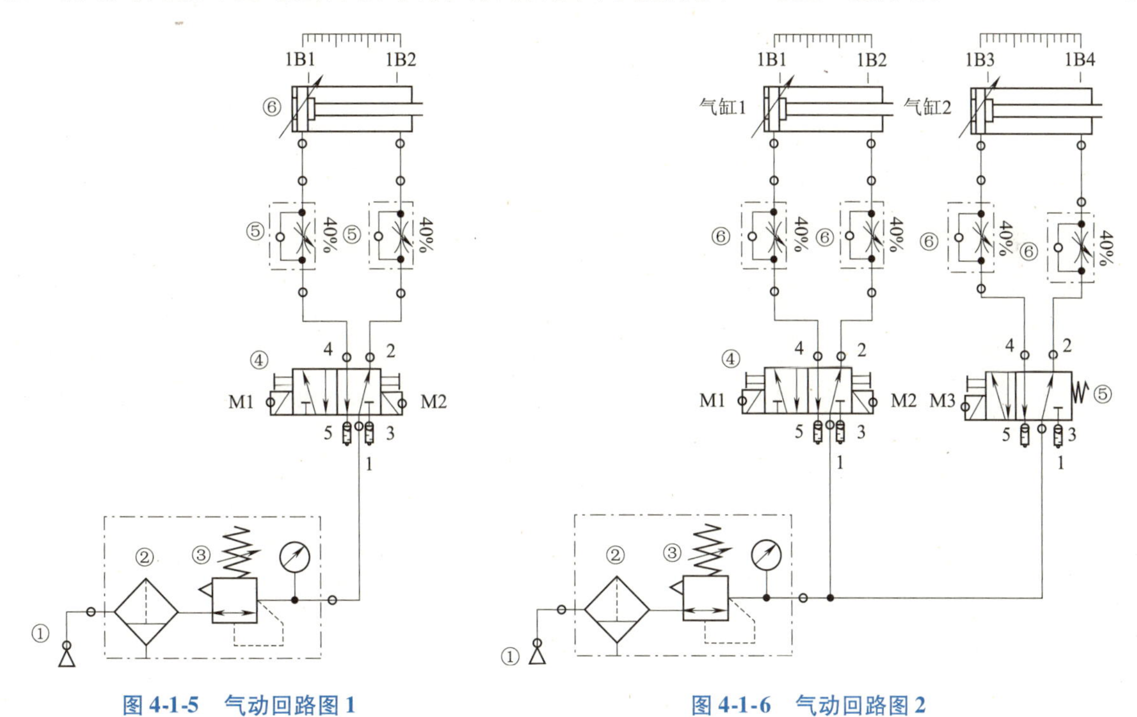

图 4-1-5　气动回路图 1　　　　图 4-1-6　气动回路图 2

2. I/O 地址分配

气动冲压机的 I/O 地址分配见表 4-1-1。

表 4-1-1　气动冲压机的 I/O 地址分配

输入端			
功能	地址	功能	地址
方式选择 SA1	I0. 2	缩回磁开关 1B1	I1. 0
手动冲压 SB1	I0. 0	伸出磁开关 1B2	I1. 1
自动冲压 SB2	I0. 1		
输出端			
功能	内部地址	功能	内部地址
伸出电磁线圈 M1	Q0. 0	手动状态指示灯 L1	Q0. 3
缩回电磁线圈 M2	Q0. 1	自动状态指示灯 L2	Q0. 4

3. 气动冲压机电气原理图设计

图 4-1-7 为气动冲压机电气原理图。

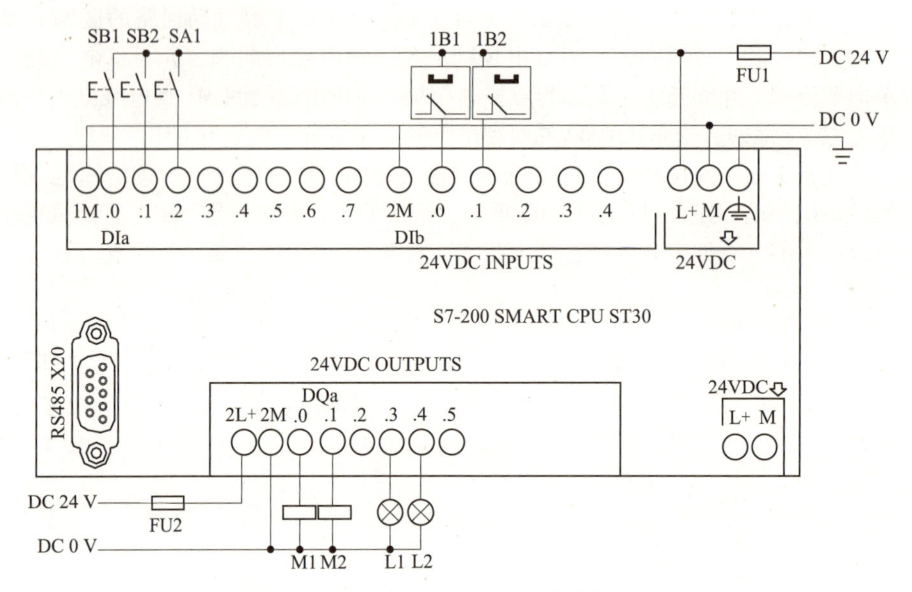

图 4-1-7　气动冲压机单缸控制的电气原理图

视频

气动冲压机单缸控制程序编写与调试

PLC 输入为方式选择旋钮 SA1，手动启动按钮 SB1，自动启动按钮 SB2，磁开关 1B1 和 1B2；PLC 输出为电磁阀 M1、M2，状态指示灯 L1、L2。

4.1.3　气动冲压机单缸控制程序编写与调试

1. 手动冲压模式

手动程序控制要求：手动冲压模式下（SA1 =0）按下手动冲压按钮 SB1，气缸伸出，伸出到位后电磁阀失电；松开手动冲压按钮 SB1，气缸缩回，缩回到位后电磁阀失电。

PLC 控制程序如图 4-1-8 所示。

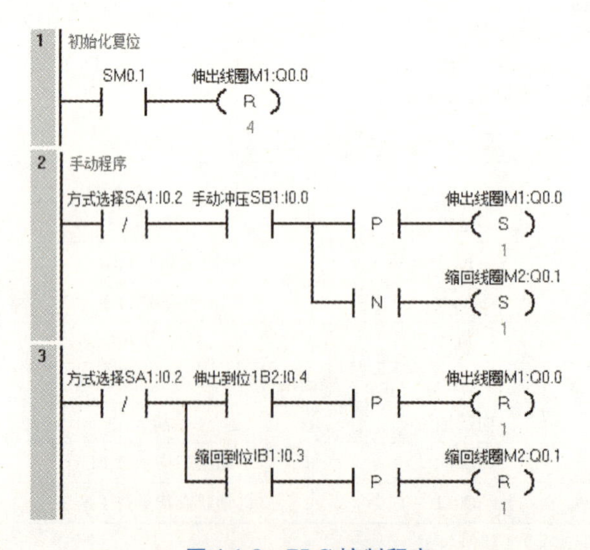

图 4-1-8　PLC 控制程序

注意：（1）手动按钮 SB1 的操作，气缸伸出到位后松手；（2）上升沿触点的应用，可以尝试去掉沿触发指令，然后调试一下实物装置，观察现象。手动控制程序的调试过程请扫描二维码查看视频。

2. 自动冲压模式

在自动冲压模式下（SA1 = 1），按下自动按钮 SB2，冲压机冲出缩回两次，两次结束后自动停止，再次按下自动按钮 SB2，再次冲出缩回两次。

PLC 控制程序如图 4-1-9 所示。

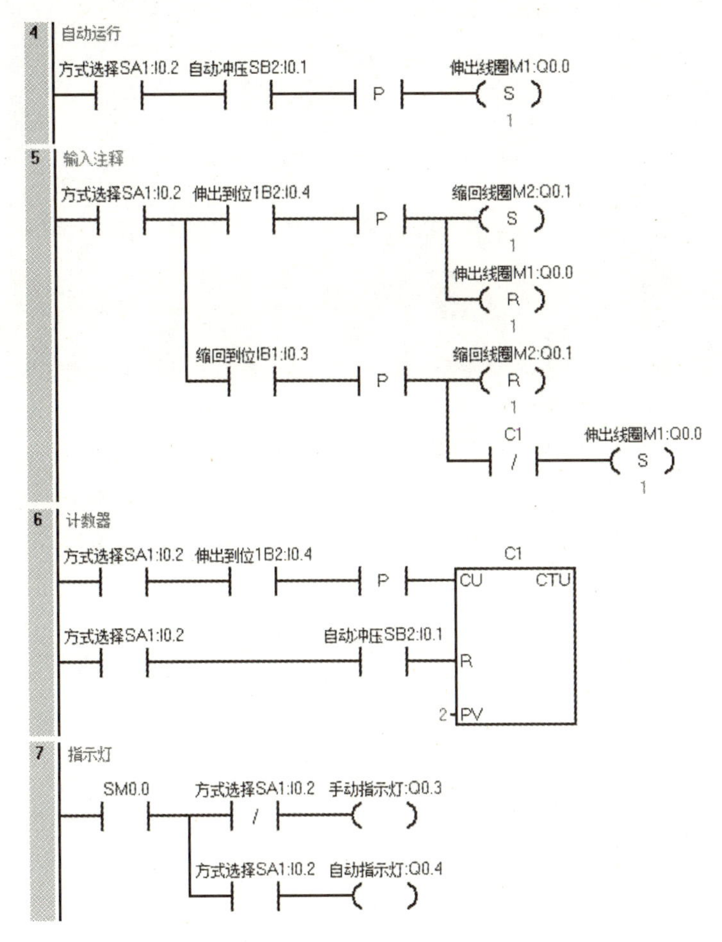

图 4-1-9　PLC 控制程序

4.1.4　气动冲压机双缸控制程序编写与调试

气动冲压机双缸控制实物图如图 4-1-10 所示，有手动和自动两种工作模式，通过工作模式选择开关 SA1 选择。气动回路中有定位气缸 1 和冲压气缸 2，气动回路图请参照图 4-1-6。

控制要求：（1）在手动冲压模式下，按下手动冲压按钮 SB1，定位缸 1 活塞杆伸出到位后冲压缸 2 活塞杆伸出，当其伸出到位后立即缩回，当冲压缸 2 缩回到位后，定位缸 1 活塞杆再缩回；（2）在自动冲压模式下，按下自动冲压按钮 SB2，定位缸 1 和冲压缸 2 重复上述工作过程两次，即两气缸活塞杆依次伸出缩回各两次；无论在哪种工作方式下，再次按下冲压按钮，冲压机重复上述动作。

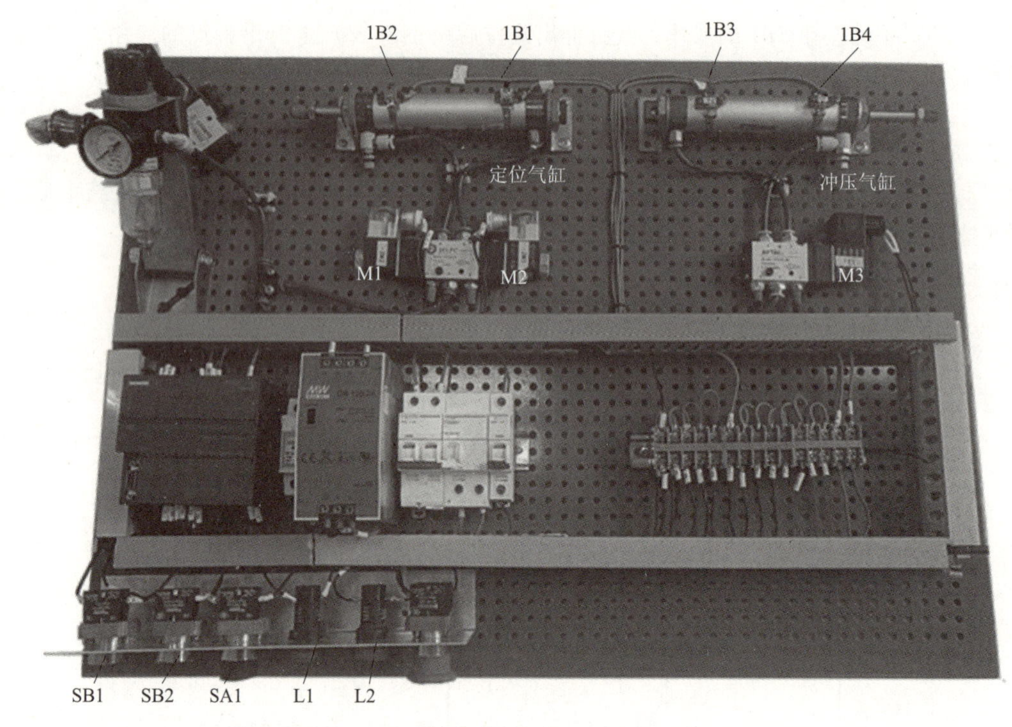

图 4-1-10　气动冲压机双缸控制实物图

气动冲压机双缸控制电气原理图如图 4-1-11 所示，与图 4-1-7 相比，PLC 输入口增加了磁开关 1B3 和 1B4，输出口增加了控制冲压气缸 2 伸出的电磁线圈 M3。气动冲压机双缸顺序控制的程序编写及调试请扫描二维码查看。

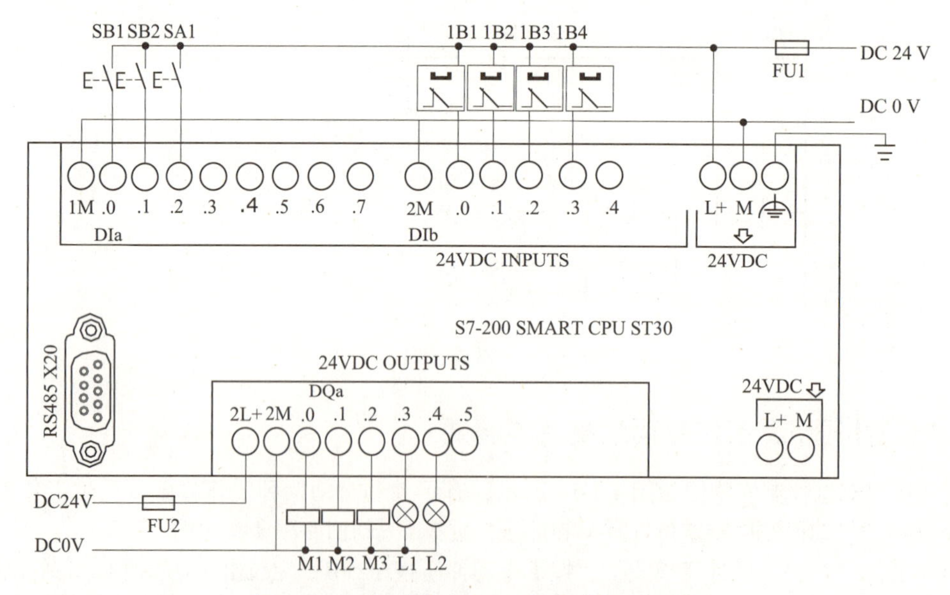

图 4-1-11　气动冲压机双缸控制电气原理图

本节习题

判断题（正确的打√，错误的打×）

（1）磁性开关是用来检测气缸活塞位置的，即检测活塞的运动行程的。当磁环靠近磁性开关后，磁性开关的舌簧片失磁，触点断开，电信号消失。（　）

（2）气缸的伸出和缩回用磁性开关做位置指示用传感器，磁性开关安装的位置要根据气缸内部磁环的运动位置来调整。（　）

（3）在图 4-1-5 中，M1 得电后气缸伸出，M2 得电后气缸缩回，M1 和 M2 都得电，气缸维持原状态不改变。（　）

（4）在图 4-1-6 中，要想气缸 2 维持在伸出状态，则让电磁阀 M3 得电，气缸伸出后再让 M3 失电。（　）

（5）复位指令 R，上方填写指令的起始地址，如 Q0.0，下方填写数字，如 5，下方的数字是随便写的。（　）

4.2　物料分拣装置的 PLC 控制

（1）掌握电感式接近开关、光电式开关的相关知识；

（2）掌握三线制 PNP、NPN 两种类型接近开关与 PLC 的接线方法；

（3）掌握控制流程图的设计思路。

4.2.1　物料分拣装置介绍

视 频

物料分拣装置介绍

物料分拣装置结构如图 4-2-1 所示。它由直流电动机驱动的输送带、推料气缸 1、推料气缸 2、储料箱、电感式传感器和光电开关组成。物料分拣装置用于金属物料和非金属物料的分拣，物料由左侧放入输送带，首先经过电感式传输器 1B5，如果是金属物料则 1B5 有感应信号，输送带停止运行，气缸 1 推料至储料箱 1；如果是非金属物料，则输送带继续运行，物料经过光电开关 1B6，光电开关有信号，延时 0.5 s 后输送带停止运行，气缸 2 推料至储料箱 2。

运行中信号变化及动作过程分析如下：

（1）判断气缸 1、气缸 2 是否在零位，若在零位（1B1 = 1B3 = 1），按下启动按钮 SB1，直流电动机运行，同时绿色运行指示灯 L1 亮。

（2）放入工件，经过电感式传感器 1B5 检测有信号时，直流电动机停止运转，等待 1 s，电磁阀 M1 得电，气缸 1 伸出，气缸 1 伸出到位（1B2 = 1），电磁阀 M1 失电，气缸 1 缩回，气缸缩回到零位后（1B1 = 1）等待 1 s，之后输送带继续运行。

（3）如工件经过电感式传感器无信号，输送带继续运行，工件经过光电开关 1B6 检测有信号时，延时 0.5 s 后，直流电动机停止运转，等待 1 s 后电磁阀 M2 得电，气缸 2 伸出，检测气缸 2 伸出到位（1B4 = 1），电磁阀 M2 失电，气缸 2 收回，检测到气缸收回到零位后（1B3 = 1）后等待 1 s，之后直流电动机继续运转。

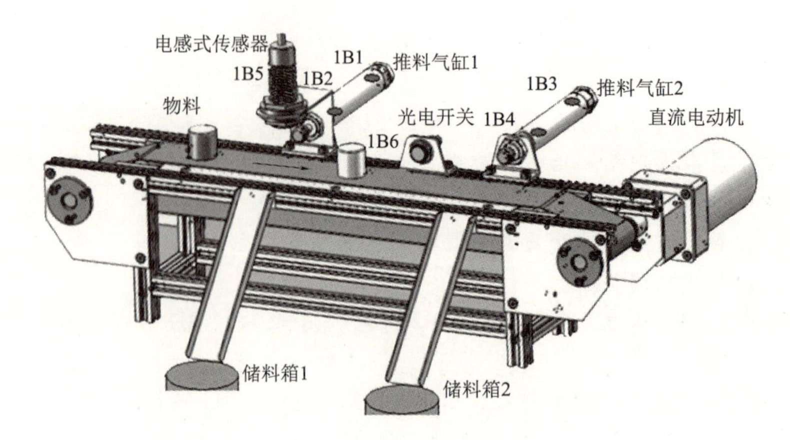

图 4-2-1　物料分拣装置示意图

视频
物料分拣装置分析

（4）当检测到有 5 个金属工件或 5 个非金属工件被推入储料箱后，直流电动机停止运行，同时红色指示灯 L2 亮，代表储料箱满，手动更换新的储料箱后，重新按下“启动”按钮，直流电动机运转。

（5）按下停止按钮，系统停止运行。

4. 2. 2　物料分拣装置分析

1. 气动回路

图 4-2-2 是物料分拣装置的气动回路图，请分析气动回路控制过程。

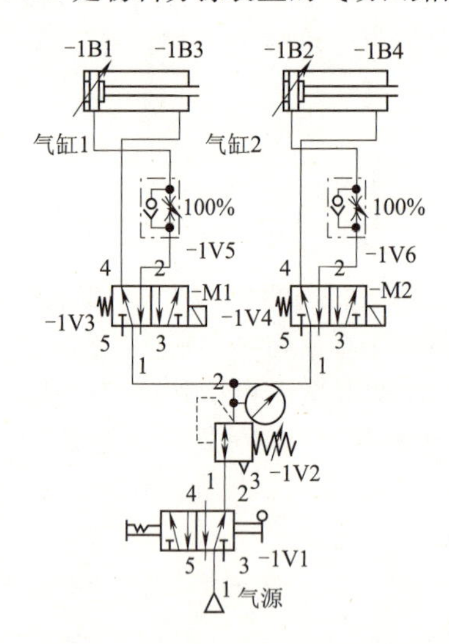

序号	符号	名称
1	－1V1	开关阀
2	－1V2	减压阀
3	－1V3	二位五通单控阀
4	－1V4	二位五通单控阀
5	－1V5	节流阀
6	－1V6	节流阀
7	－1B1	气缸 1 缩回到位磁性开关
8	－1B2	气缸 2 缩回到位磁性开关
9	－1B3	气缸 1 伸出到位磁性开关
10	－1B4	气缸 2 伸出到位磁性开关
11	－M1	气缸 1 伸出电磁阀
12	－M2	气缸 2 伸出电磁阀

图 4-2-2　气动原理图及符号说明

2. 动作流程图

在这个装置的控制器件中，有按钮开关、传感器、气动控制阀、指示灯等多种元器件，首先要根据控制要求厘清各元件之间的关系以及工作过程。下面以流程图（见图 4-2-3）的方式将控制过程展示出来。

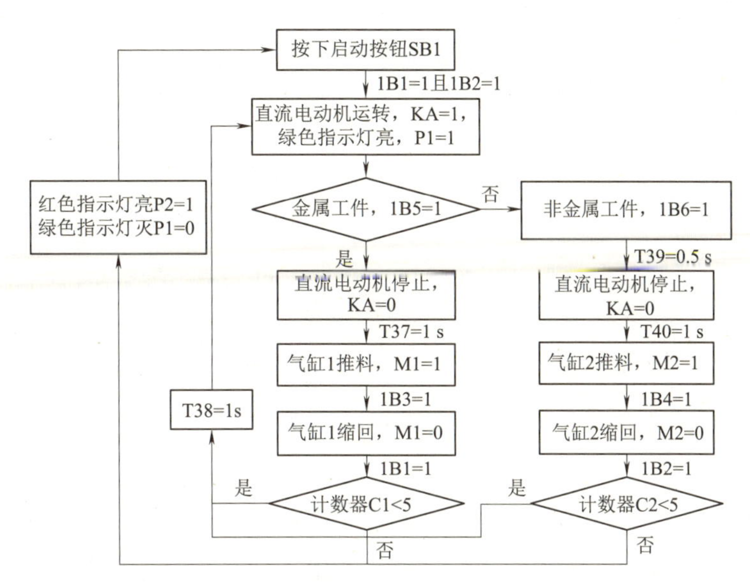

图 4-2-3　物料分拣系统控制流程图

3. 光电开关

光电开关（光电传感器）是光电接近开关的简称，它是利用被检测物体对红外光束的遮光或反射，由同步回路选通而检测物体的有无，被检测物体不限于金属，对所有能反射光线的物体均可检测。

图 4-2-4 是各类光电开关的实物图和漫反射式光电开关的安装图。

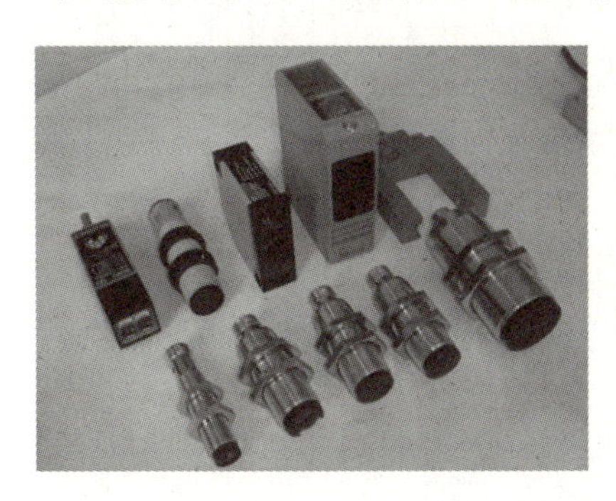

图 4-2-4　光电开关实物图和漫反射式光电开关的安装图

光电开关的图形符号如图 4-2-5 所示。

光电开关有两线制和三线制的区别，两线制光电开关的接线比较简单，光电开关与负载串联后接到电源即可。

直流三线制光电开关也分为 NPN 型和 PNP 型。三线制光电开关的接线：红（棕）线接电源正端；蓝线接电源 0 V 端；黄（黑）线为信号，应接负载。而负载的另一端是：对于 NPN 型光电开关，应接到电源正端；对于 PNP 型光电开关，则应接到电源 0 V 端。三线制光电开关接线如图 4-2-6 所示。

BR

BK

BU

图 4-2-5　光电开关图形符号

需要特别注意：PLC 数字量输入模块一般可分为两类。一类的公共输入端为电源正（24 V），电流从输入模块流入接近开关 BK 线，此时，要选用 NPN 型接近开关；另一类的公共输入端为电源负（0 V），电流由接近开关 BK 线流入输入模块，此时，要选用 PNP 型接近开关。

图 4-2-7是以西门子 S7-200 CPU ST30 DC/DC/DC PLC 为例的 PNP 和 NPN 两类光电开关的接线。

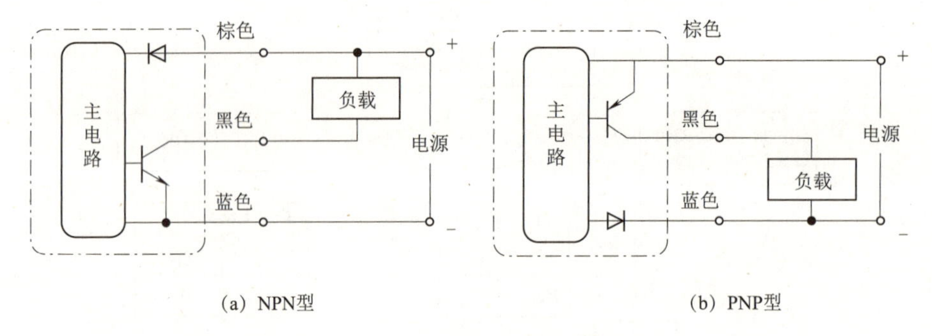

图 4-2-6　三线制光电开关接线图

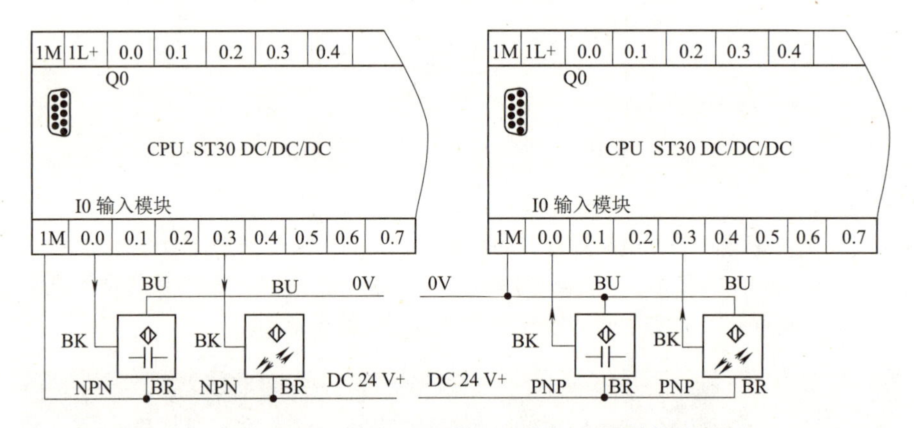

图 4-2-7　PNP 和 NPN 接近开关与 PLC 的接线

视频

物料分拣装置电气原理图设计

4.2.3　物料分拣装置电气原理图设计

1. I/O 地址分配

物料分拣装置的 I/O 地址分配见表 4-2-1，其中抢答选手号码由数码管显示，答题倒计时只计时不显示。

表 4-2-1　I/O 地址分配表

输入端			
功能	地址	功能	地址
开始按钮 SB1	I0. 0	气缸 2 缩回到位 1B3	I0. 4
停止按钮 SB2	I0. 1	气缸 2 伸出到位 1B4	I0. 5
气缸 1 缩回到位 1B1	I0. 2	电感式传感器 1B5	I0. 6
气缸 1 伸出到位 1B2	I0. 3	光电开关 1B6	I0. 7
输出端			
功能	地址	功能	内部地址
输送带电动机 KA + 指示灯 L1	Q0. 0	气缸 1 伸出电磁阀 M1	Q0. 2
物料箱满指示灯 L2	Q0. 1	气缸 2 伸出电磁阀 M2	Q0. 3

2. 电气原理图设计

物料分拣装置的电气原理图如图 4-2-8 所示，绘制输入/输出元器件，并给出各部分的供电电压。

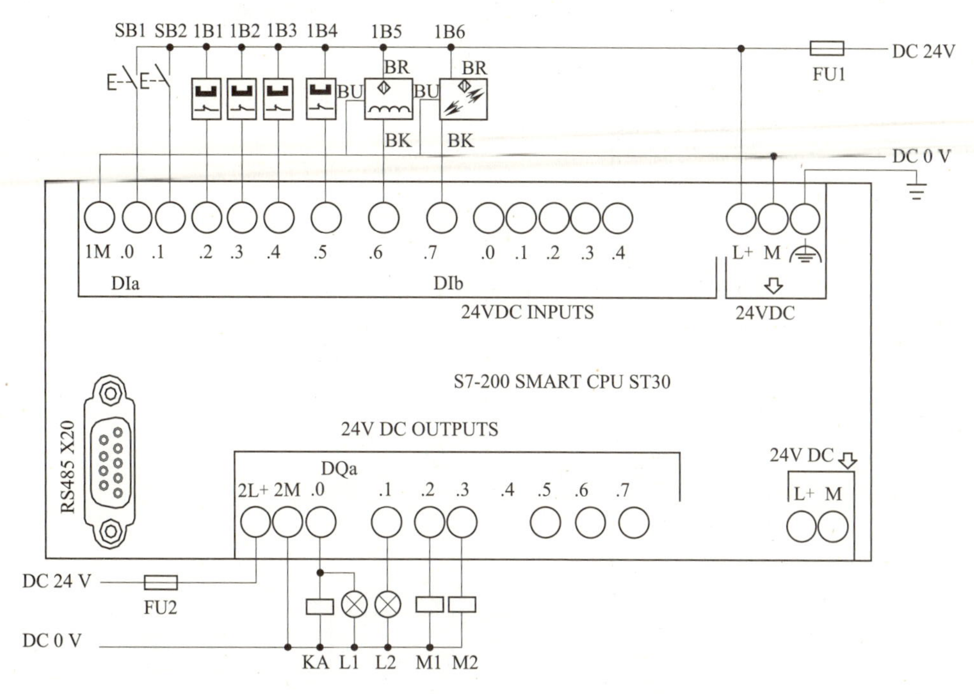

图 4-2-8 物料分拣系统的 PLC 电气原理图

3. 接线完成的实物

物料分拣装置实物图如图 4-2-9 所示。

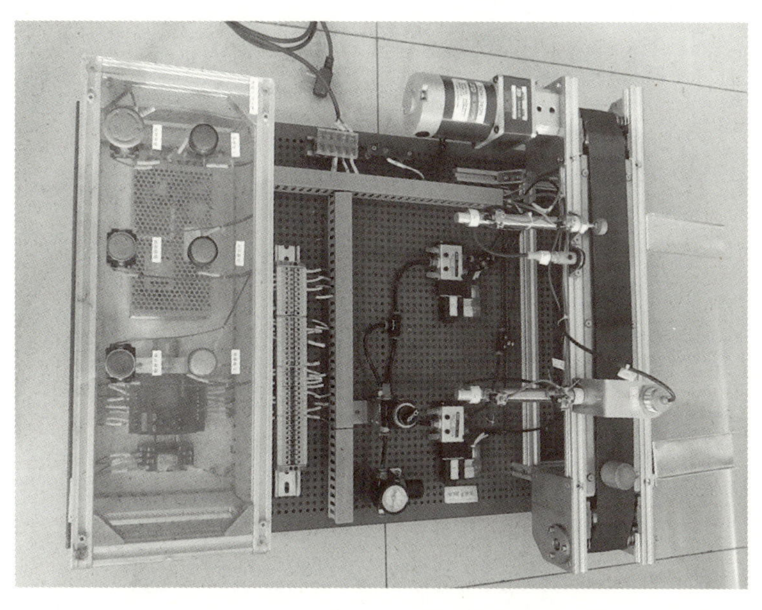

图 4-2-9 物料分拣装置实物图

视 频

物料分拣装置的程序编写与调试

4.2.4 物料分拣装置的程序编写与调试

物料分拣装置 PLC 程序如图 4-2-10 所示。物料分拣装置的调试过程请扫描二维码查看。

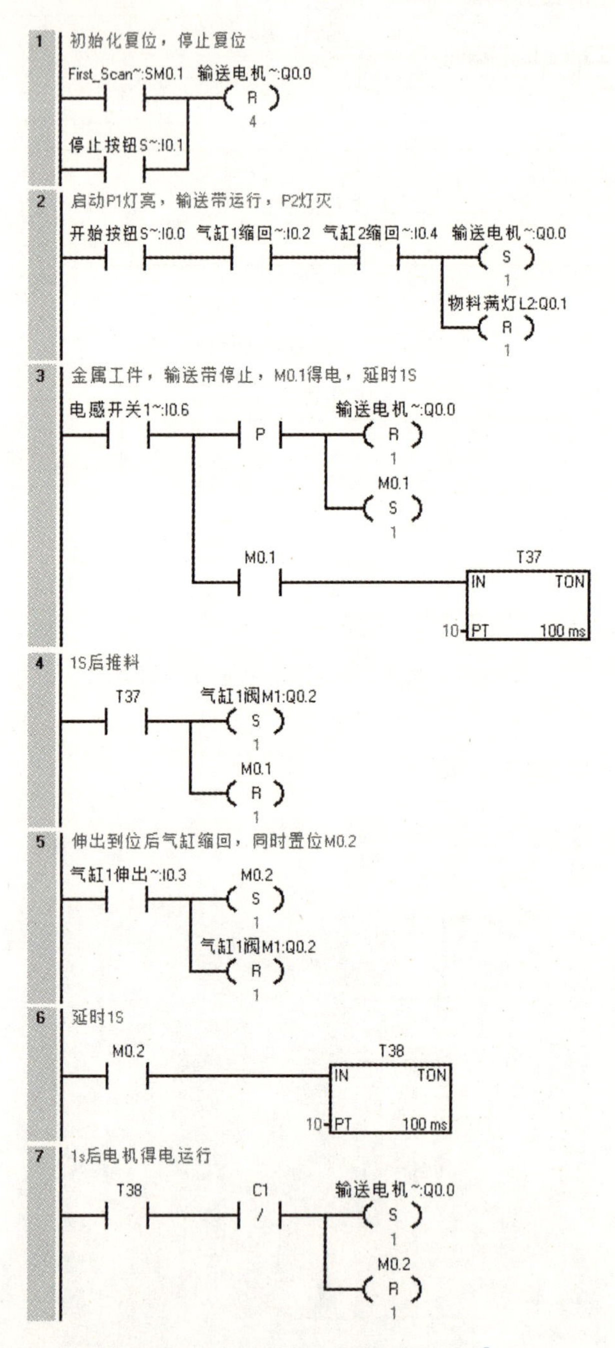

图 4-2-10 物料分拣装置 PLC 程序①

①类似梯形图为软件截屏图，其中电机即电动机，下同。

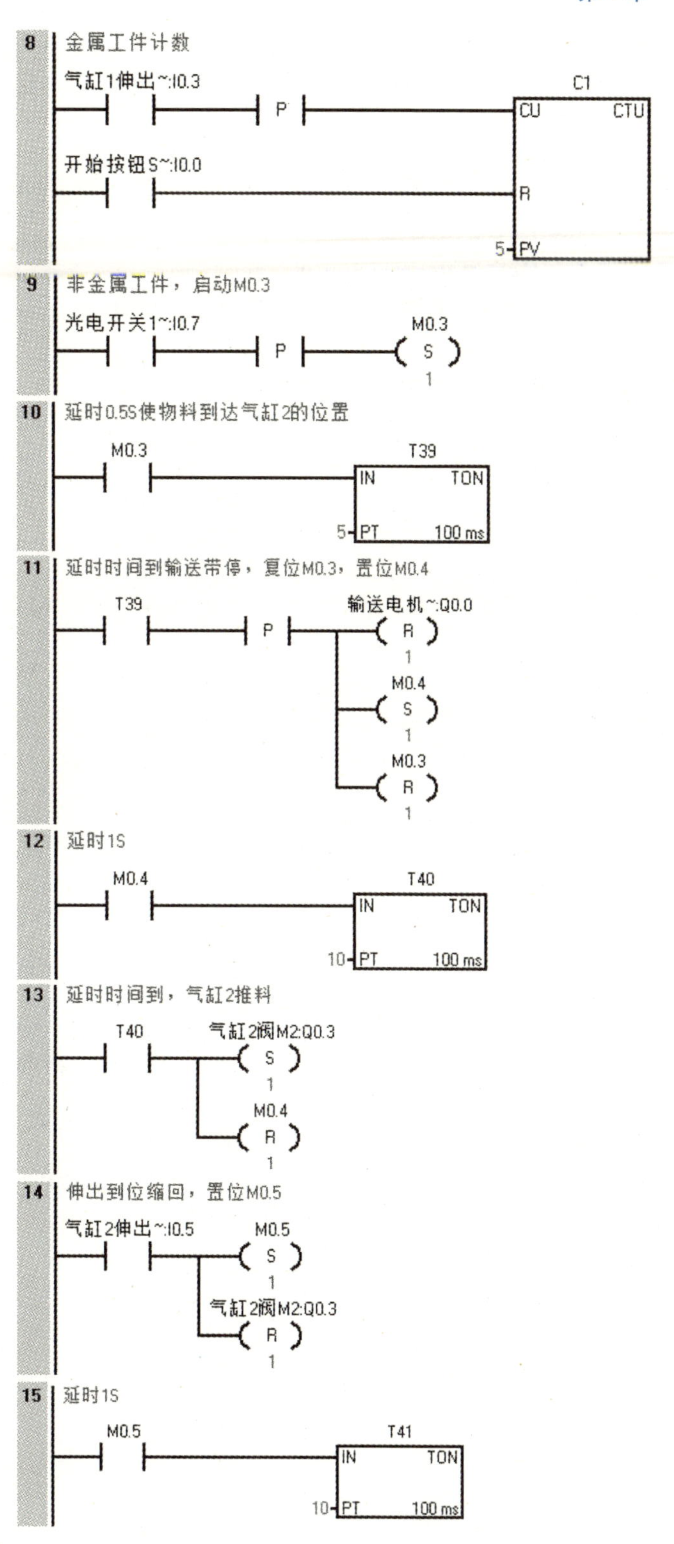

图 4-2-10　物料分拣装置 PLC 程序（续 1）

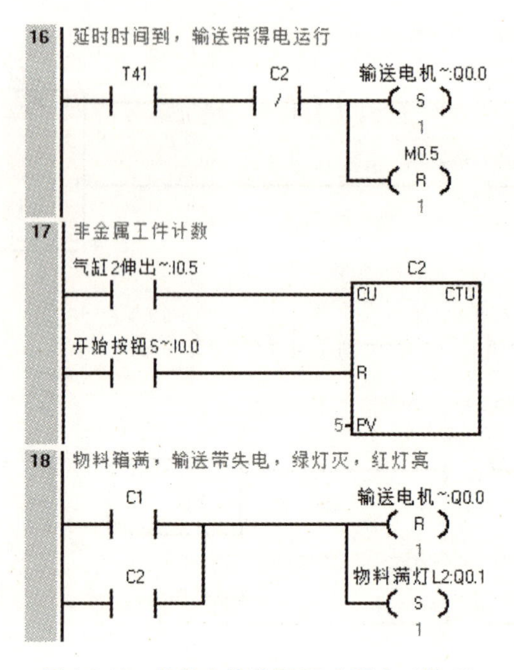

图 4-2-10　物料分拣装置 PLC 程序（续 2）

本节习题

（1）三线制直流接近开关的接线：红（棕）线接（　　）；蓝线接（　　）；黄（黑）线为信号线应接负载。

A. 24 V，0 V　　B. 24 V，PLC

C. 0 V，24 V　　D. 0 V，PLC

（2）若使气缸活塞缓慢伸出，应让节流阀的节流口变（　　）。

A. 大　　B. 小

（3）电涡流式接近开关用于判断（　　）物体；光电式接近开关用于判断（　）物体。

A. 所有，金属　　B. 金属，几乎所有

C. 塑料，金属　　D. 金属，塑料

（4）直流三线制接近开关分为 NPN 型和 PNP 型，它们的黑色信号线接 PLC 输入点（即负载侧）。对于 NPN 型接近开关，PLC 输入信号的 COM 应接到（　　）；对于 PNP 型接近开关，PLC 输入信号的 COM 应接到（　　）。

A. 电源正，电源正　　B. 电源负，电源正

C. 电源正，电源负　　D. 电源负，电源负

（5）在图 4-2-8 PLC 电路原理图中，IB5 和 IB6 两个传感器是（　　）型传感器。

A. NPN　　B. PNP

4.3　气动机械手的 PLC 控制

学习目标

（1）掌握多气缸机构的工作过程；
（2）掌握 PLC 的子程序调用指令和顺序控制指令；
（3）能够根据控制流程图编写 PLC 的顺序步进程序。

4.3.1　气动机械手介绍

视 频

气动机械手介绍

气动机械手由 1 个旋转气缸、2 个伸缩气缸和 1 个气动卡爪气缸组成，主要实现物料从 A 点到 B 点的搬运动作。其实物如图 4-3-1 所示。

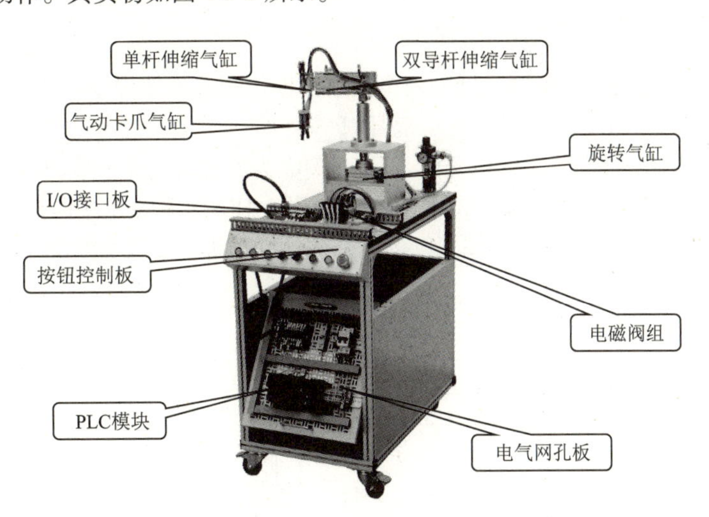

图 4-3-1　气动机械手实物

1. 气动机械手的结构和组成

（1）气动卡爪气缸：完成工件的抓取动作，由双向电控阀控制，手爪放松时磁性开关指示灯亮。
（2）双导杆伸缩气缸（双联气缸）：机械手臂进行伸缩，由双向电控气阀控制。
（3）旋转：采用旋转的气缸设计，由双向电控气阀控制机械的左右摆动。
（4）单杆伸缩气缸：由单向电控阀控制。当气动电磁阀得电，气缸伸出，将物料送至等待位。
（5）I/O 接口板：完成 PLC 信号与传感器、电磁信号、按钮之间的转接。
（6）控制按钮板：用于系统的基本操作、单机控制、联机控制。
（7）电磁阀组：PLC 输出口控制电磁阀的得失电，进而控制气缸的伸缩动作。
（8）电气网孔板：主要安装 PLC 主机模块、空气开关、开关电源、I/O 接口板、各种接线端子等。
（9）PLC 模块：安装西门子 S7-200 SMART 控制器，编写程序控制气动机械手的动作。

2. 控制流程

气动机械手控制流程图如图 4-3-2 所示。

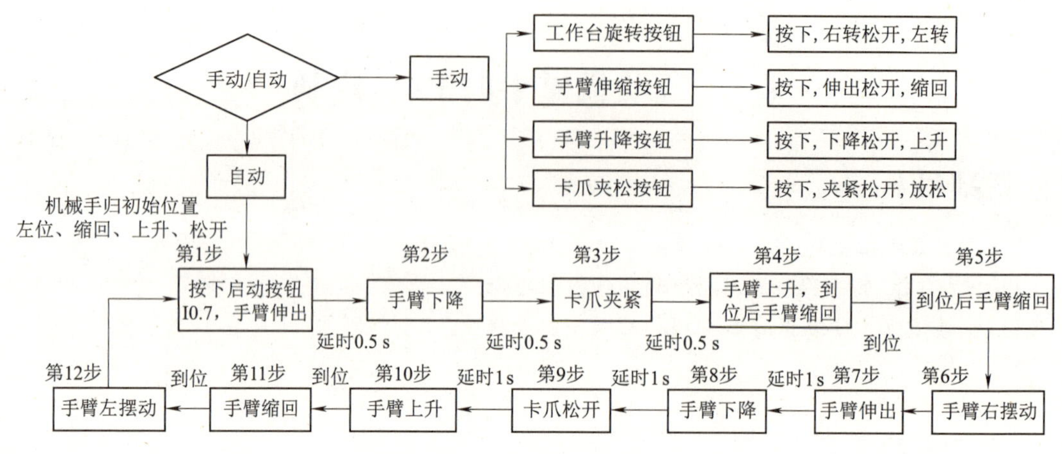

图 4-3-2　气动机械手控制流程

4.3.2　气动原理图和电气原理图设计

1. 气动机械手气动原理图设计

1B1、1B2 为安装在旋转气缸的两个极限工作位置的磁性传感器。1Y1、1Y2 为控制旋转气缸的电磁阀。2B1、2B2 为安装在双导杆气缸的两个极限工作位置的磁性传感器。2Y1、2Y2 为控制双导杆伸缩气缸的电磁阀。3B1、3B2 为安装在气动卡爪的极限工作位置的磁性传感器。3Y1、3Y2 为控制气动卡爪的电磁阀。4B1、4B2 为安装在气动机械手升降的极限工作位置的磁性传感器，4Y1 为控制单杠伸缩气缸的电磁阀。气动机械手气动原理图如图 4-3-3 所示。

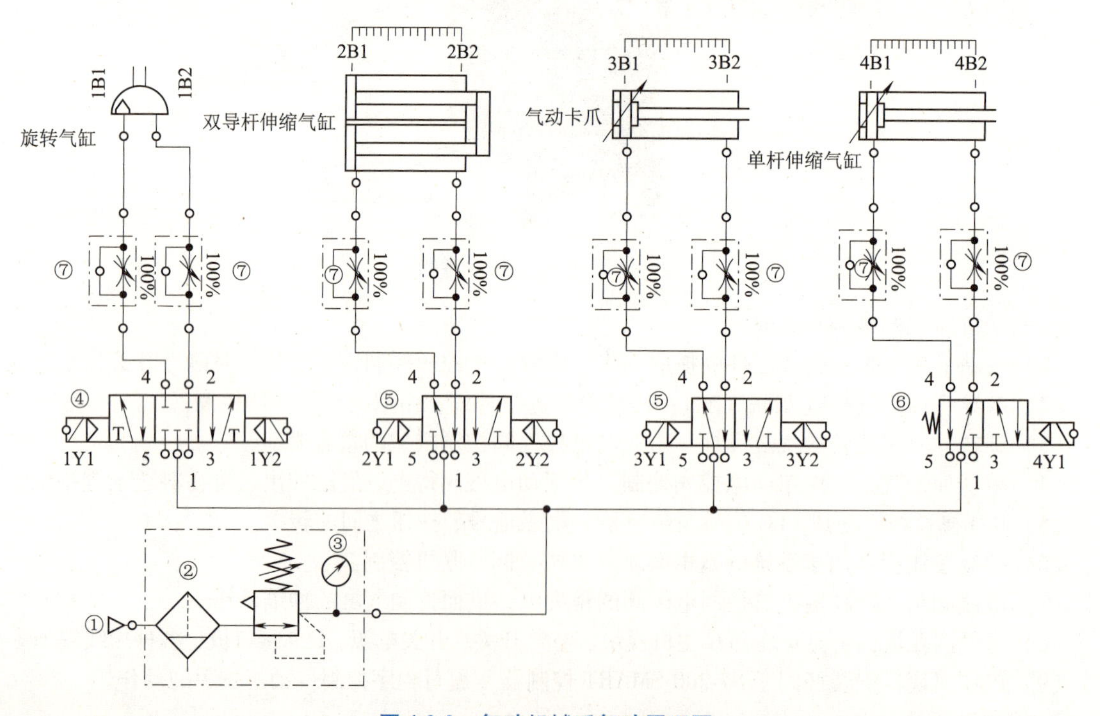

图 4-3-3　气动机械手气动原理图

图 4-3-3 中①、②、③部分的器件与图 4-2-2 相同，其余器件名称如下：④为三位五通双电控电磁换向阀，⑤为二位五通双电控电磁换向阀，⑥为二位五通单电控电磁换向阀，⑦为单向节流阀。

2. I/O 地址分配

气动机械手的 I/O 地址分配见表 4-3-1，其中抢答选手号码由数码管显示，答题倒计时只计时不显示。

表 4-3-1　I/O 地址分配表

输入端			
功能	地址	功能	地址
摆台左限位 1B1	I0.0	自动启动按钮 SB1	I0.7
摆台右限位 1B2	I0.1	停止按钮 SB2	I1.0
手臂后限位 2B1	I0.2	摆台手动按钮 SB3	I1.1
手臂前限位 2B2	I0.3	手臂伸缩手动按钮 SB4	I1.2
卡爪夹紧限位 3B1	I0.4	手臂升降手动按钮 SB5	I1.3
手臂上限位 4B1	I0.5	卡爪手动按钮 SB6	I1.4
手臂下限位 4B2	I0.6	方式选择旋钮 SA	I1.5
输出端			
功能	地址	功能	内部地址
左旋转电磁阀 1Y1	Q0.0	卡爪松开电磁阀 3Y1	Q0.4
右旋转电磁阀 1Y2	Q0.1	卡爪夹紧电磁阀 3Y2	Q0.5
手臂前伸电磁阀 2Y1	Q0.2	手臂下降电磁阀 4Y1	Q0.6
手臂后缩电磁阀 2Y2	Q0.3	工作状态指示灯	Q0.7

3. 电气原理图设计

气动机械手的电气原理图如图 4-3-4 所示，共用到 14 个输入点和 10 个输出点。

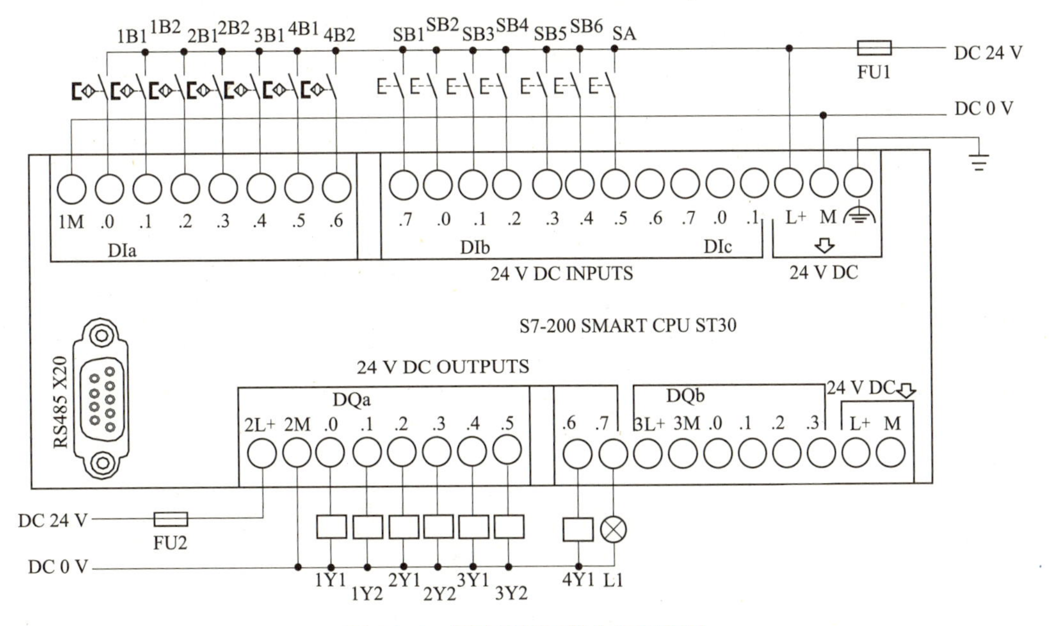

图 4-3-4　气动机械手的电气原理图

视 频

子程序调用指令和顺序控制指令

4.3.3 子程序调用指令和顺序控制指令

1. 子程序调用指令

（1）指令格式及功能见表 4-3-2。

表 4-3-2　子程序调用指令格式及功能

梯形图（LAD）	语句表（STL）		功　能
	操作码	操作数	
SBR_n EN	CALL	SBR_n	子程序调用与标号（CALL）把程序的控制交给子程序（SBR _n）
——(RET)	CRET		有条件子程序返回指令（CRET）根据该指令前面的逻辑关系，决定是否终止子程序（SBR_n）。 无条件子程序返回指令，立即终止子程序执行

注：1. 子程序调用指令编写在主程序中，子程序返回指令编写在子程序中。
2. 子程序标号 n 的范围是 0 ~ 63。
3. 子程序可以不带参数调用，也可以带参数调用。
4. 无条件子程序返回指令为自动默认，不需要在子程序结束时输入任何代码。
5. 子程序调用可以嵌套，嵌套深度最多为 8 层。

（2）应用举例。图 4-3-5 是一个简单的子程序调用的实例，按下 I0. 0 调用手动子程序，此时 Q0. 0 长亮；按下 I0. 1 调用自动子程序，此时 Q0. 0 以 1 s 周期闪烁。在 PLC 扫描过程中，每个扫描周期扫描主程序和有效的子程序，其他子程序是不扫描的，对于较复杂的程序，采用子程序调用可以有效地缩短扫描周期，提高 PLC 工作效率。

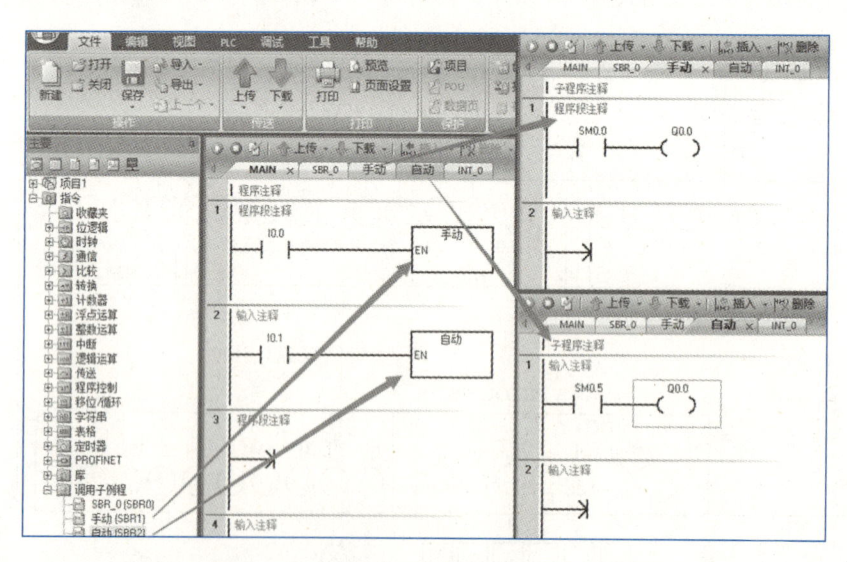

图 4-3-5　子程序调用

2. 顺序控制指令

顺序功能是根据控制过程的输出量的变化，将一个工作周期划分为若干顺序相连的步，在任何一步内，各输出状态不变，但相邻两步的输出不同。

功能图是一种用于描述顺序控制系统控制过程的一种图形，它由步、转换条件及有向连线组成。

（1）步：将系统的工作过程分为若干个阶段，这些阶段称为“步”。

（2）转换条件：步与步之间的转换条件，用小短线表示，转换条件可以是一个或多个，当条件满足，转换得以实现。上一步的动作结束，下一步动作开始。系统处于的当前步称为“活动步”。通常用状态继电器的位 S0.0 ~ S31.7 代表程序的状态步。

表 4-3-3　顺序控制继电器指令表

梯形图（LAD）	语名表（STL）		功　　能
	操作码	操作数	
n ├──[SCR]	LSCR	n	当顺序控制继电器位为 1 时，SCR（LSCR）指令被激活，标志着该顺序控制程序段的开始
n ──(SCRT)	SCRT	n	当满足条件使 SCRT 指令执行时，则复位本顺序控制程序段，激活下一顺序控制程序段 n
├──(SCRE)	SCRE		执行 SCRE 指令，结束由 SCR（LSCR）开始到 SCRE 之间顺序控制程序段的工作

注：1. 顺序控制继电器位 n 必须寻址顺序控制继电器 S 的位。不能把同一编号的顺序控制继电器位用在不同的程序中。

2. 在 SCR 段之间不使用 JMP 和 LBL 指令，即不允许跳入或跳出 SCR 段，但可以在 SCR 段内使用跳转和标号指令。

3. 不能在 SCR 段中使用 FOR、NEXT 和 END 指令。

4.3.4　气动机械手的程序编写与调试

1. 主程序（Main）

主程序如图 4-3-6 所示。

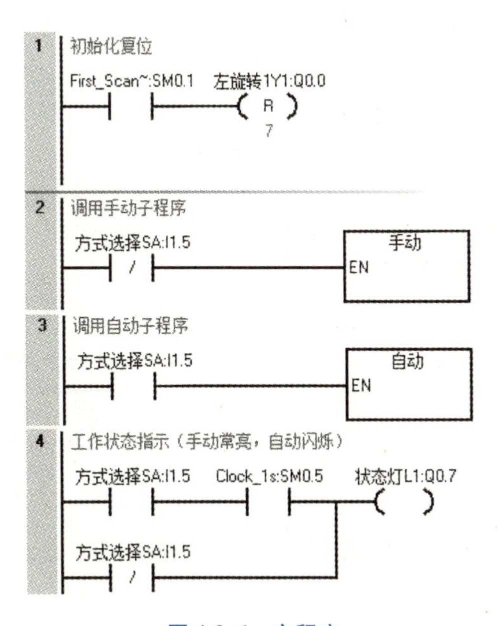

图 4-3-6　主程序

2. 手动子程序（SBR0）

手动子程序如图 4-3-7 所示。

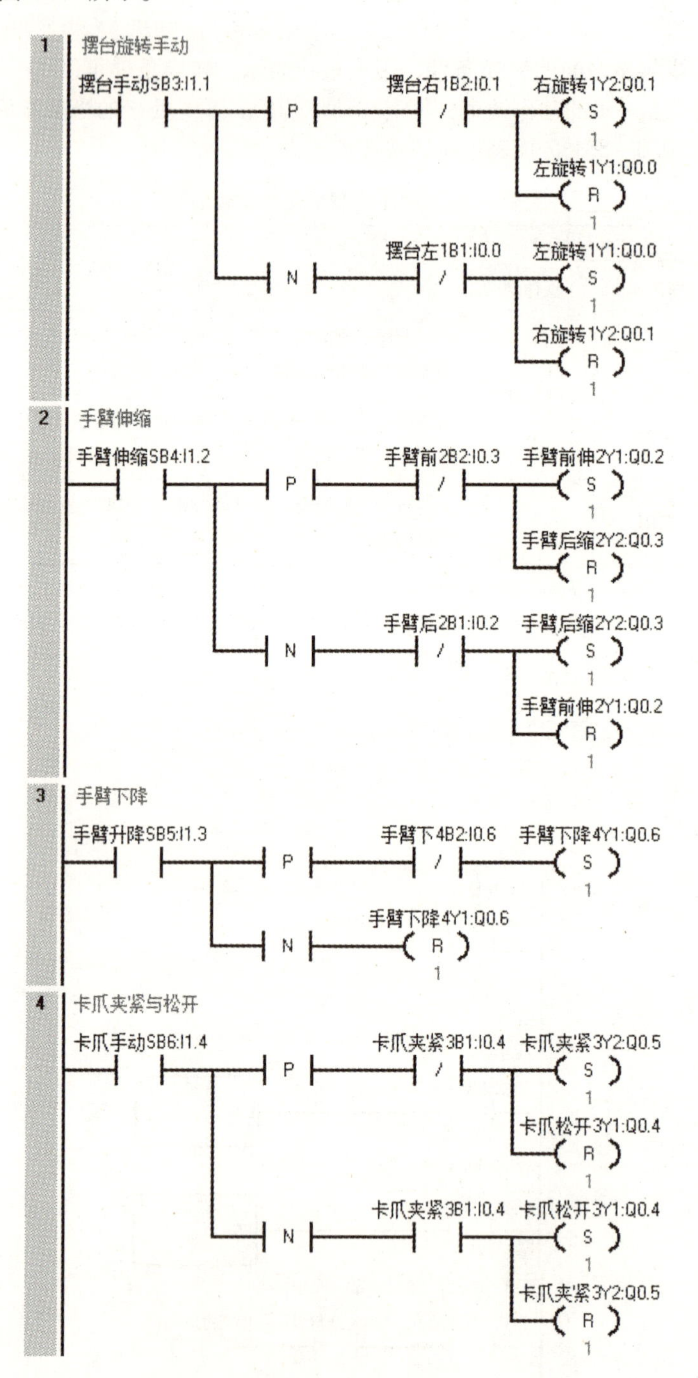

图 4-3-7　手动子程序

3. 自动子程序（SBR1）

自动子程序如图 4-3-8 所示。

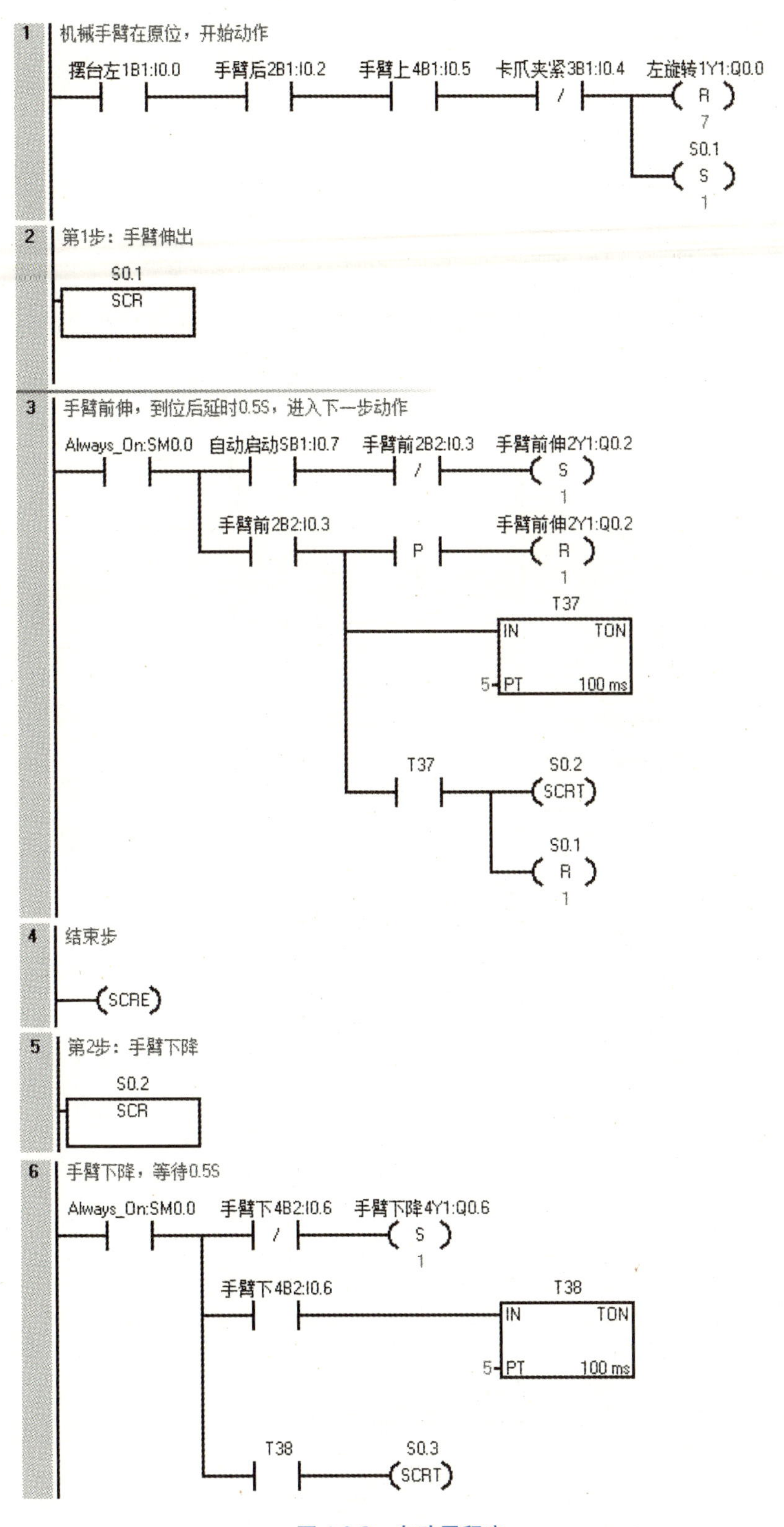
1
机械手臂在原位，开始动作
摆台左1B1:I0.0
手臂后2B1:I0.2
手臂上4B1:I0.5
卡爪夹紧3B1:I0.4
左旋转1Y1:Q0.0
R
7
S0.1
S
1
2
第1步：手臂伸出
S0.1
SCR
3
手臂前伸，到位后延时0.5S，进入下一步动作
Always_On:SM0.0
自动启动SB1:I0.7
手臂前2B2:I0.3
手臂前伸2Y1:Q0.2
S
1
手臂前2B2:I0.3
P
手臂前伸2Y1:Q0.2
R
1
T37
IN
TON
5
PT
100 ms
T37
S0.2
SCRT
S0.1
R
1
4
结束步
SCRE
5
第2步：手臂下降
S0.2
SCR
6
手臂下降，等待0.5S
Always_On:SM0.0
手臂下4B2:I0.6
手臂下降4Y1:Q0.6
S
1
手臂下4B2:I0.6
T38
IN
TON
5
PT
100 ms
T38
S0.3
SCRT

图 4-3-8　自动子程序

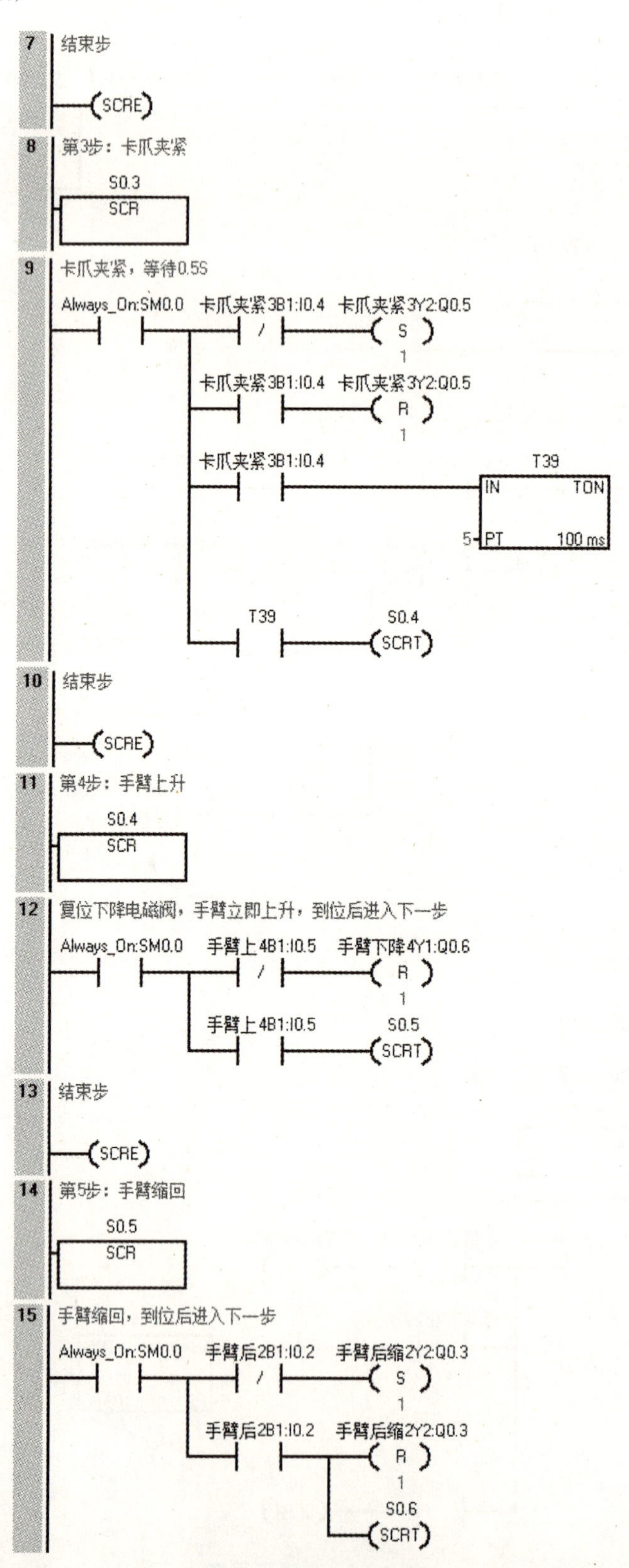

图 4-3-8　自动子程序（续 1）

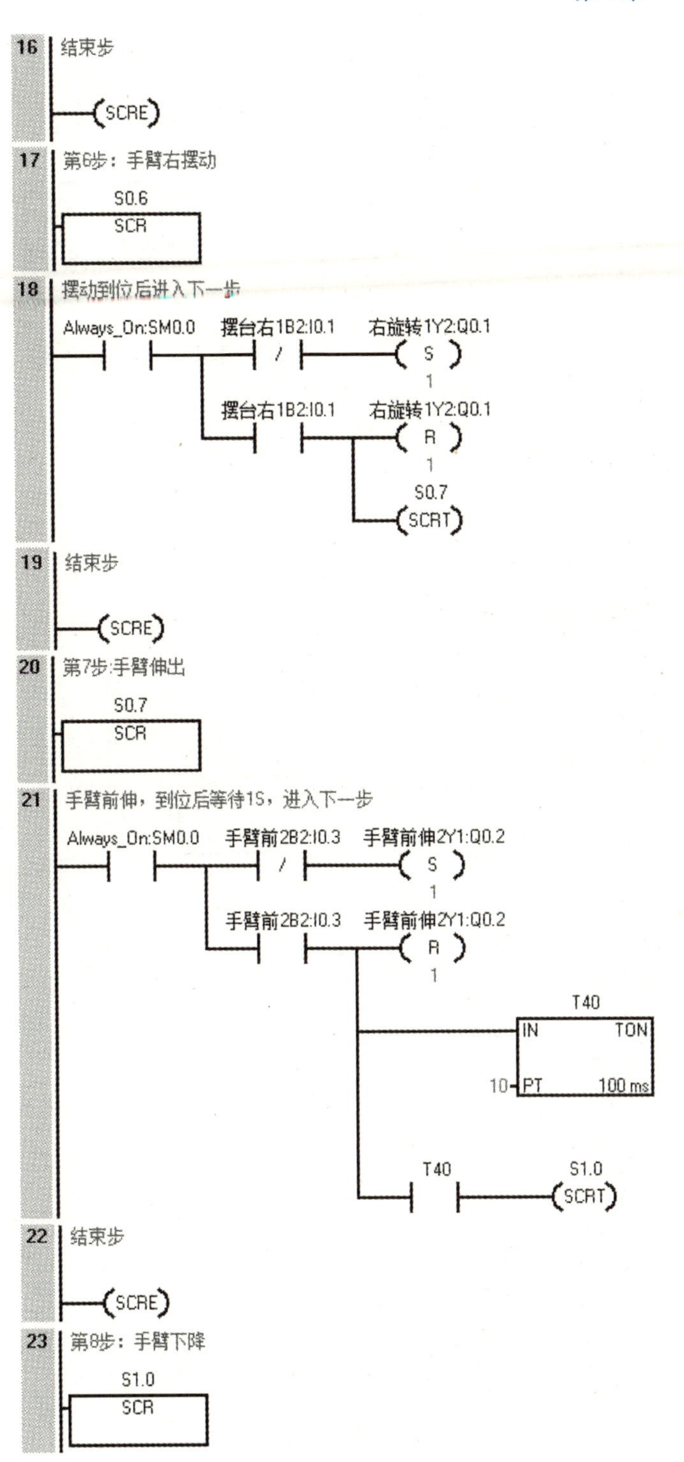

图 4-3-8　自动子程序（续 2）

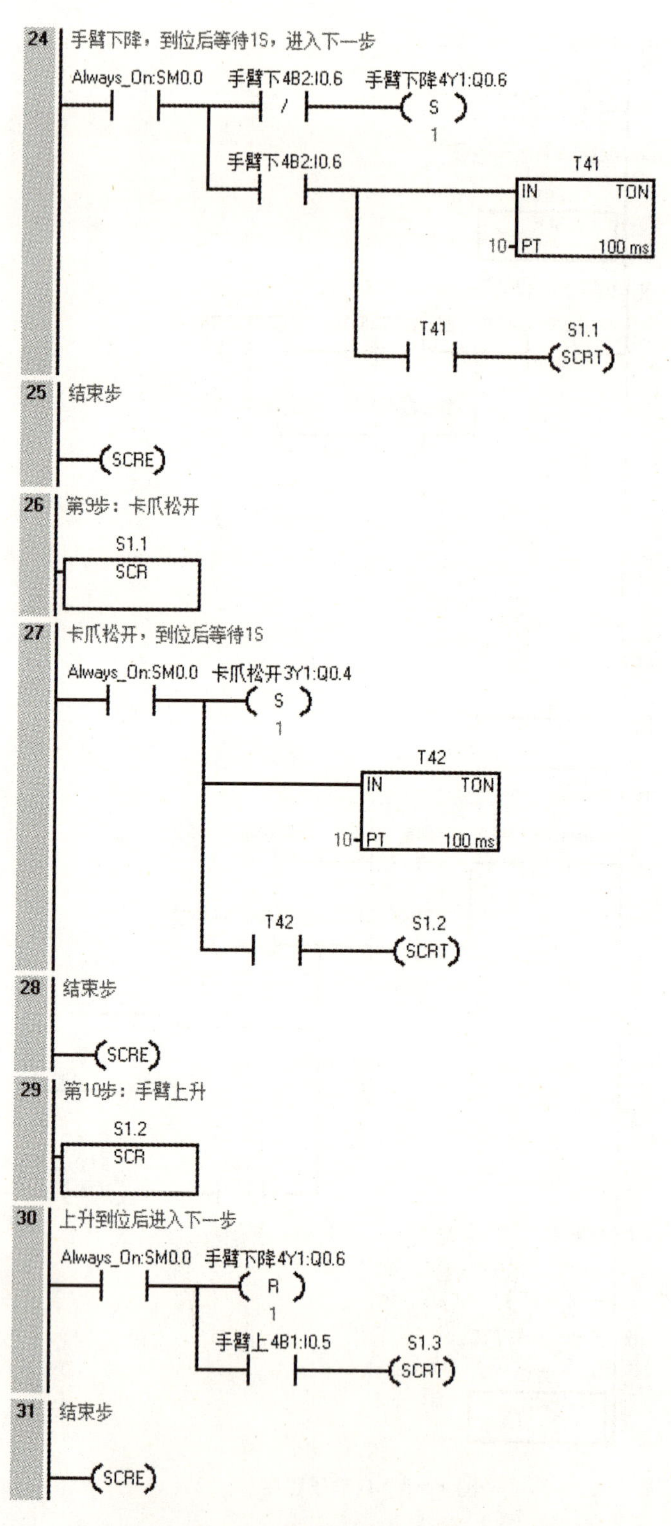

图 4-3-8　自动子程序（续 3）

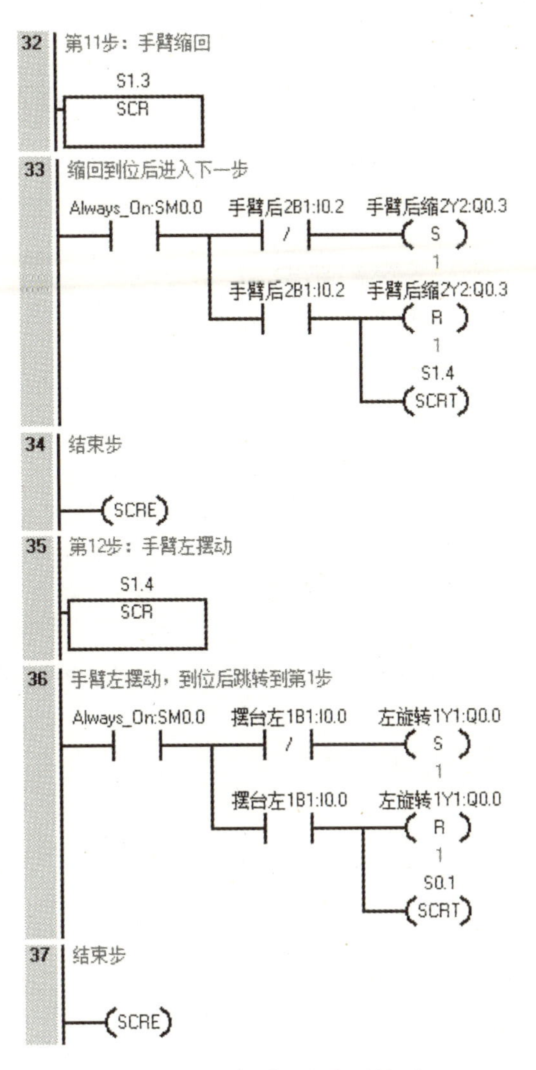

图 4-3-8　自动子程序（续 4）

4. 气动机械手的调试

气动机械手的调试过程请扫描二维码查看。气动机械手现场调试图如图 4-3-9 所示。

视 频

气动机械手的程序编写与调试

图 4-3-9　气动机械手现场调试图

本节习题

（1）子程序标号 n 的范围是 0～63，嵌套深度最多为（　　）层。

A. 4　　B. 8　　C. 16　　D. 32

（2）PLC 程序如下图所示，I1.5 口连接选择开关 SA 的常开触点，则以下描述正确的是（　　）。

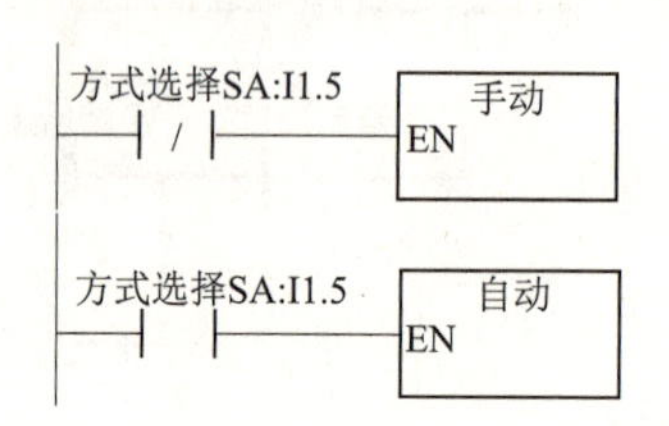

A. 旋钮开关 SA 旋到断开状态，此时 PLC 会调用自动子程序

B. 旋钮开关 SA 无论旋到什么状态，PLC 始终执行 MAIN 主程序，无法跳入子程序

C. 旋钮开关 SA 旋到闭合状态，此时 PLC 会调用手动子程序

D. 旋钮开关 SA 旋到闭合状态，此时 PLC 会调用自动子程序

（3）西门子 SMART 的顺序控制指令由（　　）组成。

A. SCR 和 SCRE　　B. SCR、SCRT 和 SCRE

C. SCR 和 SCRT　　D. SCRE、SCRT

（4）PLC 程序的初始化通常用（　　）特殊存储器位指令来调用。

A. SM0. 0　　B. SM0. 1

C. SM0. 4　　D. SM0. 5

（5）对手臂下降程序的理解正确的是（　　）。

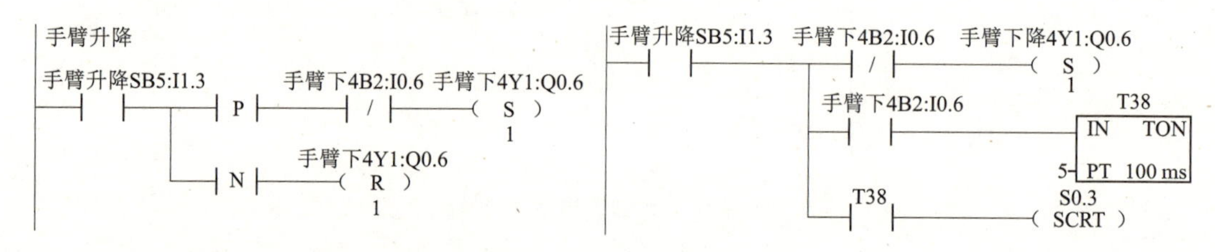

A. 左侧程序按下 SB5，手臂下降，松开 SB5，手臂不动

B. 右侧程序按下 SB5，手臂下降，松开 SB5，手臂上升

C. 右侧程序按下 SB5，手臂下降，到位后等待 0.5 s，手臂上升

D. 左侧程序按下 SB5，手臂下降，松开 SB5，手臂上升

第5章 S7-1200 PLC的应用基础

S7-1200是目前西门子公司主推的小型PLC控制产品，其应用软件TIA博途软件集成度高，可用于西门子300、1200、1500系列PLC，HMI产品等的控制。本章开始介绍S7-1200 PLC硬件和TIA博途软件。5.1节主要介绍西门子S7-1200 PLC的硬件结构、特点，安装接线等；5.2节全面讲解了博途软件的安装、项目创建、硬件组态、程序结构等知识，通过本节会对博途有深入理解；5.3节讲解位逻辑指令，并结合实例分析了项目创建、下载调试的过程。

5.1 认识西门子S7-1200 PLC

（1）了解S7-1200 PLC的性能特点；

（2）掌握S7-1200 PLC的硬件结构，输入/输出接口；

（3）能够根据要求完成S7-1200 PLC的外部接线。

5.1.1 西门子系列PLC产品

视频

西门子PLC家族

1. 西门子PLC家族

西门子控制器系列是一个完整的产品组合，包括从高性能可编程逻辑控制器的小型控制器S7-200到工业复杂控制应用的S7-1500，无论多么苛刻的要求，西门子产品都能根据具体应用需求及预算，灵活组合、定制产品满足用户的不同应用及需求。

S7-1200 PLC是S7-200 PLC的升级产品。S7-1200 PLC专为全球市场设计，并面向全球市场销售。从2013年起，SIMATIC S7-200 PLC已经停产。对于新的应用，西门子推荐将SIMATIC S7-1200 PLC产品与STEP 7 BASIC或STEP 7 Professional软件一起部署。

按照I/O点数多少对PLC进行划分，西门子PLC产品分为大、中、小三种类型。其中大型有西门子SIMATIC S7-400系列；中型有西门子SIMATIC系列S7-1500系列，SIMATIC S7-300系列；小型有SIMATIC S7-1200系列、SIMATIC S7-200 SMART系列、LOGO！等。

S7-1200 PLC设计紧凑、组态灵活且具有功能强大的指令集，这些优势的组合使它成为控制各种应用的完美解决方案。CPU将微处理器、集成电源、输入和输出电路、内置PROFINET、高速运动控制I/O以及板载模拟量输入组合到一个设计紧凑的外壳中以形成功能强大的控制器。下载用户程序后，CPU将包含监控应用中的设备所需的逻辑，CPU根据用户程序逻辑监视输入与更改输出，用户程序逻辑可以包含布尔逻辑、计数、定时、复杂数学运算以及与其他智能设备的通信。为了与编程设备通信，CPU 提供了一个内置 PROFINET 端口，借助 PROFINET 网络，CPU 可以与 HMI 面板或其他 CPU 通信。

西门子系列 PLC 的主要产品及其性能特性见表 5-1-1。

表 5-1-1　西门子系列 PLC 的主要产品及其性能特征

SIMATIC 控制器	主要任务和性能特征
LOGO！用于开关和控制的逻辑模块	简单自动化； 代替中间继电器（辅助接触器）、时间继电器、计数器的功能； 模块化设计、柔性应用； 数字量、模拟量和通信模块； 使用拖放功能的智能电路开发； 用户界面友好，配置简单
SIMATIC S7-200 经济的小型 PLC	串行模块结构，模块化扩展； 紧凑设计，CPU 集成输入/输出； 实时处理能力，高速计数器，报警输入和中断； 易学好用的工程软件； 多种通信选项
SIMATIC S7-1200 紧凑型控制器模块	可升级及灵活的设计； 集成了 PROFINET 接口； 集成有强大的计数、测量、闭环控制以及运动控制功能； 直观高效的 STEP 7 Basic 工程系统可以同时组态控制器和屏
SIMATIC S7-300 面向制造工程的系统解决方案	通用性应用和丰富的 CPU 及模块种类； 高性能； 模块化设计； 具备紧凑设计模块； 由于使用了 MMC 存储数据和程序，系统免维护
SIMATIC S7-400 面向制造和过程工业的强力 PLC	特别高的处理和通信能力； 定点加法或乘法的指令执行速度最快仅 0.03 μs； 大型 I/O 框架和最高 20 MB 主内存； 快速响应，强实时性，垂直集成； 支持热插拔和在线修改 I/O 配置，避免重启； 具备等时模式可以通过 PROFIBUS 控制高速机器
SIMATIC S7-1500 用于离散自动化领域中的各种自动化应用	采用模块化与无风扇设计，易实现分布式结构； 电磁兼容性好、抗冲击和振动能力强； PROFINET 网络中的 MRP 互连； 可基于 DHCP 通信协议通过 DHCP 服务器分配网络组态； 增加了同步操作功能； 可实现 2D、3D 和 4D 运动系统的复杂运动控制应用

2. S7-1200 PLC 的产品特点

S7-1200 PLC 产品定位小型 PLC，与 S7-200 PLC 相比，无论从现场安装、接线及编程方式的灵活性方面，还是从通信功能、系统诊断和柔性控制方面，都有显著的提高和创新，更加适合中、小型项目的开发、应用及与第三方设备通信场合。其硬件结构由紧凑模块化结构组成，系统 I/O 点数、内存容量均比 S7-200 PLC 多出 30%，充分满足市场针对小型 PLC 的需求。

S7-1200 PLC 系统包括 PLC 模块及可选的信号板、通信板、电池板、信号模块、通信模块及工艺模块等。其特性简要介绍如下：

（1）模块紧凑。S7-1200 PLC 延续了 S7-200 PLC 的紧凑结构。CPU1214C 的宽度仅有 110 mm，CPU1212C 和 CPU1211C 的宽度也仅有 90 mm；通信模块和信号模块的体积也十分小，使得这个紧凑的模块化系统大大节省了空间，从而在安装过程中具有更高的灵活性。

另外，S7-1200 PLC 在本体上设计了插入式扩展板接口，通过选择不同的信号板或通信板，可以方便地补充 I/O 点数、AI/AO 通道和通信通道，以解决工程中可能出现的 DI/DO 和 AI/AO 不够用的实际问题及扩展 PLC 的通信功能。

（2）控制功能强大。系统最多集成 6 个高速计数器（3 个 100 kHz、3 个 30 kHz），用于计数和测量；系统最多集成 4 个 100 kHz 的高速脉冲输出，用于步进电动机和伺服驱动器的速度和位置控制等；系统支持多达 16 路 PID 控制回路，支持 PID 自整定，提供自整定调谐面板等功能。

（3）编程资源丰富。S7-1200 PLC 编程方式类似于 S7-300 和 S7-400。例如，提供 OB（组织块）、FB（功能块）、FC（功能）、DB（数据块）等编程资源。目前，市面上很少会有低端 PLC 的编程语言能够支持复杂的数据结构（如数组、结构等），一般都采用扁平数据类型，如 BOOL/INT/WOED/DWORD/REAL 等数据类型；但 S7-1200 PLC 继承了 S7-300 和 S7-400 中、高端 PLC 所具备的支持数组、结构等复杂数据结构的特性。

在西门子的 S7-200、S7-300、S7-400 PLC 中，编程指令根据数据类型进行分类，例如，整数的加、减、乘、除，实数的加、减、乘、除等；而在 S7-1200 PLC 编程时不区分数据类型，只是调用功能块，在使用功能块时用户再根据需求选择或改变相应的数据类型。

（4）通信方式多样灵活。S7-1200 PLC 集成 PROFINET 接口，符合自动化推崇工业以太网通信的趋势，可用于编程、HMI 连接及 CPU 与 CPU 的通信：与第三方设备通信一直都是许多自动化产品的软肋，而 S7-1200 PLC 配备 CM 1241 模块，支持 RS-232/422/485 通信，并提供丰富多样的通信功能块指令配置通信参数，以供用户选择和使用；提供丰富的处理字符的扩展指令，从而增强 S7-1200 PLC 对通信中 ASCII 字符处理的能力，扩大 S7-1200 PLC 与第三方通信的范围。

（5）高效的开发环境。S7-1200 PLC 已集成到 TIA Portal 开发平台中，使项目的组态、编程、调试及新功能的使用更加方便。由于 TIA Portal 软件已整合了控制器、人机界面、驱动器件、PC、交换机等，通过使用一个共享的数据库，使各种复杂的软件和硬件功能可以高效配合，完成各种自动化任务。

5.1.2　S7-1200 PLC 基本模块

视 频

S7–1200 PLC
基本模块

1. CPU 单元

SIMATIC S7-1200 系统的 CPU 有五种不同型号：CPU1211C、CPU1212C、CPU1214C、CPU1215C、CPU1217C。

每种 CPU 单元自带 I/O 点数、扩展模块、脉冲输出等参数见表 5-1-2。

表 5-1-2　S7-1200 CPU 技术规范

型号	CPU1211C	CPU1212C	CPU1214C	CPU1215C	CPU1217C
本机数字量 I/O 点数	6 入/4 出	8 入/6 出	14 入/10 出	14 入/10 出	14 入/10 出
本机模拟量 I/O 点数	2 入	2 入	2 入	2 入/2 出	2 入/2 出

工作存储器/装载存储器	50 KB/1 MB	75 KB/2 MB	100 KB/4 MB	125 KB/4 MB	150 KB/4 MB
信号模块扩展个数	无	2	8	8	8
最大本地数字量 I/O 点数	14	82	284	284	284
最大本地模拟量 I/O 点数	13	19	67	69	69
高速计数器	最多组态 6 个高速计数器				
脉冲输出（最多 4 点）	100 kHz	100 kHz 或 30 kHz			100 kHz 或 1 MHz
上升沿/下降沿中断点数	6/6	8/8	12/12		
传感器电源输出电流/mA	300	300	400		
外形尺寸/mm	90×100×75	90×100×75	110×100×75	130×100×75	150×100×75

注：CPU1217C 的数字量 I/O 中，10 点漏型/源型输入，4 点 1.5 V 差分输入，6 点 MOSFET 源型输出，4 点 1.5 V 差分输出。

图 5-1-1 是 S7-1200 CPU 模块的结构。在图 5-1-1 中，（1）为电源接口，（2）为可拆卸用户接线端子板（保护盖下面），（3）为 I/O 运行状态指示 LED，（4）为 PROFINET 连接器（CPU 的底部），（5）为通信扩展模块，（6）为信号扩展模块。

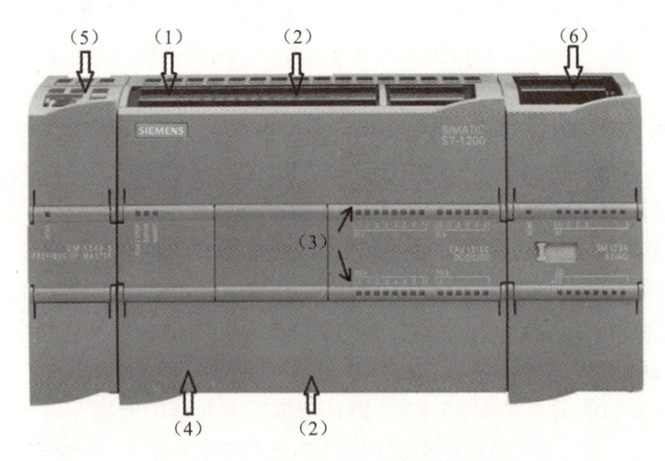

图 5-1-1　S7-1200 CPU 模块结构图

每种 CPU 有三种具有不同电源电压和输入/输出接口电压的版本，见表 5-1-3。

表 5-1-3　三种类型的 CPU 单元

版本	电源电压	输入电压	输出电压	输出电流及输出功率
DC/DC/DC	DC 24 V	DC 24 V	DC 24 V	0.5 A，MOSFET
DC/DC/RELAY	DC 24 V	DC 24 V	DC 5～30 V，AC 5～250 V	2 A，DC 30 W/AC 200 W
AC/DC/RELAY	AC 85～264 V	DC 24 V	DC 5～30 V，AC 5～250 V	2 A，DC 30 W/AC 200 W

2. 扩展模块

任何一种 S7-1200 CPU 上都可以增加一块信号板，以扩展数字或模拟 I/O，而不必改变控制器的体积。信号模块可以连接到 CPU 的右侧，以进一步扩展其数字或模拟 I/O 容量，最多可连接 8 个。所有的 SIMATIC S7-1200 CPU 都可以配备最多 3 个通信模块（连接到 CPU 单元的左侧）以进行点到点的串行通信。

图 5-1-2 是西门子 S7-1200 CPU 单元和扩展模块的实物图。

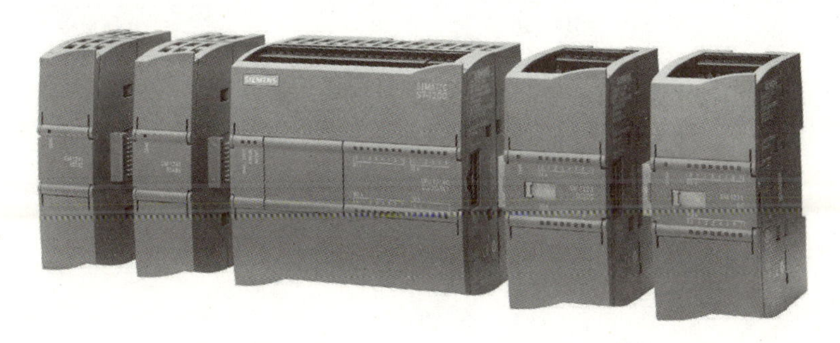

图 5-1-2　西门子 S7-1200 CPU 单元和扩展模块的实物图

（1）信号板。通过信号板（signal board，SB）可以给 CPU 增加 I/O，可以添加一个具有数字量 I/O 的 SB，SB 连接在 CPU 的前端。有两种可添加的信号板，分别如下：

①具有 4 个数字量 I/O（2 × DC 输入和 2 × DC 输出）的 SB；

②具有 1 路模拟量输出的 SB 。

信号板的位置和主要结构如图 5-1-3 所示。

（2）信号模块。除了通过连接信号板来增加 PLC 的 I/O 外，还可以使用信号模块给 CPU 增加 I/O。信号模块一般连接在 CPU 右侧，如图 5-1-4 所示。

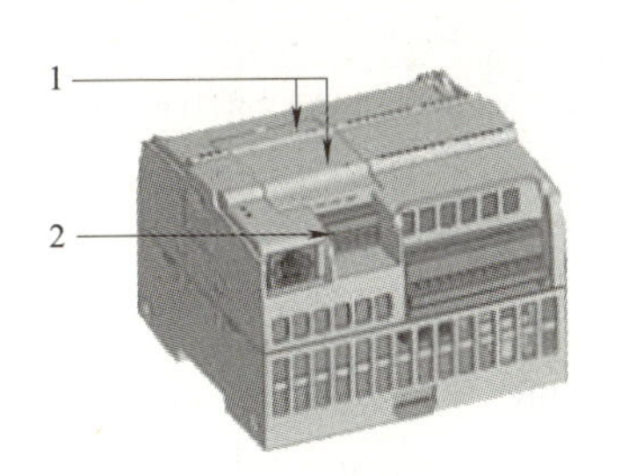

图 5-1-3　S7-1200 的信号板

1—SB 上的状态 LED；

2—可拆卸用户接线端子板

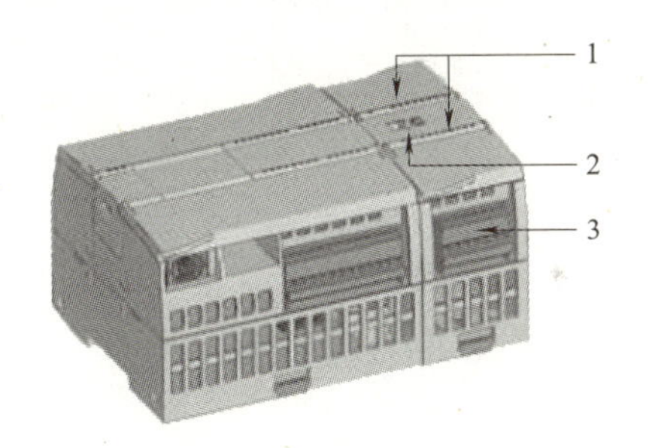

图 5-1-4　S7-1200 的信号模块

1—信号模块的 I/O 的状态 LED；

2—总线连接器；3—可拆卸用户接线连接器

（3）通信模块。S7-1200 系列 PLC 提供了给系统增加附加功能的通信模块（comm-unication module，CM），如图 5-1-5 所示。可以使用点对点通信模块、PROFIBUS 模块、工业远程通信模块、AS-i 接口模块和 IO-Link 模块。

①CPU 最多支持 3 个通信模块。

②各 CM 连接在 CPU 的左侧（或连接到另一 CM 的左侧）。

S7-1200 的 I/O 选件的详情见表 5-1-4。

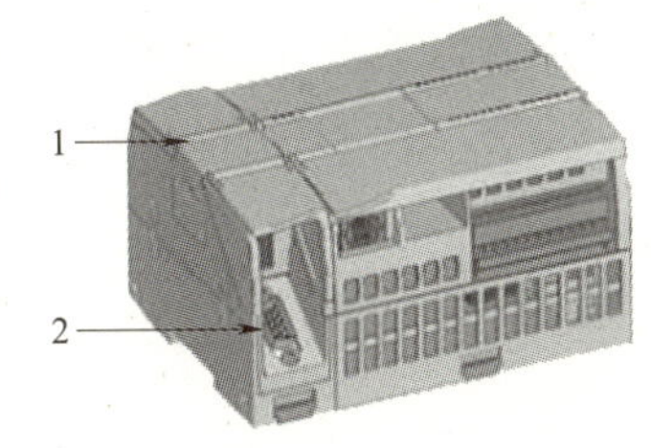

图 5-1-5　S7-1200 的通信模块

1—通信模块的状态 LED；

2—通信连接器

表 5-1-4　S7-1200 的 I/O 选件

模块类型	模块名称	模块详情
数字信号和模拟信号模块	SM1221 数字量输入	DI 8×DC 24 V
		DI 16×DC 24 V
	SM1222 数字量输出	DQ 8×继电器
		DQ 8×继电器常开/常闭触点
		DI 8×DC 24 V
		DQ 16×继电器
		DI 16×DC 24 V
	SM1223 数字量输入/输出	DI 8×DC 24 V/DQ 8×继电器
		DI 16×DC 24 V/DQ 16×继电器
		DI 8×DC 24 V/DQ 8×DC 24 V
		DI 16×DC 24 V/DQ 16×DC 24 V
		DI 8×AC 120 V/230 V/DQ 8×继电器
	SM1231 模拟量输入	AI 4×13 位，AI 8×13 位，AI 4×16 位
	SM1232 模拟量输出	AQ 2×14 位，AQ 4×14 位
	SM1234 模拟量输入/输出	AI 4×13 位，AQ 2×14 位
热电偶和 RTD 信号模块	SM1231 热电偶输入	AI 4×16 位 TC，AI 8×16TC
	SM1231RTD	AI 4×RTD×16 位，AI 8×RTD×16 位
数字信号板	SB1221 数字量输入	DI 4×DC 24 V，200 kHz
		DI 4×DC 5 V，200 kHz
	SB1222 数字量输出	DQ 4×DC 24 V，200 kHz
		DQ 4×DC 5 V，200 kHz
	SB1223 数字量输入/输出	DI 2×DC 24 V/DQ 2×DC 24 V，200 kHz
		DI 2×DC 5 V/DQ 2×DC 5 V，200 kHz
模拟信号板	SB1231 模拟量输入	AI 1×12 位
	SB1231 模拟量输出	AQ 1×12 位
热电偶和 RTD 信号模块	SB1231 热电偶输入	AI 1×16 位 TC
	SB1231RTD 输入	AI 1×16 位 RTD
IO-Link 技术	SM12784×IO-Link 主站	DI 4×DC 24 V/DQ 4×DC 24 V
称重技术	SIWAREX	WP231、WP241

视 频

硬件安装与接线

5.1.3 硬件安装与接线

1. 硬件的安装

（1）模块选择。根据输入/输出点数和信号类型，选择 CPU 模块和扩展模块，如一个 CPU1214C 可扩展 8 个信号模块（安装于 CPU 的右侧）、3 个通信模块（安装于 CPU 的左侧）和 1 个信号板（安装于 CPU 的上面）。

（2）硬件的安装。采用导轨或面板式安装。要将 CPU 安装到 DIN 导轨上，如图 5-1-6 所示。

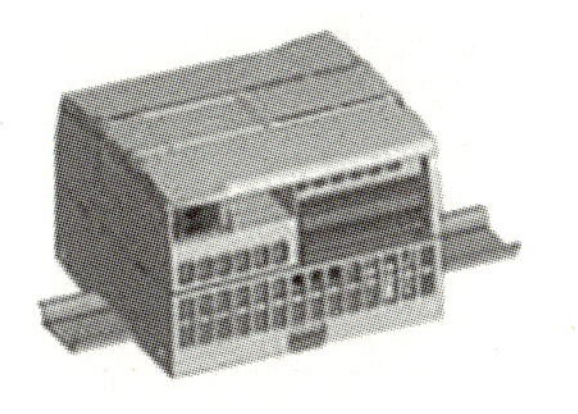

图 5-1-6　导轨安装图

若要准备拆卸 CPU，请断开 CPU 的电源及其 I/O 连接器、接线或电缆。将 CPU 和所有相连的通信模块作为一个完整单元拆卸，所有信号模块应保持安装状态，如图 5-1-7 所示。

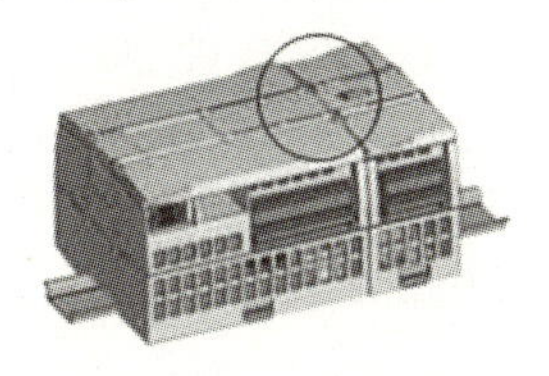

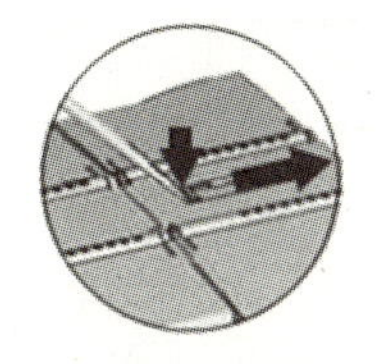

图 5-1-7　拆卸示意图

2. 硬件的接线

根据模块的输入/输出接口类型、输入信号类型和输出负载电源类型，设计 PLC 控制接线图。图 5-1-8为 CPU1214C AC/DC/RELAY（6ES7 214-1BE30-0XB0）的接线图。“AC/DC/RELAY”表示交流电源供电，直流输入类型，继电器输出；图 5-1-9 为 CPU1214C DC/DC/DC（6ES7 214-1AE30-0XB0）接线图。

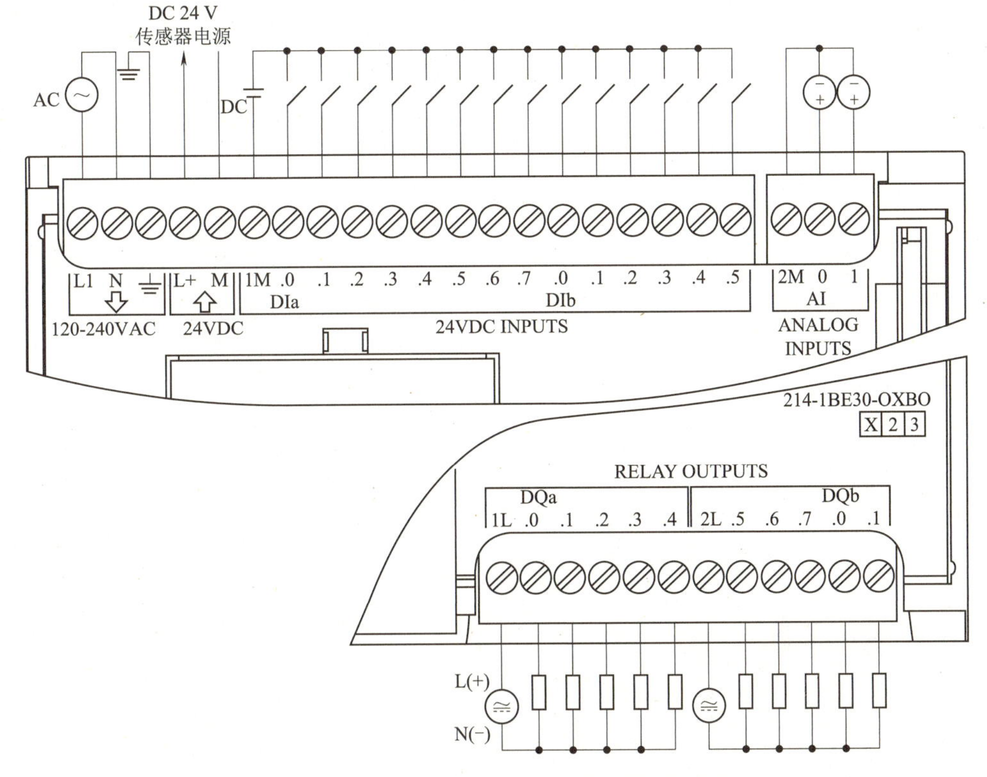

图 5-1-8　CPU1214C AC/DC/RELAY 接线图

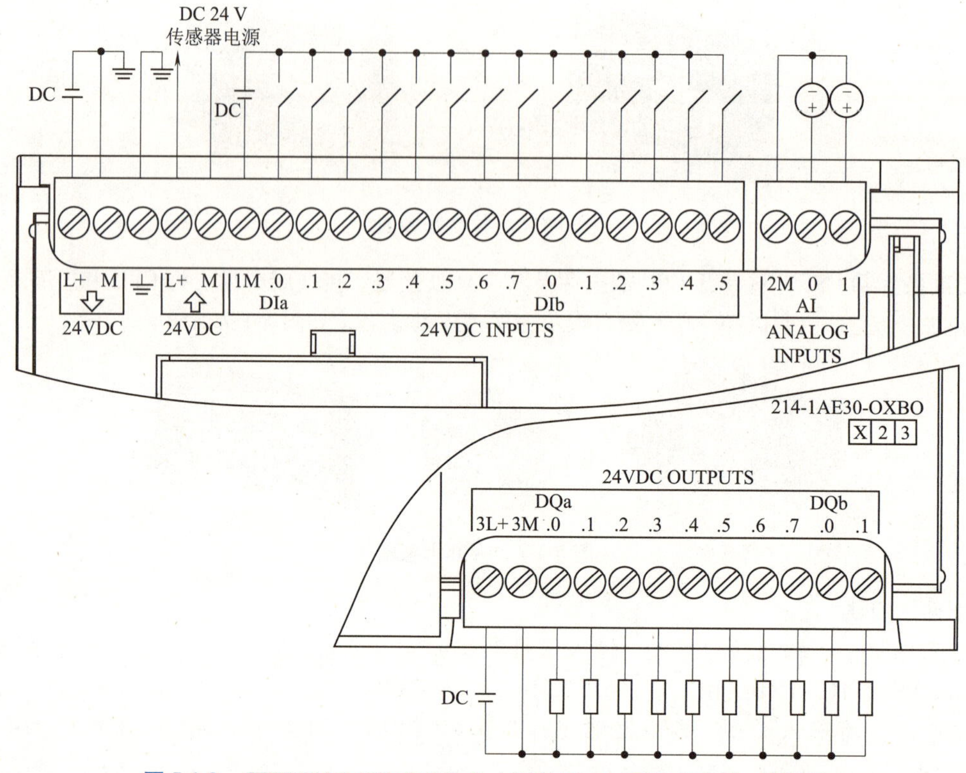

图 5-1-9　CPU1214C DC/DC/DC（6ES7 214-1AE30-0XB0）接线图

3. 硬件接线实例

控制三相交流电动机正反向运转。按下正转启动按钮 SB2，电动机正转，指示灯 HL1 亮；按下反转按钮 SB3，电动机反转，指示灯 HL2 亮；按下停止按钮 SB1，电动机停转，同时按下 SB2 和 SB3，电动机不能启动，其继电器控制电气原理图如图 5-1-10 所示。

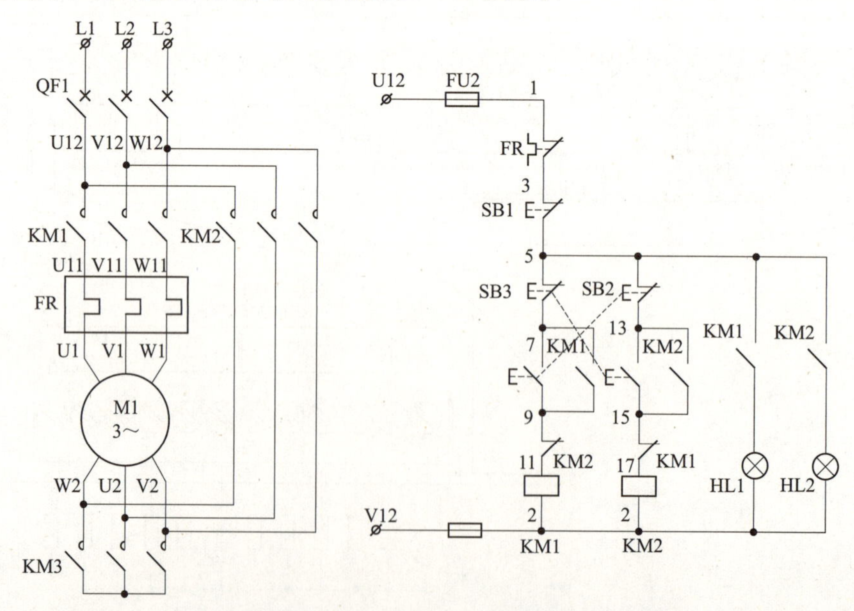

图 5-1-10　电动机正—停—反继电器控制电气原理图

用西门子的 S7-1200 PLC 作为控制器，在电气原理图设计时要考虑 CPU 模块的电源类型、输入接口类型和输出接口类型，本项目选用 CPU1214C DC/DC/DC 类型的 PLC，输出口接中间继电器 KA，然后再过渡到接触器 KM。如选用 Relay 类型的输出口，在电流容量允许的情况下也可以直接将接触器 KM 接到 PLC 输出口上。电气原理图如图 5-1-11 所示（供参考）。

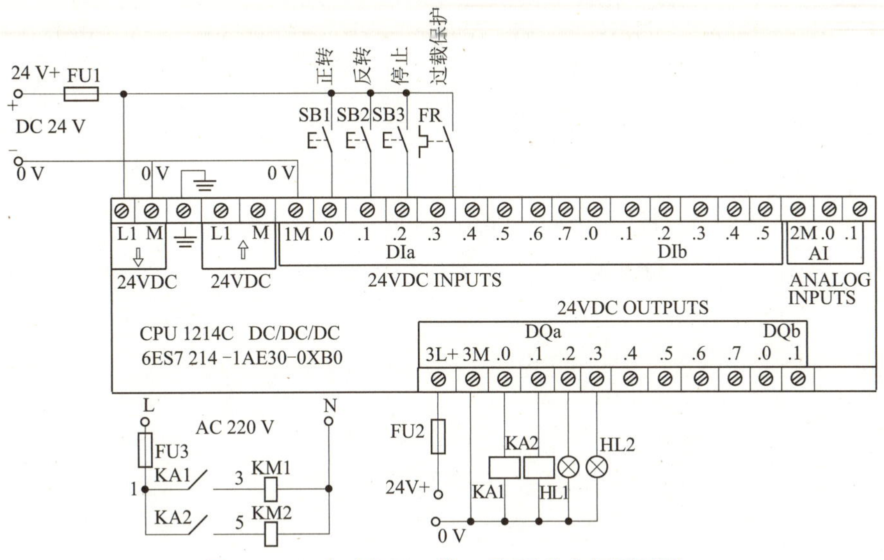

图 5-1-11　电动机正—停—反 PLC 电气原理图

本节习题

（1）CPU1214C DC/DC/DC 自身集成________个数字量输入点，________个数字量输出点，________个模拟量输入点。

（2）S7-200 CPU224 最多可以连接________个扩展模块，S7-1200 CPU1214C 最多可以扩展________个信号模块，________个通信模块。

（3）S7-1200 系列的信号模块安装在 CPU 单元的______侧，而通信模块安装在 CPU 单元的______侧。

（4）CPU1214C DC/DC/DC 自身集成________模拟量输入点。

（5）CPU1214C DC/DC/DC 供电电压为________V。

5.2　西门子 TIA 博途软件

学习目标

（1）掌握 S7-1200 的编程软件的 STEP 7 Professional V17 的安装与应用；

（2）掌握 S7-1200 的项目创建与硬件组态；

（3）了解 S7-1200 的存储结构、寻址方式、数据类型、程序结构；

（4）掌握 S7-1200 的基本指令及其应用。

视频

TIA博途软件介绍

5.2.1 TIA 博途软件介绍

1. TIA 博途软件

TIA（totally integrated automation）博途是西门子工业自动化的全新工程设计软件平台，它将所有自动化软件工具集成在统一的开发环境中，是世界上第一款将所有自动化任务整合在一个工程设计环境下的软件。

TIA 博途与传统方法相比，无须花费大量时间集成各个软件包，同时显著降低了成本。TIA 博途的设计兼顾了高效性和易用性，适合新老用户使用。自推出之后 TIA 博途经历了多次的版本更新，对 Windows 系统和内存等要求也在不断变化。表 5-2-1 为 TIA 博途 STEP Basic/Professional 各版本的要求情况。

表 5-2-1　TIA 博途 STEP Basic/Professional 各版本的要求情况

版本	计算机系统	内存要求	与 SIMATIC HMI 兼容性
STEP Basic/Professional V11	Windows 7，Windows XP，Windows Server	2 GB 或更高	WinCC flexible 2008 SP3；WinCC V7.0
STEP Basic/Professional V12	Windows 7，Windows XP，Windows Server	32 位操作系统 3 GB；64 位操作系统 8 GB	WinCC flexible 2008 SP3；WinCC V7.0 ~ V7.2
STEP Basic/Professional V13	Windows 7，Windows 8，Windows 10，Windows Server	8 GB 及以上	WinCC flexible 2008 SP5；WinCC V7.0 ~ V7.4
STEP Basic/Professional V14	Windows 7，Windows 8，Windows 10，Windows Server	16 GB 及以上	WinCC flexible 2008 SP3；WinCC V7.3 ~ V7.4
STEP Basic/Professional V15 - V16	Windows 7，Windows 10，Windows Server	16 GB 及以上	WinCC flexible 2008 SP5
STEP Basic/Professional V17	Windows 10，Windows Server	16 GB 及以上	WinCC flexible 2008 SP5

该软件主要亮点体现在如下几方面：

（1）硬件配置亮点，包括界面风格、硬件目录等。

（2）软件编程亮点，包括编程语言、PLC 变量、数据块、PLC 数据类型 UDT、编辑器、在线功能等。

（3）网络配置亮点，包括支持的网络协议、连接组态等。

2. TIA 博途 V17 的安装

安装 STEP 7 Basic/Professional V17 的计算机推荐满足以下需求：

处理器：Intel® Core™ i5 - 8400H（2.5 ~ 4.2 GHz；4 核 + 超线程；8 MB 智能缓存）。

内存：16 GB 或者更多（对于大型项目，为 32 GB）。

硬盘：SSD，配备至少 50 GB 的存储空间。

显示器：15.6 英寸（1 英寸 = 2.54 cm），宽屏显示（1 920 × 1 080）。

进入西门子官方网站，用邮箱注册西门子会员就可以下载常用软件，博途 V17 的下载界面如图 5-2-1 所示，下载 DVD1 镜像文件后进行安装，就可以完成 STEP 7 Safety Basic 和 WinCC Basic 安装。

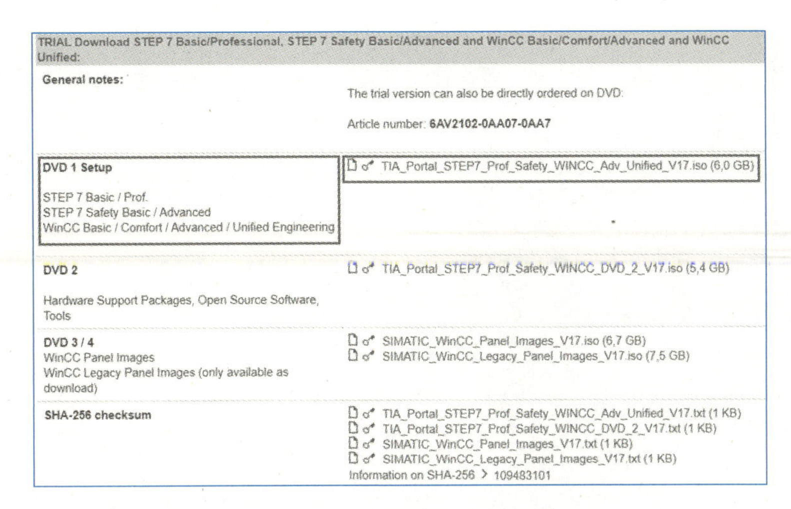

图 5-2-1　STEP Basic/Professional V17 下载界面

安装注意事项：双击 step7. exe 后可能会出现计算机重新启动安装，此时需要在运行中输入 regedit 打开注册表，在注册表中找到 HKEY_LOCAL_MACHINE /SYSTEM/Current Control Set/Control/Session Manager 中的 Pending File Rename Operations，将其删除就可以继续安装软件。

安装时一般要将杀毒软件关闭，以防止误删导致安装不完整。安装完成后，运行西门子博途的授权文件 Sim_EKB_Install_2017_04_01，双击后其运行界面如图 5-2-2 所示。

按照以下顺序完成授权：(1) 选择左上角的硬盘分区，单击需要的密钥；(2) 单击“建议”按钮；(3) 单击安装长短密钥，即可完成授权。如遇其他授权问题，可详细查询缺少的授权密钥，进行安装。

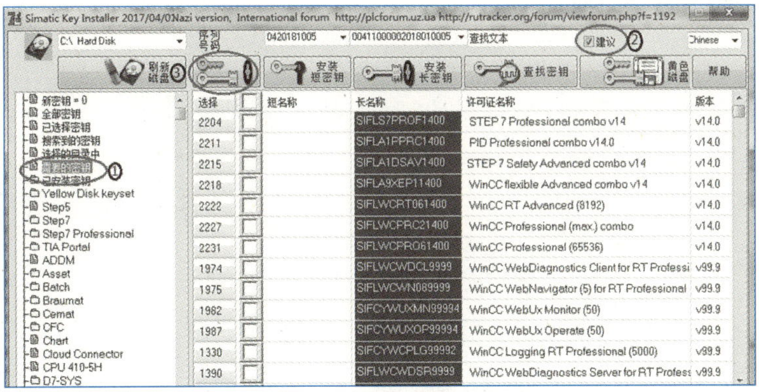

图 5-2-2　博途授权文件界面

3. TIA 博途软件界面介绍

为了帮助用户提高生产率，TIA 提供了两种不同的工具集视图：根据工具功能组织的面向任务的门户视图，或项目中各元素组成的面向项目的项目视图。只需通过单击左下角的切换键就可以切换门户视图和项目视图。

(1) Portal View（门户视图）。门户视图提供项目任务的功能视图并根据要完成的任务（例如，创建硬件组件和网络的组态）组织工具的功能。用户可以很容易地确定如何继续以及选择哪个任务，如图 5-2-3 所示。

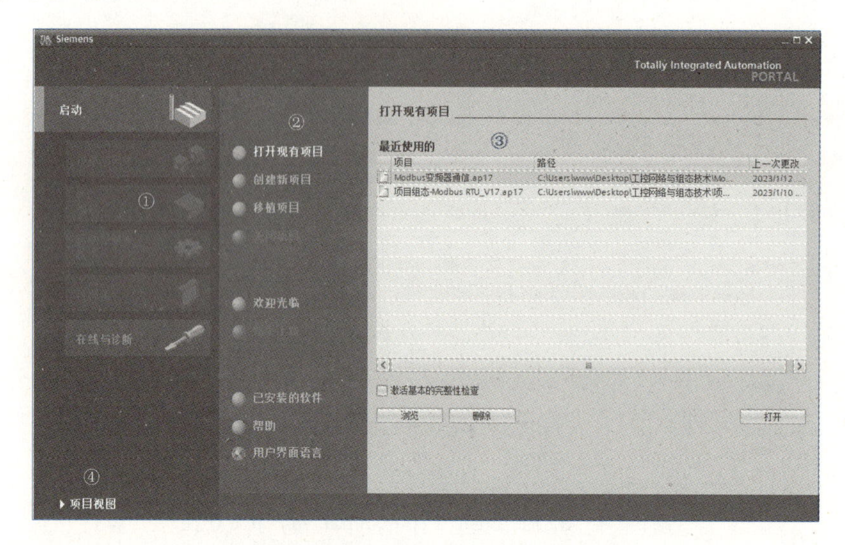

图 5-2-3 博途软件 Portal View 视图窗口

在 Portal View 视图中：

①区是不同的任务入口视图。根据已安装的产品提供相应的任务入口。

②区是已选入口的相关操作。

③区是已选操作的选择面板。在所选择的任务入口中都有相关的选择面板。

④切换到“项目视图”按钮。

（2）Project View（项目视图）。单击“项目视图”按钮，切换到项目视图，项目视图的布局如图 5-2-4所示。项目视图提供了访问项目中任意组件的途径。项目视图界面最上方三行分别为标题栏（显示项目的名称）、菜单栏（包括工作使用的所有命令）、工具栏（通过工具条中命令按钮，用户能快速访问这些命令）。

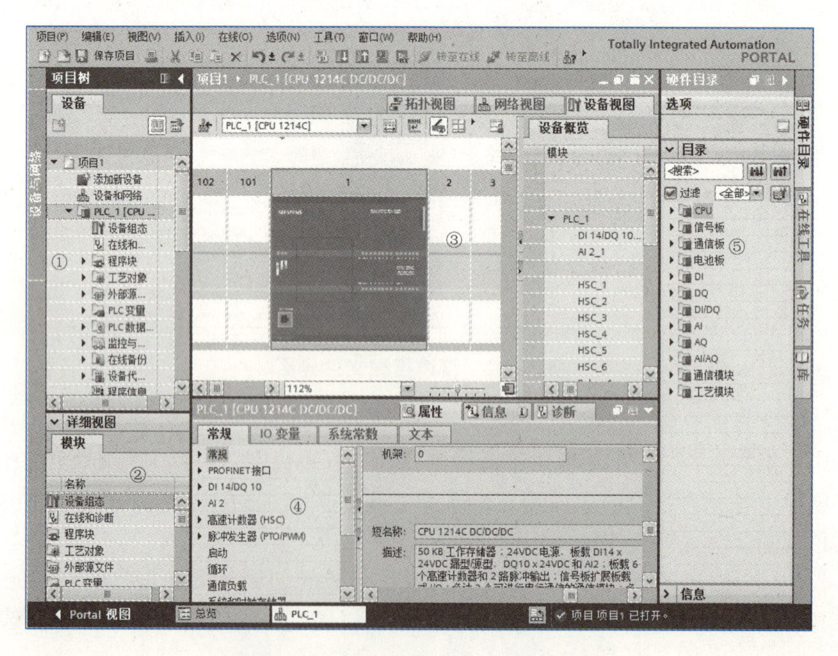

图 5-2-4 博途软件项目视图的布局

图 5-2-4 中：

① 项目树：使用项目树功能可以访问所有组件和项目数据。可在项目树中执行以下任务：a. 添加新组件；b. 编辑现有组件；c. 扫描和修改现有组件的属性。

②详细视图：详细视图中将显示总览窗口或项目树中所选对象的特定内容，其中可以包含文本列表或变量，但不显示文件夹的内容。要显示文件夹的内容，可使用项目树或巡视窗口。

③工作区：工作区内显示进行编辑而打开的对象。这些对象包括：编辑器和视图或者表格等。在工作区中可以打开若干个对象，但通常每次在工作区中只能看到其中一个对象。在编辑器栏中，所有其他对象均显示为选项卡。如果在执行某些任务时要同时查看两个对象，例如两个窗口间对象的复制，则可以水平方式或者垂直方式平铺工作区，也可以单击需要同时查看的工作区窗口右上方的浮动按钮。如果没有打开任何对象，则工作区是空的。

④巡视窗口：巡视窗口有三个选项卡，即属性、信息和诊断。

“属性”选项卡：此选项卡显示所选对象的属性，可以查看对象属性或者更改可编辑的对象属性。例如修改 CPU 的硬件参数，更改变量类型等操作。

“信息”选项卡：此选项卡显示所选对象的附加信息，如交叉引用、语法信息等内容以及执行操作（例如编译）时发出的报警。

“诊断”选项卡：此选项卡中将提供有关系统诊断事件、已组态消息事件、CPU 状态以及连接诊断的信息。

⑤任务卡：根据所编辑对象或所选对象，提供了用于执行操作的任务卡。这些操作包括：从库中或者从硬件目录中选择对象；在项目中搜索和替换对象；将预定义的对象拖入工作区。

在屏幕右侧的条形栏中可以找到可用的任务卡。可以随时折叠和重新打开这些任务卡。哪些任务卡可用取决于所安装的软件产品。比较复杂的任务卡会划分为多个窗格，这些窗格也可以折叠和重新打开。

5.2.2　创建项目与硬件组态

视 频

创建项目与硬件组态

下面通过组态一个“电动机启停控制”的例子来说明硬件组态过程。组态项目的硬件包含以下模块：

（1）CPU 1214C DC/DC/DC。订货号：6ES7 214-1AE30 0XB0。

（2）信号板 AO1 × 12 bits。订货号：6ES7 232-4HA30 0XB0。

（3）信号模块 8DO。订货号：6ES7 222-1BF30 0XB0。

（4）通信模块 RS-485。订货号：6ES7 241-1CH30 0XB0。

（5）HMI（人机界面）型号：KTP700 Basic，订货号：6AV2 123-2GB03-0AX0。

1. 创建新项目

步骤如下：

（1）双击桌面上的图标，打开 STEP7 Professional V17 的 Portal 视图。

（2）选择“创建新项目”，或者打开已创建的项目。

（3）在选择面板中选择新创建的项目名称和项目存储的路径等，创建名称为“综合项目”的新项目，如图 5-2-5 所示。

（4）在 Portal 视图中，单击左下角的“项目视图”，将界面切换到项目视图。

2. 硬件组态

可以通过项目树下的添加新设备进行硬件组态：

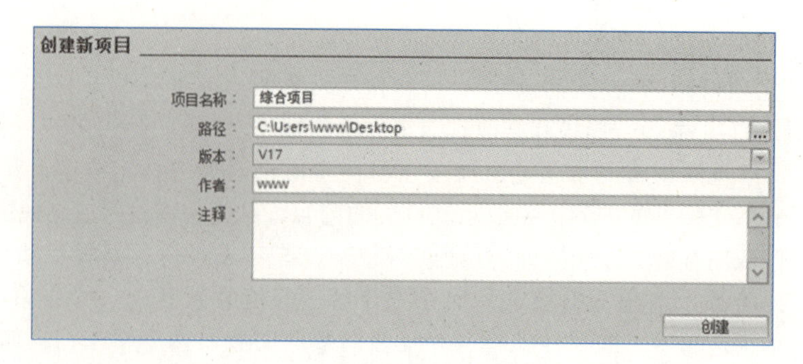

图 5-2-5　创建新项目窗口

（1）双击项目视图左侧项目树下的“添加新设备”按钮，在右边出现“添加新设备”选择面板，在选择面板中，单击“控制器”按钮，选择“SIMATIC S7-1200”，单击 CPU 选项左边的箭头，展开 CPU 型号，选择 CPU 1214C DC/DC/DC 的 6ES7 214-1AG40-0XB0，右侧出现 CPU 的订货号、版本号和详细说明。版本要跟现场设备保持一致，此处选择 V4.2，如图 5-2-6 所示。

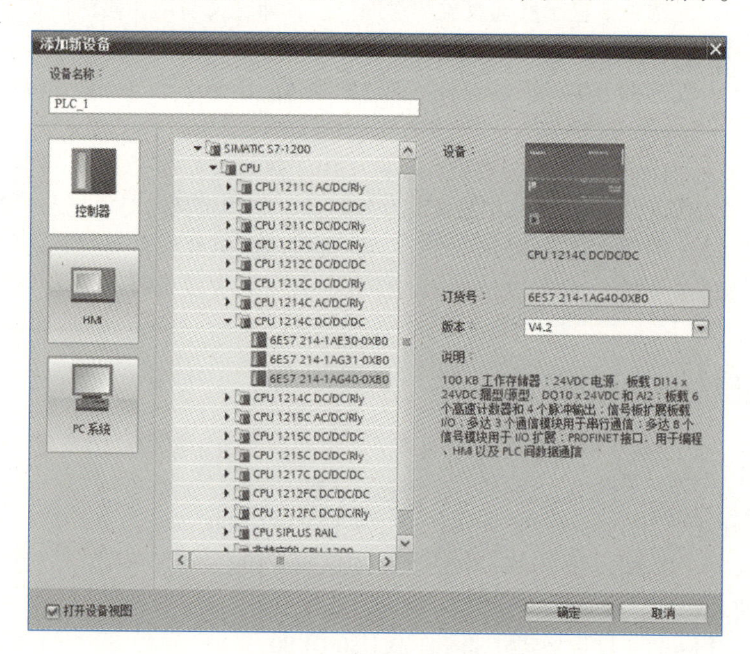

图 5-2-6　添加新设备窗口

单击“确定”按钮，CPU 模块添加成功，如图 5-2-7 所示。

（2）组态信号板，在右边的硬件目录树中单击“信号板”按钮，在展开选项中找到 AQ，此处只有一个选项，双击订货号 6ES7 232-4HA30-0XB0，信号板便组态好了，如图 5-2-8 所示。

（3）组态信号模块：单击 2 号空机架空槽，在右边的硬件目录树中选择 DQ→DQ 8×24VDC→6ES7 222-1BF32-0XB0，双击将其加载到 2 号空机架槽，或直接将其拖到 2 号机架位置，如图 5-2-9 所示。

（4）组态通信模块：单击 101 空机架槽，选中硬件目录树下“通信模块”→“点到点”→“CM 1241（RS485）”，双击订货号为 6ES7 241-1CH30-0XB0 的通信模块，将其添加到 101 号槽，如图 5-2-10 所示。

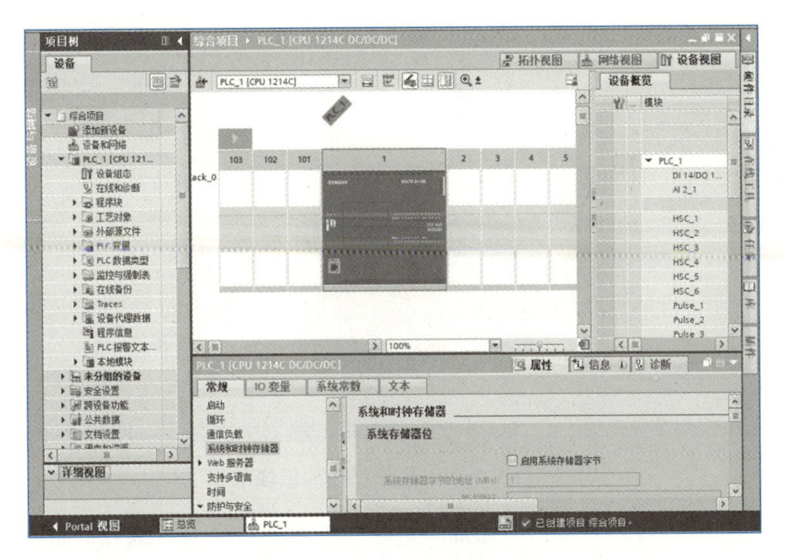

图 5-2-7　设备项目视图

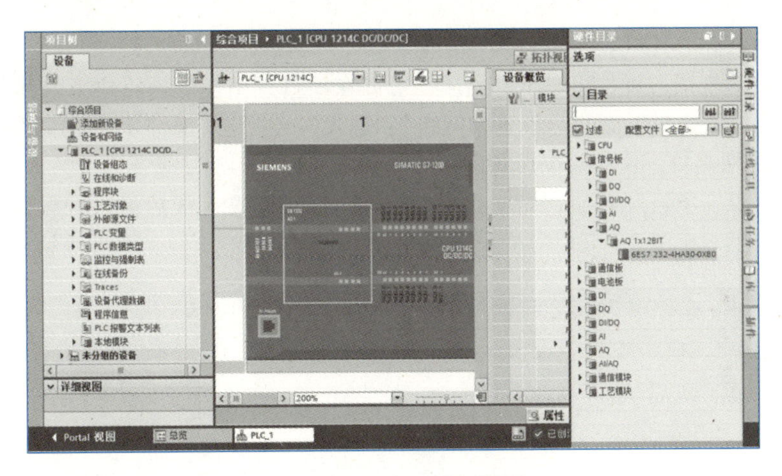

图 5-2-8　组态信号板视图

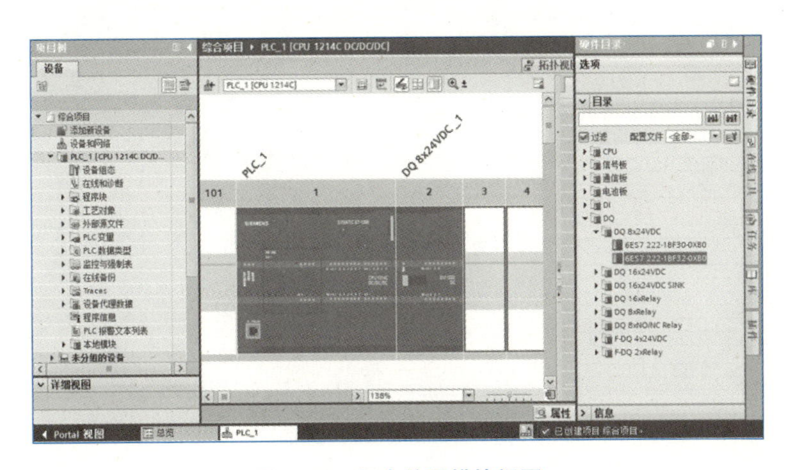

图 5-2-9　组态信号模块视图

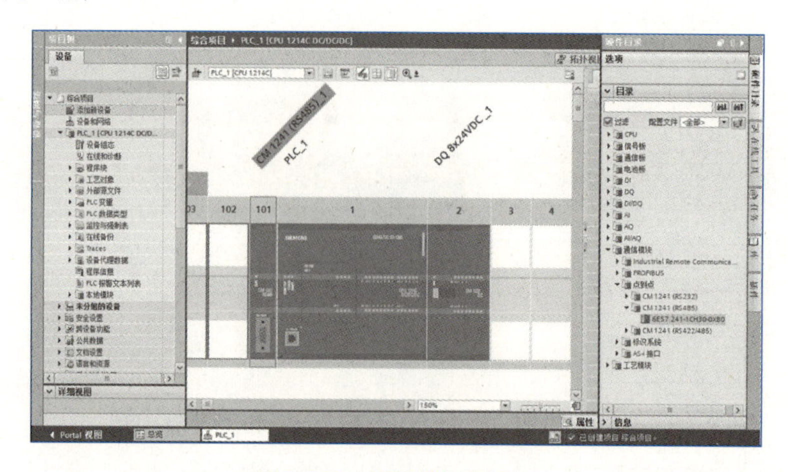

图 5-2-10　通信模块的添加

（5）添加 HMI（人机界面）：单击“添加新设备”选项，单击 HMI 按钮，进入 HMI 硬件选型界面，选择“SIMATIC 精简系列面板”→“7″显示屏”→KTP700 Basic，订货号为“6AV2 123-2GB03-0AX0”的触摸屏，单击“确定”按钮，这时会出现 HMI 设备向导，此处先不按向导指引进行设置，直接单击“完成”按钮，HMI 就加载过来了，如图 5-2-11、图 5-2-12 所示。

（6）设备和网络视图：硬件组态全部完成，可以在项目视图左侧项目树下看到添加的 PLC 硬件和触摸屏硬件，单击项目树下面的“设备和网络”，进入网络视图，选中 PLC 的以太网接口拖一根线连接到 HMI 的以太网接口，这样两个设备就连接起来了，如图 5-2-13 所示。

单击工具栏“保存项目”按钮，对项目进行保存。硬件组态完成后需进行软件编程，后续章节将进行介绍。

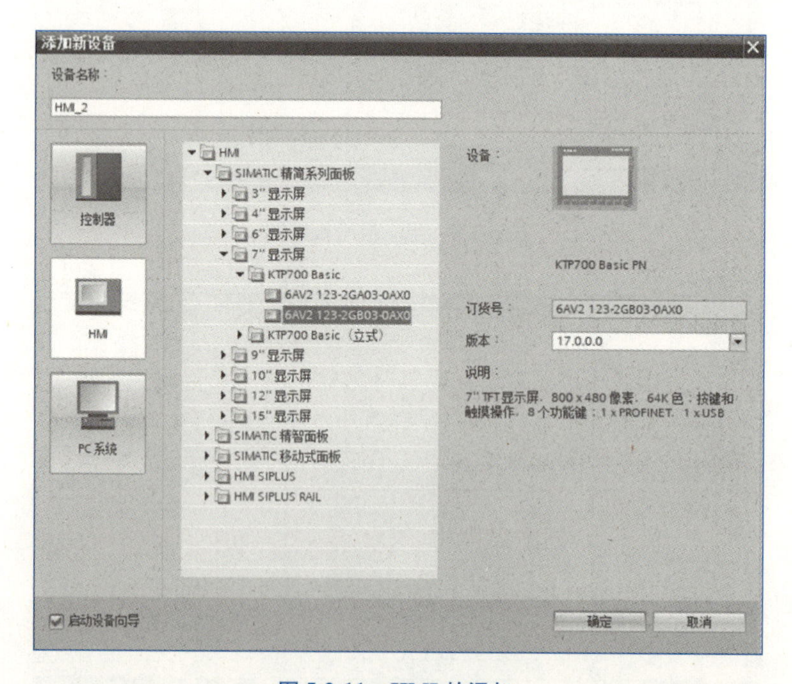

图 5-2-11　HMI 的添加

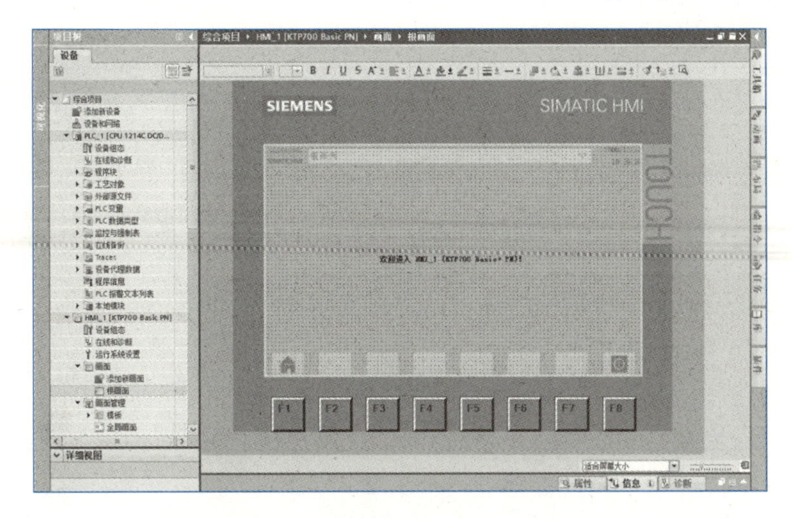

图 5-2-12　组态完成的 HMI 视图

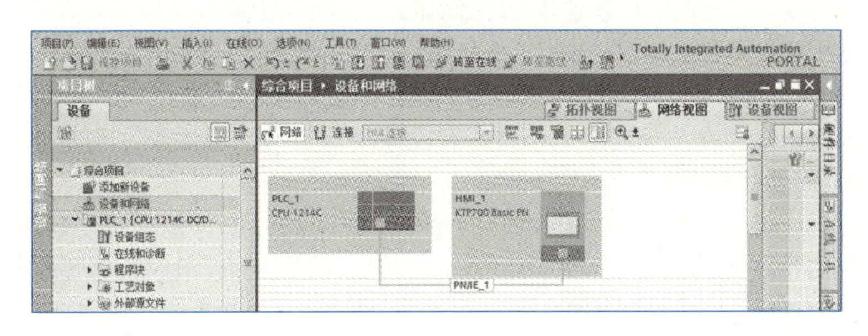

图 5-2-13　网络组态画面

5.2.3　S7-1200 的数据存储区

视 频

S7-1200的数据存储区

1. 数据类型

每个指令参数至少支持一种数据类型，而有些参数支持多种数据类型。将光标停在指令的参数域上方，便可看到给定参数所支持的数据类型。TIA 博途支持的基本数据类型见表 5-2-2。

表 5-2-2　TIA 博途支持的基本数据类型

数据类型	大小	范　　围	常量输入实例
Bool	1	0 ~ 1	TRUE，FALSE，0，1
Byte	8	16#00 ~ 16#FF	16#12，16#AB
Word	16	16#0000 ~ 16#FFFF	16#ABCD，16#0001
DWord	32	16#00000000 ~ 16#FFFFFFFF	16#02468ACE
Char	8	16#00 ~ 16#FF	'A'，'t'，'@'
Sint	8	−128 ~ 127	123，−123
Int	16	−32 768 ~ 32 767	123，−123
Dint	32	−2 147 483 648 ~ 2 147 483 647	123，−123
USInt	8	0 ~ 255	123

续上表

数据类型	大小	范围	常量输入实例
UInt	16	0～65 535	123
UDInt	32	0～4 294 967 295	123
Real	32	$\pm 1.18\times 10^{-38}$ ～ $\pm 3.40\times 10^{38}$	123.456、-3.4、-1.2E+12、3.4E-3
LReal	64	$\pm 2.23\times 10^{-308}$ ～ $\pm 1.79\times 10^{308}$	12 345.123 456 789　-1.2E+40
Time	32	T#-24d_20h_31m_23s_648～T#24d_20h_31m_23s_647 ms 存储形式：-2 147 483 648～+2 147 483 647 ms	T#5m_30s 5#-2d T#1d_2h_15m_30x_45ms
String	可变	0～254 字节型字符	'ABC'

2. CPU 地址区的划分

CPU 提供了以下几个选项，用于在执行用户程序期间存储数据：

（1）全局存储器：CPU 提供了各种专用存储区，其中包括输入（I）、输出（Q）和位存储器（M）。所有代码块可以无限制地访问该存储器。

（2）数据块（DB）：可在用户程序中加入 DB 以存储代码块的数据。从相关代码块开始执行一直到结束，存储的数据始终存在。全局 DB 存储所有代码块均可使用的数据，而背景 DB 存储特定 FB 的数据并且由 FB 的参数进行构造。

（3）临时存储器：只要调用代码块，CPU 的操作系统就会分配要在执行块期间使用的临时或本地存储器（L）。代码块执行完成后，CPU 将重新分配本地存储器，以用于执行其他代码块。

S7-1200 的数据存储区示意图如图 5-2-14 所示。每个存储单元都有唯一的地址。用户程序利用这些地址访问存储单元中的信息。各存储区说明见表 5-2-3。

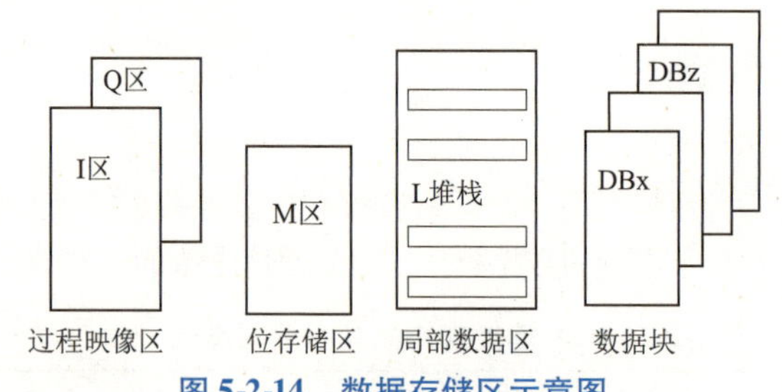

图 5-2-14　数据存储区示意图

表 5-2-3　S7-1200 存储区的说明

存储区	说明	强制	保持性
I 过程映像输入	在扫描周期开始从物理输入复制	否	否
I_：P（物理输入）	立即读取 CPU、SB、SM 上的物理输入点	是	否
Q 过程映像输出	在扫描周期开始复制到物理输出	无	否
Q_：P（物理输出）	立即写入 CPU、SB 和 SM 上的物理输出点	是	否
M 位存储器	控制和数据存储器	否	是
L 临时存储器	存储块的临时数据，这些数据仅在该块的本地范围内有效	否	否
DB 数据块	数据存储器，同时也是 FB 的参数存储器	否	是

注意：通过在地址后面添加“：P”，可以立即读取 CPU、SB 或 SM 的数字和模拟输入。使用 I_：P 访问与使用 I 访问的区别是，前者直接从被访问点而非输入过程映像获得数据。这种 I_：P 访问称为“立即读”访问，因为数据是直接从源而非副本获取的，这里的副本是指在上次更新输入过程映像时建立的副本。使用 I_：P 访问不会影响存储在输入过程映像存储器中的相应值。

3. 对 CPU 和 I/O 模块中的 I/O 进行寻址

向组态画面添加 CPU 和 I/O 模块时，系统会自动分配 I 地址和 Q 地址。通过在组态画面中选择地址域并键入新编号，可以更改默认寻址设置。数字输入和输出按完整的 8 位字节方式进行分配，无论模块是否使用所有的点。模拟输入和输出按每组 2 点（4 字节）方式进行分配。在图 5-2-15 所示实例中，可以将 2 号卡槽中添加的信号模块的输出地址从默认的 8 改为 2。

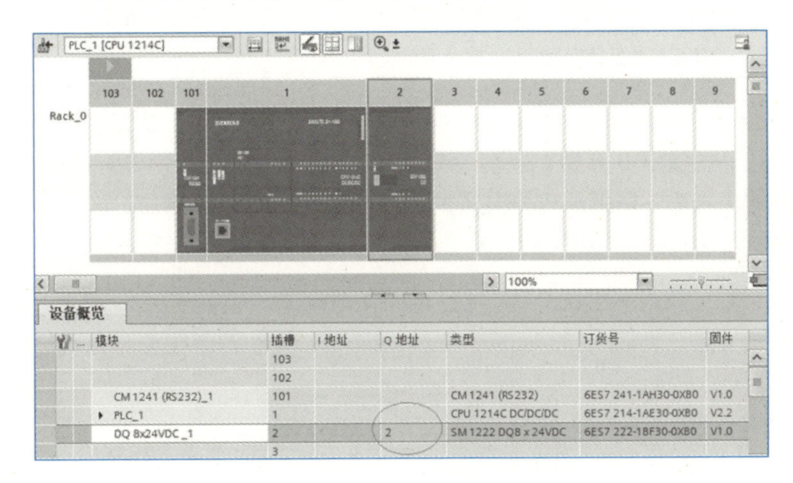

图 5-2-15　改写 I/O 模块地址

5.2.4　S7-1200 的程序结构

S7-200 采用主程序 MAIN，在主程序中可以调用子程序 SBR 和中断程序 INT，可以嵌套的最大深度为 8。S7-1200 与 S7-300/400 的用户程序结构类似，在 S7-1200 的编程中，采用了块的概念，有 OB 组织块、FB 功能块、FC 功能块、DB 数据块，将程序分解为独立的、自成体系的各个部件。S7-200 和 S7-1200 程序结构示意图如图 5-2-16 所示。

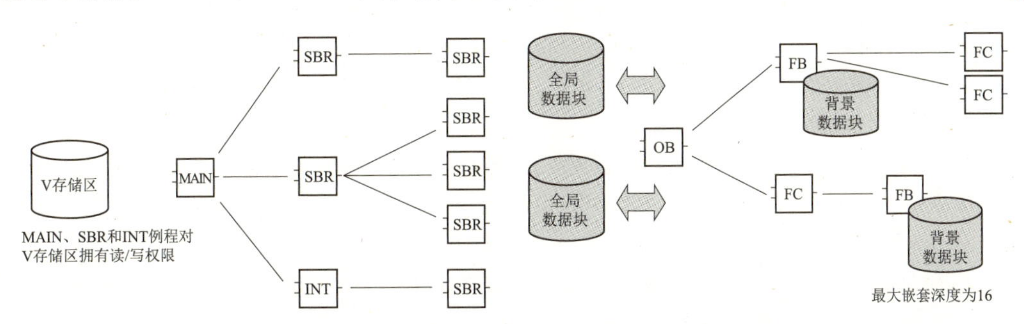

图 5-2-16　S7-200 和 S7-1200 程序结构示意图

1. 模块化编程

模块化编程将复杂的自动化任务划分为对应于生产过程的子任务，每个子任务对应于一个称为“块”的子程序，可以通过块与块之间的相互调用来组织程序。这样的程序易于修改、查错和调试。

块结构显著地增加了 PLC 程序的组织透明性、可理解性和易维护性。用户程序中各种块的简要说明见表 5-2-4，其中的 OB、FB、FC 都包含程序，统称为代码（Code）块。代码块的个数没有限制，但是受到存储器容量的限制。

表 5-2-4　用户程序中各种块的简要说明

块	简要描述
组织块（OB）	操作系统与用户程序的接口，决定用户程序的结构
函数块（FB）	用户编写的包含经常使用的功能的子程序，有专用的背景数据块
函数（FC）	用户编写的包含经常使用的功能的子程序，没有专用的背景数据块
背景数据块（DB）	用于保存 FB 的输入、输出参数和静态变量，其数据在编译时自动生成
全局数据块（DB）	存储用户数据的数据区域，供所有的代码块共享

被调用的代码块又可以调用其他代码块，这种调用称为嵌套调用。从程序循环 OB 或启动 OB 开始，嵌套深度为 16；从中断 OB 开始，嵌套深度为 6。在块调用中，调用者可以是各种代码块，被调用的块是 OB 之外的代码块。调用函数块时需要为它指定一个背景数据块。S7-1200 程序嵌套关系示意图如图 5-2-17 所示。

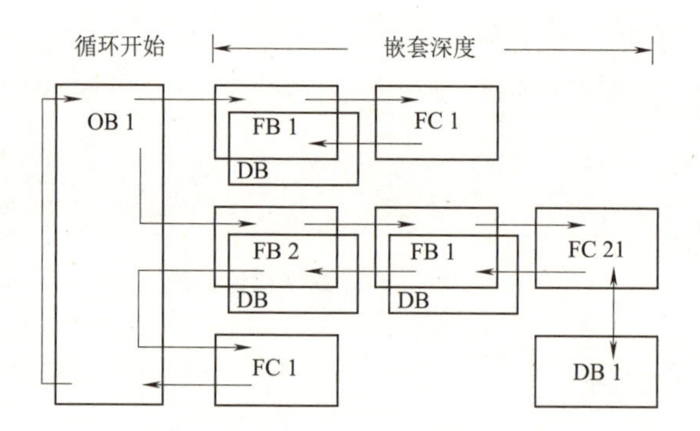

图 5-2-17　S7-1200 程序嵌套关系示意图

2. 组织块（OB）

组织块（organization block，OB）是操作系统与用户程序的接口，由操作系统调用，用于控制扫描循环和中断程序的执行、PLC 的启动和错误处理等。组织块的程序是用户编写的。每个组织块必须有一个唯一的 OB 编号，123 之前的某些编号是保留的，其他 OB 的编号应大于或等于 123。CPU 中特定的事件触发组织块的执行，OB 不能相互调用，也不能被 FC 和 FB 调用。只有启动事件（例如，诊断中断事件或周期性中断事件）可以启动 OB 的执行。

（1）程序循环组织块。OB1 是用户程序中的主程序，CPU 循环执行操作系统程序，在每一次循环中，操作系统程序调用一次 OB1。因此 OB1 中的程序也是循环执行的。允许有多个程序循环 OB，默认的是 OB1，其他程序循环 OB 的编号应大于或等于 123。

（2）启动组织块。当 CPU 的工作模式从 STOP 切换到 RUN 时，执行一次启动（startup）组织块，来初始化程序循环 OB 中的某些变量。执行完启动 OB 后，开始执行程序循环 OB。可以有多个启动 OB，默认的为 OB100，其他启动 OB 的编号应大于或等于 123。

（3）中断组织块。中断处理用来实现对特殊内部事件或外部事件的快速响应。如果没有中断事件出现，CPU 循环执行组织块 OB1 和它调用的块。如果出现中断事件，例如，诊断中断和时间延迟中断等，因为 OB1 的中断优先级最低，操作系统在执行完当前程序的当前指令（即断点处）后，立即响应中断 CPU 暂停正在执行的程序块，自动调用一个分配给该事件的组织块（即中断程序）来处理中断事件。执行完中断组织块后，返回被中断的程序的断点处继续执行原来的程序。这意味着部分用户程序不必在每次循环中处理，而是在需要时才被及时地处理。处理中断事件的程序放在该事件驱动的 OB 中。

3. 函数（FC）

函数（function）是用户编写的子程序，简称 FC，又称功能。它包含完成特定任务的代码和参数。FC 和 FB（函数块）有与调用它的块共享的输入参数和输出参数。执行完 FC 和 FB 后，返回调用它的代码块。

函数是快速执行的代码块，可用于完成标准的和可重复使用的操作，例如算术运算。或完成技术功能，例如使用位逻辑运算的控制。

可以在程序的不同位置多次调用同一个 FC 或 FB，这样可以简化重复执行的任务的编程。函数没有固定的存储区，函数执行结束后，其临时变量中的数据就丢失了。

4. 函数块（FB）

函数块（function block，FB）是用户编写的子程序，简称 FB，又称功能块。调用函数块时，需要指定背景数据块，后者是函数块专用的存储区。CPU 执行 FB 中的程序代码，将块的输入、输出参数和局部静态变量保存在背景数据块中，以便在后面的扫描周期访问它们。FB 的典型应用是执行不能在一个扫描周期完成的操作。在调用 FB 时，自动打开对应的背景数据块，后者的变量可以供其他代码块使用。

调用同一个函数块时使用不同的背景数据块，可以控制不同的对象。

S7-1200 的某些指令（例如符合 IEC 标准的定时器和计数器指令）实际上是函数块，在调用它们时需要指定配套的背景数据块。

5. 数据块（DB）

数据块（data block，DB）是用于存放执行代码块时所需数据的数据区，与代码块不同，数据块没有指令，STEP 7 按变量生成的顺序自动地为数据块中的变量分配地址。

有两种类型的数据块：

（1）全局数据块：存储供所有的代码块使用的数据，所有的 OB、FB 和 FC 都可以访问它们。

（2）背景数据块：存储的数据供特定的 FB 使用，背景数据块中保存的是对应的 FB 的输入、输出参数和局部静态变量。FB 的临时数据不是背景数据块保存的。

在 S7-1200 中，DB 块分为两种：一种为优化的 DB 块，另一种为标准 DB 块。每次添加一个新的全局 DB 块时，默认类型为优化的 DB 块。优化的 DB 块中的每个变量对应的存储地址，由系统优化后自动进行分配，具有更快的访问速度；但只能使用符号寻址，不支持指针寻址。而标准 DB 块，按照变量的建立顺序分配存储地址，故每个变量具有偏移地址，可以进行符号寻址，也支持指针寻址；但访问速度较慢。新建的 DB 块，可通过其“属性”选项中是否选择“优化的块访问”复选框来调整。

可以按位、字节、字或双字访问数据块 DB 存储器。

位寻址：DB［数据块编号］. DBX［字节地址］.［位地址］，如 DB1. DBX2. 3。

字节、字或双字寻址：DB［数据块编号］. DB［大小］［起始字节地址］，如 DB1. DBB4、DB10. DBW2、DB20. DBD8。

本节习题

（1）S7-1200 系列 PLC 的编程软件为________，在这个软件中进行 PLC 编程之前需要先进行________。

（2）S7-1200 系列 PLC 采用模块化编程，用户程序中的主程序为________，用户编写的没有专用背景数据块的子程序为________。

（3）MW100 是一个________存储空间，由 MB ________和 MB ________组成，它的下一个编址为 MW ________。

（4）MD1000 由 MD ________和 MD ________组成，是一个________存储空间。

（5）新建一个全局数据块 DB4，数据块中第 4 个字节的第 4 位的寻址地址是________。

（6）S7-1200 系列 PLC 中 Q0.3：P 表示________访问。

（7）I0.3 和 I0.3：P 表达不同的输入扫描过程，其中表示立即读取输入点的是________。

（8）计算机和 S7-1200 系列 PLC 通信时需要设置 IP 地址，默认的 IP 地址的前三段是________：________：________：X。

5.3 TIA 博途编程指令及项目创建

学习目标

（1）熟练应用 TIA 博途软件实现项目的创建、硬件组态、软件编程、项目下载调试的过程；

（2）能够利用监控表在线监控程序变量的状态，会修改变量及调试程序；

（3）掌握定时器指令及生成背景数据块 DB 的应用。

视频

位逻辑指令介绍

5.3.1 位逻辑指令介绍

根据 IEC 61131-3 对编程语言的定义，S7-1200 使用梯形图（LAD）、函数块图（FBD）和结构化控制语言（SCL）这三种编程语言。

对于 TIA 博途编程，梯形图的编程逻辑和 STEP 7 Micro/WIN 相似，部分指令的应用方法沿用了 S7-200 指令，比如-| |-、-|/|-逻辑指令，但也有部分指令的应用方法有不同之处，指令界面如图 5-3-1 所示。下面介绍一下与 STEP 7 Micro/WIN 编程有区别的常用位逻辑指令。

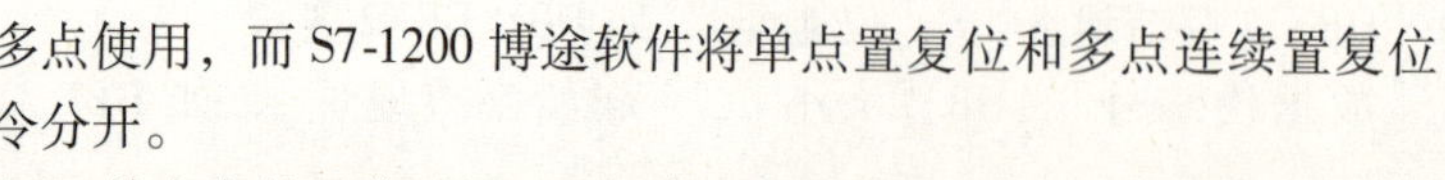

图 5-3-1　指令界面

1. 置位和复位指令

S7-200 STEP 7 Micro/WIN 软件中置位和复位既可以单点使用，也可以多点使用，而 S7-1200 博途软件将单点置复位和多点连续置复位的指令分开。

（1）单个点的置位（S）和复位（R）：

①S（置位）激活时，OUT 地址处的数据值设置为 1；S 不激活时，OUT 不变。

②R（复位）激活时，OUT 地址处的数据值设置为 0；R 不激活时，OUT 不变。

指令格式：
"OUT" —(S)—　　"OUT" —(R)—

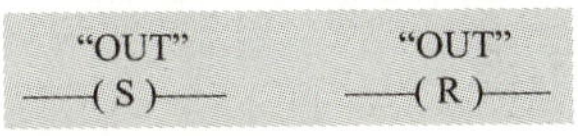

（2）多个点的置位和复位：

①SET_BF：置位位域。

②RESET_BF：复位位域。

③SET_BF 激活时，为从地址 OUT 处开始的 n 位分配数据值 1。SET_BF 不激活时，OUT 不变。

④RESET_BF 激活时，为从地址 OUT 处开始的 n 位写入数据值 0。RESET_BF 不激活时，OUT 不变。

指令格式：
"OUT" —(SET_BF)—| "n"　　"OUT" —(RESRT_BF)—| "n"

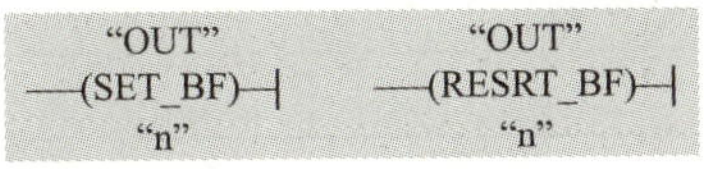

指令参数说明见表 5-3-1。

表 5-3-1　置位和复位指令参数说明

参　　数	数据类型	说　　明
n	常数	要写入的位数
OUT	布尔数组的元素	要置位或复位的位域的起始元素

2. 立即置复位指令

S7-200 STEP 7 Micro/WIN 软件中 I（立即）、SI（立即置位）、RI（立即复位）而 S7-1200 博途软件直接（立即）通过外设地址来改变，如 Q0. 0：P 或 I0. 0：P，表示立即输出和立即读输入。

3. 置位优先和复位优先位锁存指令

（1）RS 是置位优先锁存，其中置位优先。如果置位（S1）和复位（R）信号都为真，则输出地址 OUT 将为 1。

（2）SR 是复位优先锁存，其中复位优先。如果置位（S）和复位（R1）信号都为真，则输出地址 OUT 将为 0。OUT 参数指定置位或复位的位地址。可选 OUT 输出 Q 反映"OUT"地址的信号状态。

指令格式：
"OUT" RS（R、S1、Q）　　"OUT" SR（R、S1、Q）

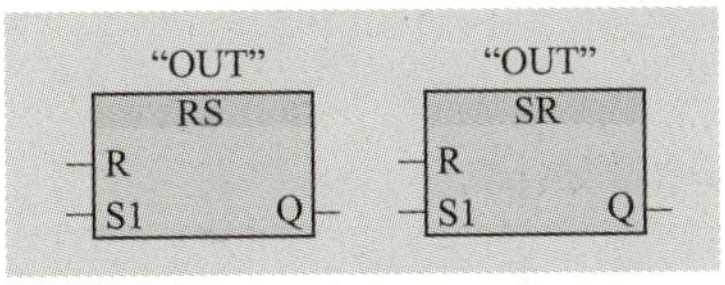

指令参数说明见表 5-3-2。

表 5-3-2　置位优先和复位优先锁存指令参数说明

参　　数	数据类型	说　　明
S、S1	BOOL	置位输入；1 表示优先
R、R1	BOOL	复位输入；1 表示优先
OUT	BOOL	分配的位输出"OUT"
Q	BOOL	遵循"OUT"位的状态

置位优先和复位优先锁存状态表见表 5-3-3。

表 5-3-3　置位优先和复位优先锁存状态表

指令	S1	R	“OUT”位
RS	0	0	先前状态
	0	1	0
	1	0	1
	1	1	1
SR	0	0	先前状态
	0	1	0
	1	0	1
	1	1	0

4. 上升沿和下降沿指令

上升沿和下降沿跳变检测器，其程序指令格式如图 5-3-2 所示。

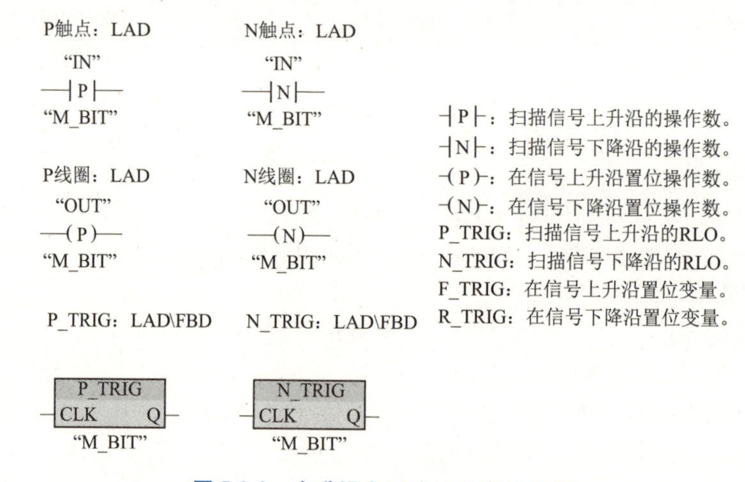

图 5-3-2　上升沿和下降沿跳变检测器

指令参数说明见表 5-3-4。

表 5-3-4　沿触发指令参数说明

参　数	数据类型	说　明
M_BIT	Bool	保存输入的前一个状态的存储器位
IN	Bool	要检测其跳变沿的输入位
OUT	Bool	指示检测到跳变沿的输出位
CLK	Bool	要检测其跳变沿的能流或输入位
Q	Bool	指示检测到沿的输出

（1）P 触点和 N 触点：

P 触点：在分配的输入位上检测到正跳变（关到开）时，该触点的状态为 TRUE。该触点逻辑状态随后与能流输入状态组合以设置能流输出状态。P 触点可以放置在程序段中除分支结尾外的任何位置。

N 触点：在分配的输入位上检测到负跳变（开到关）时，该触点的状态为 TRUE。该触点逻辑状态随后与能流输入状态组合以设置能流输出状态。N 触点可以放置在程序段中除分支结尾外的任何位置。

P 触点和 N 触点梯形图程序如图 5-3-3 所示。

图 5-3-3　P 触点和 N 触点梯形图程序

解释：按下 SB1 按钮，I0.0 产生由 0 到 1 的正跳变，%I0.0 ┤P├ %M10.0 接通，M6.0 被置位为 1；松开 SB1，I0.0 产生由 1 到 0 的负跳变，%I0.0 ┤N├ %M10.0 接通，M6.0 被复位为 0.

（2）P 线圈和 N 线圈：

P 线圈：在进入线圈的能流中检测到正跳变（关到开）时，分配的位“OUT”为 TRUE。能流输入状态总是通过线圈后变为能流输出状态。P 线圈可以放置在程序段中的任何位置。

N 线圈：在进入线圈的能流中检测到负跳变（开到关）时，分配的位“OUT”为 TRUE。能流输入状态总是通过线圈后变为能流输出状态。N 线圈可以放置在程序段中的任何位置。

P 线圈和 N 线圈梯形图程序如图 5-3-4 所示。

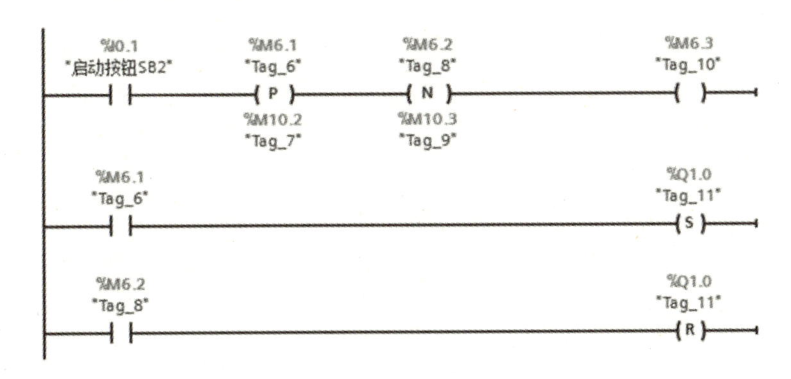

图 5-3-4　P 线圈和 N 线圈梯形图程序

解释：按下 SB2 按钮，首先 M6.3 得电，I0.0 产生由 0 到 1 的正跳变，%M6.1 ┤(P)├ %M10.2 接通，M6.1 接通一个扫描周期，Q1.0 被置位为 1；松开 SB1，M6.3 失电，I0.0 产生由 1 到 0 的负跳变，%M6.2 ┤(N)├ %M10.3 接通，M6.2 接通一个扫描周期，Q1.0 被复位为 0。

（3）检测信号边沿指令：

P_TRIG：在 CLK 输入状态（FBD）或 CLK 能流输入（LAD）中检测到正跳变（关到开）时，Q 输出能流或逻辑状态为 TRUE。

N_TRIG：在 CLK 输入状态（FBD）或 CLK 能流输入（LAD）中检测到负跳变（开到关）时，Q

输出能流或逻辑状态为 TRUE。

检测信号边沿指令梯形图程序如图 5-3-5 所示。

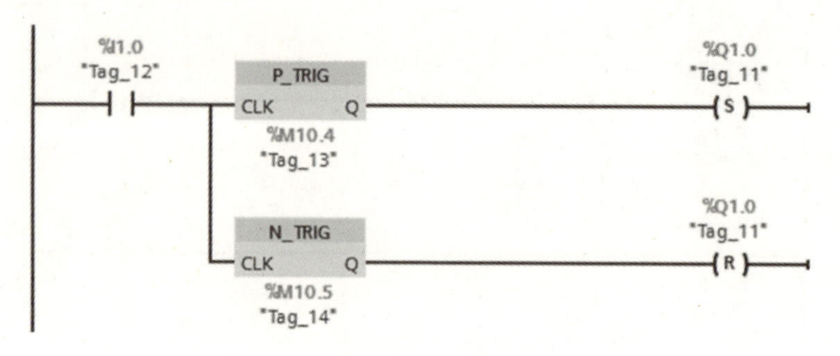

图 5-3-5 检测信号边沿指令梯形图程序

解释：合上 I1.0，产生由 0 到 1 的正跳变送给 P_TRIG 的 CLK 输入端，Q 端输出一个扫描周期的能流，Q1.0 被置位为 1；松开 I1.0，产生由 1 到 0 的负跳变送给 N_TRIG 的 CLK 输入端，Q 端输出一个扫描周期的能流，Q1.0 被复位为 0。

所有沿指令均使用存储器位（M_BIT）存储要监视的输入信号的前一个状态。通过将输入的状态与存储器位的状态进行比较来检测沿。如果状态指示在关注的方向上有输入变化，则会在输出写入 TRUE 来报告沿；否则，输出会写入 FALSE。

视 频

电动机启保停电路的PLC控制

5.3.2 电动机启保停电路的 PLC 控制

1. 电路分析

图 5-3-6 为电动机的启保停控制的继电器电路图和 PLC 接线图。以此为例介绍 S7-1200 PLC 的编程步骤。

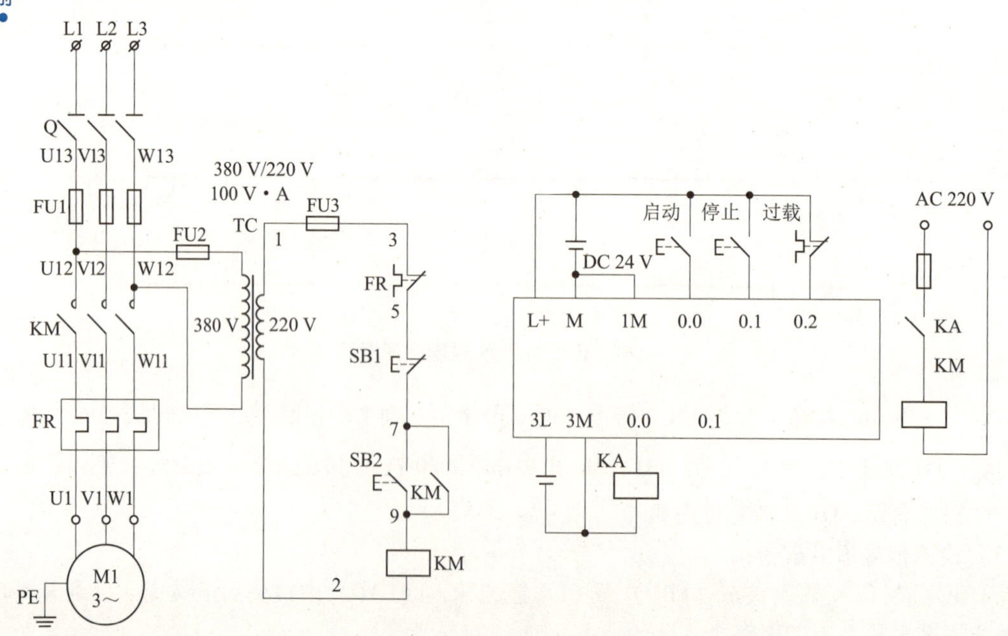

图 5-3-6 电动机启保停控制的继电器电路图和 PLC 接线图

2. 程序编写

创建一个新的项目，项目名称和文件路径可以自定义，组态设备硬件，参照 5. 2. 2 节所述。

（1）编辑变量表。按照 5. 2. 2 节完成创建项目和硬件组态之后，选择项目视图，在左边的项目树中单击 PLC_1 [CPU 1214C DC/DC/DC] 左边的 ▸ 按钮，展开 PLC1 项目树下的内容，在展开的项目树中单击 PLC变量 ，单击 添加新变量表，双击 变量表_1 [0] 按钮，打开变量表，在变量表中编辑变量，本项目编辑的变量表如图 5-3-7 所示。

变量表_1

	名称	数据类型	地址 ▲	保持	可从 ...	从 H...	在 H...	注释
1	启动	Bool	%I0.0	☐	☑	☑	☑	
2	停止	Bool	%I0.1	☐	☑	☑	☑	
3	过载保护	Bool	%I0.2	☐	☑	☑	☑	
4	电机	Bool	%Q0.0	☐	☑	☑	☑	

图 5-3-7　PLC 编辑的变量表

（2）编辑用户程序。在展开的 PLC1 项目树下单击“程序块”左边的 ▸ 按钮，双击 Main [OB1] 按钮，打开 Main 编辑视图，如图 5-3-8 所示。

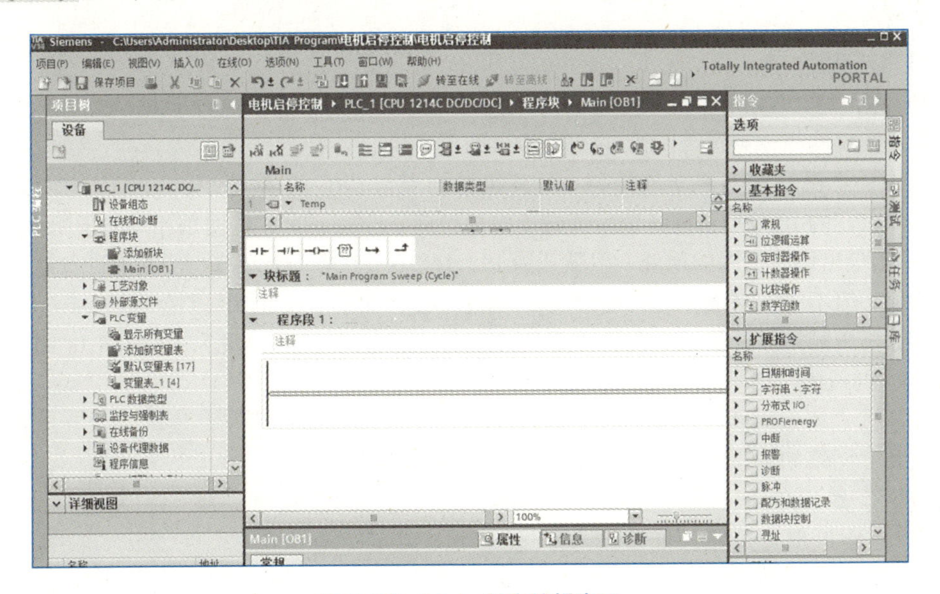

图 5-3-8　Main 程序编辑窗口

选中程序段 1（网络 1）中的水平线，依次双击⊣ ⊢、⊣/⊢、⊣/⊢、─( )─按钮。选中最左边的垂直“电源线”，依次双击↦、⊣ ⊢、↲按钮，便出现如图 5-3-9 所示的梯形图。

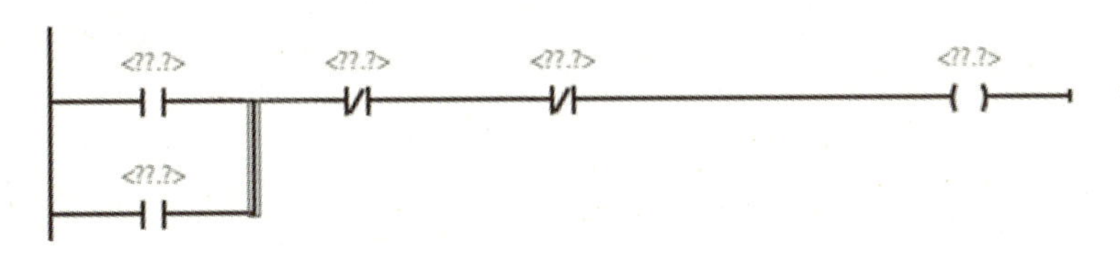

图 5-3-9　梯形图

双击元件上方的按钮 <??.?> ，出现输入元件地址对话框 ，单击右边的按钮，出现变量选项

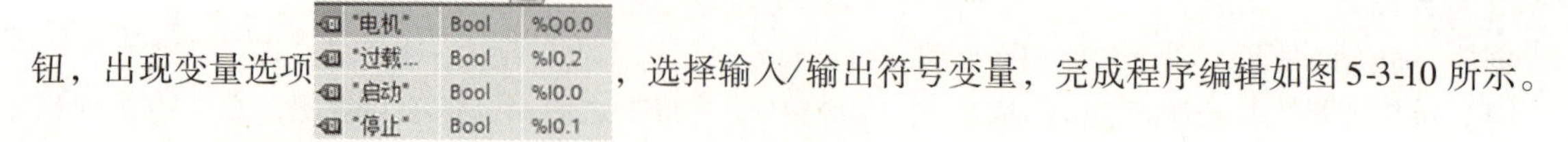

，选择输入/输出符号变量，完成程序编辑如图 5-3-10 所示。

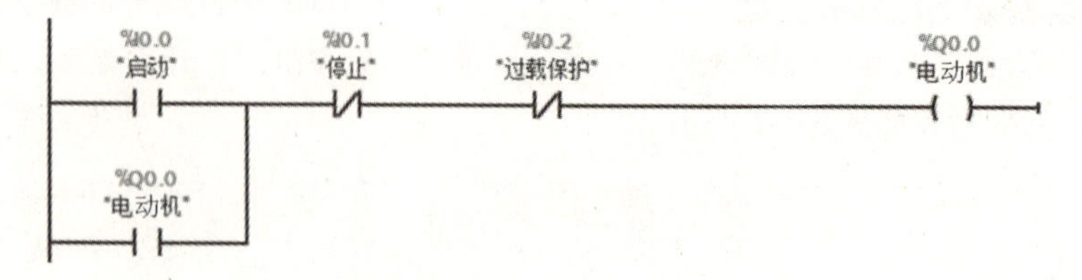

图 5-3-10　完成程序编辑

单击右边的按钮，出现 3 个 符号和绝对值(N) 符号(S) 绝对(A) 选项，可以根据需要选择不同的寻址方式，本程序选用的是“符号和绝对地址”寻址。

单击工具栏上的编辑按钮，对程序进行编辑，在下方信息栏“编辑”选项下会提示当前编辑结果有无错误。

3. 下载用户程序

通过 PLC 的 CPU 单元与运行 TIA 博途计算机的以太网通信，可以执行下载、上载、监控和故障诊断等任务。实现编程计算机与 CPU 的通信步骤如下：

（1）设置计算机 IP 地址和子网掩码。计算机的网卡与 CPU 的以太网接口的 IP 地址应该在同一个子网内，即它们的 IP 地址中前 3 个字节的子网地址应完全相同。它们使用相同的子网掩码。

S7-1200 PLC 出厂时子网的地址一般默认为 192. 168. 0. 1，第 4 个字节是子网内设备地址，理论上可以取任意值，但不能与网络中的其他设备 IP 地址重叠，如果 PLC 的 IP 地址为 192. 1 68. 0. 1，则与其相连的计算机或触摸屏设备第 4 个字节就不能为 1，比如计算机可以设为 192. 168. 0. 10，设备计算机与 CPU 的子网掩码一般默认为 255. 255. 255. 0。

打开计算机“控制面板”，在“网络和 Internet”对话框中找到“网络和共享中心”，单击“Internet 协议（TCP/IP）”，然后单击“属性”按钮，选择“使用下面的 IP 地址”单选按钮，手动输入静态 IP 地址：192. 168. 0. 10，子网掩码：255. 255. 255. 0，如图 5-3-11所示。

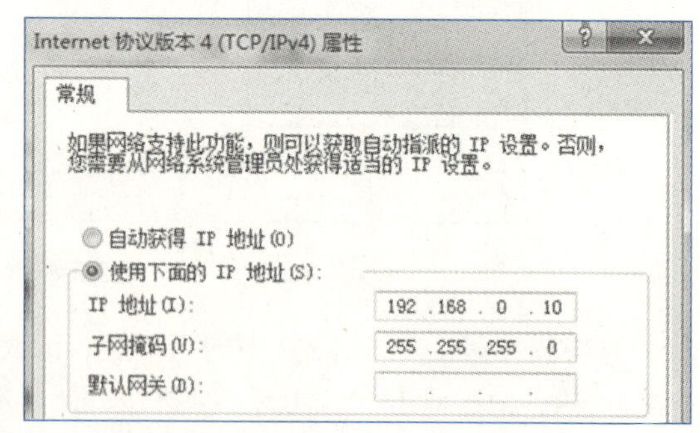

图 5-3-11　设置计算机 IP 地址和子网掩码

（2）组态 PLC 的 PROFINET 接口。双击项目树中的 PLC1 下的“设备组态”按钮，打开该 PLC 的设备视图。选中 CPU 单元，再选中下面监视窗口的“PROFINET 接口”按钮，在出现的对话框中输入 IP 地址和子网掩码，一般是默认值不变，如图 5-3-12 所示。

（3）通信连接。计算机和 PLC 初次连接时需要进行通信设置，单击下载按钮，软件会弹出“扩展的下载到设备”窗口，如图 5-3-13 所示。需要设置：PG/PC 接口的类型，PG/PC 接口，接口/子网的连接，通过选项的菜单选择对应的选项，然后单击“开始搜索”按钮查找 PLC 设备，如找

到，则在目标设备框中显示已找到的 PLC 设备，如图 5-3-14 所示。

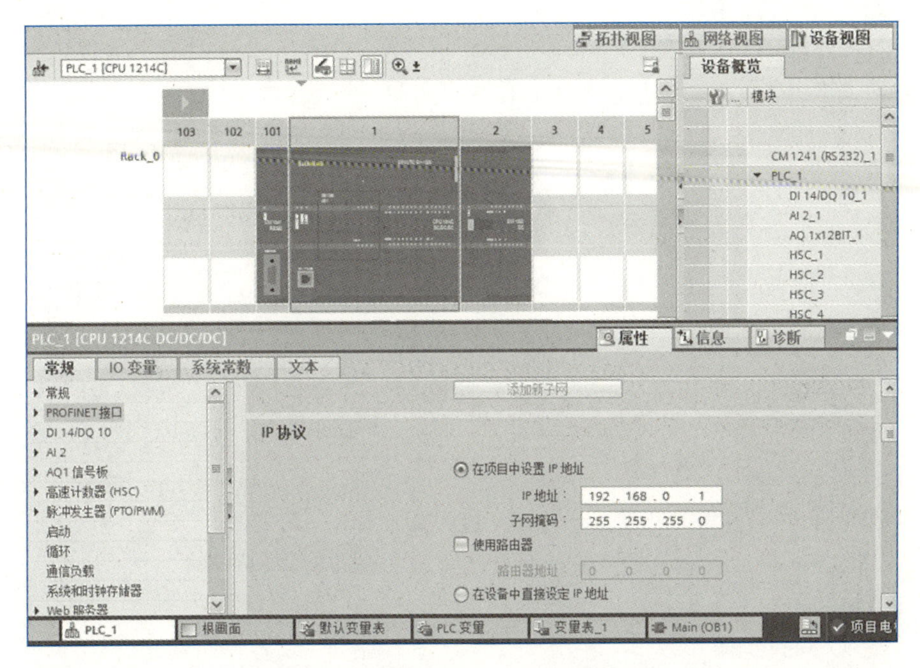

图 5-3-12　组态 PLC 的 PROFINET 接口

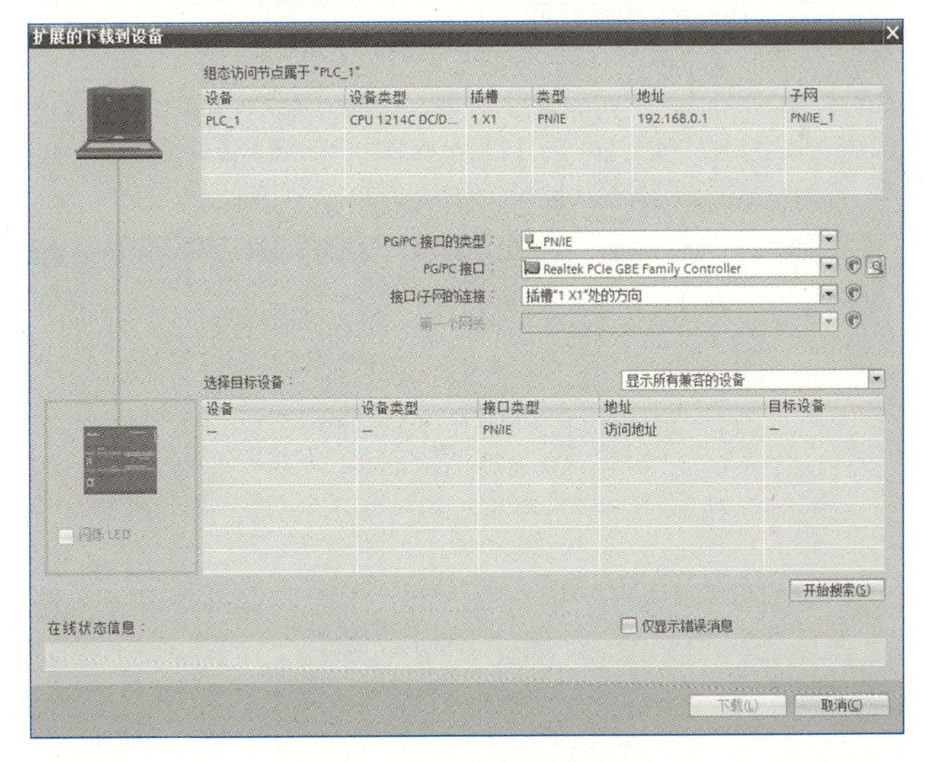

图 5-3-13　项目下载通信连接窗口 1

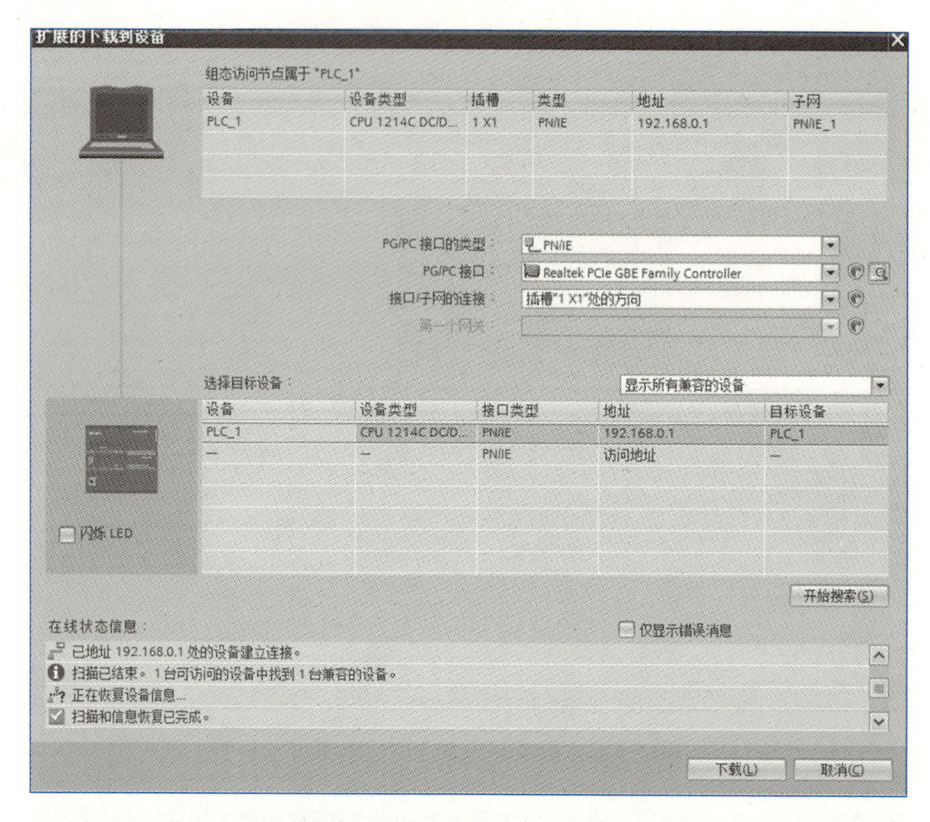

图 5-3-14　项目下载通信连接窗口 2

（4）下载项目。选中项目树的 CPU 设备 PLC_1 [CPU 1214C DC/DC/DC]，单击工具栏上的下载按钮，会进行下载前的检查，包括硬件和软件编译，检查结束后跳出下载预览窗口，如图 5-3-15 所示。模块选择全部停止，以便进行后续的装载硬件和程序的操作。

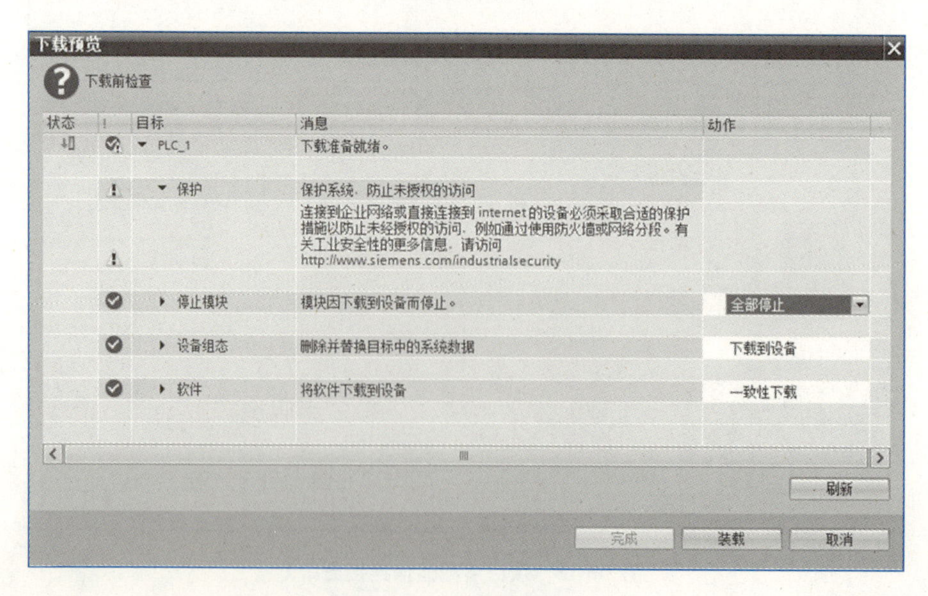

图 5-3-15　下载预览窗口

注意：如果第一次下载完成后，对 PLC 程序进行修改而硬件组态未改变，则再次下载时可以只下载软件程序。

下载结束，在信息窗口可以看到下载完成的信息，如图 5-3-16 所示。

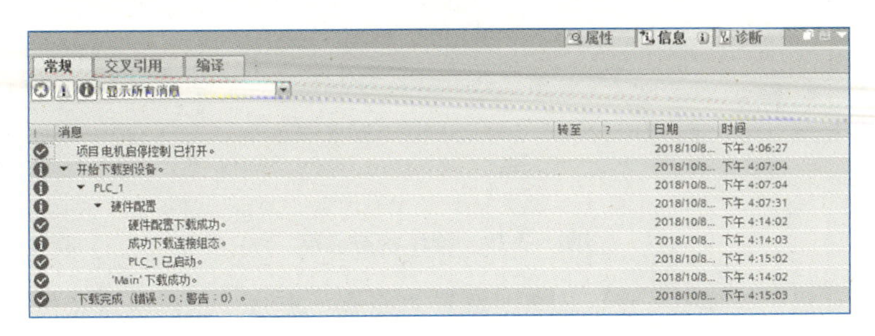

图 5-3-16　下载完成信息窗口

关于下载的补充说明：

使用快捷菜单下载部分内容的方法：右击项目树中的 CPU“PLC_1”，执行快捷菜单中的“下载到设备”命令，提供了 4 种选项，如图 5-3-17 所示。

（1）硬件和软件：将已经编译好的硬件组态数据和软件项目数据下载到选中的设备。

（2）硬件配置，只下载硬件组态数据到选中的设备。

（3）软件（仅更改），只将修改过的块下载到选中的设备。

（4）软件（全部下载），将所有的块（包括未修改过的）下载到选中的设备。

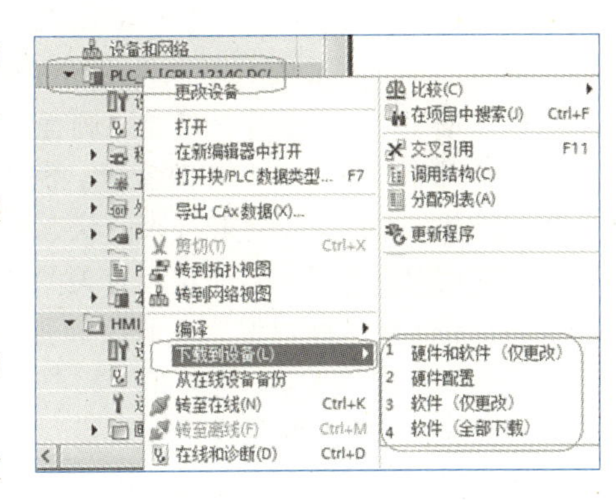

图 5-3-17　“下载到设备”的 4 种选项

4. 在线调试程序

（1）在线状态监控程序。单击快捷工具栏上 转至在线 按钮，将软硬件设置转至在线状态，如硬件组态都正确，可以看到设备视图界面出现 图标，如图 5-3-18 所示。

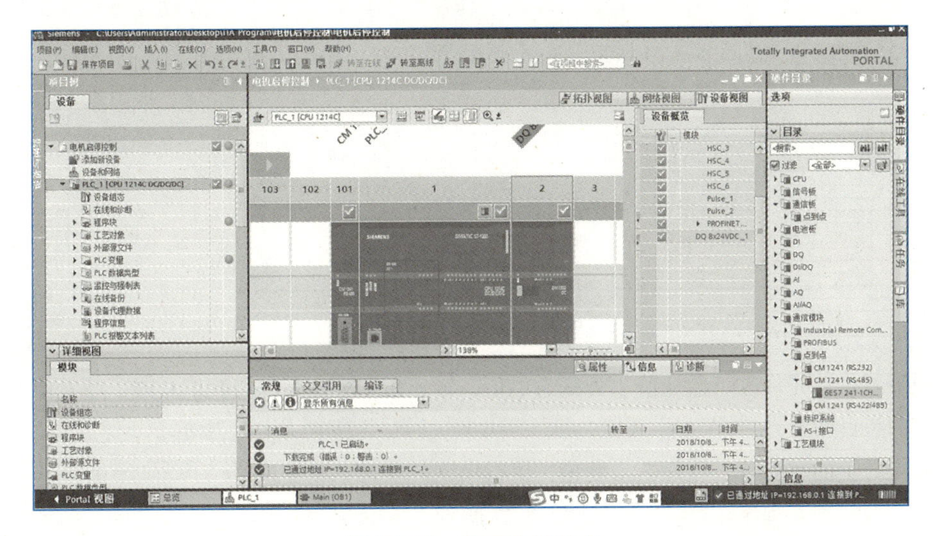

图 5-3-18　转至在线状态

双击打开 Main 程序块，单击启用程序监控，可以在线查看程序运行情况，如图 5-3-19 所示。

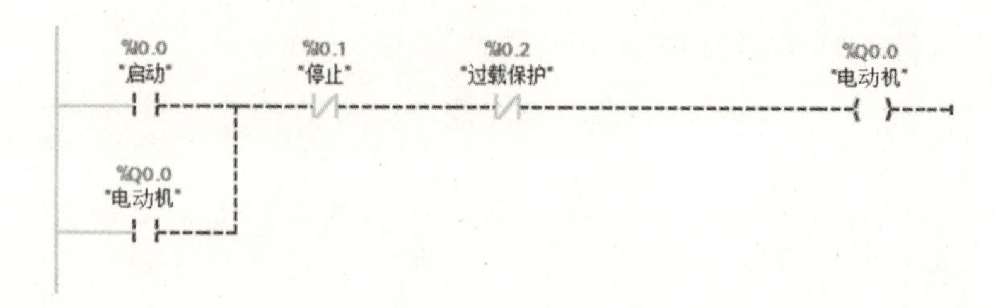

图 5-3-19　程序状态监控

注意：梯形图用绿色连续线来表示状态，即有“能流”流过。用蓝色点状线表示状态不满足，没有能流流过，用灰色连续线表示状态未知或程序没有执行，黑色表示没有连接。

在程序状态修改变量的值：右击程序状态的某个变量，执行出现快捷菜单可以修改该变量的值。对于 B00l 变量，执行“修改”→“修改为 1”或“修改”→“修改为 0”命令；对于数据变量，执行“修改”→“修改操作数”命令。不能修改连接外部硬件输入电路的输入过程映像（I）的值。如果被修改的值同时受程序的控制，则程序控制优先。

（2）用监控表监控和修改变量。使用程序状态监视，可以在程序编辑器中形象直观地观察梯形图程序的执行情况，触点和线圈的状态一目了然。但只能监控其中的一小块程序，调试较大程序时，往往不能同时看到某一程序功能有关的全部变量的状态。监控表可以有效地解决上述问题。使用监控表可以在工作区同时监视、修改和强制用户感兴趣的全部变量。一个项目可以生成多个监控表，以满足不同的调试需求。监控的可以是过程映像（I 和 Q），物理输入、输出（I_：P、Q_：P），位存储器和数据块 DB 内的存储单元。

①生成监控表：在项目视图中，展开 PLC1（CPU）目录，单击▾ 监控与强制表中的 添加新监控表按钮，出现 监控表_1，双击 监控表_1，在监控表中输入要监控的变量。在“名称”列中输入“变量表”中定义过的变量的符号地址，“地址”列中会自动出现该变量的绝对地址，在“显示格式”列中，选择变量所需的显示格式。

②监视变量：与 CPU 建立在线连接后，单击工作窗口工具栏按钮，启动监视功能，将在监视值列中显示变量的实际值，如图 5-3-20 所示。再次单击按钮，关闭监视功能。

电机启停控制1 ▸ PLC_1 [CPU 1214C DC/DC/DC] ▸ 监控与强制表 ▸ 监控表_1

	i	名称	地址	显示格式	监视值	修改值		注释
1		"电机"	%Q0.0	布尔型	FALSE			
2		"启动"	%I0.0	布尔型	FALSE			
3		"停止"	%I0.1	布尔型	FALSE			
4			<添加>					

图 5-3-20　状态监控表

③修改变量：首先修改“监视值”列变量的值，输入布尔型变量的修改值 0 或 1 后，单击监视表其他地方，它们将自动变为“FALSE”（假）或“TRUE”（真）。如图 5-3-21 所示。

单击工具栏上的按钮，或用右击变量，执行出现的快捷菜单中的 立即修改(N) 命令，将修改值立即送入 CPU，此时查看程序在线状态，如图 5-3-22 所示。

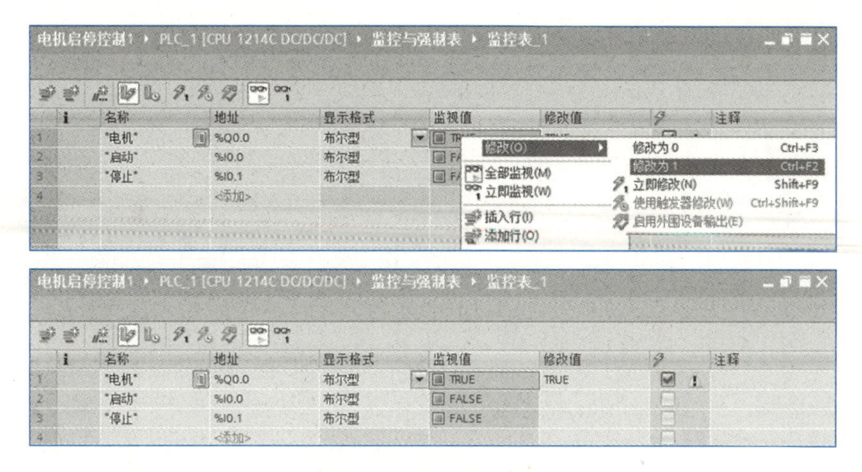

图 5-3-21　监视值的修改

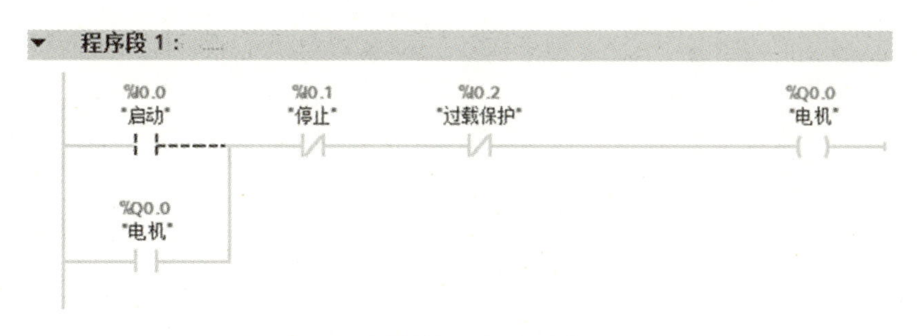

图 5-3-22　变量监视值修改后的程序状态

5.3.3　输送带的 PLC 控制

1. 项目介绍

图 5-3-23 为输送带的驱动示意图，两台电动机驱动一段输送线。为了防止在输送带上货箱积聚，按下启动按钮 SB1（I0.1）时，电动机 M1（Q0.0）启动后，延时 10 s，电动机 M2（Q0.2）启动；停止时，按下停止按钮 SB2（I0.2），电动机 M2 先停止，延时 8 s 后，电动机 M1 停止。

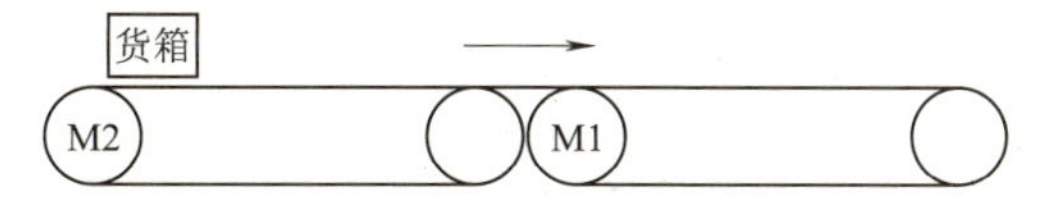

图 5-3-23　输送带的驱动示意图

2. 电路图设计

输送带控制的主电路和 PLC 接线图如图 5-3-24 所示。

3. S7-1200 的定时器指令

（1）指令介绍。S7-200 的定时器时间分辨率分别为 1 ms、10 ms 和 100 ms，而 S7-1200 所有的定时器都是 1 ms 时基，STEP 7-Micro/WIN 支持 SIMATIC 和 IEC 两种编程模式，而 TIA 博途软件所有的定时器均是 IEC 型定时器，都有一个 Q 输出位和提供过程时间值的 ET 输出。两种编程软件定时器指令的界面如图 5-3-25 所示。

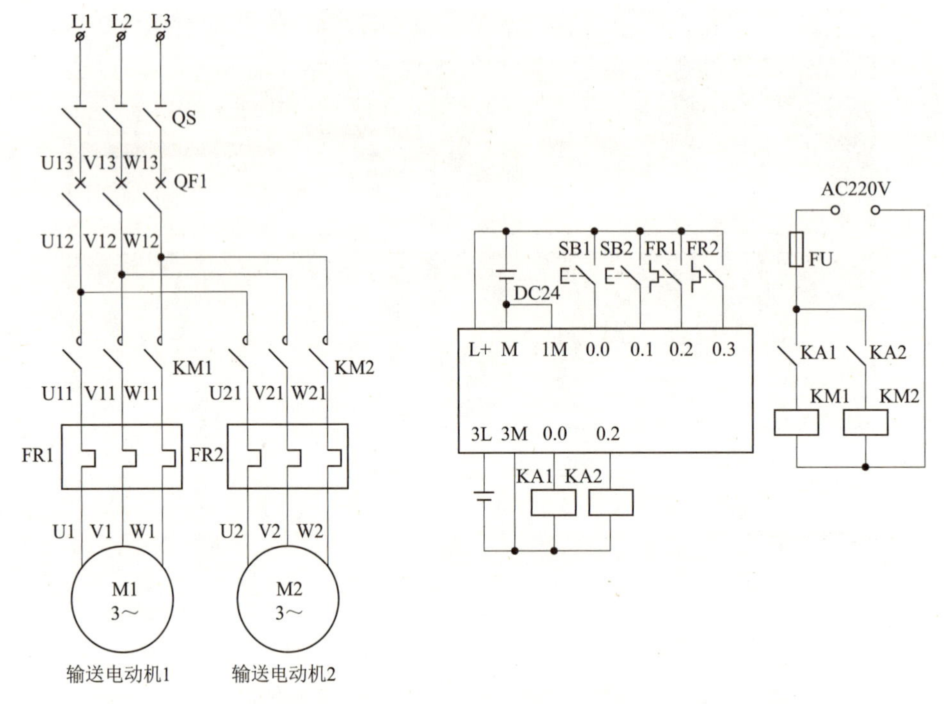

图 5-3-24　输送带控制的主电路和 PLC 接线图

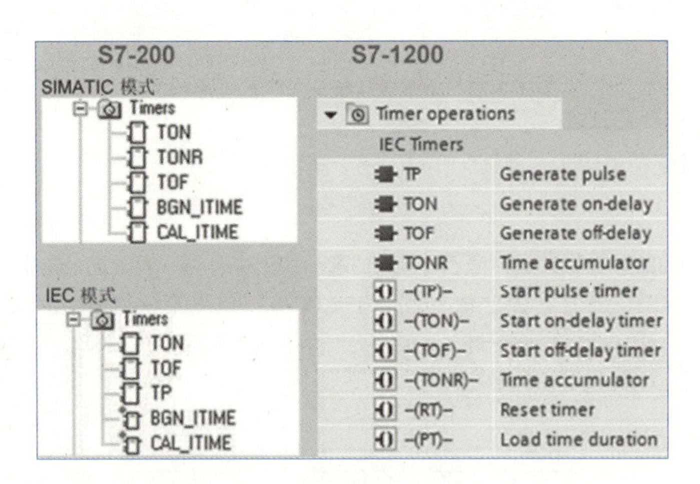

图 5-3-25　S7-1200 的定时器指令

西门子 TIA 博途软件的定时器指令介绍：

①TP 定时器可生成具有预设宽度时间的脉冲。

②TON 定时器在预设的延时过后将输出（Q）设置为 ON。

③TOF 定时器在输入为高电平时，将输出（Q）设置为 ON，预设的延时过后将输出复位为 OFF。

④TONR 定时器在预设的延时过后将输出（Q）设置为 ON。在使用复位（R）输入复位经过的时间之前，会一直累加多个定时时段内经过的时间。

⑤PT（预设定时器）线圈会在指定的定时器中装载新的预设时间值。

⑥RT（预设定时器）线圈会复位指定的定时器。

对于 LAD 和 FBD，这些指令通过功能框指令或输出线圈的形式提供。用户程序中可以使用的定时器数仅受 CPU 存储器容量限制。每个定时器占用 16 字节的存储器空间。每个定时器都使用一个数据块（DB）来保存定时器数据。对于 LAD，STEP 7 会在插入指令时自动创建 DB。由于定时器数据位于单个 DB 中，且不需要为每个定时器使用单独的 DB，因此会缩短处理定时器的处理时间。定时器指令的符号及时序图见表 5-3-5。

表 5-3-5　定时器指令的符号及时序图

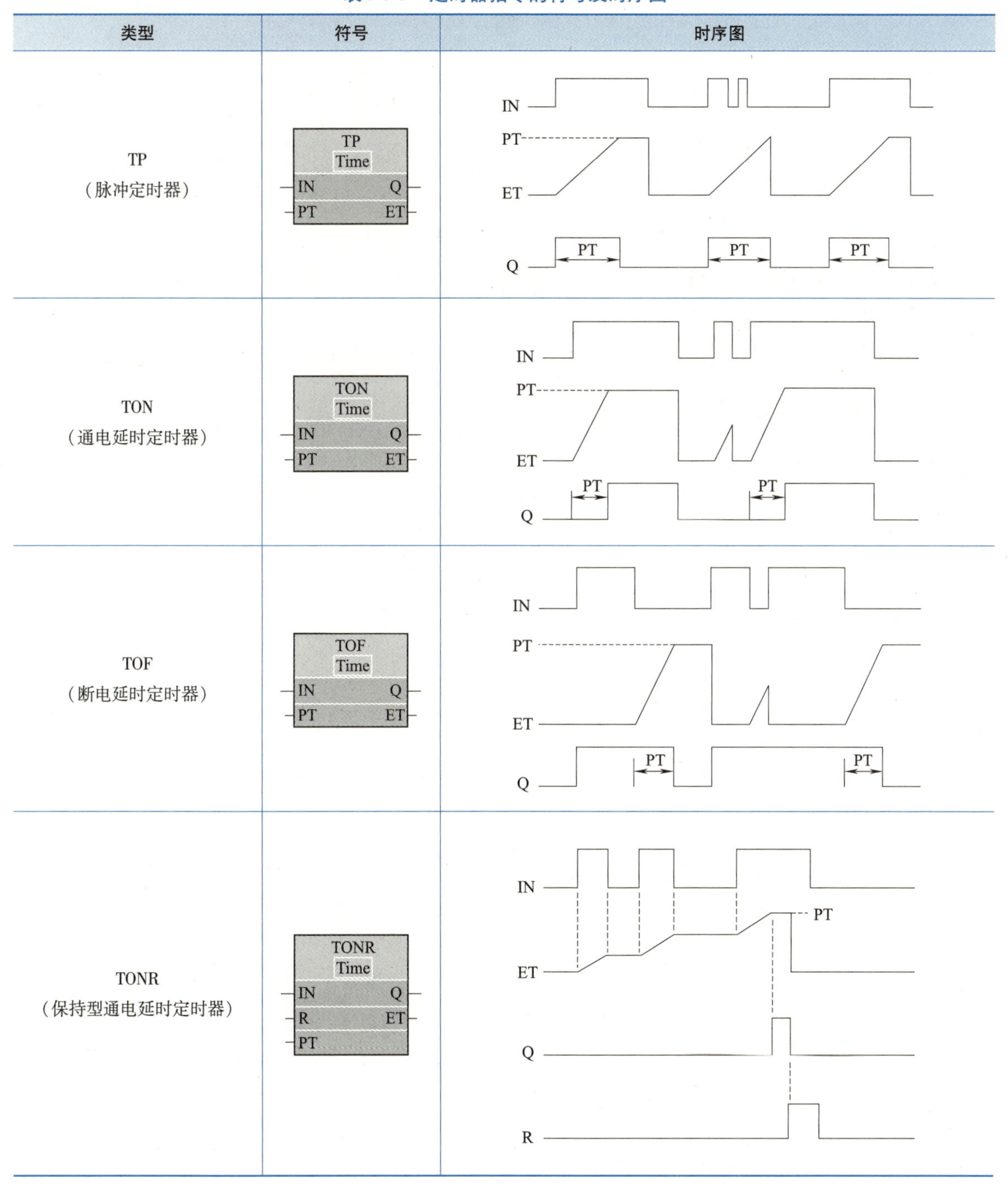

类型	符号	时序图
TP （脉冲定时器）	TP Time IN Q PT ET	IN, PT, ET, Q（PT, PT, PT）
TON （通电延时定时器）	TON Time IN Q PT ET	IN, PT, ET, Q（PT, PT）
TOF （断电延时定时器）	TOF Time IN Q PT ET	IN, PT, ET, Q（PT, PT）
TONR （保持型通电延时定时器）	TONR Time IN Q R ET PT	IN, PT, ET, Q, R

（2）指令编程应用。下面以 I0.0 带通电延时定时器 TON 延时 5 s 程序为例讲解其应用过程，编写如图 5-3-26 左侧所示程序，调用 TON 时同时跳出背景数据块（DB），如图 5-3-26 右侧所示。“调用选项”对话框中默认名称“IEC_Timer_0_DB”，可以修改名称为“T3”（这里的 T3 和 STEP 7 - Micro/WIN 中 T3 定时器是不同的），其时基是 1 ms。编号会根据已经用到的 DB 顺序定义，图中为 3，即用到 DB3。

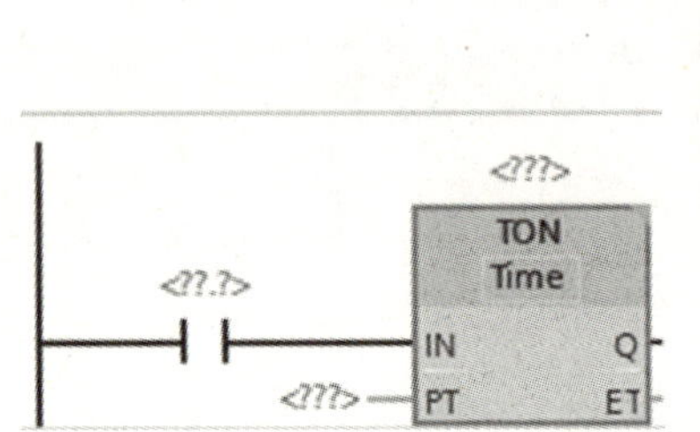

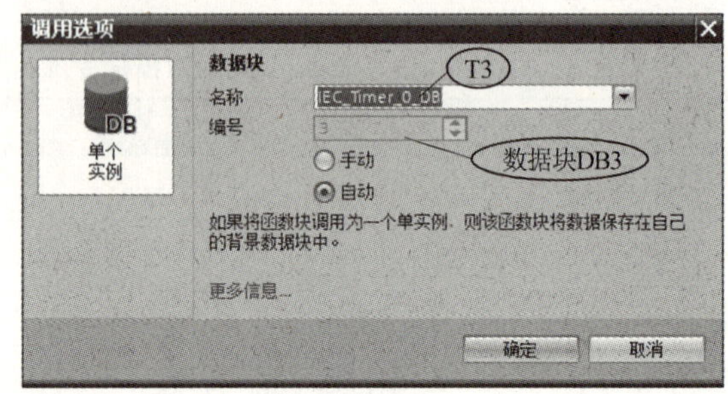

图 5-3-26　定时器指令 1

延时 5 s，PT 参数写入“T#5S”，Q 为定时器输出，可以直接写输出（与 S7-200 PLC 不同），如图 5-3-27左图所示，Q 输出也可以空着（见图 5-3-27 右图）。ET 参数显示定时器延时过程值，图 5-3-27 中 ET 输入 MD12，则 MD12 中存储延时时间值；也可以空着不填，DB3 数据块会分配对应的存储空间，编程时也可以调用 ET 过程值，如比较指令 “T3”.ET —| >= Time |— T#3000MS，表示 T3. ET > =3000ms 时接通。

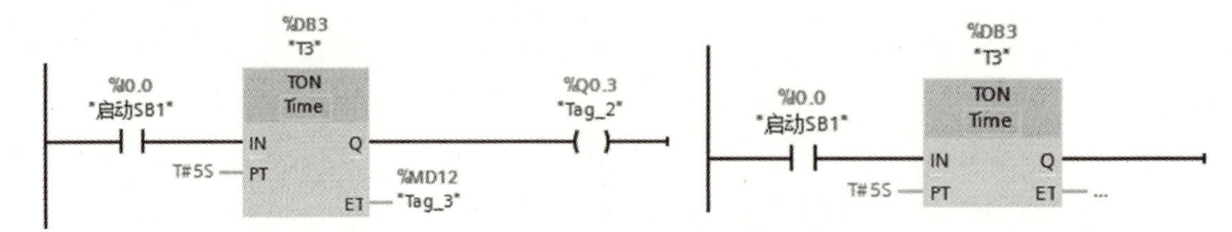

图 5-3-27　定时器指令 2

4. PLC 程序

（1）编写变量表。进入项目视图，在 PLC1 项目树下打开 PLC tags（变量表），编辑变量表如图 5-3-28 所示。

变量表_1

	名称	数据类型	地址	保持	可从 ...	从 H...	在 H...
1	启动SB1	Bool	%I0.0	☐	☑	☑	☑
2	停止SB2	Bool	%I0.1	☐	☑	☑	☑
3	热继保护FR1	Bool	%I0.2	☐	☑	☑	☑
4	热继保护FR2	Bool	%I0.3	☐	☑	☑	☑
5	电机1	Bool	%Q0.0	☐	☑	☑	☑
6	电机2	Bool	%Q0.1	☐	☑	☑	☑

图 5-3-28　PLC 变量表

（2）程序梯形图。编写好的程序梯形图如图 5-3-29 所示。

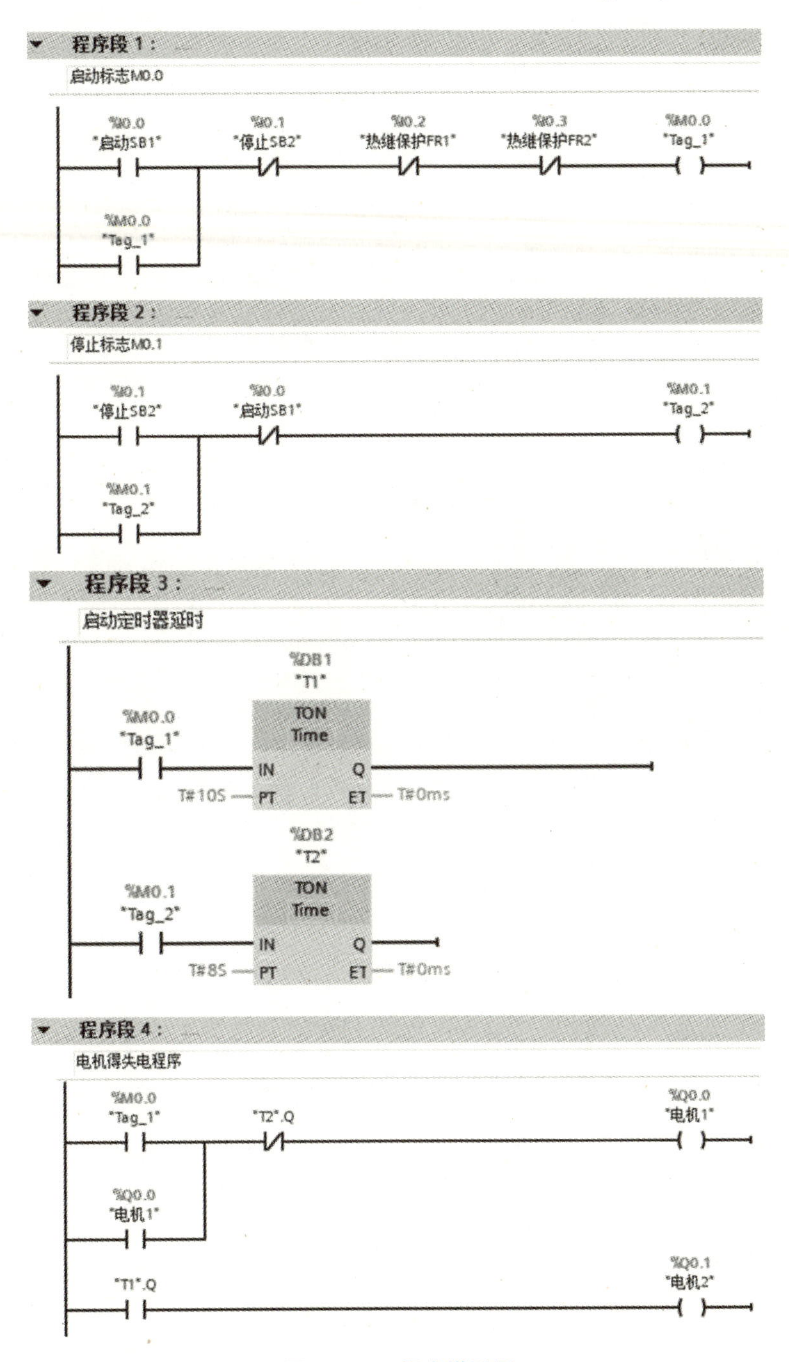

图 5-3-29　程序梯形图

注意： TIA 博途软件允许在一个程序段中输入多行，如上程序段 1 中编写了 M0.0 和 TON、TOF 两个定时器。

（3）各变量波形图。各变量波形图如图 5-3-30 所示。

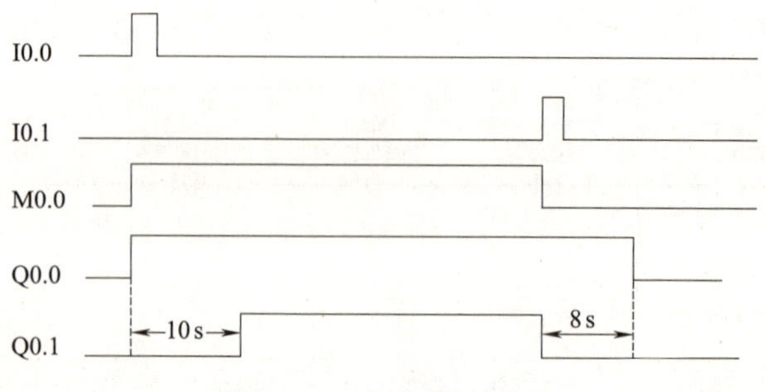

图 5-3-30　各变量波形图

本节习题

（1）S7-1200 系列 PLC 中单个点的置位指令为________，多个点的置位指令为________。

（2）S7-1200 系列 PLC 中 “OUT” RS（R、S1、Q）为________优先的位锁存指令。

（3）S7-1200 系列 PLC 中 “IN” —|P|— “M_BIT” 为________指令，“IN” —|N|— “M_BIT” 为________指令。

（4）计算机的网卡与 CPU 的以太网接口的 IP 地址应该在同一个子网内，即它们的 IP 地址中前 3 个字节的子网地址应完全相同。它们使用相同的子网掩码，一般为________：________：________：0。

（5）定时器指令 TON，反应定时开始后经过的时间是指令参数________，要延时 10 s 应该将参数 PT 设为________。

第 6 章　S7-1200 PLC 的项目实例

本章结合三个应用实例讲解 S7-1200 PLC 的硬件组态和软件编程技术。6.1 节讲解水塔水位的 PLC 控制，利用计数器模拟水位的递增过程；6.2 节讲解液体混料装置的 PLC 控制，在程序块中调用函数 FC；6.3 节模拟仿真全自动洗衣机的 PLC 控制过程。

6.1　水塔水位的 PLC 控制

学习目标

（1）掌握 PLC 的计数器指令并会灵活应用；

（2）掌握 PLC 的比较指令并会灵活应用；

（3）熟悉水塔水位控制过程并完成硬件电路设计；

（4）能够根据控制要求完成 PLC 程序编写。

6.1.1　项目介绍

视频

项目介绍

实现水塔水位控制系统的 PLC 控制，其系统结构图如图 6-1-1 所示，在控制系统中限位开关 SL1、SL2 和 SL3、SL4 是水塔和水箱的液位感知开关，由四个指示灯分别指示液位传感器的实时状态，Y 为水箱进水阀，M 为水塔上水的抽水水泵。

控制过程如下：

（1）按下启动按钮 SB1，当水箱上面的高液位传感器 SL3 无信号（SL3 开关向下）时，进水阀 Y 启动；同时利用计数器指令模拟水箱内的水量（计数器每隔 1 s 时间计数加 1，代表水量增加 1 mm），当水量高于或等于 10 mm 时，低液位传感器 SL4 得电有信号（手动拨动 SL4 开关使其向上）；当水量高于或等于 25 mm 时，高液位传感器 SL3 得电有信号（手动拨动 SL3 开关使其向上）。

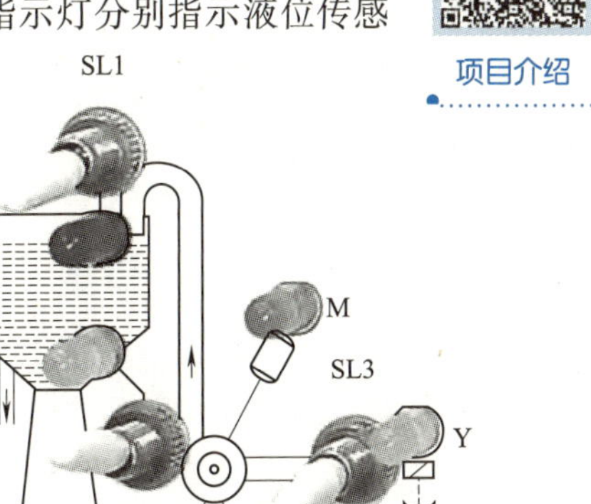

图 6-1-1　水塔水位控制系统结构图

（2）当水箱已满且水塔的高液位传感器 SL1 未动作（SL1 开关向下）时，水塔水泵 M 启动，开始向水塔蓄水；同时利用计数器指令模拟水塔内的水量，当水量高于或等于 10 mm 时，低液位传感器 SL2 得电有信号（手动拨动 SL2 开关使其向上）；当水量高于或等于 25 mm 时，高液位传感器 SL1 得电有信号

（手动拨动 SL1 开关使其向上）。当水位到达高液位传感器 SL1 时，水塔水泵 M 和水箱进水阀 Y 停止，蓄水结束。

（3）按下停止按钮 SB2，暂停上水过程；按下复位按钮 SB3，复位所有信号；重新按下启动按钮重复上述过程。

视 频

电气原理图设计

6.1.2 电气原理图设计

1. PLC 变量表

在“项目树”窗格中，依次单击“PLC_1［CPU 1214C DC/DC/DC］”→“PLC 变量”选项，然后在“PLC 变量表”中新建变量，见表 6-1-1，如果没有实物对象，在程序设计中建议将液位传感器关联中间位存储器 M，如水箱低液位的变量地址设为 M10.0。

表 6-1-1　PLC 变量表

输入端			
功能	地址	功能	地址
启动按钮 SB1	I0.0	水箱高液位传感器 SL3	I0.4（M10.1）
停止按钮 SB2	I0.1	水塔低液位传感器 SL2	I0.5（M10.2）
复位按钮 SB3	I0.2	水塔高液位传感器 SL1	I0.6（M10.3）
水箱低液位传感器 SL4	I0.3（M10.0）		—
输出端			
功能	地址	功能	内部地址
水箱进水阀 Y（水箱进水指示灯）	Q0.0	水塔水泵 M（水塔进水指示灯）	Q0.1
水箱低液位指示 L1	Q0.2	水塔低液位指示 L3	Q0.4
水箱高液位指示 L2	Q0.3	水塔高液位指示 L4	Q0.5
辅助变量			
水箱水位变化量	MD100	水塔水位变化量	MD104

2. 电气原理图

水塔水位控制的电气原理图如图 6-1-2 所示，液位传感器可用旋钮开关模拟，按照实物完成接线。

视 频

PLC程序设计

6.1.3 PLC 程序设计

在水塔水位控制过程中，如果没有实物对象，液位传感器的动作需要借助程序逻辑来实现，在此用每秒计数加 1 的计数器来模拟液位传感器的状态。计数值≥10，低液位传感器得电；计数值≥25，高液位传感器得电。首先介绍相关的编程指令。

1. 计数器

与 S7-200 的计数器指令类似，S7-1200 PLC 也可使用计数器指令对内部程序事件和外部过程事件进行计数：CTU 是加计数器，CTD 是减计数器，CTUD 是加减计数器。

用户在 STEP 7 编辑器中插入计数器指令时会分配相应的背景数据块。在图 6-1-3 中，“C1”、“C2”、“C3”是背景数据块“DB1”、“DB2”、“DB3”的名称。在功能块中放置计数器指令后，可以选择多重背景数据块选项，各数据结构的计数器结构名称可以不同，但计数器数据包含在单个数据块中，从而无须每个计数器都使用一个单独的数据块。

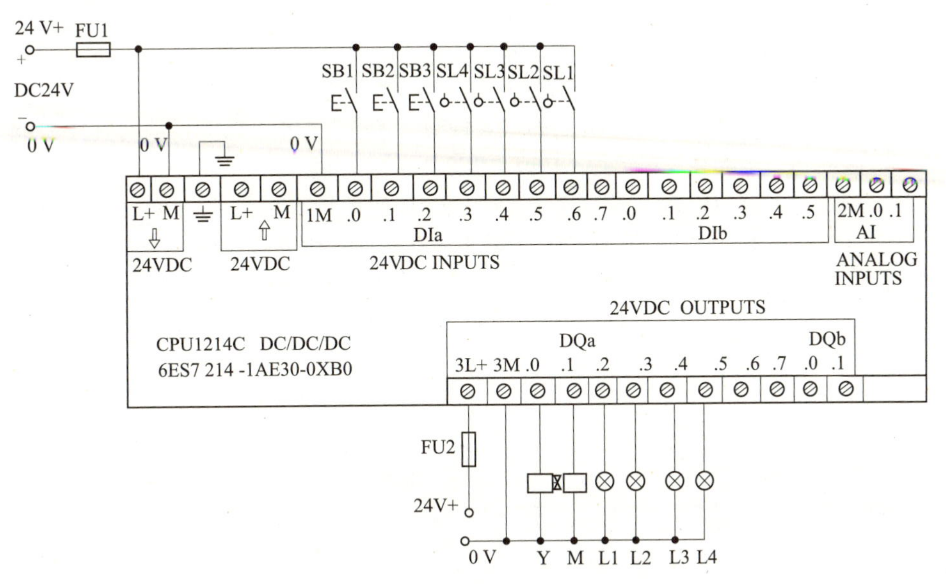

图 6-1-2　水塔水位控制的电气原理图

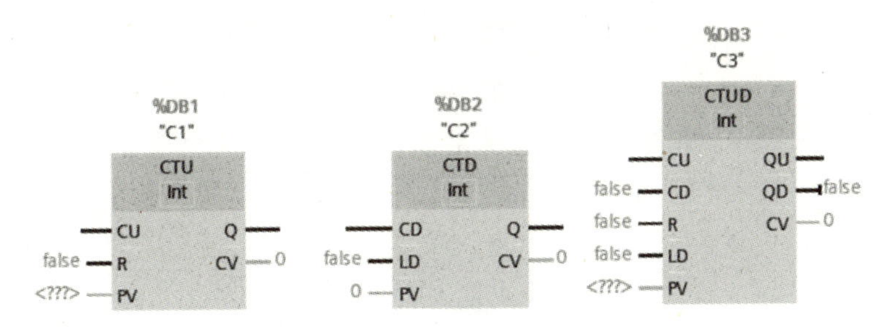

图 6-1-3　计数器的梯形图符号

各参数含义见表 6-1-2。

表 6-1-2　计数器参数含义

参数	数据类型	说明
CU、CD	Bool	加计数或减计数，按加或减 1 计数
R（CTU、CTUD）	Bool	将计数值重置为零
LOAD（CTD、CTUD）	Bool	预设值的装载控制
PV	SInt、Int、DInt、USInt、UInt、UDInt	预设计数值
Q、QU	Bool	CV ＞＝PV 时为真
QD	Bool	CV ＜＝0 时为真
CV	SInt、Int、DInt、USInt、UInt、UDInt	当前计数值

计数值的数值范围取决于所选的数据类型。如果计数值是无符号整型数，则可以减计数到零或加计数到范围限值。如果计数值是有符号整数，则可以减计数到负整数限值或加计数到正整数限值。

用户程序中可以使用的计数器数仅受 CPU 存储器容量限制。计数器占用以下存储器空间：

对于 SInt 或 USInt 数据类型，计数器指令占用 3 字节。

对于 Int 或 UInt 数据类型，计数器指令占用 6 字节。

对于 DInt 或 UDInt 数据类型，计数器指令占用 12 字节。

这些指令使用软件计数器。软件计数器的最大计数速率受其所在的 OB 的执行速率限制。指令所在的 OB 的执行速率必须足够高，以检测 CU 或 CD 输入的所有跳变。

（1）CTU 加计数：参数 CU 的值从 0 变为 1 时，CTU 使计数值加 1。如果参数 CV（当前计数值）的值大于或等于参数 PV（预设计数值）的值，则计数器输出参数 Q＝1。如果复位参数 R 的值从 0 变为 1，则当前计数值复位为 0。图 6-1-4 所示为计数值是无符号整数时的加计数器的梯形图和波形图（其中，PV＝3）。

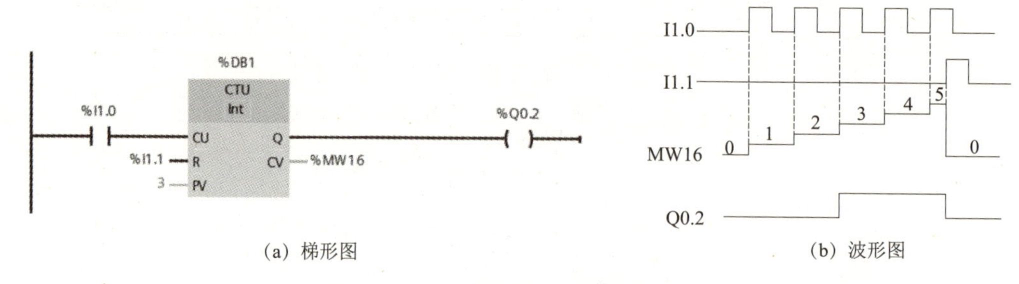

（a）梯形图　（b）波形图

图 6-1-4　加计数器的梯形图和波形图

（2）CTD 减计数：参数 CD 的值从 0 变为 1 时，CTD 使计数值减 1。如果参数 CV（当前计数值）的值等于或小于 0，则计数器输出参数 Q＝1。如果参数 LOAD 的值从 0 变为 1，则参数 PV（预设值）的值将作为新的 CV（当前计数值）装载到计数器。图 6-1-5 所示为计数值是无符号整数时的减计数器的梯形图和波形图（其中，PV＝3）。

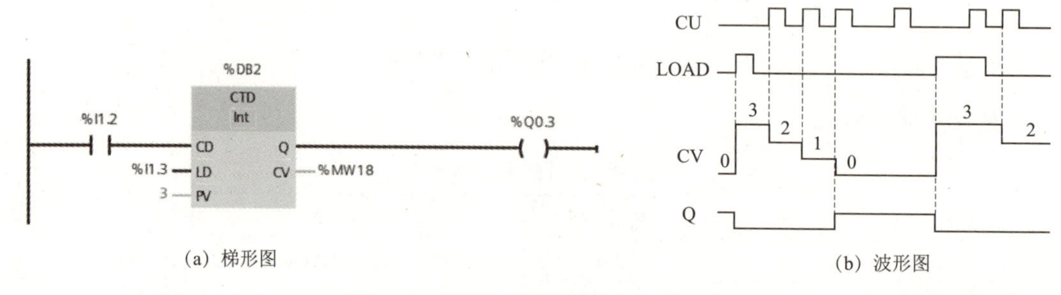

（a）梯形图　（b）波形图

图 6-1-5　减计数器的梯形图和波形图

（3）CTUD 加减计数：加计数（CU）或减计数（CD）输入的值从 0 跳变为 1 时，CTUD 会使计数值加 1 或减 1。如果参数 CV（当前计数值）的值大于或等于参数 PV（预设值）的值，则计数器输出参数 QU＝1。如果参数 CV 的值小于或等于零，则计数器输出参数 QD＝1。如果参数 LOAD 的值从 0 变为 1，则参数 PV（预设值）的值将作为新的 CV（当前计数值）装载到计数器。如果复位参数 R 的值从 0 变为 1，则当前计数值复位为 0。图 6-1-6 所示为计数值是无符号整数时加减计数器的梯形图和波形图（其中，PV＝4）。

2. 比较指令及其应用

使用比较指令可比较两个数据类型相同的值，其 LAD、FBD 和 SCL 等形式及指令说明见表 6-1-3。

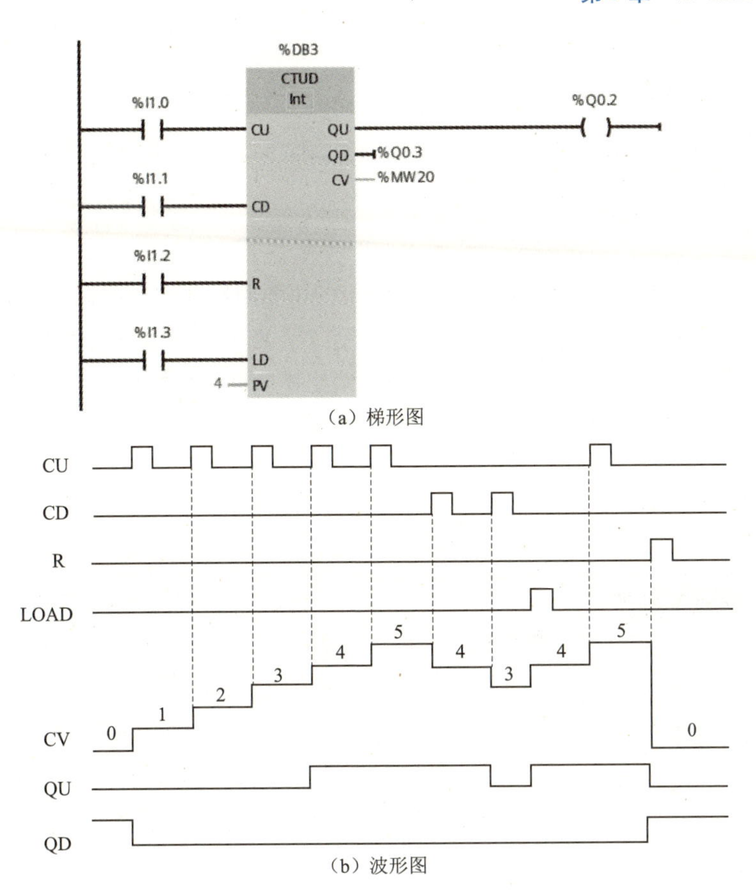

（a）梯形图

（b）波形图

图 6-1-6　加减计数器的梯形图和波形图

表 6-1-3　比较指令

LAD	FBD	SCL	指令说明
"IN1" == Byte "IN2"	== Byte "IN1"—IN1 "IN2"—IN2	OUT： = IN1 = IN2； or IF IN1 = IN2 THEN OUT： = 1；ELSE OUT： = 0； END_IF；	比较数据类型相同的两个值。该 LAD 触点比较结果为 TRUE 时，则该触点会被激活。如果该 FBD 功能框比较结果为 TRUE，则功能框输出为 TRUE

在程序编辑器中单击该指令后，可以从下拉菜单中选择比较类型和数据类型。比较指令类型说明见表 6-1-4。

表 6-1-4　比较指令类型说明

关系类型	满足以下条件时比较结果为真	参数	数据类型	说明
= =	IN1 等于 IN2	IN1，IN2	SInt，Int，DInt，USInt，UInt，UDInt，Real，LReal，String，Char，Time，DTL，Constant	要比较的值
< >	IN1 不等于 IN2			
> =	IN1 大于或等于 IN2			

续上表

关系类型	满足以下条件时比较结果为真	参数	数据类型	说明
< =	IN1 小于或等于 IN2			
>	IN1 大于 IN2			
<	IN1 小于 IN2			

例 6-1-1 利用 PLC 实现三相绕线转子电动机的串电阻降压启动控制，控制程序由三个定时器改为一个定时器＋比较指令来实现控制。动作流程如下：按下启动按钮 SB2，KM1 得电，电动机每相绕组串联三个电阻启动，3 s 后 KM2 得电，电动机绕组串联两个电阻运行，3 s 后 KM3 得电，电动机绕组串联一个电阻运行，3 s 后 KM4 得电，电动机不串电阻正常运行。按下停止按钮 SB1，电动机停止运行。

PLC 的 I/O 地址分配表见表 6-1-5。

表 6-1-5 PLC 的 I/O 地址分配表

输入点地址分配			输入出地址分配		
地址	说明	器件名称	地址	说明	器件名称
I0. 0	启动按钮	SB2	Q0. 0	电动机接触器 1	KM1
I0. 1	停止按钮	SB1	Q0. 1	去除电阻接触器 2	KM2
			Q0. 2	去除电阻接触器 3	KM3
			Q0. 3	去除电阻接触器 4	KM4

参考程序如图 6-1-7 所示。

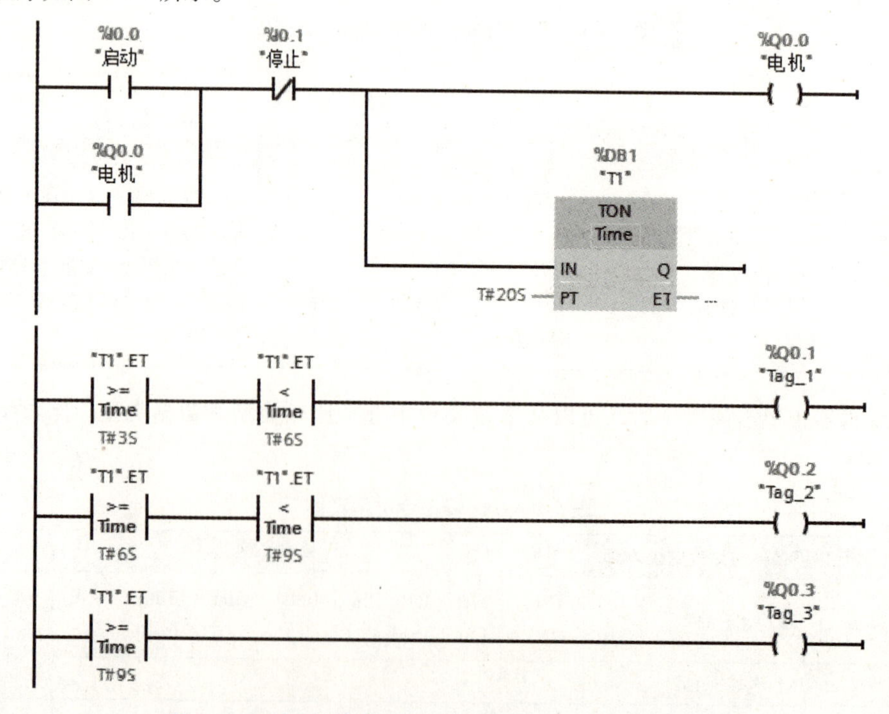

图 6-1-7 用比较指令实现三相绕线转子电动机启动控制

3. 移动指令 MOVE

使用移动指令 MOVE 可以将单个数据元素从参数 IN 指定的源地址复制到参数 OUT 指定的目标地址。MOVE 指令如图 6-1-8 所示。

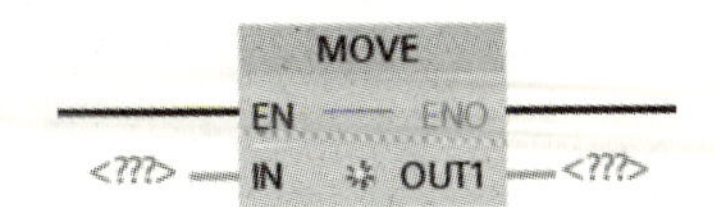

图 6-1-8 MOVE 指令

MOVE 指令的参数说明见表 6-1-6。

表 6-1-6 MOVE 指令的参数说明

参数	数据类型	存储区	说明
EN	Bool	I、Q、M、D、L 或常量	使能输入
ENO	Bool	I、Q、M、D、L	使能输出
IN	位字符串、整数、浮点数、定时器、日期时间、CHAR、WCHAR、STRUCT、ARRAY、IEC 数据类型、PLC 数据类型(UDT)	I、Q、M、D、L 或常量	源地址
OUT1	位字符串、整数、浮点数、定时器、日期时间、CHAR、WCHAR、STRUCT、ARRAY、IEC 数据类型、PLC 数据类型(UDT)	I、Q、M、D、L	目标地址

4. 水塔水位控制的 PLC 程序设计

水塔水位控制的 PLC 程序如图 6-1-9 所示。

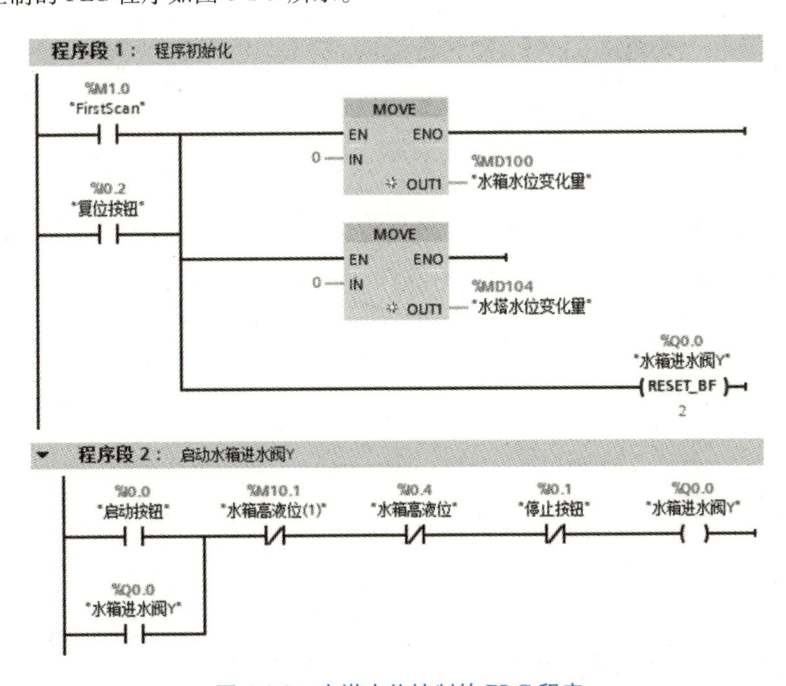

图 6-1-9 水塔水位控制的 PLC 程序

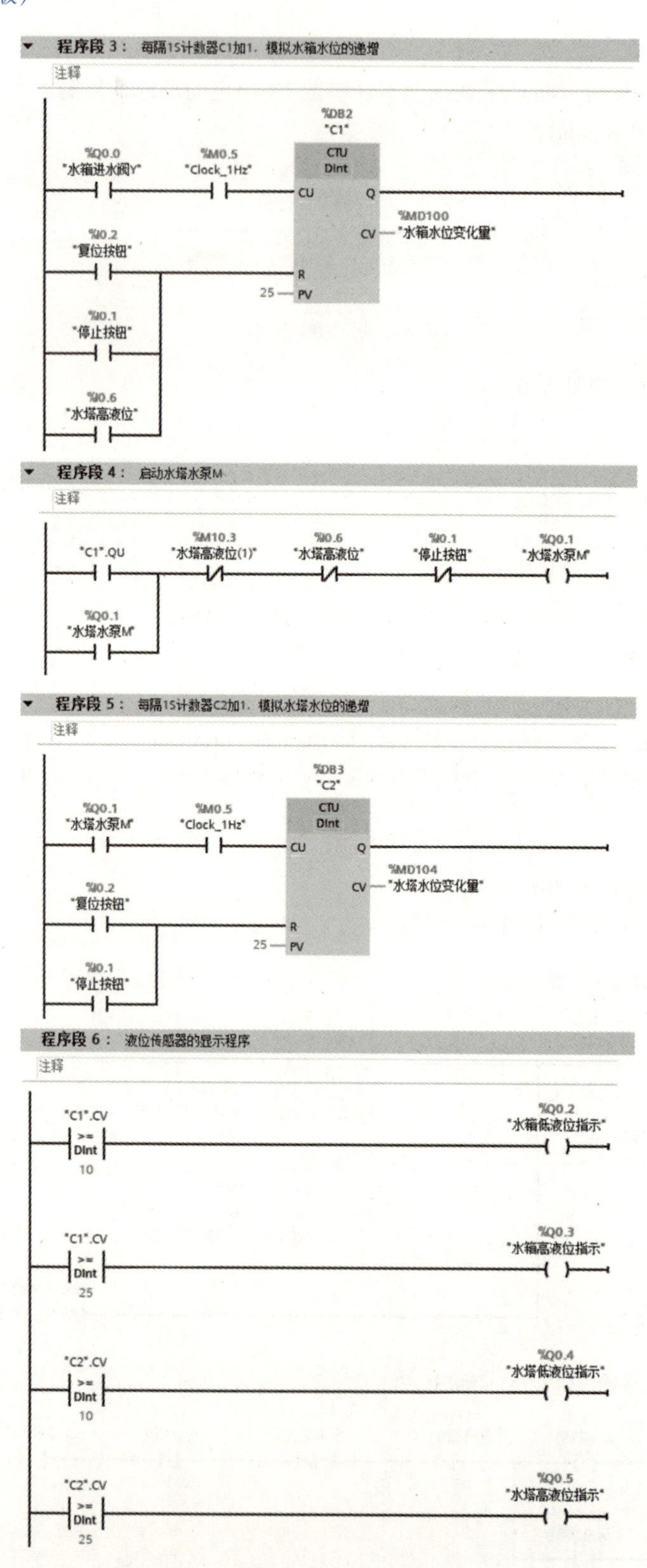

图 6-1-9　水塔水位控制的 PLC 程序（续）

6.1.4　水塔水位控制调试

根据控制要求制作的水塔水位实验电路板如图 6-1-10 所示，请扫描二维码查看调试过程。

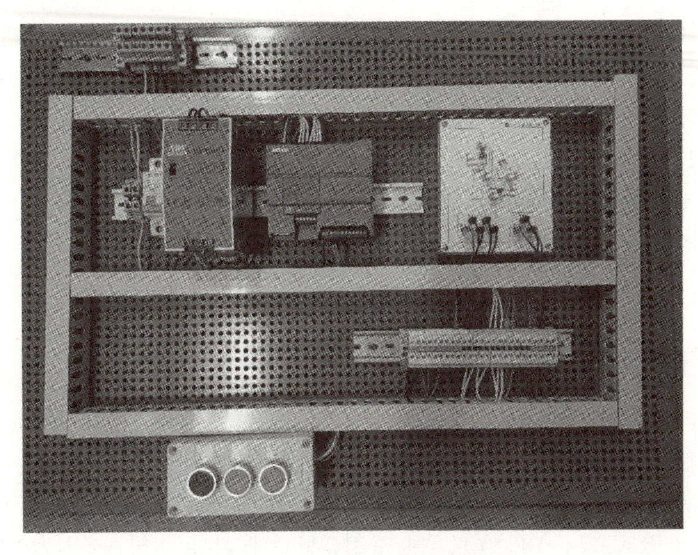

图 6-1-10　水塔水位控制实验板

调试步骤：

（1）外观检测：目测是否有明显的元器件损坏，并检查元器件安装是否牢固。

（2）断电检测：通电前，用万用表逐一排查、检测电路中是否短路、断路现象。

（3）通电检测：在确保没有短路、断路等现象后，方可给实验电路板上电。上电后需要检查电源供电是否正常。

（4）PLC 程序的软件下载和调试。

（5）实物调试。

本节习题

（1）S7-1200 PLC 可使用计数器指令对内部程序事件和外部过程事件进行计数：CTU 是________计数器，CTD 是________计数器，CTUD 是________计数器。

（2）CTU 计数器参数 CV（当前计数值）的值大于或等于参数 PV（预设计数值）的值，则计数器输出参数 Q =________。

（3）CTD 计数器参数 CV（当前计数值）的值等于或小于 0，则计数器输出参数 Q =________。

（4）比较指令 "T1".ET ─| >= Time |─ T#3S 当 T1 ________ 3 s 时，该触点会被激活。

（5）移动指令 MOVE（EN、ENO；IN：25；OUT1：%MD100 "水箱水位变化量"）的作用是将________传送给 MD100。

6.2　液体混料装置的 PLC 控制

学习目标

（1）掌握 MAIN 程序和函数 FC 的用法；
（2）掌握设备手动控制和自动控制的编程方法；
（3）掌握流程图的编写方法；
（4）具备根据电路图实施实物接线的能力；
（5）具备复杂程序的编程和调试能力。

视频

项目介绍

6.2.1　项目介绍

图 6-2-1 所示为三种液体混合的装置结构示意图。SL1、SL2、SL3 为液位传感器的模拟开关，向上拨动开关时接通对应指示灯，代表达到相应液位；ST 为温度传感器的模拟开关，向上拨动开关时接通对应指示灯，代表达到相应温度；三种液体（液体 A、B、C）的流入和混合液体流出分别由电磁阀 Y1、Y2、Y3、Y4 控制；M 为搅拌电动机；EH 为给混合液体加热的电炉。具体控制要求如下：

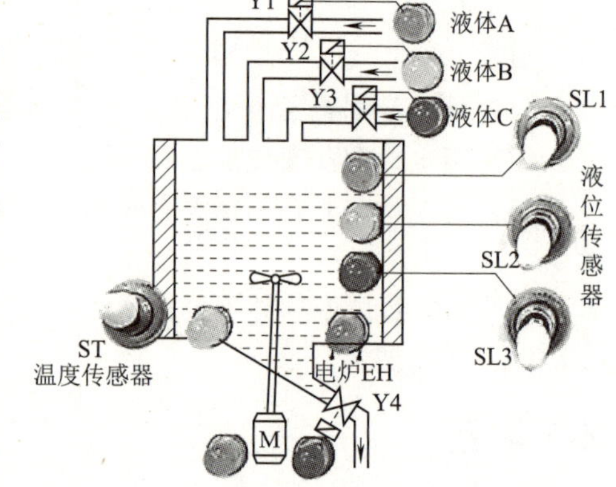

图 6-2-1　三种液体混合的装置结构示意图

手动控制：将旋钮开关打到“手动”状态，启用手动控制功能。按下手动“A 加料”按钮，阀门 Y1 打开，液体 A 流入混料罐；按下手动“B 加料”按钮，阀门 Y2 打开，液体 B 流入混料罐；按下手动“C 加料”按钮，阀门 Y3 打开，液体 C 流入混料罐；按下手动“搅拌”按钮，搅拌电动机 M 得电，液体开始搅拌；按下手动“卸料”按钮，则阀门 Y4 打开，液体流出；按下“加热”按钮，电炉 EH 工作给混合液体加热。

自动控制：将旋钮开关打到“自动”状态，启用自动控制功能。按下启动按钮 SB1，装置开始按流程工作，液体 A 阀门 Y1 打开，液体 A 流入混料罐，当液面到达 SL3 时，关闭液体 A 阀门 Y1，打开液体 B 阀门 Y2；当液面到达 SL2 时，关闭液体 B 阀门 Y2，打开液体 C 阀门 Y3；当液面到达 SL1 时，关闭液体 C 阀门，搅拌电动机 M 开始转动；搅拌电动机工作 10 s 后，停止搅动，电炉 EH 工作给混合液体加热；当混合液体温度传感器检测到信号时，EH 停止工作，阀门 Y4 打开，开始放出混合液体。当液面下降到 SL3，即向下拨动 SL3 使其由接通变为断开之后，经过 5 s 后混料罐放空，阀门 Y4 关闭，接着开始下一个循环操作。

其他要求：按下暂停按钮后，所有工作暂停，松开后按下相应按钮加料，混料继续进行；按下复位按钮后，系统停止在初始状态；在控制过程中，实时显示混料罐的液位状态。

通过对控制过程进行分析，可以得到如图 6-2-2 所示的流程图。

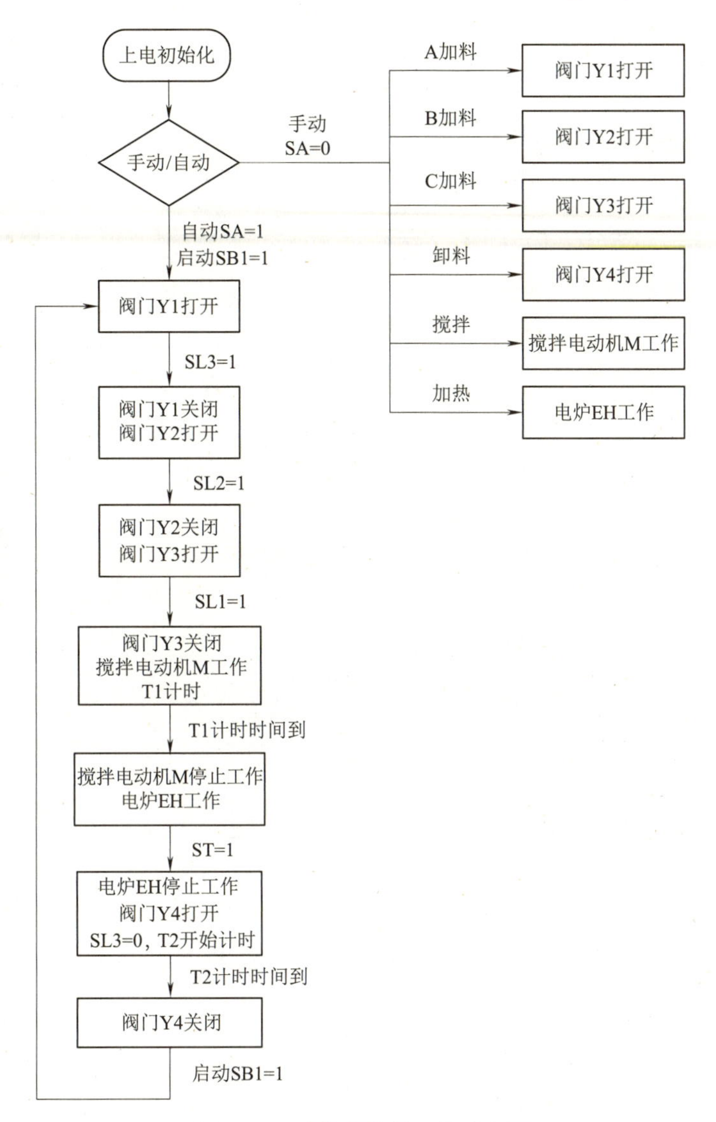

图 6-2-2　液体混合的工作流程图

6.2.2　电气原理图设计

1. PLC 变量表

在“项目树”窗格中，依次单击“PLC_1 ［CPU 1214C DC/DC/DC］”→“PLC 变量”选项，然后在“PLC 变量表”中新建变量，见表 6-2-1，如果没有实物对象，在程序设计中可以将液位传感器关联中间位存储器 M，如液位传感器 SL1 的变量地址设为 M10.0。

表 6-2-1　PLC 变量表

输入端			
功能	地址	功能	地址
手自切换开关 SA	I0.0	液位传感器 SL1	I0.4（M10.0）

续上表

输入端			
功能	地址	功能	地址
自动启动按钮 SB1	I0. 1	液位传感器 SL2	I0. 5（M10. 1）
暂停按钮 SB2	I0. 2	液位传感器 SL3	I0. 6（M10. 2）
复位按钮 SB3	I0. 3	温度传感器 ST	I0. 7（M10. 3）
手动 A 加料按钮 SB4	I1. 0	手动搅拌按钮 SB7	I1. 3
手动 B 加料按钮 SB5	I1. 1	手动卸料按钮 SB8	I1. 4
手动 C 加料按钮 SB6	I1. 2	手动加热按钮 SB9	I1. 5
输出端			
功能	地址	功能	地址
A 加料阀 Y1	Q0. 0	搅拌电动机 M	Q0. 4
B 加料阀 Y2	Q0. 1	加热电炉 EH	Q0. 5
C 加料阀 Y3	Q0. 2	工作状态指示灯 L1	Q0. 6
卸料阀 Y4	Q0. 3		
辅助变量			
混料罐液位状态	MD100	中间变量	M2. 1

2. 电气原理图

三种液体混合装置的电气原理图如图 6-2-3 所示，液位传感器按照实物实际接线。

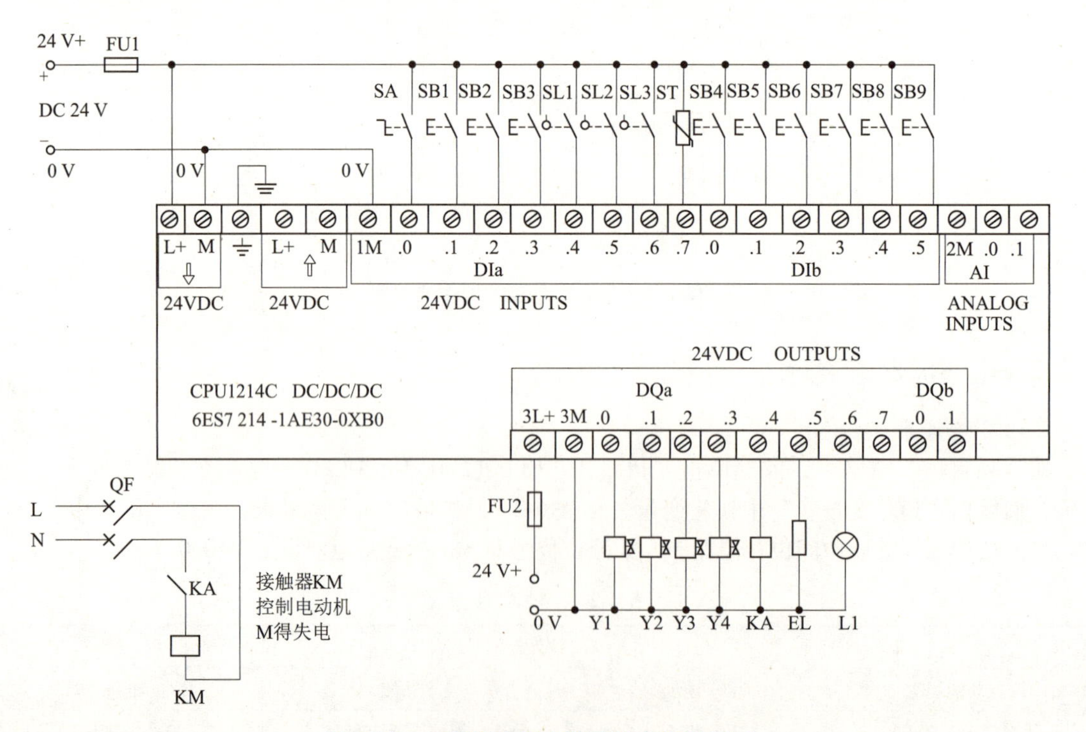

图 6-2-3　三种液体混合装置的电气原理图

6. 2. 3　PLC 程序设计

本项目由手动控制和自动控制两部分组成，可以利用函数块（FC）分别编写手动程序和自动程序，单击“添加新块”选项，并选择 FC 函数块，给块命名为“手动控制”和“自动控制”，其程序结构如图 6-2-4 所示。

图 6-2-4　三种液体混合的程序结构

1. 主程序（见图 6-2-5）

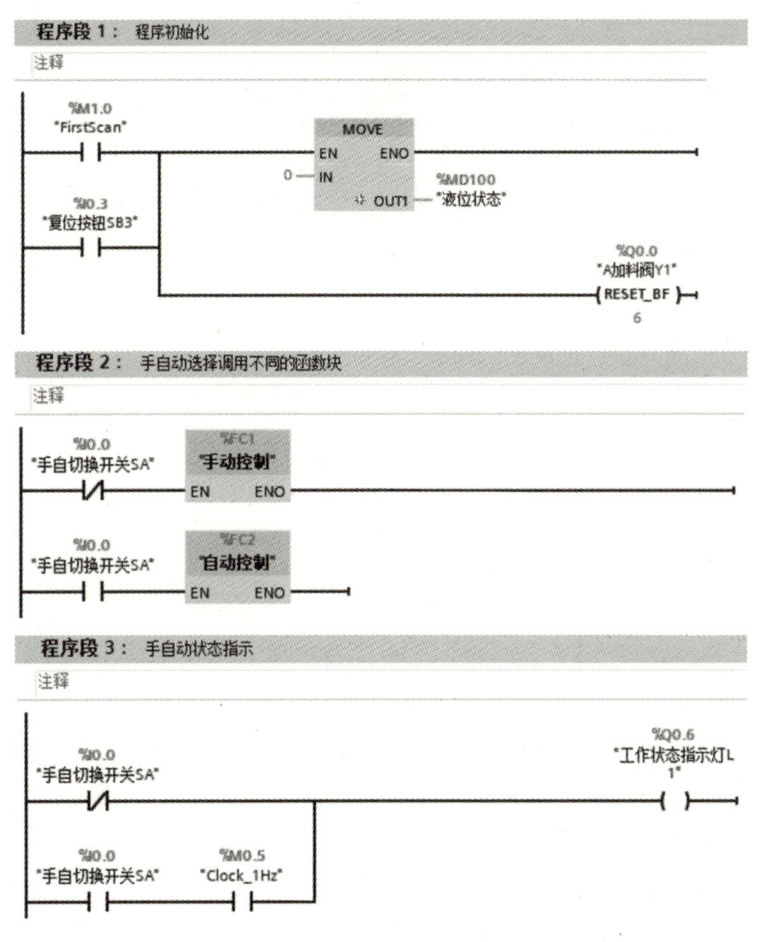

图 6-2-5　主程序

2. 手动控制程序（见图 6-2-6）

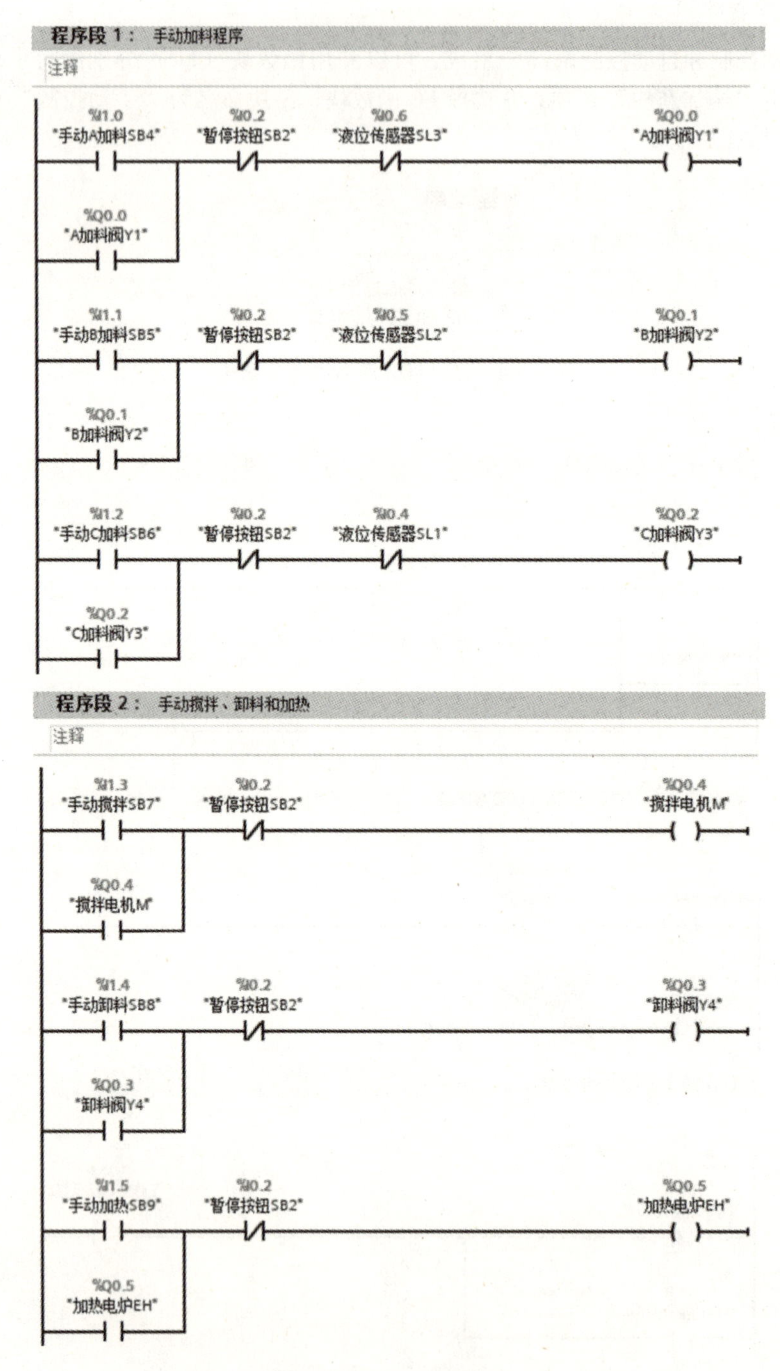

图 6-2-6　手动控制程序

3. 自动控制程序（见图 6-2-7）

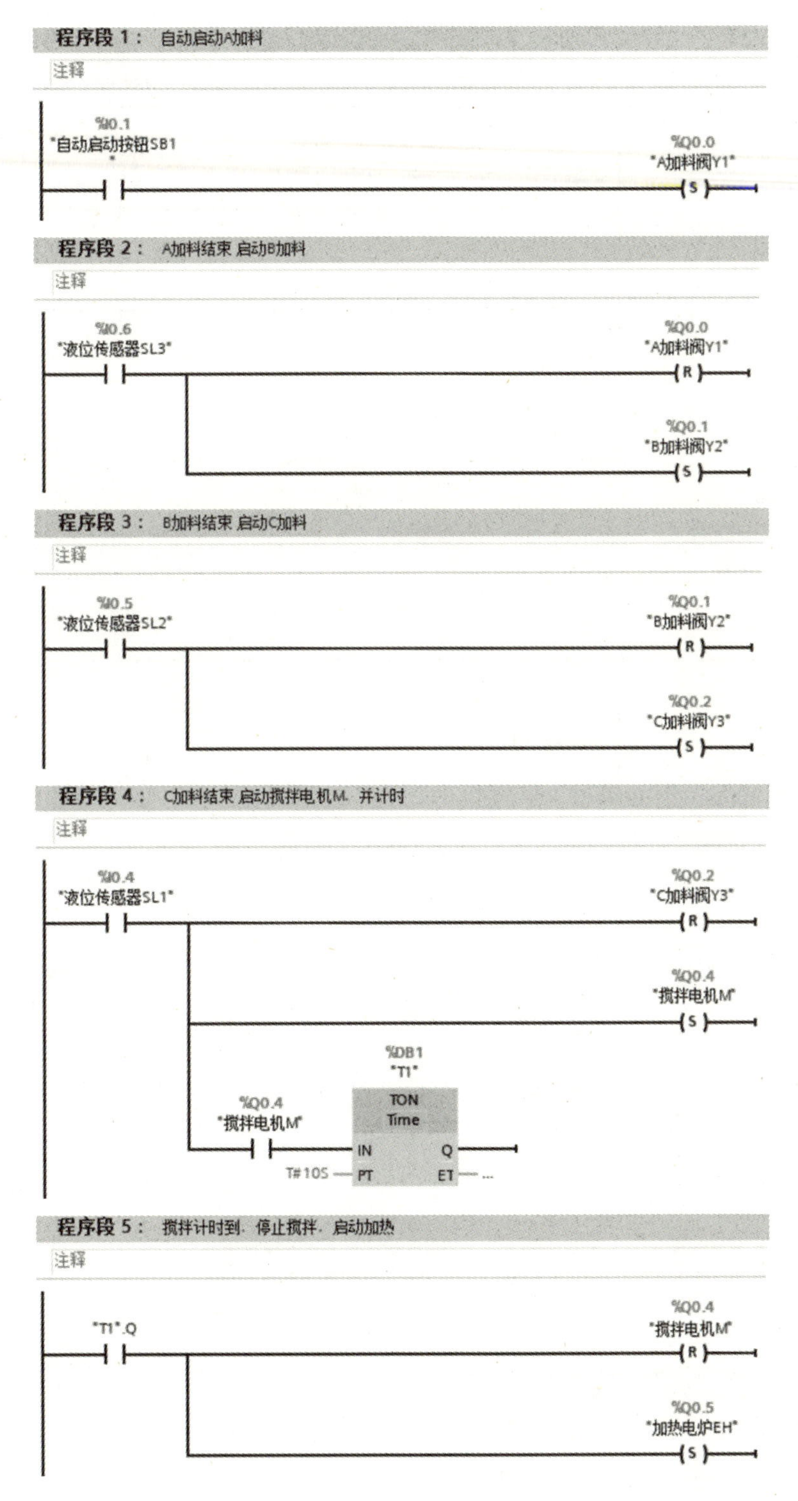

图 6-2-7　自动控制程序

程序段 6： 加热温度到，停止加热，启动卸料，液位低于SL3开始计时

注释

%I0.7
"温度传感器ST"

%Q0.5
"加热电炉EH"
R

%Q0.3
"卸料阀Y4"
S

%Q0.3
"卸料阀Y4"

%I0.6
"液位传感器SL3"

%M2.1
"Tag_3"
S

%DB2
"T2"
TON
Time

%M2.1
"Tag_3"

IN Q
T#5S — PT ET — ...

程序段 7： T2计时到，再次自动启动后又开始加料

注释

"T2".Q

%M2.1
"Tag_3"
R

%I0.1
"自动启动按钮SB1
"

%Q0.0
"A加料阀Y1"
S

程序段 8： 液位状态模拟

注释

%I0.6
"液位传感器SL3"

MOVE
EN ENO
30 — IN
OUT1 — %MD100
"液位状态"

%I0.5
"液位传感器SL2"

%I0.6
"液位传感器SL3"

MOVE
EN ENO
60 — IN
OUT1 — %MD100
"液位状态"

%I0.4
"液位传感器SL1"

%I0.5
"液位传感器SL2"

%I0.6
"液位传感器SL3"

MOVE
EN ENO
90 — IN
OUT1 — %MD100
"液位状态"

"T2".Q

MOVE
EN ENO
0 — IN
OUT1 — %MD100
"液位状态"

图 6-2-7 自动控制程序（续）

6.2.4　液体混料控制调试

视　频

液体混料控制调试

根据控制要求制作的液体混料控制实验板如图 6-2-8 所示，请扫描二维码查看调试过程。

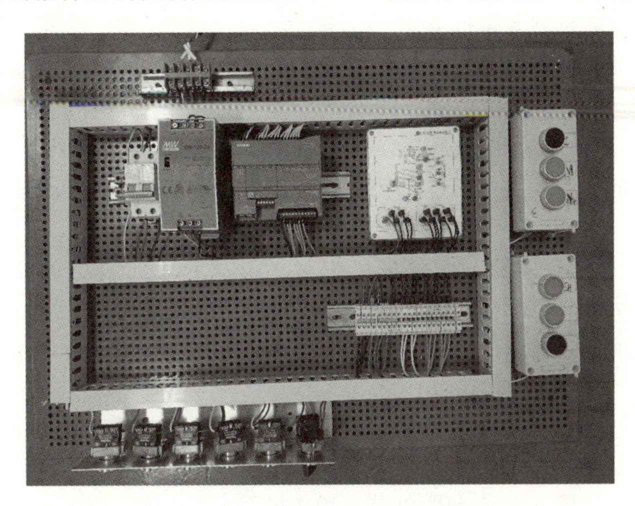

图 6-2-8　液体混料控制实验板

本节习题

(1) 本节案例中，用到的程序代码块有主程序 OB1、________和________。

(2) 本节案例中，共用到________个输入点，________个输出点。

(3) 本节案例中，SA1 得电时调用________函数块。

(4) 在自动控制程序中，按下 SB1 则 Q0.0 为________。

(5) 在自动控制程序中，仅 SL3 得电时 MD100 的值为________。

6.3　全自动洗衣机的 PLC 控制

学习目标

(1) 掌握 MAIN 程序和函数 FC 的用法；

(2) 掌握设备手动控制和自动控制的编程方法；

(3) 具备根据电路图实施实物接线的能力；

(4) 具备复杂程序的编程和调试能力。

6.3.1　项目介绍

视　频

项目介绍

全自动洗衣机的控制要求有手动和自动两种控制方式。

1. 手动控制时控制要求

(1) 按下按钮 SB1，进水电磁阀 YV1 工作，对应指示灯 L1 亮；

（2）按下按钮 SB5，排水电磁阀 YV2 工作，对应指示灯 L2 亮；

（3）按下按钮 SB2，甩干桶中继 KA3 工作，对应指示灯 L5 亮；

（4）按下按钮 SB3，搅轮正搅拌中继 KA1 工作，对应指示灯 L3 亮；

（5）按下按钮 SB4，蜂鸣器指示灯 B 亮。

2. 自动控制时控制要求

（1）按下启动按钮 SB1，进水电磁阀 YV1 工作，对应指示灯 L1 亮；

（2）按下上限按钮 SB3，进水电磁阀 YV1 停止工作，对应指示灯 L1 灭；

（3）洗涤过程：搅轮正反搅拌各五次，正反搅拌中继 KA1、KA2 轮流工作，对应指示灯 L3、L4 轮流亮灭；

（4）排水过程：正反搅拌结束后，排水电磁阀 YV2 工作，对应指示灯 L2 亮，按下下限按钮 SB4，排水电磁阀 YV2 停止工作，对应指示灯 L2 灭；

（5）甩干过程：甩干桶中继 KA3 工作，对应指示灯 L5 亮，5 s 后 KA3 和 L5 停止工作；

（6）循环：进水电磁阀 YV1 工作，对应指示灯 L1 亮，再重复两次（2）~（5）的过程；

（7）洗涤完成：蜂鸣器指示灯 B 亮 5 s 后灭，整个洗涤过程结束。

说明：

（1）操作过程中，按下停止按钮 SB2 可结束动作过程；

（2）手动排水按钮 SB5 是独立操作的，按下 SB5 后，必须按下下限按钮 SB4。

全自动洗衣机模拟实物图如图 6-3-1 所示。

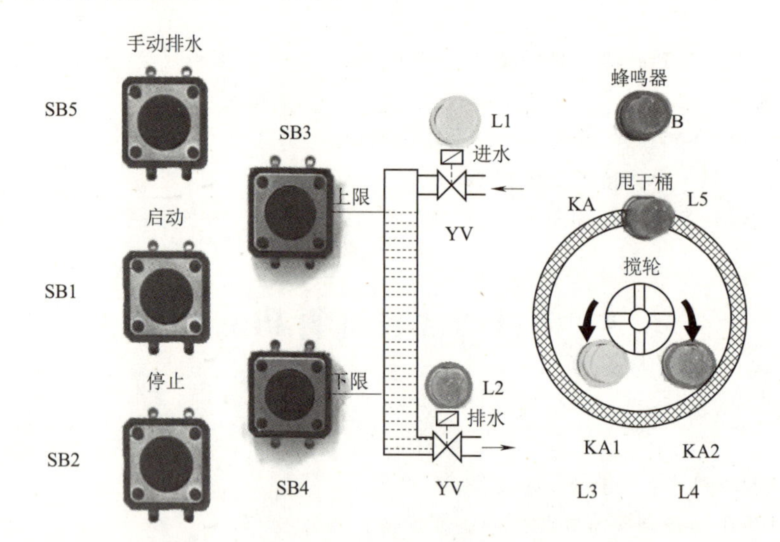

图 6-3-1 全自动洗衣机实物图

6.3.2 电气原理图设计

1. PLC 变量表

本项目要用到 6 个输入点和 6 个输出点。PLC 变量表见表 6-3-1。

表 6-3-1　PLC 变量表

输入端		输出端	
名称	地址	名称	地址
启动按钮 SB1	I0. 0	进水电磁阀 YV1（指示灯 L1）	Q0. 0
停止按钮 SB2	I0. 1	排水电磁阀 YV2（指示灯 L2）	Q0. 1
上限按钮 SB3	I0. 2	正搅拌中继 KA1（指示灯 L3）	Q0. 2
下限按钮 SB4	I0. 3	反搅拌中继 KA2（指示灯 L4）	Q0. 3
手动排水按钮 SB5	I0. 4	甩干桶中继 KA3（指示灯 L5）	Q0. 4
手自动选择开关 SA1	I0. 5	蜂鸣器指示灯 B	Q0. 5

2. 电气原理图

全自动洗衣机电气原理图如图 6-3-2 所示。如仅模拟洗衣机的运行过程，可不考虑右下角由额定电压 DC 24 V 中继 KA 到额定电压 AC 220 V 的接触器 KM 的过渡电路。

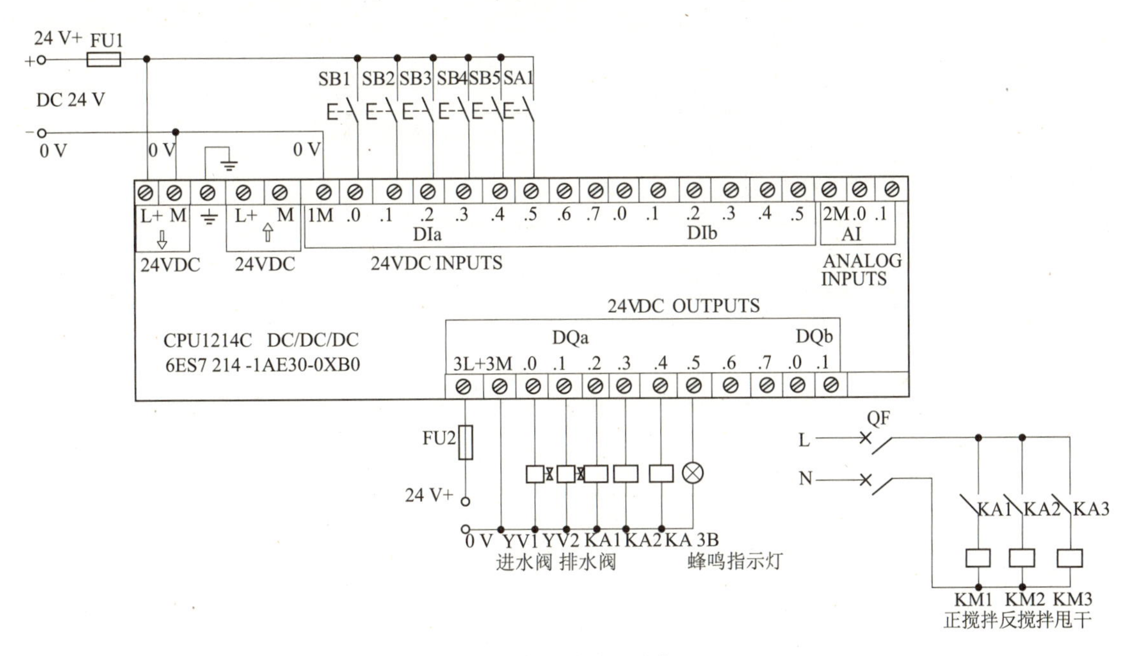

图 6-3-2　全自动洗衣机电气原理图

6. 3. 3　PLC 程序设计

图 6-3-3　全自动洗衣机的程序结构

本程序由主程序、手动控制子程序和自动控制子程序三部分组成。利用函数块（FB）分别编写手动控制子程序和自动控制子程序，单击“添加新块”选项，并选择 FB 函数块，给块命名为“手动控制”和“自动控制”，添加 FB 函数块时会自动分配对应的 DB 背景数据块，其程序结构如图 6-3-3 所示。

1. 主程序（见图 6-3-4）

程序段 1： 调用函数块
注释
%DB9
"手动控制_DB"
%I0.5
"手自动选择开关SA1"
%FB1
"手动控制"
EN ENO
%DB8
"自动控制_DB"
%I0.5
"手自动选择开关SA1"
%FB2
"自动控制"
EN ENO

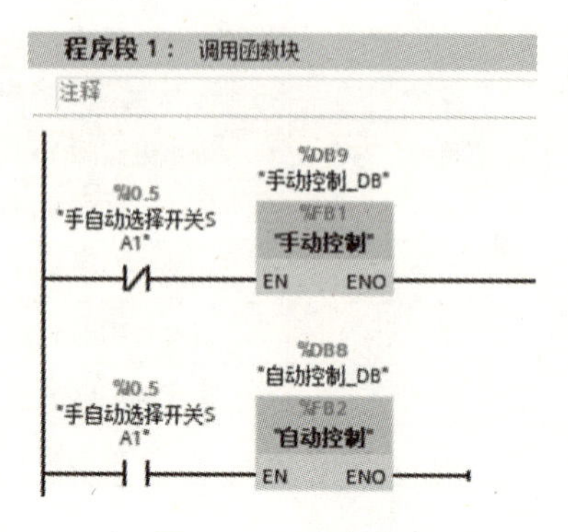

图 6-3-4　主程序

2. 手动控制子程序（见图 6-3-5）

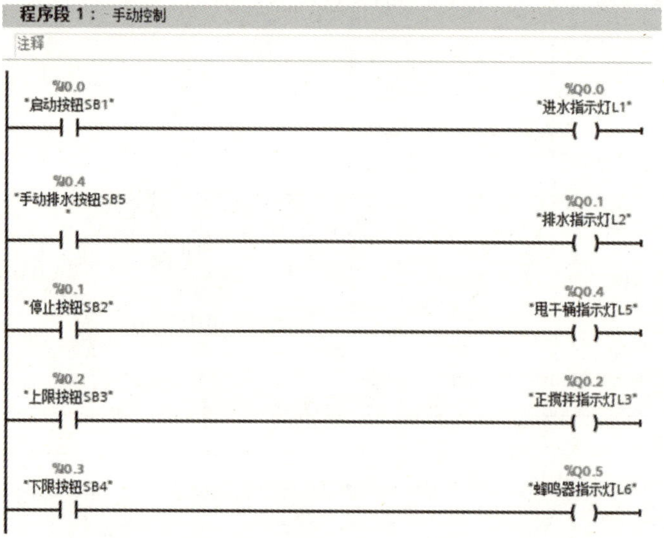

程序段 1： 手动控制
注释
%I0.0
"启动按钮SB1"
%Q0.0
"进水指示灯L1"
%I0.4
"手动排水按钮SB5"
%Q0.1
"排水指示灯L2"
%I0.1
"停止按钮SB2"
%Q0.4
"甩干桶指示灯L5"
%I0.2
"上限按钮SB3"
%Q0.2
"正搅拌指示灯L3"
%I0.3
"下限按钮SB4"
%Q0.5
"蜂鸣器指示灯L6"

图 6-3-5　手动控制程序

3. 自动控制子程序（见图 6-3-6）

程序段 1： 上电、停止复位
注释
%M1.0
"FirstScan"
%M10.0
"Tag_1"
RESET_BF
5
%I0.1
"停止按钮SB2"
%Q0.0
"进水指示灯L1"
R
"C1".QU
R
"C3".QU
R

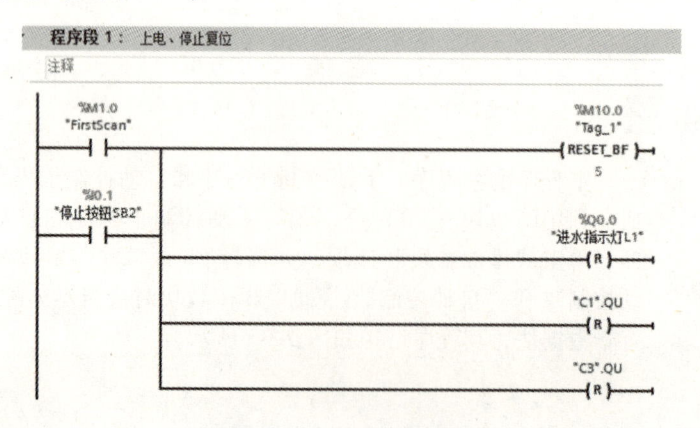

图 6-3-6　自动控制程序

程序段 2：启动

注释

%I0.0 "启动按钮SB1"　%M10.0 "Tag_1" (S)

程序段 3：进水控制

注释

%M10.0 "Tag_1"　%Q0.0 "进水指示灯L1" (S)

%I0.2 "上限按钮SB3"　%Q0.0 "进水指示灯L1" (R)

%M10.0 "Tag_1" (R)

%M10.1 "Tag_3" (S)

程序段 4：洗涤

注释

%DB2 "T1"

%M10.1 "Tag_3"　%M40.0 "Tag_9"　"C1".QU　TON Time　IN Q　T#6s — PT　ET — %MD300 "Tag_10"　%M40.0 "Tag_9" ( )

"T1".ET > Time T#0S　"T1".ET <= Time T#3S　%Q0.2 "正搅拌指示灯L3" ( )

"T1".ET > Time T#3S　"T1".ET <= Time T#6S　%Q0.3 "反搅拌指示灯L4" ( )

%DB3 "C1"

%M40.0 "Tag_9"　CTU Int　CU Q　%M10.2 "Tag_4" — R　CV — %MW100 "Tag_13"　5 — PV

"C1".QU　%M10.1 "Tag_3" (R)

%M10.2 "Tag_4" (S)

图 6-3-6　自动控制程序（续 1）

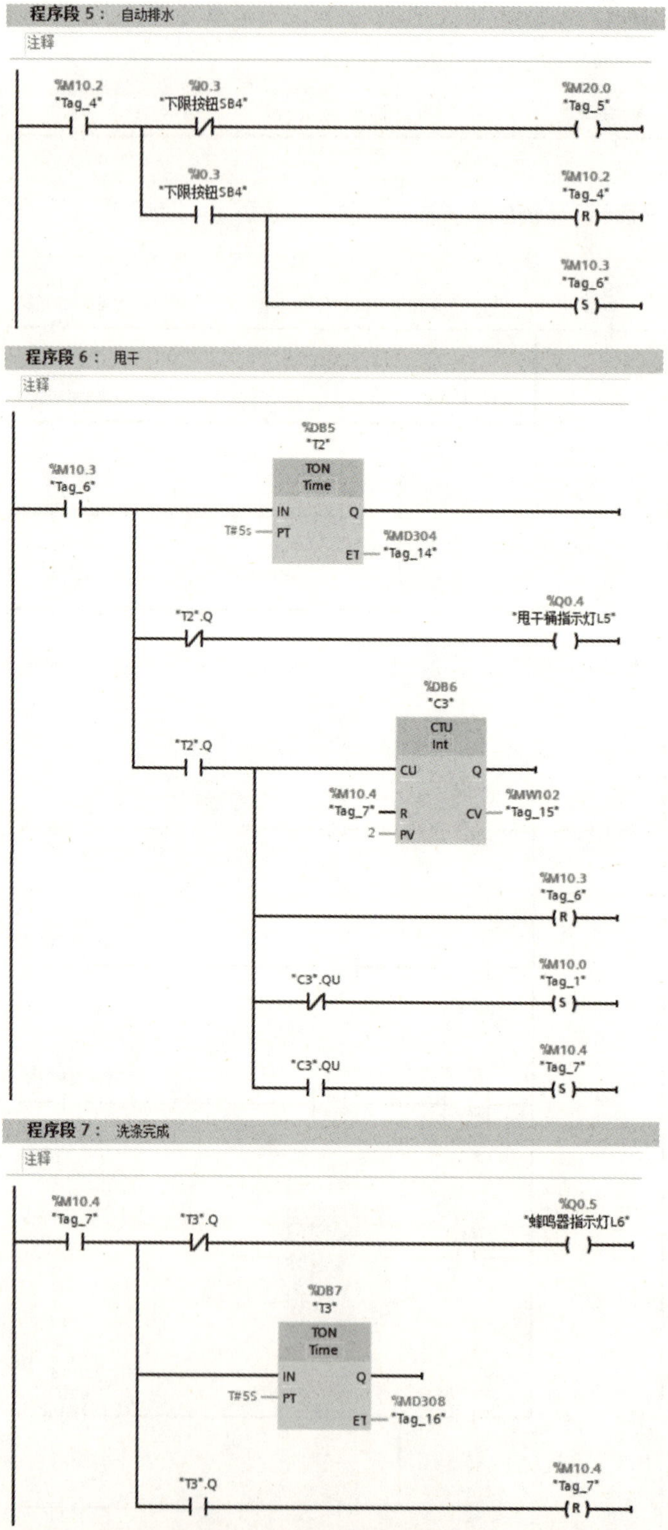

程序段 5： 自动排水

注释

%M10.2 "Tag_4"
%I0.3 "下限按钮SB4"
%M20.0 "Tag_5"
%I0.3 "下限按钮SB4"
%M10.2 "Tag_4"
R
%M10.3 "Tag_6"
S

程序段 6： 甩干

注释

%DB5 "T2"
TON Time
%M10.3 "Tag_6"
IN Q
T#5s PT
ET %MD304 "Tag_14"
"T2".Q
%Q0.4 "甩干桶指示灯L5"
%DB6 "C3"
CTU Int
"T2".Q
CU Q
%M10.4 "Tag_7" R
CV %MW102 "Tag_15"
2 PV
%M10.3 "Tag_6"
R
"C3".QU
%M10.0 "Tag_1"
S
"C3".QU
%M10.4 "Tag_7"
S

程序段 7： 洗涤完成

注释

%M10.4 "Tag_7"
"T3".Q
%Q0.5 "蜂鸣器指示灯L6"
%DB7 "T3"
TON Time
IN Q
T#5S PT
ET %MD308 "Tag_16"
"T3".Q
%M10.4 "Tag_7"
R

图 6-3-6 自动控制程序（续 2）

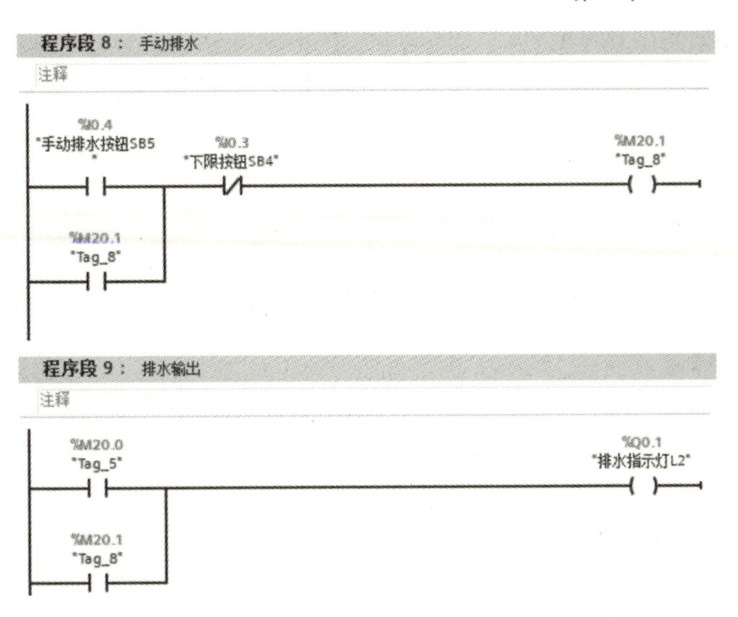

图 6-3-6　自动控制程序（续 3）

6.3.4　全自动洗衣机控制调试

视 频

全自动洗衣机控制调试

根据控制要求制作的全自动洗衣机控制实验板如图 6-3-7 所示，请扫码查看调试过程。

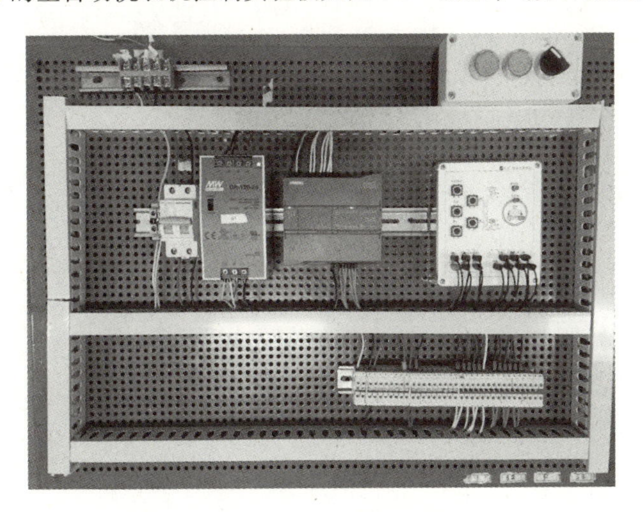

图 6-3-7　全自动洗衣机控制实验板

本节习题

（1）本节案例中，用到的程序代码块有主程序 OB1、________和________。

（2）本节案例中，共有________个输入点，________个输出点。

（3）本节案例中，SA1 不得电时调用________函数块。

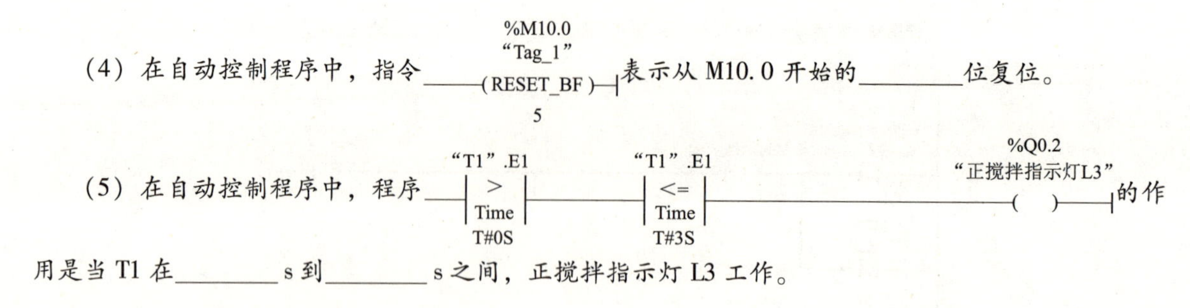

（4）在自动控制程序中，指令______表示从 M10.0 开始的________位复位。

（5）在自动控制程序中，程序______的作用是当 T1 在________s 到________s 之间，正搅拌指示灯 L3 工作。

第 7 章　西门子 PLC 的运动控制及相关应用

运动控制是自动化设备 PLC 控制的重要应用，本章围绕三相异步电动机的变频调速控制、伺服工作台位移控制及 ABB 机器人运动控制内容展开。7.1 节详细介绍了变频器参数设置、Modbus 通信指令及编程方法；7.2 节主要介绍伺服控制系统的电气接线、高速脉冲输出的 PLC 编程等；7.3 节讲解 ABB 机器人与西门子 PLC 的电气接线、信号交换关系等。

7.1　三相异步电动机的变频调速控制

学习目标

（1）掌握汇川 MD200 变频器的参数调节和实物接线方法；
（2）掌握 Modbus RTU 通信的编程方法；
（3）具备根据电路图实施实物接线的能力；
（4）具备用通信的方式写入变频器运行频率和控制指令，并读取变频器运行状况的能力。

7.1.1　变频调速控制介绍

三相异步电动机的变频调速控制

1. 变频器的 PLC 控制方式

随着自动化和智能化的发展，变频器控制电动机运行已成为一种新常态，PLC 可以控制变频器实现电动机的无级调速，达到平稳运行目的，满足设备不同生产工艺要求，因此，在锂电、光伏、风机、水泵、包装、食品、机床以及各种自动化生产设备上有广泛的应用。

PLC 控制变频器有三种基本方式：（1）开关量方式控制；（2）模拟量方式控制；（3）基于 RS-485 的 Modbus RTU 通信方式控制。

其中，PLC 以开关量方式控制变频器时，需要占用较多的输出端子，去连接变频器相应功能的输入端子，才能对变频器进行正转、反转和停止等控制；而且，因为它是采用开关量来实施控制的，其调速曲线不是一条连续平滑的曲线，也无法实现精细的速度调节。

PLC 以模拟量方式控制变频器时，需要使用模拟量模块才能对变频器进行频率控制。在大规模生产线中，控制电缆较长，尤其是模拟量模块采用电压信号输出时，线路有较大的电压降，影响了系统的稳定性和可靠性。

PLC 以 Modbus RTU 通信方式控制变频器，只需要一根通信电缆，就可以将各种控制和调频命令送给变频器，变频器根据 PLC 通信送来的指令就能执行相应的控制功能。同时，PLC 还可以读取变频器的运行频率、电压、电流和转矩等实时数据，通过实时数据来分析判断电动机等生产设备的运行状况。因此，PLC 通信方式控制变频器，是车间实施数字化改造和设备健康状态监控中关键的一环。由于硬件简单，成本较低，可靠性好，在中小企业实施智能化改造和数字化转型过程中，该方案应用非常普遍。

2. 控制要求

实现三相异步电动机带动工作台的变速移动。按下正向启动按钮 SB1，电动机正向（向右）以 15 Hz 的低速频率移动，延时 10 s 后切换为 25 Hz 的高速频率移动，按下停止按钮停止；按下反向启动按钮 SB2，电动机反向（向左）以 15 Hz 的低速频率移动，延时 10 s 后切换为 25 Hz 的高速频率移动，按下停止按钮停止。在移动过程中，碰到行程限位开关 SQ1（右限位）、SQ2（左限位），电动机停止运动。低速频率和高速频率的值可以通过触摸屏设置修改，电动机 Modbus RTU 通信调速实物图如图 7-1-1 所示。

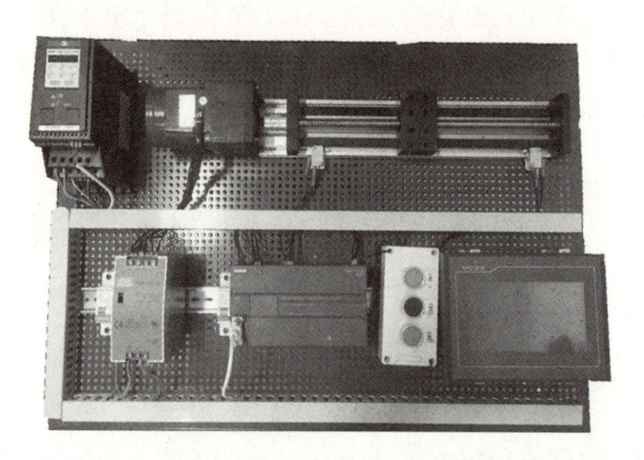

图 7-1-1　电动机 Modbus RTU 通信调速实物图

三相异步电动机旋转速度有低速和高速之分，所以要用到变频器对三相异步电动机的转速进行调节。

视频

汇川MD200变频器介绍

7.1.2　汇川 MD200 变频器介绍

1. 变频器简介

MD200 变频器是汇川技术基于小功率、小体积、低成本的市场需求，针对性推出的单相 AC 220 V 和三相 AC 380 V 迷你变频器。MD200 采用 *U/f*（电压/频率）控制方式、无速度传感器矢量控制方式（SVC），具有高功率密度、高电磁兼容性（EMC）规格设计、高防护性能等显著优势，可用于纺织、造纸、拉丝、机床、包装、食品、风机、水泵及各种自动化生产设备的驱动。其产品特性及优点总结如下：

（1）功率密度设计合理，有效实现产品体积小型化；

（2）配合全功率段等体积的书本型结构设计，支持在较小空间内无缝并排安装；

（3）高标准 EMC 设计，内置 C3 级滤波器，有效降低对外干扰，满足精准控制需求；

（4）全封闭外壳 + 独立风道设计，更大程度隔绝粉尘，保证电子元器件长期稳定运行；

（5）支持 Modbus/CanLink 总线通信，轻松实现工业自动化组网；

（6）更大的额定电流设计，过载电流更大，加速时间更短；

（7）内置行业专业宏应用，支持一键设置行业参数。

图 7-1-2 为汇川 MD200 变频器实物和变频器面板及接线功能图。变频器面板及接线功能图由操作面板和接线端子组成，操作面板带按键，可进行参数设置，接线端子排为三层，第一层为信号线接点，第二层是供电电源和制动电阻接线点，第三层为电动机输出接线点。

MD200S0. 4B-KH 变频器端子说明：

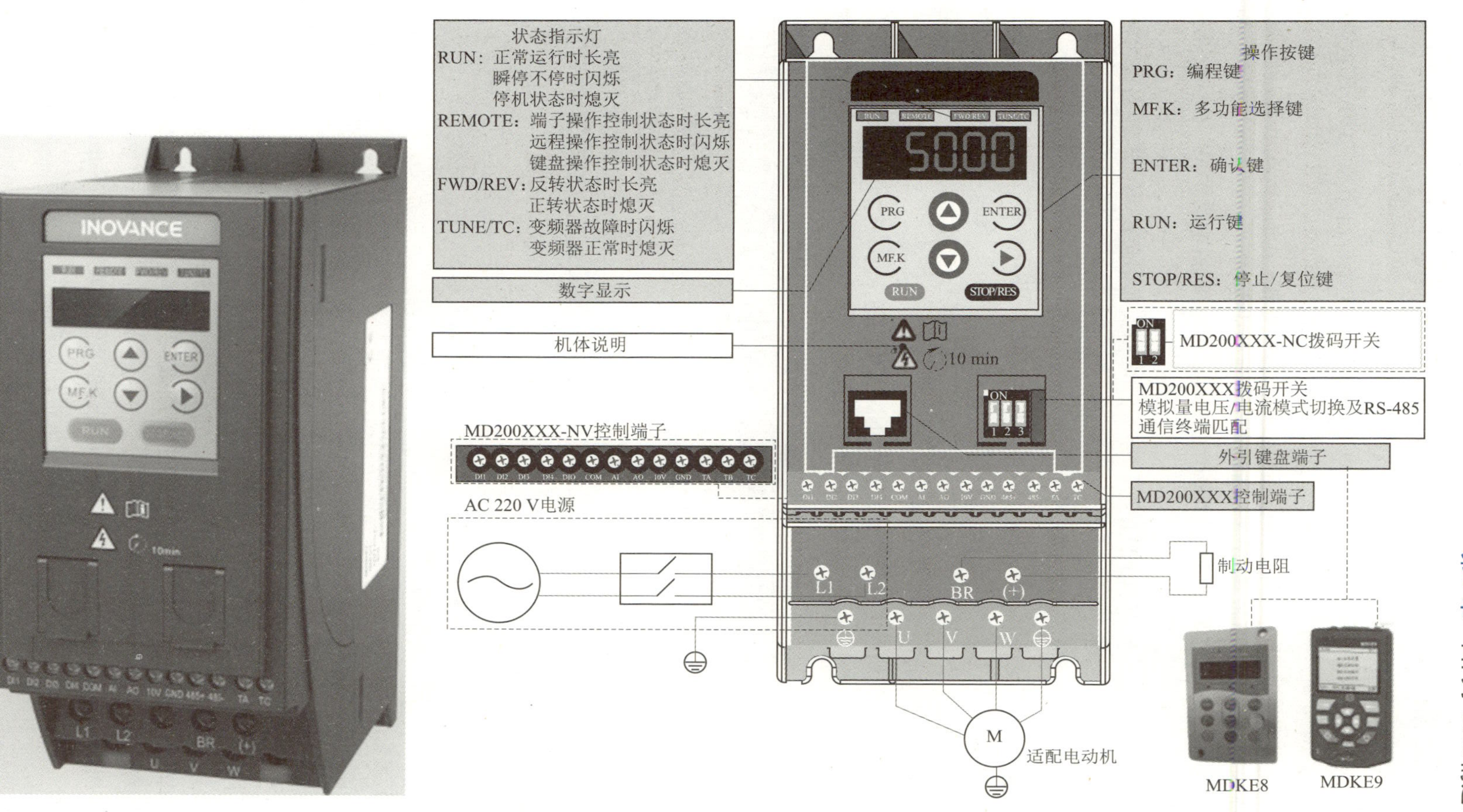

（a）实物图

（b）变频器面板功能图

图 7-1-2　汇川 MD200 变频器实物和变频器面板及接线功能图

（1）数字输入DI1～DI4。多功能输入端子，低电平有效，有效电平<5 V。DI1～DI3为低速DI，频率<100 Hz；DI4可作为高速脉冲输入（最高可支持20 kHz频率）；

（2）24 V电源地COM。板内24 V地，内部与GND隔离。继电器输出端子TA和TC，触点负载AC 3 A/250 V或DC 3 A/30 V。

（3）模拟输入输出端子。10 V：模拟电压输出，10×（1±10%）V，最大电流10 mA。GND：模拟地，内部与COM隔离。AI：模拟单端输入通道1，电压输入范围0～10 V，电流输入范围0～20 mA，12位分辨率，校正精度0.5%，响应时间小于8 ms。AO：模拟输出1，0～10 V，校正精度100 mV；10位分辨率，校正精度1%。

（4）通信端子。485+：RS-485通信正信号。485-：RS-485通信负信号。半双工RS-485通信，最高波特率为115 200 Bd，最多可支持64个节点。CGND：与10 V的地公用，均为GND。

2. 变频器参数设置

（1）恢复出厂设置。设置参数FP-01=1，恢复出厂参数，不包括电动机参数，注意需要停机更改。

恢复出厂参数模式变频器功能参数大部分恢复为厂家出厂参数，但是电动机参数、频率指令小数点（F022）、故障记录信息、累计运行时间（F709）、累计上电时间（F713）、累计耗电量（F714）、逆变器模块散热器温度（F707）不恢复。

（2）设置电动机参数。使所控电动机铭牌上所标的额定值与对应的参数值相一致，按表7-1-1设置实验参数。

表7-1-1　电动机实验参数表

参数号	出厂值	设置值	单位	说明
F1-01	3.7	0.1	kW	电动机额定功率
F1-02	380	380	V	电动机额定电压
F1-03	9	0.56	A	电动机额定电流
F1-04	50	50	Hz	电动机额定频率
F1-05	1 460	1 300	r/min	电动机额定转速

（3）手动参数设置。

①电动机自调谐：

F1-37=1，面板显示RUNE，按下RUN按钮，等待面板闪烁显示50.00，调谐完成。

F1-37设定说明：

0：无操作，不调谐。

1：异步电动机静止调谐。异步电动机静止时对部分参数调谐，用于电动机与负载很难脱离，且不允许动态调谐运行的场合。辨识部分电动机参数：F1-06（异步电动机定子电阻）、F1-07（异步电动机转子电阻）、F1-08（异步电动机漏感抗）。

2：异步电动机动态完整调谐（仅适用于三相MD200TXX机型）

电动机与应用系统方便脱离的场合，辨识所有电动机参数：F1-06（异步电动机定子电阻）、F1-07（异步电动机转子电阻）、F1-08（异步电动机漏感抗）、F1-09（异步电动机互感抗）、F1-10（异步电动机空载电流）。

②变频器操作面板点动。设定F0-02=0，操作面板命令通道LED灭。按下RUN按钮，电动机正常运行到50.00 Hz，说明单机调试正常。按下STOP按钮，电动机停止。

（4）通信设置。

①控制参数设置。控制参数设置表见表7-1-2。

表7-1-2　控制参数设置表

参数号	默认值	设置值	单位	说明
F0-01	0	2	—	第1电动机控制方式
F0-02	0	2	—	命令源选择
F0-03	0	9	—	主频率源选择
F0-10	50.00	100.00	Hz	最大频率
F0-12	50.00	50.00	Hz	上限频率
F0-17	0.0	6.0	s	加速时间1
F0-18	0.0	6.0	s	减速时间1
F0-25	0	0	—	加减速时间基准频率

参数设置说明：

设定F0-01＝2，电动机控制方式选择V/F控制，速度开环控制。

设定F0-02＝2，命令源选择通信命令通道（LED闪烁）。选择通信命令通道，可通过远程通信输入控制命令。适用于远距离控制或多台设备系统集中控制等场合。

设定F0-03＝9，主频率指令输入选择通信给定。主频率值由通信给定，可通过远程通信输入设定频率。

设定F0-10＝100，最大频率设为100 Hz，变频器限制最高输出频率。该值同变频器通信设置参数有关，变频器输出的频率为该值的百分比。

设定F0-12＝50，上限频率设为50 Hz，不允许电动机在50 Hz频率以上运行，限制最高运行频率。

设定F0-17＝0.0，加速时间是指输出频率从0上升到F0-25（加减速时间基准频率）所需时间。在电动机加速时须限制频率设定的上升率以防止过电流。加速时间设定要求：将加速电流限制在变频器过电流容量以下，不使过电流失速而引起变频器跳闸。

设定F0-18＝0.0，减速时间是指输出频率从F0-25（加减速时间基准频率）下降到0所需时间。在电动机减速时须限制频率设定的下降率以防止过电压。减速时间设定要求：防止平滑电路电压过大，不使再生过电压失速而使变频器跳闸。

设定F0-25＝0，加减速时间基准频率选择0，由最大频率F0-10决定。加减速时间基准频率用于加速时的目标频率，减速时的起始频率。

②RS-485拨码说明。对于多个变频器的集中通信场合，最后一个变频器的RS-485终端电阻需要匹配，拨码开关的2、3需要拨至“ON”。具体拨码说明如图7-1-3所示。

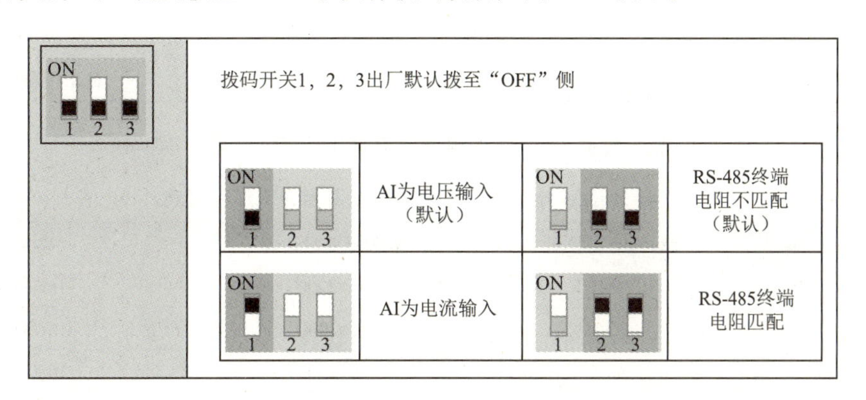

图7-1-3　RS-485拨码说明

③通信参数设置。将上位机（如 PLC）与变频器通过串口通信线连接好，如图 7-1-4 所示，将变频器的通信参数设置好，选择控制参数 F0-02 =2，设置命令源为通信命令通道。设置通信方式为 Modbus 通信，其通信参数设置表见表 7-1-3。

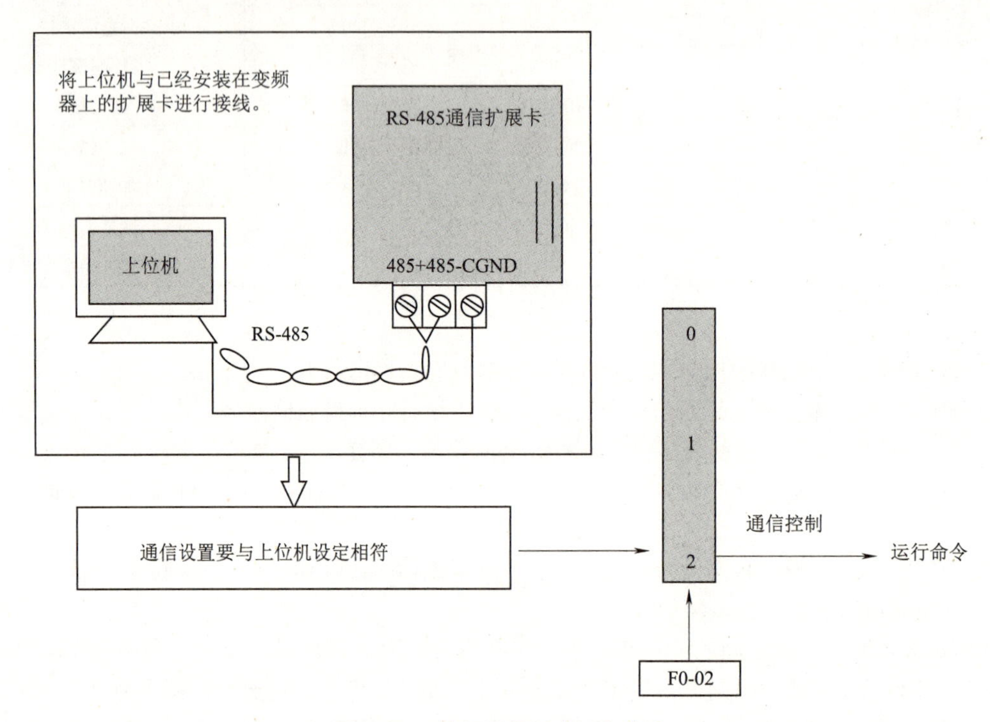

图 7-1-4　使用通信设定运行指令

表 7-1-3　Modbus 通信参数设置表

参数号	默认值	设置值	单位	说明
Fd-00	5 005	5	—	波特率
Fd-01	0	0	—	数据格式
Fd-02	1	1	—	本机地址
Fd-03	2	2	ms	应答延迟
Fd-04	0.0	0.0	s	通信超时时间
Fd-05	1 460	1	—	数据传输格式选择

④Modbus 地址转换。Modbus 数据地址与变频器参数地址设置表见表 7-1-4。

表 7-1-4　Modbus 数据地址与变频器参数地址设置表

参数描述	Modbus 数据地址	变频器参数地址	内容
写正转运行	48193	16#2000	16#0001
写反转运行	48193	16#2000	16#0002
写减速停机	48193	16#2000	16#0006

续上表

参数描述	Modbus 数据地址	变频器参数地址	内容
写运行频率	44097	16#1000	（－10000～10000）十进制
读运行频率	44098	16#1001	
读输出电压	44100	16#1003	
读输出电流	44101	16#1004	
读输出功率	44102	16#1005	
读输出转矩	44103	16#1006	

说明：

a. 频率设定值是相对值的百分数，10000 对应 100.00%，－10000 对应－100.00%，该百分比是相对最大频率（F0-10）的百分数。

b. Modbus 地址转换举例：写运行频率的变频器参数地址是 16#1000，因西门子 PLC 的 Modbus 保持寄存器地址是从 40001 到 49999，十六进制的 1000 转换为十进制是 4096，40001＋4096＝44097，得出写运行频率的 Modbus 数据地址是 44097。

7.1.3　通信拓扑图及电气原理图设计

视频

电气原理图设计

1. 通信拓扑图

本 Modbus 通信为串口通信，9 针通信插头的 3 号引脚与变频器通信端子 485＋连接，8 号引脚与 485-连接，如图 7-1-5 所示。

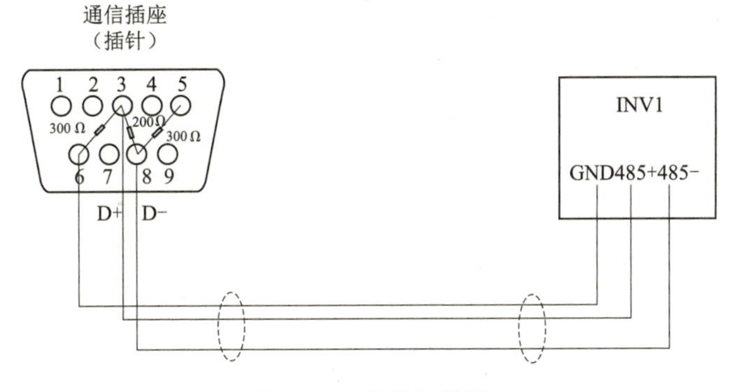

图 7-1-5　通信拓扑图

2. 电气原理图

PLC 控制器采用 SMART CPU ST60，输入引脚 I0.3～I0.4 连接限位开关 SQ1～SQ2，I0.6～I1.0 连接 3 个按钮开关，PLC 的 485 通信插头与变频器通信端子 485＋、485-连接，变频器端子 L1、L2 接 AC 220 V 交流电，如图 7-1-6 所示。PLC 输入/输出点分配见表 7-1-5。

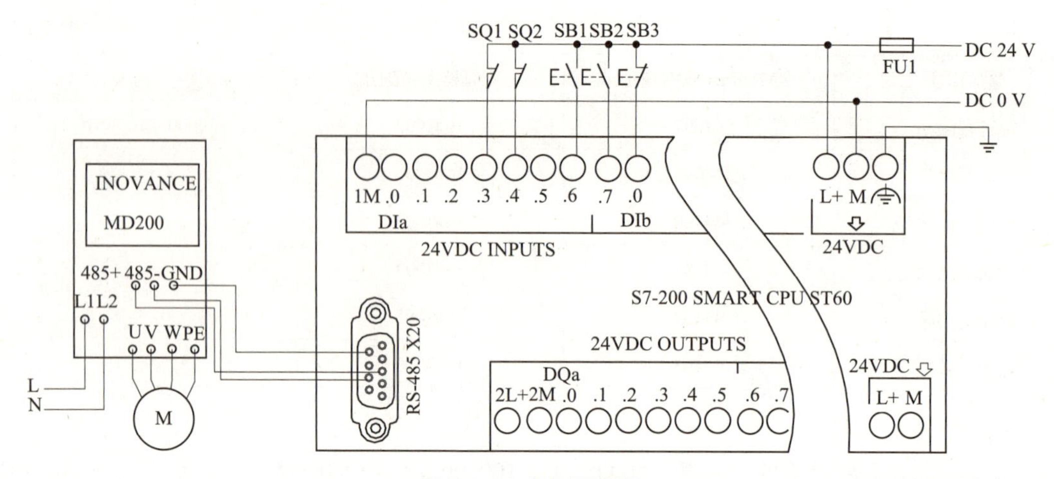

图 7-1-6　电气原理图

表 7-1-5　PLC 输入/输出点分配

符号	地址	注释
SQ1	I0. 3	右限位
SQ2	I0. 4	左限位
SB1	I0. 6	反转启动按钮
SB2	I0. 7	正转启动按钮
SB3	I1. 0	停止按钮

7. 1. 4　Modbus 通信指令

1. 新建工程

首先新建工程，PLC 改为 SMART CPU ST60，设置网络通信 IP 地址 192. 168. 0. 101，如图 7-1-7 所示。

2. 建立通信

选择“通信”命令，选择合适的通信接口，查找 CPU，找到后会显示 CPU 的 IP 地址，单击“确定”按钮即可，如图 7-1-8 所示。

3. Modbus 库加载

可以使用 MBUS_CTRL/MB_CTRL2 指令启动或更改 Modbus 通信参数。当输入 MBUS_CTRL/MB_CTRL2 指令时，STEP 7-Micro/WIN SMART 会在程序中添加几个受保护的子例程和中断例程。

在“文件”菜单功能区的“库”区域中，单击“存储器”按钮，指定 Modbus 库所需的 V 存储器的起始地址，如图 7-1-9 所示。或者，也可在项目树中右击“程序块”命令，在弹出的快捷菜单中选择“库存储器”命令。

在程序中放置一条或多条 MBUS_MSG/ MB_MSG2 指令。可以根据需要在程序中添加任意数量的 MBUS_MSG/MB_MSG2 指令，但某一时间只能有一条指令处于激活状态。

用通信电缆连接通过 MBUS_CTRL/MB_CTRL2 端口参数分配的 S7-200 SMART CPU 端口和 Modbus 从站设备。

4. Modbus 指令

下面对 Modbus_CTRL 和 Modbus_MSG 指令各参数的含义进行介绍，如图 7-1-10 所示。

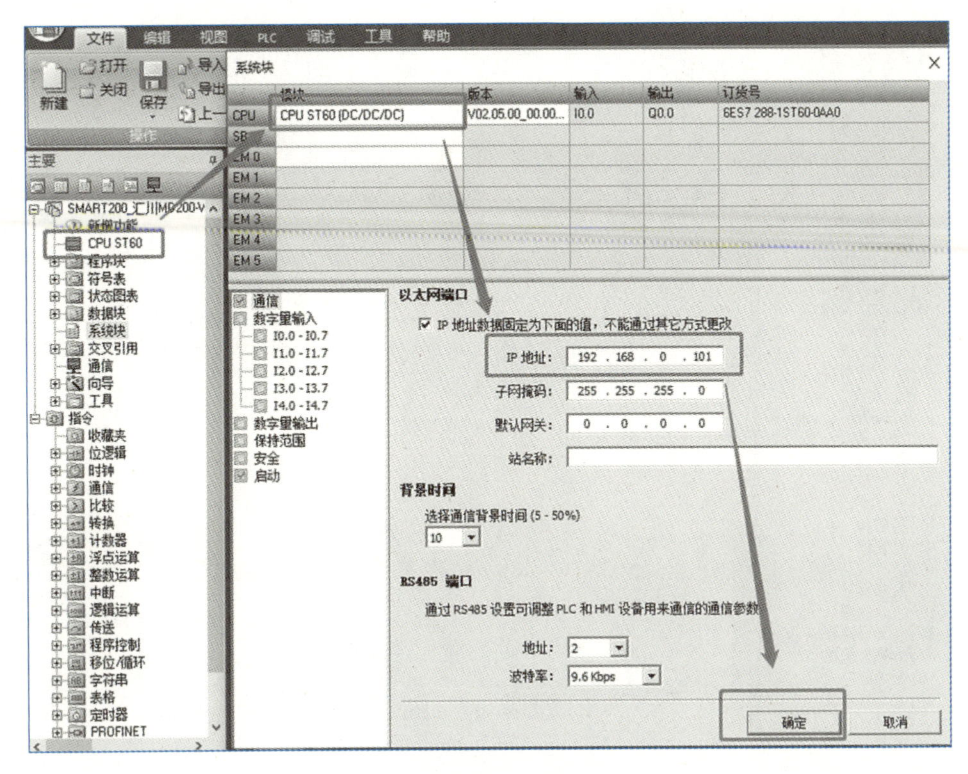

图 7-1-7　新建工程示例

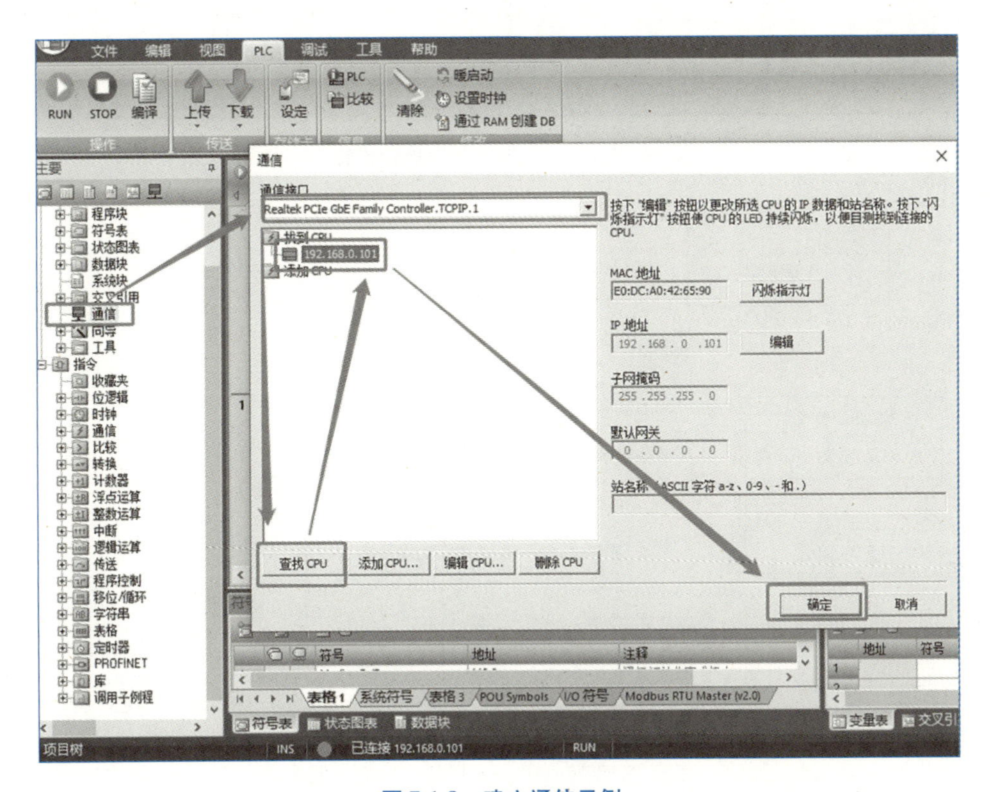

图 7-1-8　建立通信示例

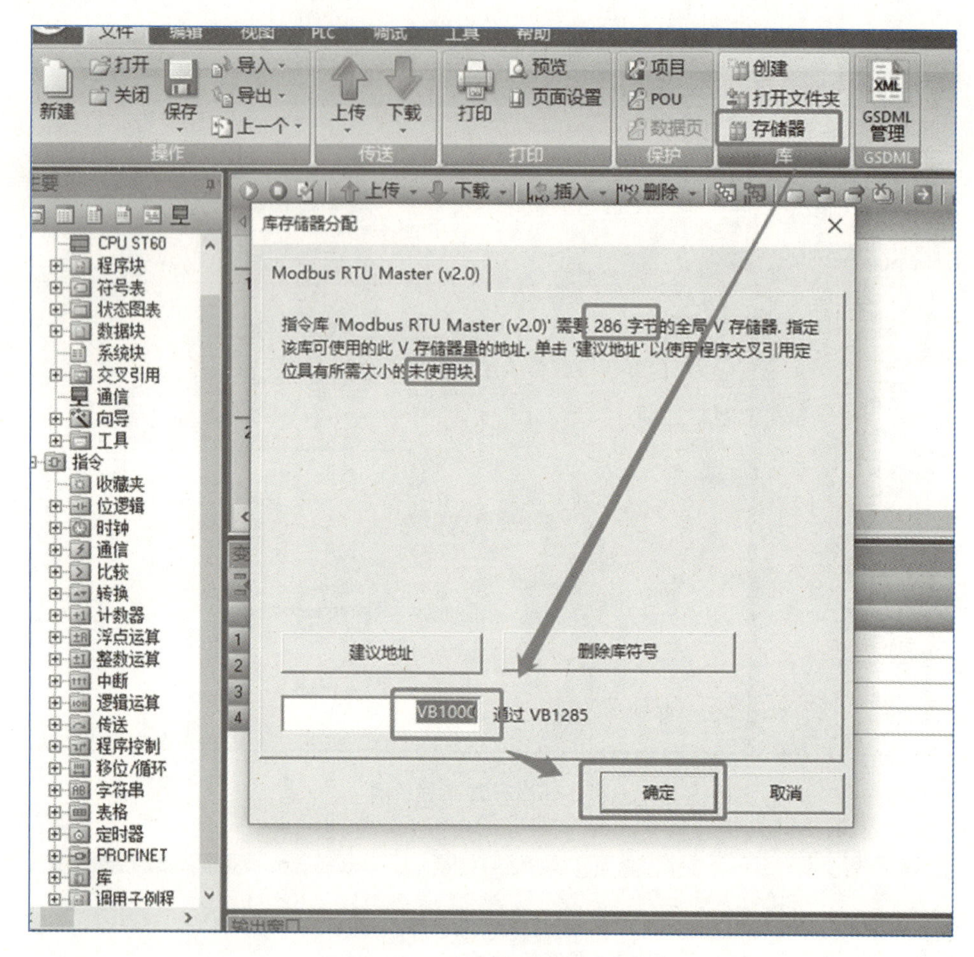

图 7-1-9　存储器的起始地址设置

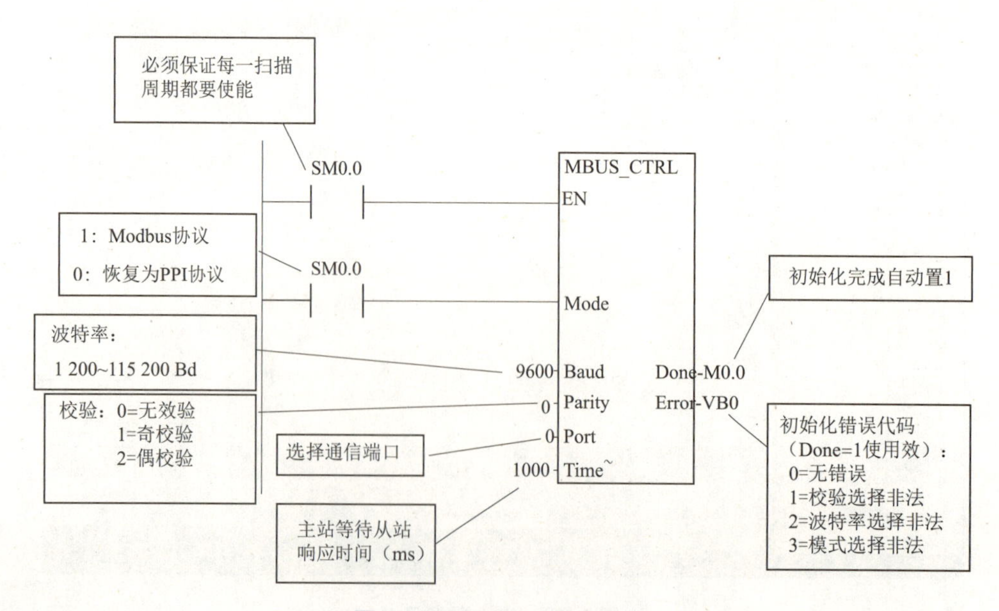

图 7-1-10　Modbus 指令说明

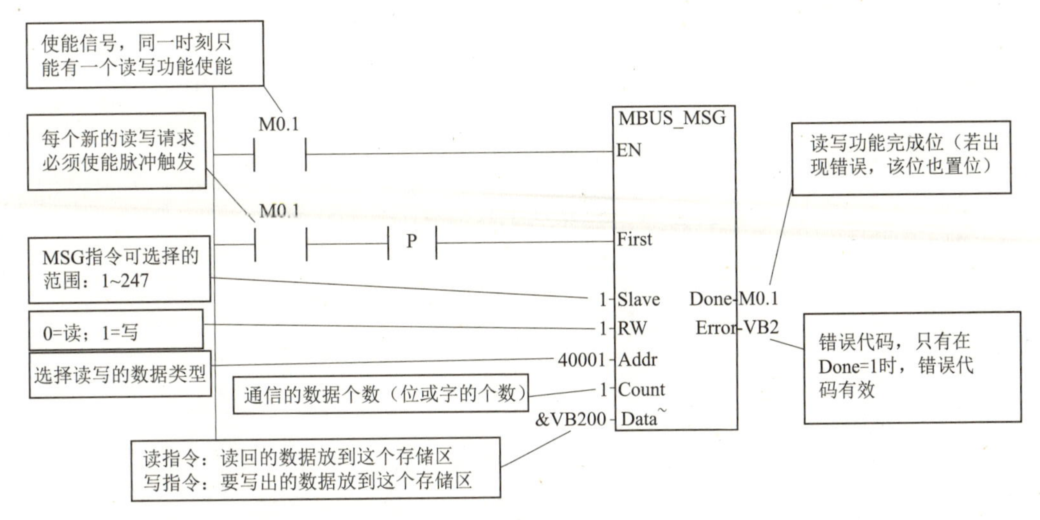

图 7-1-10　Modbus 指令说明（续）

7.1.5　PLC 程序设计

1. 主程序

三相异步电动机变频调速控制的主程序如图 7-1-11 所示。其中各程序段的解释如下：

程序段 1：第一次扫描时，复位指令通信完成标记，将频率发送值初始化为 1 500（即 15.00%）；将低速频率设定值初始化为 1 500（即 15.00%）；将高速频率设定值初始化为 2 500（即 25.00%）。变频器输出的频率为变频器最大频率（F0-10 = 100）的百分比，所以 15.00% 对应为 15.00 Hz，具体可见表 7-1-2。

程序段 2：当正转启动按钮 I0.7 按下瞬动，或触摸屏正转启动按钮 M2.2 按下时，正转运行指令 M2.0 启动，并保持自锁状态。停止按钮和右限位 SQ1 任意一个动作，正转运行指令 M2.0 停止。

程序段 3：正转运行指令 M2.0 启动瞬间，将低速频率设定值 VW600 传递给频率发送值 VW100。变频器输出的频率为变频器最大频率（F0-10 = 100）的百分比，所以 15.00% 对应为 15.00 Hz。

程序段 4：正转运行指令 M2.0 启动延时 10 s 后，将高速频率设定值 VW602 传递给频率发送值 VW100。

程序段 5：当正转停止时，反转启动按钮 I0.6 按下瞬动，或触摸屏反转启动按钮 M2.3 按下时，反转运行指令 M2.1 启动，并保持自锁状态。停止按钮、左限位 SQ2 任意一个动作，反转运行指令 M2.1 停止。

程序段 6：反转运行指令 M2.0 启动瞬间，将低速频率设定值 VW600 传递给频率发送值 VW100。

程序段 7：反转运行指令 M2.1 启动延时 10 s 后，将高速频率设定值 VW602 传递给频率发送值 VW100。

程序段 8：（1）当正转运行指令 M2.0 为 1 时，将正转通信命令 16#01 传送给 VW200；（2）当反转运行指令 M2.1 为 1 时，将反转通信命令 16#02 传送给 VW200；（3）当正转运行指令 M2.0 和反转运行指令 M2.1 都为 0 时，将停止通信命令 16#06 传送给 VW200。

程序段 9：调用 Modbus RTU 通信子程序 SBR_0。

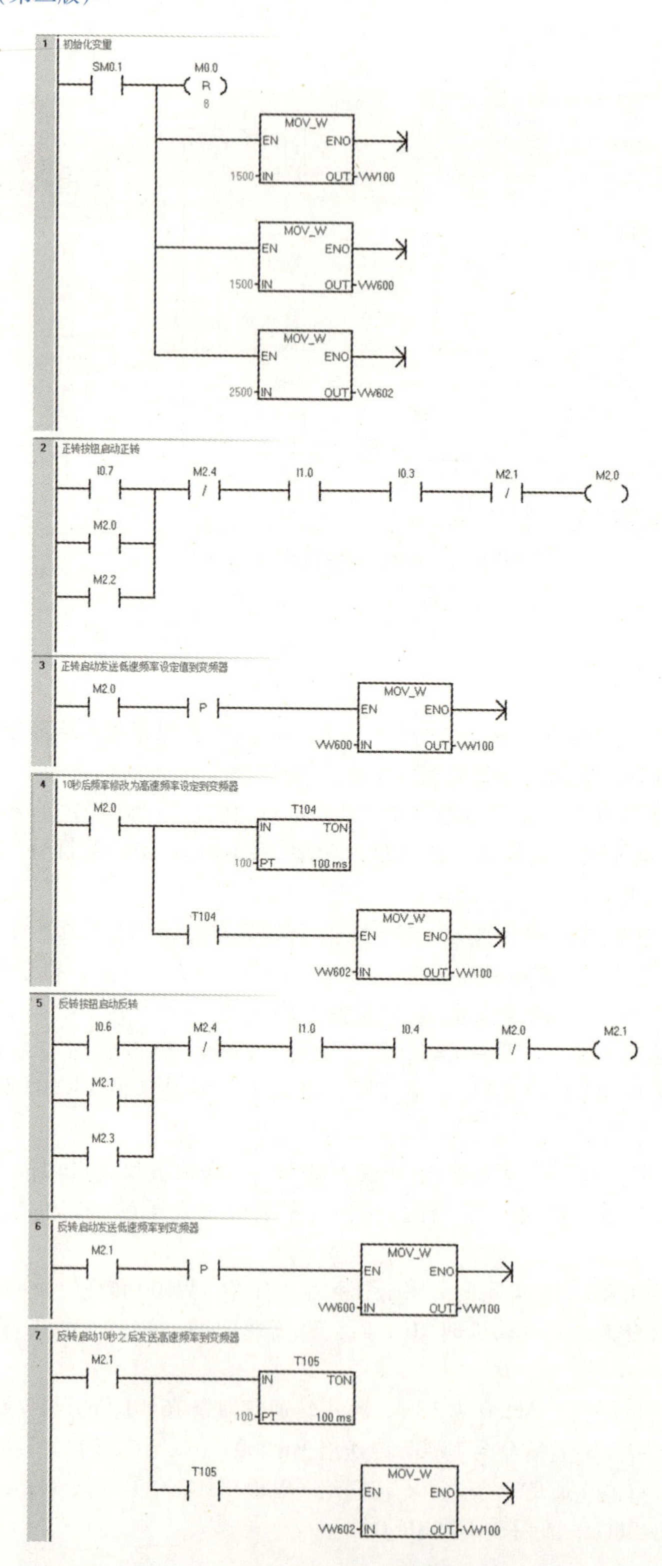

图 7-1-11　三相异步电动机变频调速控制的主程序

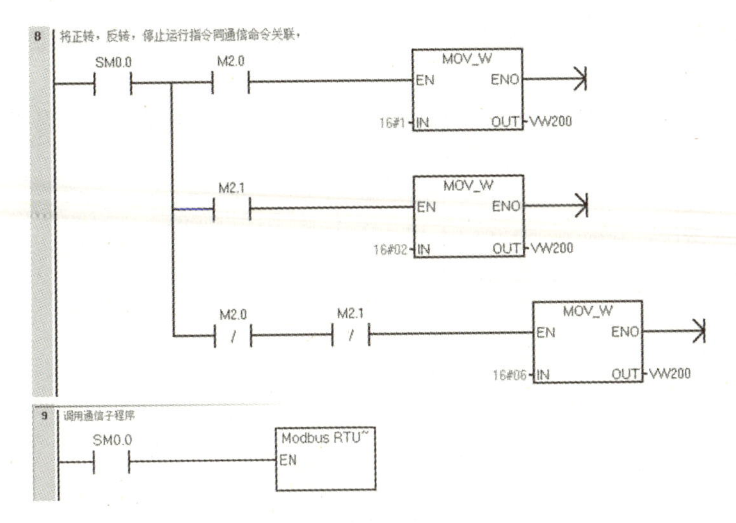

图 7-1-11　三相异步电动机变频调速控制的主程序（续）

2. Modbus RTU 通信子程序

Modbus RTU 通信子程序如图 7-1-12 所示。其中各程序段的解释如下：

程序段 1：（1）通过在每次扫描时调用 MBUS_CTRL 来初始化和监视 Modbus 主站。Modbus 主站设为 9 600，无奇偶校验，通信端口号为 0 口。从站设备允许在 1 000 ms（1 s）内进行响应。（2）初始化完成后，M0. 0 会自动置 1，初始化错误代码 VB0。

程序段 2：通信初始化完成后延时 2 s。

程序段 3：延时 2 s 完成瞬间置位 M0. 5，用于启用 Modbus。

程序段 4：（1）当 SM0. 0 接通时，调用 MBUS_MSG 指令。M0. 5 或者 M0. 4 上升沿扫描到时设置 First 参数，启用 MBUS_MSG 指令。（2）该指令会对从站 1（Slave = 1）的 1 个保持寄存器（Count = 1）执行写入（RW = 1）操作。从 CPU 中的 VB100（1 个字）获取写数据，然后写入 Modbus 从站中的地址 44097，对应变频器的运行频率 Modbus 数据地址。

程序段 5：通信完成标志 M0. 1 接通后的上升沿扫描复位 M0. 4 和 M0. 5。

程序段 6：（1）当 M0. 1 接通时，调用 MBUS_MSG 指令。M0. 1 上升沿扫描到时设置 First 参数，启用 MBUS_MSG 指令。（2）该指令会对从站 1（Slave = 1）的 1 个保持寄存器（Count = 1）执行写入（RW = 1）操作。从 CPU 中的 VB200（1 个字）获取写数据，然后写入 Modbus 从站中的地址 48193，对应变频器控制指令的 Modbus 数据地址。

程序段 7：通信完成标志 M0. 2 接通后的上升沿扫描复位 M0. 1。

程序段 8：当 M0. 2 接通时，调用 MBUS_MSG 指令。M0. 2 上升沿扫描设置 First 参数，启用 MBUS_MSG 指令。该指令会对从站 1 的 4 个保持寄存器执行读取（RW = 0）操作。数据从 Modbus 从站中的地址 44100 ~ 44103 读取，并复制到 CPU 中的 VB300 ~ VB307（4 个字）。其中 Modbus 数据地址 44100 对应变频器的输出电压，44101 对应变频器的输出电流，44102 对应变频器的输出功率，44103 对应变频器的输出扭矩。

程序段 9：读取变频器输出电压和输出电流。通信完成标志 M0. 3 接通后的上升沿扫描复位 M0. 2。

程序段 10：（1）当 M0. 3 接通时，调用 MBUS_MSG 指令。（2）M0. 3 上升沿扫描设置 First 参数，启用 MBUS_MSG 指令。该指令会对从站 1 的 1 个保持寄存器执行读取（RW = 0）操作。（3）数据从

Modbus 从站中的地址 44098 读取，并复制到 CPU 中的 VW400（1 个字）。其中 Modbus 通信地址 44098 对应变频器的运行频率。

程序段 11：读取变频器运行频率和母线电压通信完成标志 M0.4 接通后的上升沿扫描复位 M0.3。

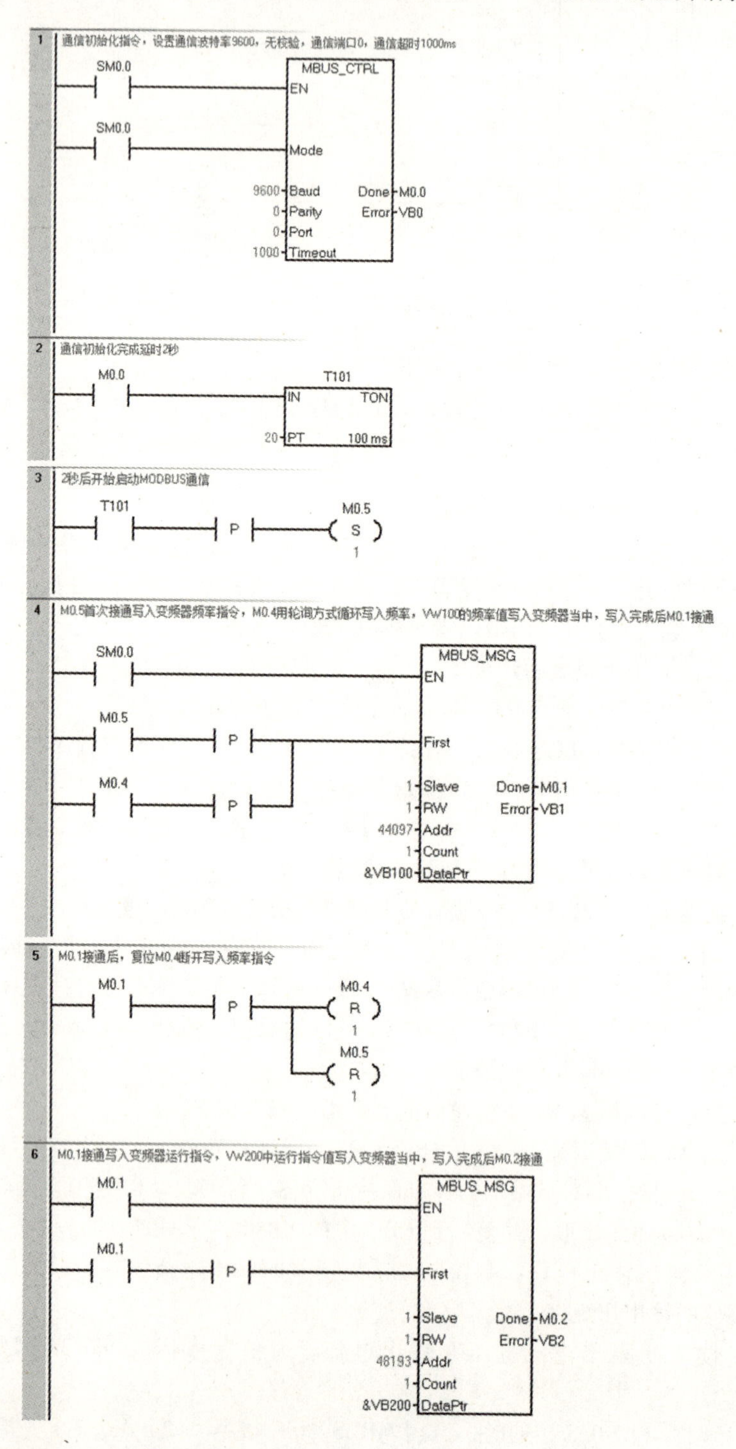

图 7-1-12　Modbus RTU 通信子程序

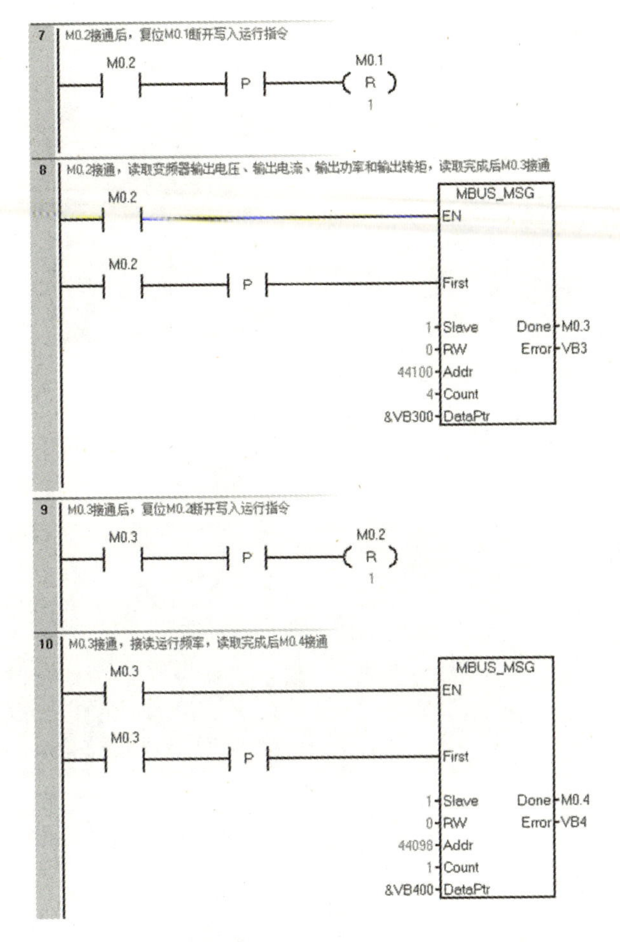

图 7-1-12　Modbus RTU 通信子程序（续）

3. Modbus RTU 主站执行错误代码

编号高的错误代码（从 101 开始）是 Modbus 从站设备返回的错误。这些错误表明从站不支持所请求的功能，或者 Modbus 从站设备不支持所请求的地址（即数据类型或地址范围）。编号小的错误代码（1 ~ 12）是由 MBUS_MSG 指令检测到的错误。这些错误代码通常表明 MBUS_MSG 指令的输入参数有问题，或接收从站响应时出现问题。奇偶校验和 CRC 错误表明有响应但未正确接收数据，这通常是电气故障（例如连接有问题或电气噪声）引起的。具体的错误代码可扫描二维码进行查询。

文 本

Modbus RTU 主站执行错误代码

4. 触摸屏状态显示

触摸屏画面主要有三个，主画面显示项目名称为 PLC 与变频器的 Modbus RTU 通信控制，第二个画面是拟物状态显示画面，第三个画面为输入/输出参数显示画面，如图 7-1-13 ~ 图 7-1-15所示。触摸屏画面当前显示的是电动机正在以 10 Hz 的低速频率设定向右正转运行。当前运行频率为 10 Hz，输出电流为 0. 29 A，输出电压为 155 V。通过状态指示灯，显示左右限位的当前状态和电动机的运行方向。

图 7-1-13 触摸屏主画面

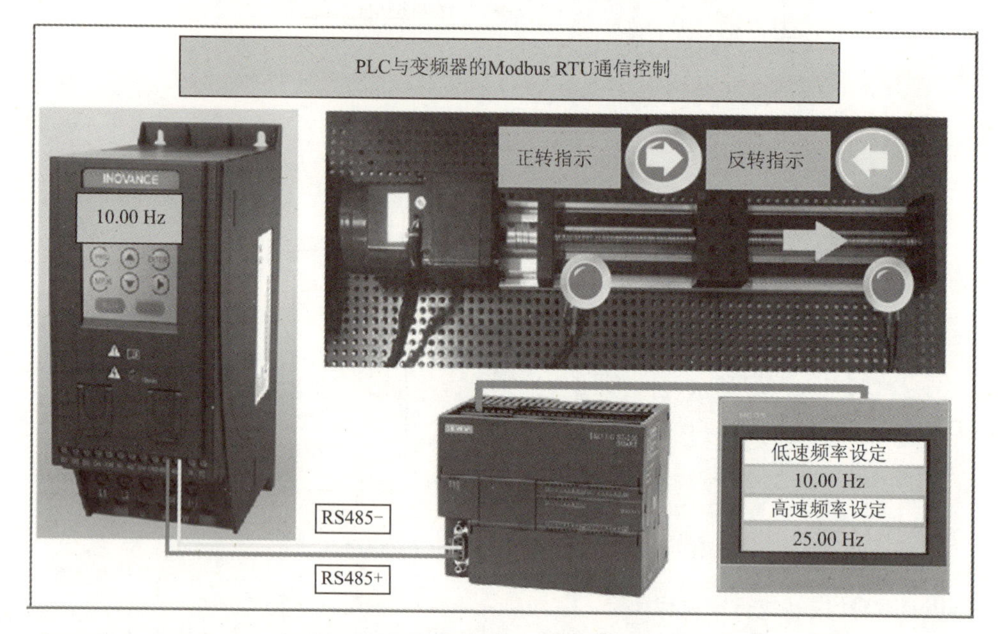

图 7-1-14 触摸屏拟物状态显示画面

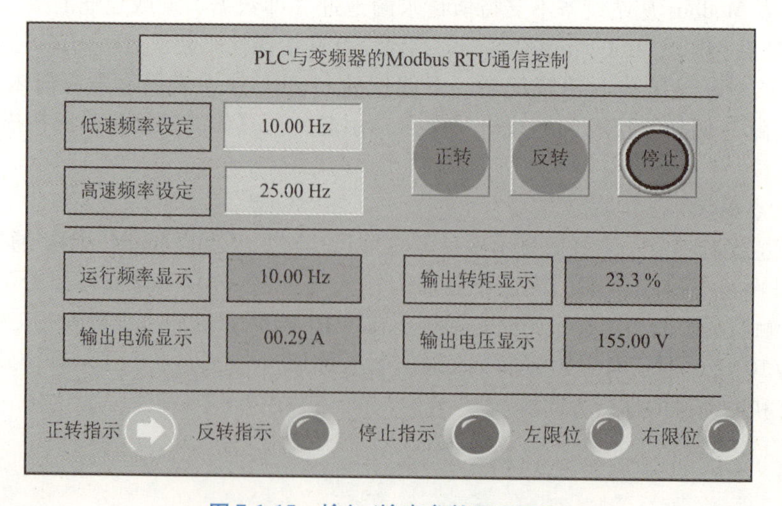

图 7-1-15 输入/输出参数显示画面

7. 1. 6　三相异步电动机变频调速的项目调试

三相异步电动机变频调速的项目调试

调试过程请扫描二维码查看：

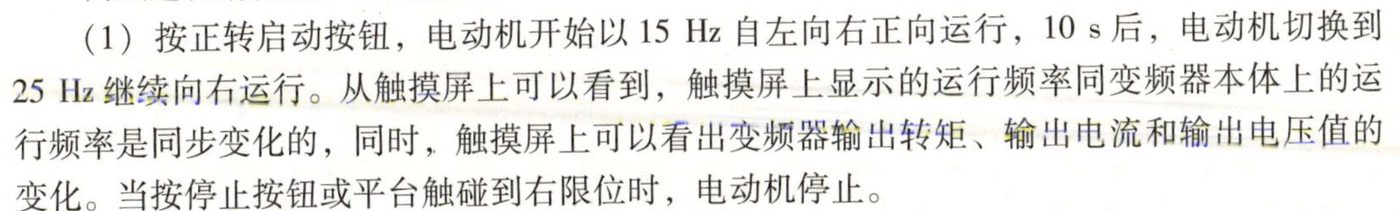

（1）按正转启动按钮，电动机开始以 15 Hz 自左向右正向运行，10 s 后，电动机切换到 25 Hz 继续向右运行。从触摸屏上可以看到，触摸屏上显示的运行频率同变频器本体上的运行频率是同步变化的，同时，触摸屏上可以看出变频器输出转矩、输出电流和输出电压值的变化。当按停止按钮或平台触碰到右限位时，电动机停止。

（2）按反转启动按钮，电动机开始以 15 Hz 自右向左反向运行，10 s 后，电动机切换到 25 Hz 继续向左运行。当按停止按钮或平台触碰到左限位时，电动机停止。

（3）将低速频率从 15 Hz 修改为 28 Hz，高速频率从 25 Hz 修改为 48 Hz，然后再按正转启动按钮，电动机开始以 28 Hz 频率自左向右正向运行，触摸屏上会同步实时显示变频器的运行频率、输出电压和输出电流状态，10 s 后，电动机切换到 48 Hz 频率继续向右运行，当按停止按钮时，电动机停止。

本节习题

（1）汇川 MD200 变频器设置参数 FP-01 =（　　），恢复出厂参数，不包括电动机参数，注意需要停机更改。

A. 0　　B. 1　　C. 2　　D. 3

（2）汇川 MD200 变频器，将变频器的通信参数设置好，选择控制参数 F0-02 =（　　），设置命令源为通信命令通道。

A. 0　　B. 1　　C. 2　　D. 3

（3）利用西门子 SMART PLC 可以使用（　　）指令启动或更改 Modbus 通信参数。在程序中放置一条或多条（　　）指令启用 Modbus 通信读写数据。

A. MBUS_CTRL，MBUS_MSG

B. MBUS_MSG，MBUS_CTRL

（4）调用 MBUS_MSG 如下图所示，该指令会对从站 1 的 1 个保持寄存器执行（　　）操作，从 CPU 中的 VB200（1 个字）获取数据，然后写入到 Modbus 从站中的地址（　　）。

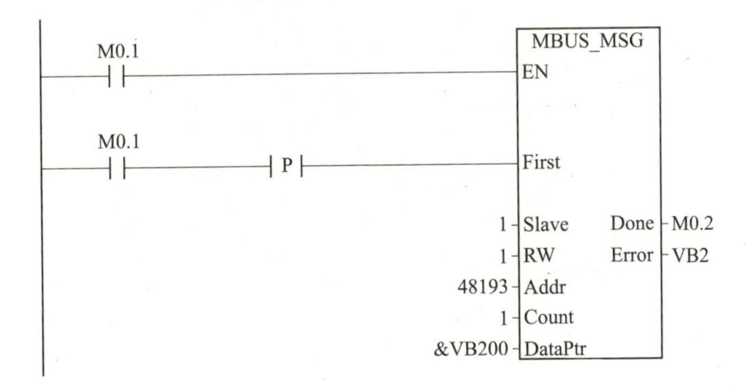

A. 写入，48193　　B. 读取，48193

C. 写入，40001　　D. 读取，40001

7.2 伺服工作台的位移控制

学习目标

（1）理解 PLC 脉冲输出控制指令；

（2）掌握伺服轴的配置步骤；

（3）具备根据电路图实施实物接线的能力；

（4）具备伺服电动机控制的编程和调试能力。

视频 伺服工作台的位移控制介绍

7.2.1 伺服工作台的位移控制介绍

1. 控制要求

图 7-2-1 所示为伺服电动机带动工作台运动的控制实验台。图中 SQ1、SQ2、SQ3 分别为伺服工作台的原点检测开关、左限位检测开关和右限位检测开关。按下 SB1，伺服电动机通过伺服轴带动工作台回原点；按下 SB2，伺服轴带动工作台实现相对位移运动；旋转 SA1，伺服轴带动工作台实现方向切换；按下 SB3，伺服轴带动工作台实现点动运动；按下 SB4，伺服轴带动工作台停止运动。各运动控制的速度可以在程序中设置。

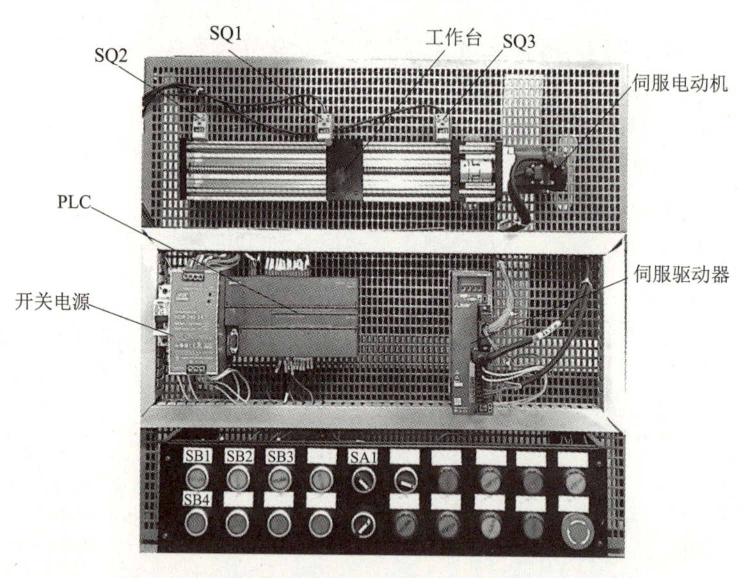

图 7-2-1 伺服电动机带动工作台运动的控制实验台

2. 主要硬件组成

（1）S7-200 SMART PLC（CPU ST60）一台，订货号为 6ES7 288-1ST60-0AA0；

（2）三菱伺服电动机 HG-KN23J-S100 一台；

（3）三菱伺服驱动器 MR-JE-20A 一台；

（4）编程计算机一台，已安装 STEP 7-Micro/WIN SMART V2.5 软件。

7.2.2　三菱伺服控制系统

视 频

三菱MR-JE伺服控制系统

1. 伺服系统简介

伺服系统的产品主要包含伺服驱动器、伺服电动机和编码器等。在运动控制系统中，由伺服驱动器、伺服电动机等组成的伺服系统控制精度高，属于运动控制中的高端控制系统。伺服系统在航空航天、精密机床、包装、纺织、仪器仪表、机器人控制等领域都得到了广泛的应用。

伺服系统中伺服驱动器主要提供功率放大、检测信号处理等功能，通常包括主电路和控制电路两大部分。主电路一般为交-直-交结构，与变频器主电路相似；控制电路通常为三环结构，包括电流环、速度环和位置环。伺服电动机同轴连接的编码器，为伺服驱动器提供了检测反馈信号，从而使得伺服系统构成闭环结构。编码器的精度对于整个伺服系统的控制精度来说极其重要。

2. 三菱伺服驱动器

三菱通用 AC 伺服 MELSERVO-JE（MR-JE）系列控制模式有位置控制、速度控制和转矩控制 3 种。在位置控制模式下最高可以支持4 000 000 pulses/s 的高速脉冲串。可以选择位置/速度切换控制、速度/转矩切换控制和转矩/位置切换控制。所以本伺服不但可以用于机床和普通工业机械的高精度定位和平滑的速度控制，还可以用于线控制和张力控制等，应用范围十分广泛。MR-JE 系列的伺服电动机采用拥有 131 072 pulses/rev 分辨率的增量式编码器，能够进行高精度的定位。

注意： MR-JE-10A 以及 MR-JE-20A 中没有内置再生电阻器。使用单相 AC 200 ~ 240 V 电源时，要将电源连接到 L1 及 L3 上，L2 不做任何连接。

MR-JE-20A 的结构如图 7-2-2 所示，其各部分的详细说明见表 7-2-1。

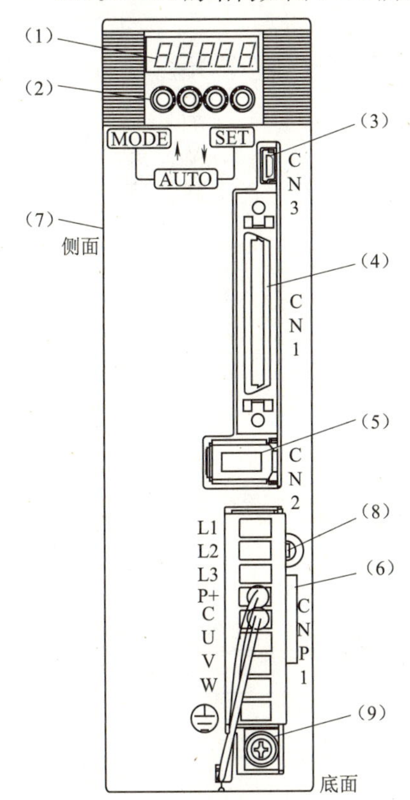

图 7-2-2　MR-JE-20A 的结构

表 7-2-1　伺服驱动各部分的详细说明

编号	名称・用途
(1)	显示部位。在 5 位 7 段 LED 中显示伺服的状态及报警编号。
(2)	操作部位。可对状态显示、诊断、报警以及参数进行操作。 同时按下“MODE”与“SET”3 s 以上，可进入单键调整模式
(3)	USB 通信用连接器（CN3）。请与计算机连接
(4)	输入/输出信号连接器（CN1）。连接数字输入/输出信号、模拟输入信号、模拟监视输出信号及 RS-422/RS-485 通信用控制器
(5)	编码器连接器（CN2）。请连接伺服电动机编码器
(6)	电源连接器（CNP1）。请连接输入电源、内置再生电阻、再生选件及伺服电动机
(7)	额定铭牌
(8)	充电指示灯。主电路存在电荷时亮灯，亮灯时请勿进行电线的连接和更换等
(9)	保护接地（PE）端子

3. 伺服驱动器的参数设置

MR-JE-20A 参数设置及说明见表 7-2-2。这里选择位置控制模式。

表 7-2-2　MR-JE-20A 参数设置及说明

参数编号	设置值	功能及含义
PA01	1000	位置控制模式
PD01	0C04	输入信号自动 ON 选择 1
PA21	1001	1＊＊＊：每转的指令输入脉冲数； ＊＊＊1：一键式调整功能选择有效
PA05	2000	伺服电动机每转脉冲量
PA13	0101	_×_ _选择和指令脉冲频率匹配的滤波器，具体如下： 0：指令输入脉冲串在 4 000 000 pulses/s 以下时； 1：指令输入脉冲串在 1 000 000 pulse/s 以下时； 2：指令输入脉冲串在 500 000 pulses/s 以下时； 3：指令输入脉冲串在 200 000 pulses/s 以下时； _ _0 1 指令脉冲方向，正逻辑，带符号脉冲串

7.2.3　电气原理图设计

视 频

电气原理图设计

1. PLC 输入/输出点分配（见表 7-2-3）

表 7-2-3　PLC 输入/输出点位分配

I/O 信号	符号	地址	注释
输入	SA1	I0. 0	方向开关
	SB1	I0. 1	回原点按钮
	SB2	I0. 2	启动相对位移移动
	SQ2	I0. 3	轴 1_左限位开关
	SQ1	I0. 4	轴 1_原点开关
	SQ3	I0. 5	轴 1_右限位开关
	SB3	I0. 7	点动运行按钮
	SB4	I1. 0	停止按钮
	CN1-ALM	I2. 1	报警信号
	CN1-RD	I2. 2	伺服 on 就绪信号（备用）
输出	Pulse	Q0. 0	轴 1_脉冲
	Direction	Q0. 1	轴 1_方向
	Servo_On	Q0. 3	轴 1_启动驱动器
	Alarm	Q0. 4	伺服出错报警

2. 电气原理图绘制

根据控制要求绘制 PLC 电气原理图，如图 7-2-3 所示。

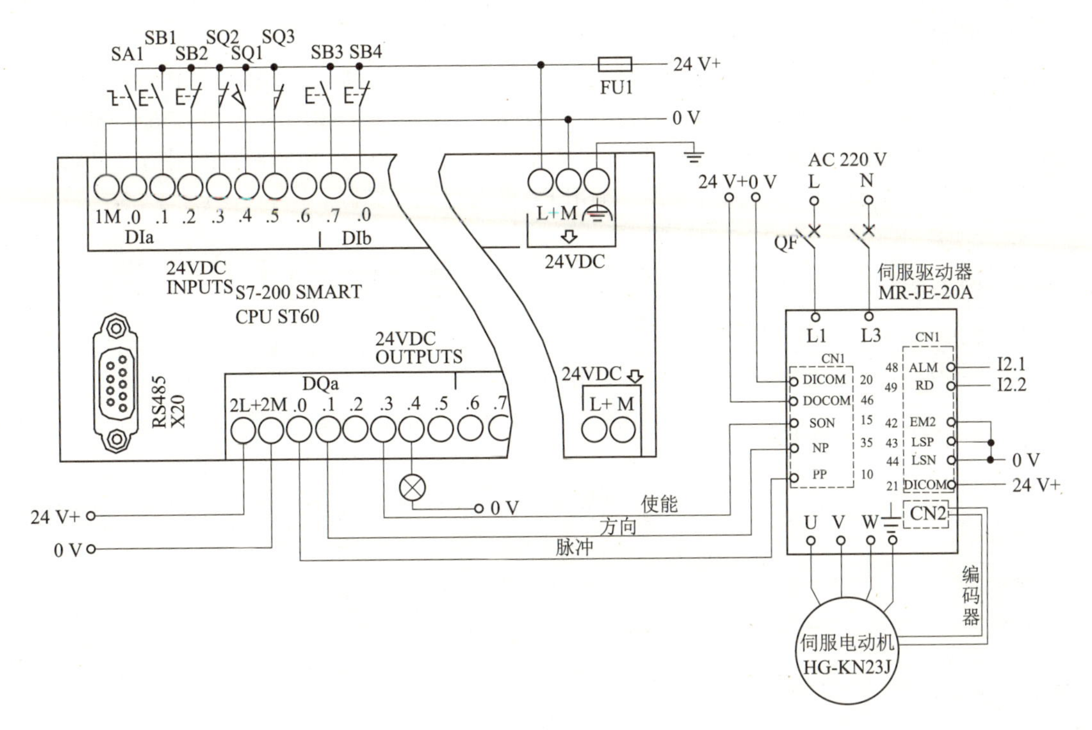

图 7-2-3　PLC 电气原理图

7.2.4　PLC 程序设计

1. S7-200 SMART ST60 PLC 的高速脉冲输出

S7-200 SMART ST60 PLC 通过脉冲接口为步进电动机和伺服电动机的运行提供运动控制功能。通过对 CPU 的脉冲输出和方向输出进行组态来控制驱动器。用户程序使用运动控制指令来控制轴并启动运动任务。

注意： 仅当 CPU 从 STOP 切换为 RUN 模式时，RUN 模式下对运动控制配置和下载的更改才会生效。

脉冲输出（PLS）指令控制高速输出（Q0.0、Q0.1 和 Q0.3）是否提供脉冲串输出（PTO）功能。ST60 CPU 具有 3 个 PTO/PWM 生成器（PLS0、PLS1 和 PLS2），可产生高速脉冲串或脉宽调制波，其分配的数字输出端分别为 Q0.0、Q0.1 和 Q0.3。指定的特殊存储器（SM）单元用于存储每个发生器的以下数据：1 个 PTO 状态字节（8 位值）、1 个控制字节（8 位值）、1 个周期时间或频率（16 位无符号值）、1 个脉冲宽度值（16 位无符号值）以及 1 个脉冲计数值（32 位无符号值）。

PTO/PWM 生成器和过程映像寄存器共同使用 Q0.0、Q0.1 和 Q0.3。若在 Q0.0、Q0.1 或 Q0.3 上激活 PTO 或 PWM 功能，PTO/PWM 生成器将控制输出，从而禁止输出点的正常用法。输出波形不会受过程映像寄存器状态、输出点强制值或立即输出指令执行的影响。若未激活 PTO/PWM 生成器，则重新交由过程映像寄存器控制输出。过程映像寄存器决定输出波形的初始和最终状态，确定波形是以高电平还是以低电平开始和结束。

说明：如果已通过运动控制向导将所选输出点组态为运动控制用途，则无法通过 PLS 指令激活 PTO/PWM。PTO/PWM 输出的最低负载必须至少为额定负载的 10%，才能实现启用与禁用之间的顺利转换。在启用 PTO/PWM 操作前，将过程映像寄存器中 Q0.0、Q0.1 和 Q0.3 的值设置为 0，所有控制位、周期时间或频率、脉冲宽度和脉冲计数值的默认值均为 0。

2. 特殊存储器说明

S7-200 SMART ST60 PLC 使用特殊存储器监视和控制 PLS 指令的脉冲串输出（PTO0 和 PTO1）和脉宽调制输出（PWM0 和 PWM1），关于 SMB66 ~ SMB85、SMB166 ~ SMB169、SMB176 ~ SMB179 的说明见表 7-2-4。CPU 使用 SMB566 ~ SMB579 监视和控制脉冲串输出 PTO2 和脉宽调制输出 PWM2。

这里主要用到 PLS0，所以主要介绍高速输出 PTO0 的组态和控制。

表 7-2-4　特殊存储器说明

S7-200 SMART 符号名	SM 地址	功　能
PTO0_Status	SMB66	PTO0 状态
PLS0_Abort_AE	SM66.4	PTO0 包络因相加错误而中止：FALSE：不中止；TRUE：中止
PLS0_Disable_UC	SM66.5	PTO0 用户手动在 PTO 包络运行期间手动将其禁用：FALSE：不禁用；TRUE：手动禁用
PLS0_Ovr	SM66.6	PTO0 管道上溢/下溢，管道已满时装载管道或传输空管道：FALSE：未溢出；TRUE：管道上溢/下溢
PLS0_Idle	SM66.7	PTO0 空闲：FALSE：PTO 正在进行；TRUE：PTO 空闲
PLS0_Ctrl	SMB67	为 Q0.0 监视和控制 PTO0（脉冲串输出）及 PWM0（脉宽调制）
PLS0_Cycle_Update	SM67.0	PTO0/PWM0 更新周期时间或频率值：FALSE：不更新；TRUE：写入新周期/频率
PWM0_PW_Update	SM67.1	PWM0 更新脉宽值：FALSE：不更新；TRUE：写入新脉冲宽度
PTO0_PC_Update	SM67.2	PTO0 更新脉冲计数值：FALSE：不更新；TRUE：写入新脉冲计数
PWM0_TimeBase	SM67.3	PWM0 时基：FALSE：1 μs/刻度，TRUE：1 ms/刻度
	SM67.4	保留
PTO0_Operation	SM67.5	PTO0 选择单/多段操作：FALSE：单段；TRUE：多段
PLS0_Select	SM67.6	PTO0/PWM0 模式选择：FALSE：PWM；TRUE：PTO
PLS0_Enable	SM67.7	PTO0/PWM0 使能：FALSE：禁用；TRUE：启用
PLS0_Cycle	SMW68	字数据类型：PWM0 周期时间值（2 ~ 65 535 单位的时基）；PTO0 频率值（1 ~ 65 535 Hz）
PWM0_PW	SMW70	字数据类型：PWM0 脉宽值（0 ~ 65 535 单位的时基）
PTO0_PC	SMD72	双字数据类型：PTO0 脉冲计数值（1 ~ 2 147 483 647）
PTO0_Seg_Num	SMB166	字节数据类型：PTO0 包络中当前执行的段号
PTO0_Profile_Offset	SMW168	字数据类型：PTO0 包络表的起始单元（相对于 V0 的字节偏移量）

3. PLC 主程序

伺服工作台位移控制主程序如图 7-2-4 所示，其中程序段的解释如下：

程序段 1：初始化 PTO0 脉冲计数值 SMD72，上电默认为 1000；PTO0 频率值（SMW68 = 5000）；将中断程序 0 分配给中断事件 19（PLS0 脉冲输出结束）；允许开中断。

程序段 2：点动运行按钮按下（I0.7 = 1），且停止按钮未动作（I1.0 = 1）；当轴 1 方向为正转（Q0.1 = 0），且左限位开关未动（I0.3 = 1），或轴 1 方向为反转（Q0.1 = 1），且右限位开关未动（I0.5 = 1）；且没有回原点动作（M2.1 = 0）和相对位移启动动作（M2.2 = 0），则输出点动运行启动（M2.0 = 1）。

程序段3：相对位移按钮按下（I0.2=1），且停止按钮未动作（I1.0=1）；当轴1方向为正转（Q0.1=0），且左限位开关未动（I0.3=1），或轴1方向为反转（Q0.1=1），且右限位开关未动（I0.5=1）；且没有回原点动作（M2.1=0）和点动运行动作（M2.0=0），则相对位移启动动作（M2.2=1）。

程序段4：回原点按钮（I0.1=1）按下，且停止按钮（I1.0=1）未动作；且左限位开关未动（I0.3=1），不在原点位置（I0.4=0），右限位开关未动（I0.5=1），则回原点动作启动。

程序段5：点动运行动作（M2.0=1），或回原点动作（M2.1=1），或相对位移启动动作（M2.2=1），则启动驱动器使能Q0.3。

程序段6：点动运行上升沿动作（M2.0=1），或相对位移上升沿动作（M2.2=1），给点动和相对位移动作的PTO0频率值（SMW68=5000），PTO0脉冲计数值（SMD72=4000）。

程序段7：上升沿扫描回原点动作（M2.1=1），给回原点动作的PTO0频率值（SMW68=5000），回原点PTO0脉冲计数值（SMD72=320000）。

程序段8：若电动机处于停止状态，且转向开关置于1，则逆时针转动（Q0.1=1）。

程序段9：若电动机处于停止状态，且转向开关置于0，则顺时针转动（Q0.1=0）。

程序段10：原点开关有信号时，调用原点定位完成子程序SBR1。

程序段11：第一次扫描点动运行动作（M2.0=1），或上升沿扫描连续动作（M0.7=1）且点动运行动作（M2.0=1），或上升沿扫描相对位移启动动作（M2.2=1），或上升沿扫描回原点动作（M2.1=1），且电动机非运行状态（M0.1=0），且PTO0脉冲计数值>1，则置脉冲输出功能的控制位，启动脉冲输出（Q0.0），电动机运行标志M0.1置位（M0.1=1），复位连续运行标志M0.7。

程序段12：当定位操作完成瞬间，或者相对位移启动瞬间，将脉冲输出量传送给SMD72。

程序段13：若按STOP（停止）按钮I1.0下降沿，或左限位动作I0.3上升沿，或右限位动作I0.5上升沿，或点动运行动作M2.0下降沿，且电动机运行状态（M0.1=1），则调用电动机停止子程序SBR0。

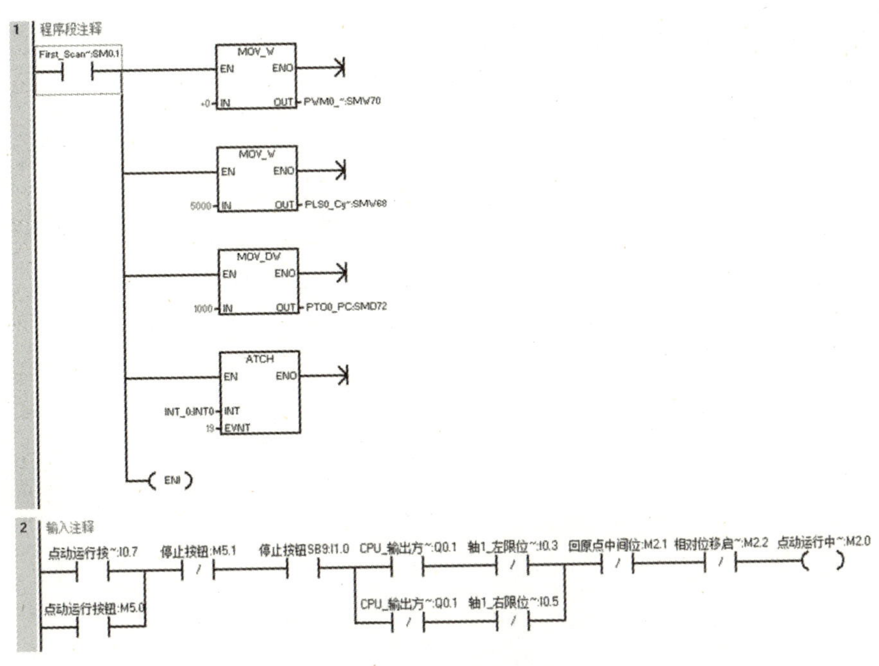

图7-2-4　伺服工作台位移控制主程序

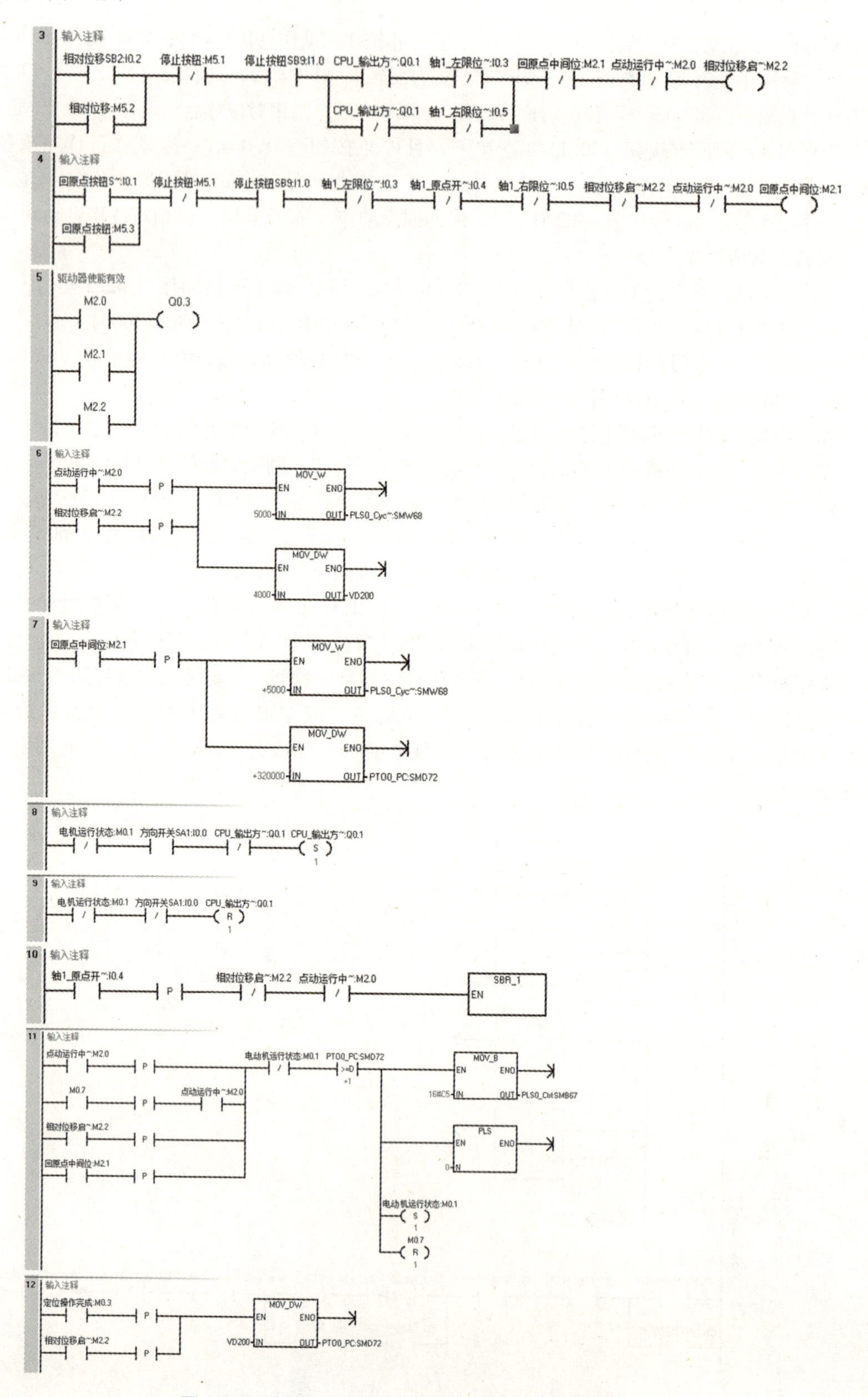

图 7-2-4　伺服工作台位移控制主程序（续 1）

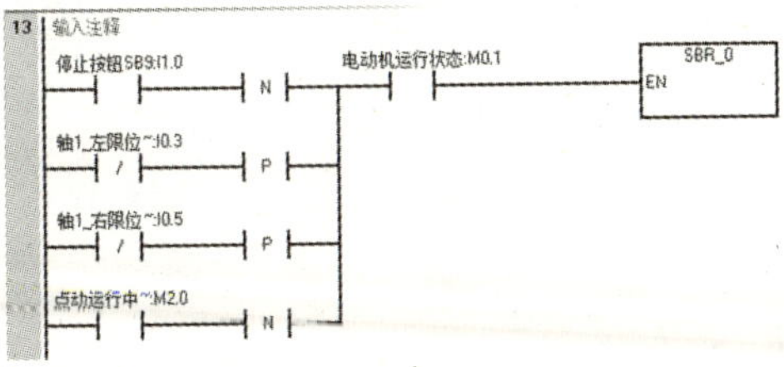

图 7-2-4　伺服工作台位移控制主程序（续 2）

4. 子程序 SBR0

伺服工作台位移控制子程序 SBR0 如图 7-2-5 所示，其中程序段的解释如下：SM0.0 总是 1；激活脉冲宽度调制（即置 PTO0 的控制位）；Q0.0 停止输出脉冲；对电动机运行状态标志复位（M0.1 = 0）。

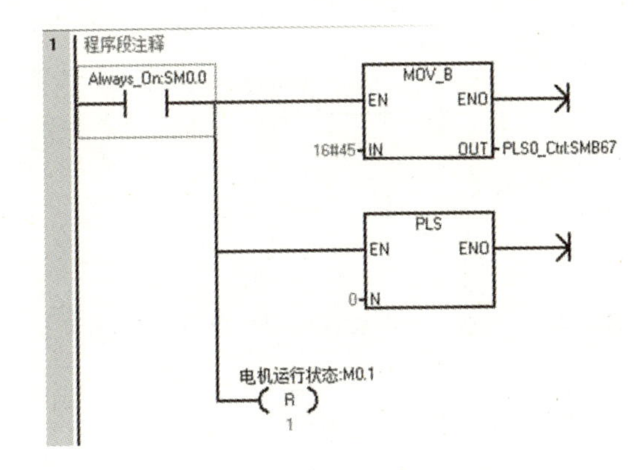

图 7-2-5　伺服工作台位移控制子程序 SBR0

5. 子程序 SBR1

伺服工作台位移控制子程序 SBR1 如图 7-2-6 所示，其中程序段的解释如下：

程序段 1：当电动机处于运行状态时，调用 SBR0 子程序。

程序段 2：当定位操作完成时（M0.3 = 1），返回主程序。

程序段 3：当定位操作处于未完成状态时（M0.3 = 0），置位定位操作完成标志 M0.3。

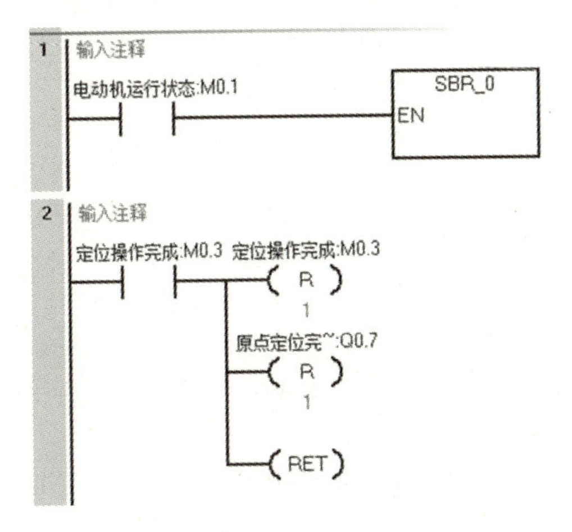

图 7-2-6　伺服工作台位移控制子程序 SBR1

3 输入注释

定位操作完成:M0.3 定位操作完成:M0.3

/ (S) 1

原点定位完~:Q0.7

(S) 1

图 7-2-6 伺服工作台位移控制子程序 SBR1（续）

6. 中断子程序 INT_0

伺服工作台位移控制中断子程序 INT0 如图 7-2-7 所示，其中程序段的解释如下：SM0.0 总是 1；电动机运行状态标志 M0.1 复位（M0.1 =0），电动机连续运行 M0.7 置位（M0.7 =1）。

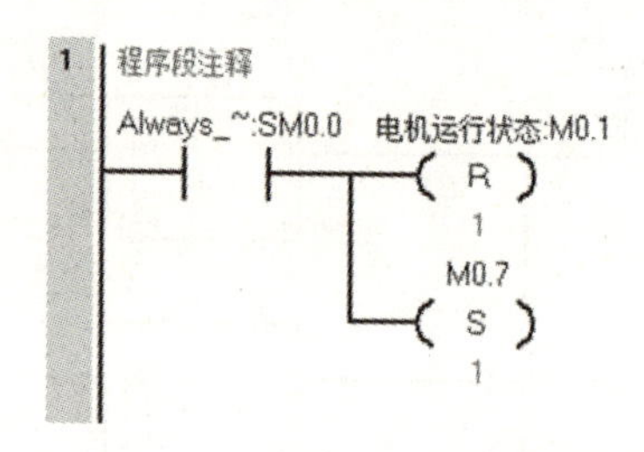

图 7-2-7 伺服工作台位移控制中断子程序 INT0

视 频

伺服工作台位移控制的项目调试

7.2.5 伺服工作台位移控制的项目调试

伺服工作台位移控制调试过程请扫码查看。

（1）按回原点按钮，控制器会发出脉冲指令给伺服驱动器，驱动伺服电动机带动工作台，寻找原点位置，当工作台回到原点位置时，原点开关反馈信号到控制器，控制器停止发出脉冲，电动机停止，找原点动作完成。

（2）按点动运行按钮，控制器会连续循环发出脉冲指令给伺服驱动器，驱动伺服电动机带动工作台向前移动，当松开点动按钮时，电动机停止。当切换方向开关 SA1，电动机反向运行。

（3）按启动相对位移按钮，控制器会发出固定的脉冲给伺服驱动器，驱动伺服电动机带动工作台移动一个相对位置。当脉冲指令发送完成后，工作台停止。

本节习题

（1）伺服系统的控制回路模式有（　　）。

A. 位置控制　　B. 速度控制　　C. 转矩控制　　D. 以上均是

（2）西门子 SMART ST60 CPU 具有（　　）个 PTO/PWM 生成器，可产生高速脉冲串或脉宽调制波。

A. 一　　B. 二　　C. 三　　D. 四

（3）为 Q0.0 监视和控制 PTO0（脉冲串输出）及 PWM0（脉宽调制）的特殊存储器控制字节是（　　）。

A. SMB66　　B. SMB67　　C. SMB76　　D. SMB77

（4）对下图所示程序的描述正确的是（　　）。

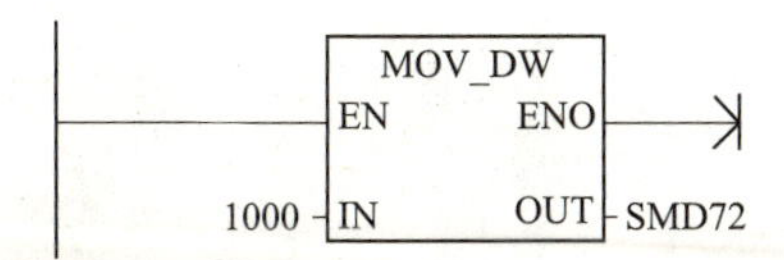

A. 设置 PTO0 脉冲计数值为 1 000

B. 设置 PTO0 频率值为 1 000

（5）本节设计的 PLC 程序中，主程序调用了（　　）个子程序和（　　）个中断程序。

A. 1，1　　B. 1，2　　C. 2，2　　D. 2，1

7.3　ABB 机器人的运动控制

（1）掌握 PLC 和机器人 I/O 信号交换的概念和信号连接方法；

（2）掌握 PLC 输入/输出、机器人 I/O 板卡输入/输出的接线；

（3）掌握机器人系统信号与 PLC 程序控制的关系；

（4）能够编写程序控制机器人实现一定的动作，实现自动控制。

7.3.1　PLC 与 ABB 机器人联合控制介绍

PLC与ABB机器人联合控制介绍

1. 控制要求

通过西门子 S7-1200（CPU 1214C DC/DC/DC）PLC 控制 ABB 机器人完成去毛刺工作。根据毛料形状对 ABB 机器人进行编程完成相应动作要求。根据元器件和与 ABB 机器人通信的 I/O 接口确定 PLC 的输入/输出的分配。

主要设备：西门子 S7-1200 PLC、ABB 机器人 IRB1410。ABB 机器人可以以快慢两种速度完成去毛刺工作，快速和慢速可通过旋钮开关选择，并通过状态指示灯指示当前的速度状态。

ABB 机器人通过 I/O 与 PLC 进行通信，用 PLC 控制机器人实现相应动作。按下绿色按 S2，绿色指示灯 P1 亮；S1 处于模式 1 时（S1 =0），机器人得电运行，机器人在模式 1 中慢速去毛刺，P2 黄灯长亮；S1 处于模式 2 时（S1 =1），机器人在模式 2 中进行快速去毛刺，P2 黄灯闪烁。图 7-3-1 为控制系统的实物图。

2. 硬件连接

PLC 发送信号给 ABB 机器人，机器人根据接收信号状态运行 ABB 机器人程序，它们之间的信号发送关系为：PLC 输出信号送给机器人控制柜 I/O 扩展板的 DI 信号端，机器人控制柜的 DO 信号送给 PLC 的输入端口，如图 7-3-2 所示。

ABB 控制器的 D652 板卡有 32 位输入/输出接口，XS12、XS13 的 1 ~ 8 号端子为 16 位输入接口；XS14、XS15 的 1 ~ 8 号端子为 16 位输出接口。XS16 自带 24 V 电源（1 号端子为 24 V 电源的正极，2 号端子为 24 V 电源的负极），XS12、XS13、XS14、XS15 的 9 号端子与 24 V 电源的负极连接；XS14、XS15 的 10 号端子与 24 V 电源的正极连接。

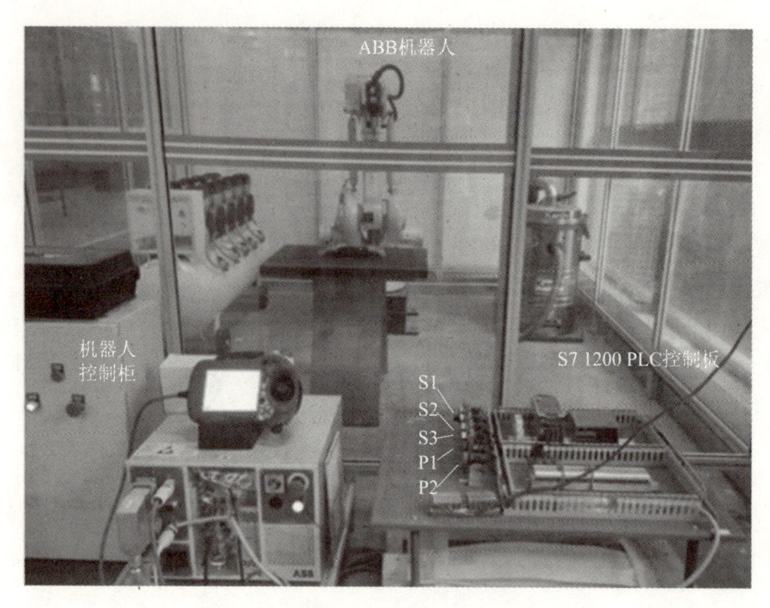

图 7-3-1　项目实物图

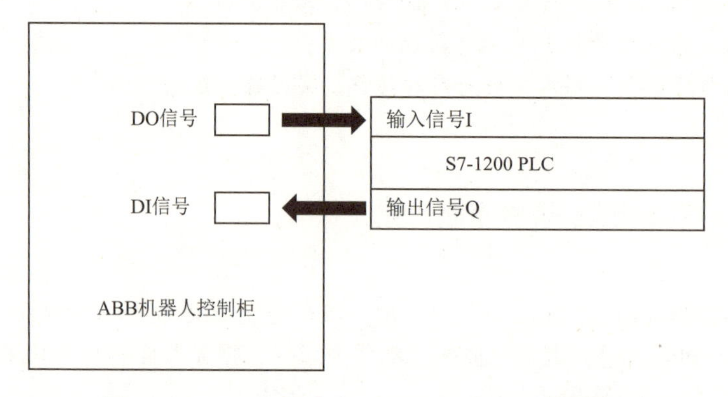

图 7-3-2　ABB 机器人和 PLC 之间的信号通信关系

实际接线时要根据信号连接情况确定 9、10 号端子的连接方式。若机器人 I/O 端口 XS14 与 PLC 的 I/O 进行通信连接时，为确保电路形成通路，9、10 号端子要与 PLC 的公共端相连，如图 7-3-3 所示。

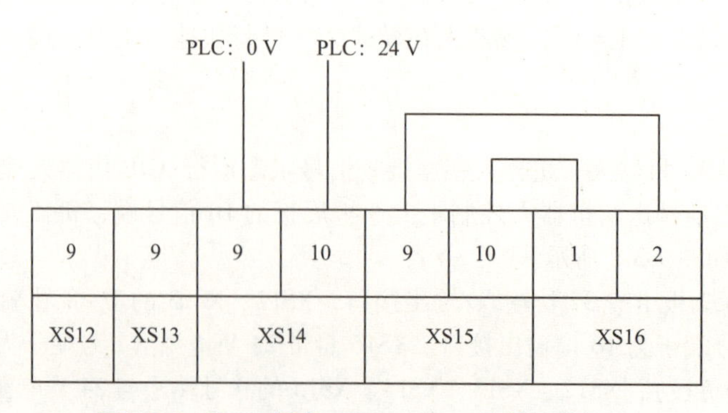

图 7-3-3　D652 板卡 XS12 ~ XS16 公共端的接线

7.3.2　电气原理图设计

ABB 机器人和 PLC 的 I/O 分配表见表 7-1-1。

表 7-1-1　ABB 机器人和 PLC I/O 分配表

序号	ABB 机器人 D652 板卡		PLC　I/O 端口	
	I/O 口	信号含义	I/O 口	信号含义
1	DI1	Motors on（电动机启动）	Q0. 0	I/O 交换信号
2	DI2	PP To Main（回主程序）	Q0. 1	I/O 交换信号
3	DI3	Start（程序启动）	Q0. 2	I/O 交换信号
4	DI4	Motors off（电动机停止）	Q0. 3	I/O 交换信号
5			Q0. 4	绿灯
6			Q0. 5	黄灯
7	DI5	Stop（程序停止）	Q0. 6	I/O 交换信号
8	DI7	方式选择 1	Q1. 0	I/O 交换信号
9	DI8	方式选择 2	Q1. 1	I/O 交换信号
10	DO1	报警灯		
11	DO2	气动阀		
12	DO3	旋转去毛刺电动机		
13			I0. 1	方式选择 S1
14			I0. 0	启动按钮 S2
15			I0. 2	停止按钮 S3
16	DO9	模式 1	I0. 4	I/O 交换信号
17	DO10	模式 2	I0. 5	I/O 交换信号

这里 PLC 共用到 5 个输入点和 10 个输出点。首先是 PLC 的输入，S1 ~ S3 分别对应方式选择、启动按钮和停止按钮；机器人 D652 板卡 XS15 的 1 号、2 号端子连接 PLC 的 I0. 4 ~ I0. 5 口。输出口 Q0. 0 ~ Q0. 3 连接机器人 D652 板卡 XS12 的 1 ~ 4 号接点；Q0. 4 ~ Q0. 5 连接两盏指示灯；Q0. 6 ~ Q1. 1 连接机器人 D652 板卡 XS12 的 5 ~ 8 号接点。机器人 I/O 端口与 PLC 的 I/O 进行通信连接，其电气原理图如图 7-3-4 所示。

7.3.3　PLC 程序设计

视 频
PLC程序设计

1. 程序控制流程

程序控制流程图如图 7-3-5 所示。上电后，绿灯亮，机器人在原点准备。通过方式选择 S1 选择快/慢速去毛刺动作，运行相应的机器人程序。

2. PLC 程序

ABB 机器人运动控制的 PLC 主程序如图 7-3-6 所示，其中程序段的解释如下：

程序段 1：启动，绿灯亮。

程序段 2：机器人电动机使能，程序光标指向 Main。

程序段 3：模式选择，I0. 1 = 1，运行于模式 1；I0. 1 = 0，运行于模式 2。

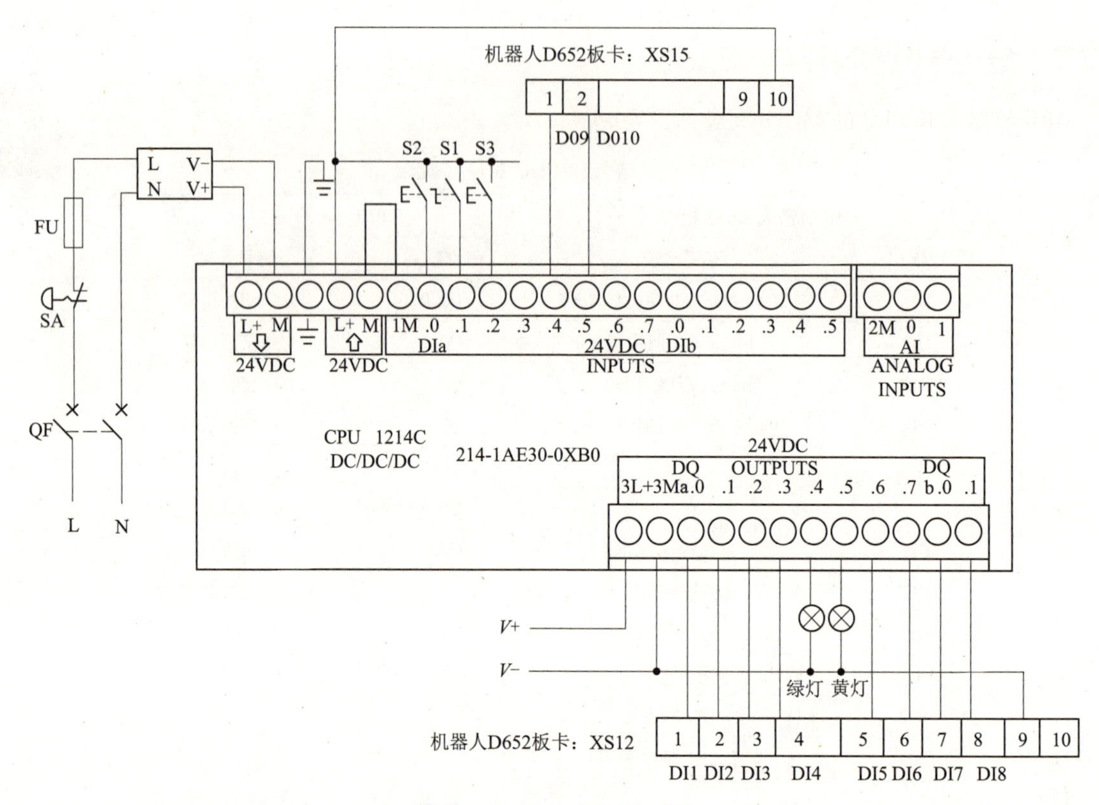

图 7-3-4　PLC 电气原理图

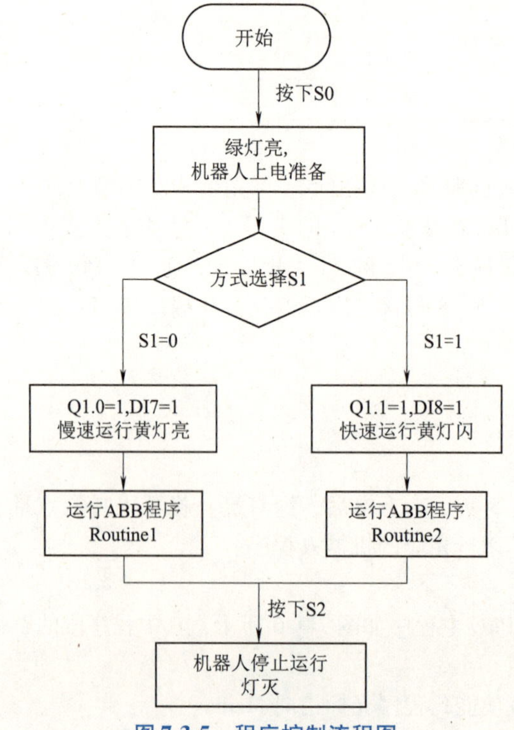

图 7-3-5　程序控制流程图

程序段 4：按下停止按钮，机器人停止动作。

程序段 5：模式 1、模式 2 对应的黄灯状态。

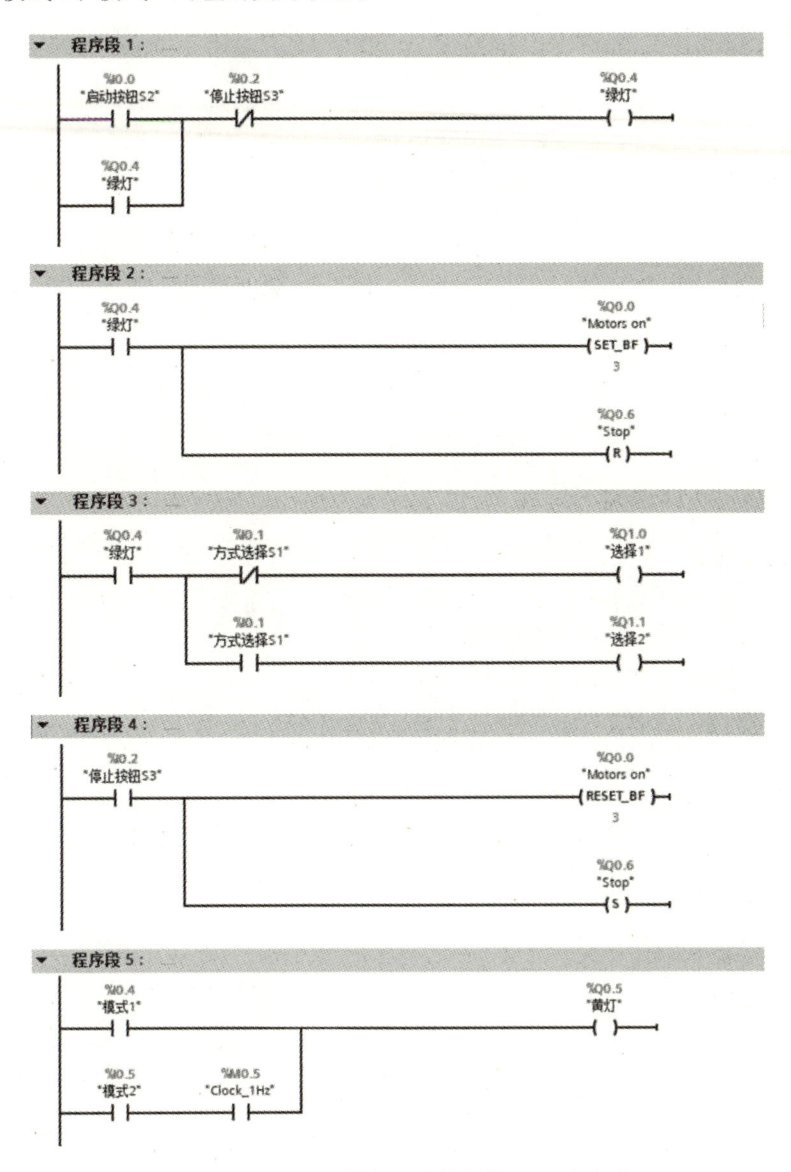

图 7-3-6　ABB 机器人运动控制的 PLC 主程序

7.3.4　ABB 机器人程序设计

1. 程序控制流程

程序控制流程图如图 7-3-7 所示，启动后，执行初始化子程序，根据 DI 信号的状态执行相应的子程序。

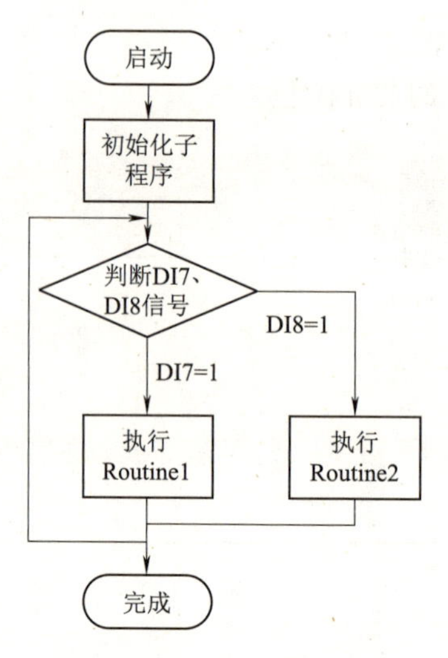

图 7-3-7　程序控制流程图

2. 主程序分析

```
MODULE mainprogram
    PROC main()……主程序开始
        chushihua;……初始化复位程序
        WHILE TRUE DO……无限循环,直到有信号为止
            IF DI7 =1 THEN……等待 S1 信号
                Routine1……模式 1 慢动作子程序
            ENDIF
            IF DI8 =1 THEN……等待 S1 信号
                Routine2;……模式 2 快动作子程序
            ENDIF
        ENDWHILE
        finish;
    ENDPROC
ENDMODULE
```

3. 子程序分析

```
MODULE Module1
    PROC Routine1()……模式 1 慢动作子程序
        MoveAbsJ HOME\\NoEOffs,v1000,z50,tool0;
        Set DO9;……发送信号给 PLC,黄灯长亮
        MoveJ Offs(Area1_1,-1,0,150),v1000,z0,tool0;
        Set do10_3;……旋转去毛刺
        Set do10_2;……气动阀
        MoveL Area1_1,v1000,z0,tool0;
        MoveL Area1_2,v200,z0,tool0;
        MoveL Area1_3,v200,z0,tool0;
```

```
    MoveL Area1_4,v200,z0,tool0;
    MoveL Area1_5,v200,z0,tool0;
    MoveL Area1_6,v200,z0,tool0;
    MoveL Area1_7,v200,z0,tool0;
    MoveL Area1_8,v200,z0,tool0;
    MoveL Area1_9,v200,z0,tool0;
    MoveL Area1_10,v200,z0,tool0;
    MoveL Area1_11,v200,z0,tool0;
    MoveL Area1_12,v1000,z0,tool0;
    MoveL Area1_13,v1000,z0,tool0;
    MoveL Offs(Area1_13,-1,0,150),v1000,z0,tool0;
    Reset do10_2;
    Reset do10_3;
    Reset DO9;
ENDPROC
PROC Routine2()……模式 2 快动作子程序
    MoveAbsJ HOME\\NoEOffs,v1000,z50,tool0;
    Set DO10;……发送信号给 PLC,黄灯闪烁
    MoveJ Offs(Area1_1,-1,0,150),v1000,z0,tool0;
    Set do10_3;……旋转去毛刺
    Set do10_2;……气动阀
    MoveL Area1_1,v1500,z0,tool0;
    MoveL Area1_2,v1000,z0,tool0;
    MoveL Area1_3,v1000,z0,tool0;
    MoveL Area1_4,v1000,z0,tool0;
    MoveL Area1_5,v1000,z0,tool0;
    MoveL Area1_6,v1000,z0,tool0;
    MoveL Area1_7,v1000,z0,tool0;
    MoveL Area1_8,v1000,z0,tool0;
    MoveL Area1_9,v1000,z0,tool0;
    MoveL Area1_10,v1000,z0,tool0;
    MoveL Area1_11,v1000,z0,tool0;
    MoveL Area1_12,v1500,z0,tool0;
    MoveL Area1_13,v1500,z0,tool0;
    MoveL Offs(Area1_13,-1,0,150),v1000,z0,tool0;
    Reset do10_2;
    Reset do10_3;
    Reset DO10;
ENDPROC

PROC finish()
    Reset do10_6;
```

```
Reset do10_7;
MoveAbsJ HOME\\NoEOffs,v1000,z50,tool0;
ENDPROC
PROC chushihua()
    AccSet 50,50;
    VelSet 20,1000;
    MoveAbsJ HOME\\NoEOffs,v1000,z50,tool0;
    Set do10_6;
    Set do10_7;
    WaitTime 1;
ENDPROC
```

视频

ABB机器人运动控制的调试

7.3.5 ABB 机器人运动控制的调试

按照要求完成系统的接线，PLC 程序的编写，ABB 机器人程序的编写，然后上电对控制系统进行调试，调试视频请扫描二维码观看。

本节习题

（1）S7-1200 启用系统时钟后，产生 2 Hz 脉冲的是________，产生 1 Hz 脉冲的是________。

（2）S7-1200 PLC 之间可以通过以太网通信，常用的通信指令有 TCON、________、________和 TRCV 指令。

（3）S7-1200 与另一台 S7-1200 通信时可以用 TSEND_C、TRCV_C 指令进行数据传输和交换，也可以用________、TSEND 和 TRCV 指令进行通信连接。

（4）利用 TSEND_C 指令进行通信设置时，其指令参数 REQ 在________激活发送。

（5）PLC 和机器人进行 I/O 连接时，PLC 的输出口连接机器人的 I/O 扩展板的________口；机器人 I/O 扩展板的输出口连接 PLC 的________口。

第 8 章 西门子 PLC 的以太网通信控制

以太网通信技术可以实现设备之间高速可靠的数据传输，提高设备的智能性。本章围绕西门子 PLC 的 S7 通信、PROFINET 通信及开放式用户通信展开。8.1 节介绍了 S7 通信的 PUT 和 GET 指令，以及通信项目硬件组态过程；8.2 节分析了 PROFINET 通信基本概念，PLC 之间的 I/O 交换地址等；8.3 节详细分析了开放式用户通信组态过程。

8.1 西门子 PLC 的 S7 通信

学习目标

（1）掌握 S7 通信的相关知识；
（2）掌握 S7 通信的硬件组态、以太网接口参数设置；
（3）掌握 PLC 的 GET 和 PUT 通信指令的编写；
（4）具备编写程序实现 S7-200 SMART PLC 与 S7-1200 PLC 通信的能力。

视频

S7通信介绍

8.1.1 S7 通信介绍

S7 通信是西门子 S7 系列 PLC 基于 MPI、PROFIBUS 和以太网的一种优化的通信协议，它是面向连接的协议，在进行数据交换前，必须与通信伙伴建立连接。S7 通信属于西门子私有协议，本节主要介绍基于以太网的 S7 通信。

S7 通信服务集成在 S7 控制器中，属于 OSI 模型第 7 层（应用层）的服务，采用客户端-服务器原则。S7 连接属于静态连接，可以与同一个通信伙伴建立多个连接，同一时刻可以访问的通信伙伴的数量取决于 CPU 的连接资源。S7-1200 PLC 通过集成的 PROFINET 接口支持 S7 通信，采用单边通信方式，只要客户端调用 PUT/GET 通信指令即可。

S7-200 SMART PLC 与 S7-1200 PLC 进行 S7 通信，S7-1200 PLC 作为客户端，S7-200 SMART PLC 作为服务器。客户端将服务器 S7-200 SMART PLC 的 VW100 ~ VW118 中的数据读取到客户端 S7-1200 PLC 的 DB10. DBW0 ~ DB10. DBW18 中；客户端将 DB10. DBW20 ~ DB10. DBW38 的数据写到服务器 S7-200 SMART PLC 的 VW200 ~ VW218 中，如图 8-1-1 所示。

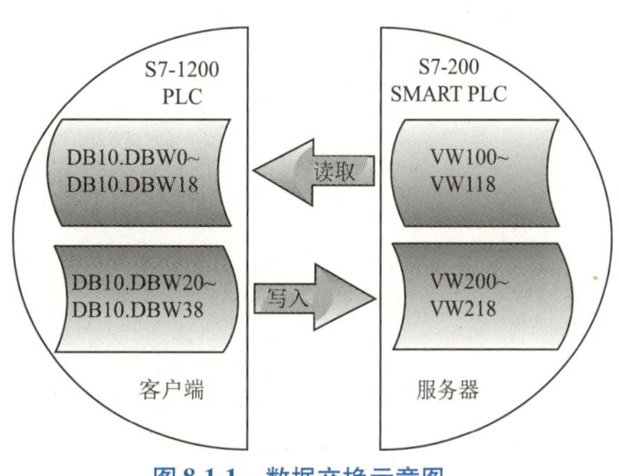

图 8-1-1 数据交换示意图

硬件组成：

（1）S7-1200 PLC（CPU 1214C DC/DC/DC）一台，订货号为6ES7214-1AG40-0XB0；

（2）S7-200 SMART PLC（CPU ST60 DC/DC/DC）一台，订货号为6ES7 288-1ST60-0AA0；

（3）四口交换机一台；

（4）编程计算机（带以太网卡）一台，已安装博途专业版 V17 编程环境和 STEP 7-Micro/WIN SMART V2.5 编程环境。

视 频

GET和PUT通信指令

8.1.2 GET 和 PUT 通信指令

1. 指令说明

在“指令”窗格中选择“通信”→“S7 通信”选项，出现 S7 通信指令列表，如图 8-1-2 所示。S7 通信指令主要包括两个通信指令：GET 指令和 PUT 指令，每个指令块拖动到程序工作区中将自动分配背景数据块，背景数据块的名称可自行修改，编号可以手动或自动分配。

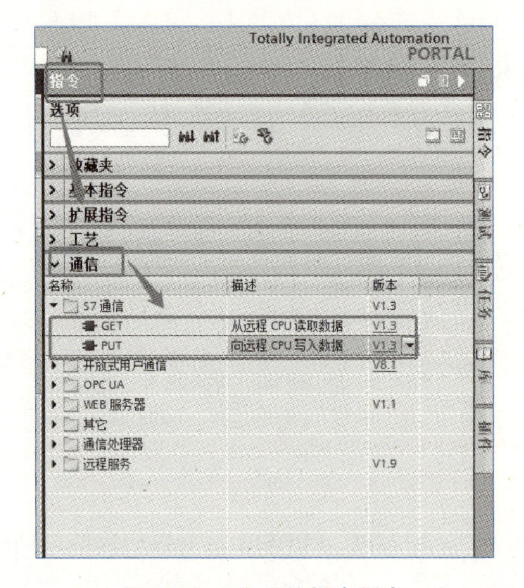

图 8-1-2　S7 通信指令列表

2. GET 指令

（1）指令介绍。GET 指令可以从远程伙伴 CPU 读取数据。伙伴 CPU 可以处于 RUN 模式或 STOP 模式，且不论伙伴 CPU 处于何种模式，S7 通信都可以正常运行，该指令如图 8-1-3 所示。

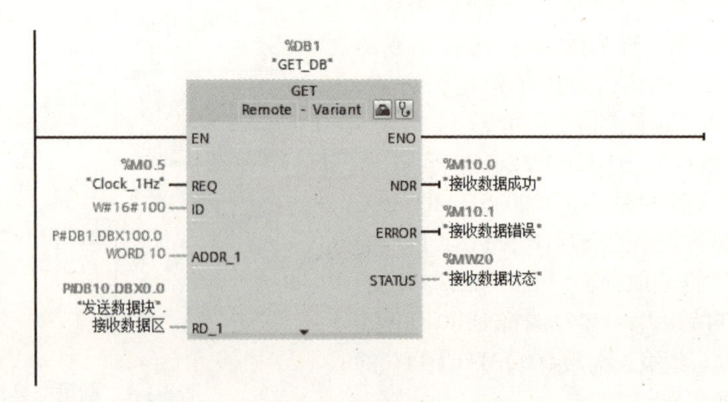

图 8-1-3　GET 指令

（2）指令参数。GET 指令输入/输出引脚参数说明见表 8-1-1。

表 8-1-1　GET 指令输入/输出引脚参数说明

引脚参数	数据类型	说　明
REQ	Bool	在上升沿时执行该指令
ID	Word	用于指定与伙伴 CPU 连接的寻址参数
NDR	Bool	0：作业尚未开始或仍在运行； 1：作业已成功完成
ERROR	Bool	如果上一个请求有错完成，那么 ERROR 位将变为 TRUE 并保持一个周期
STATUS	Word	错误代码
ADDR_1	Remote	指向伙伴 CPU 中待读取区域的指针。 当指针 Remote 访问某个数据块时，必须始终指向该数据块。 注意：S7-200 SMART PLC 中 V 区对应于 DB1，即在 GET 指令中使用的通信伙伴数据区 ADDR_1 = P#DB1. DBX100. 0 WORD 10 在 S7-200 SMART PLC 中对应为 VW100 ~ VW118
RD_1	Variant	指向本地 CPU 中用于输入已读数据区域的指针。 示例：P#DB10. DBX0. 0 WORD 10

3. PUT 指令

（1）指令介绍。PUT 指令可以将数据写入一个远程伙伴 CPU。伙伴 CPU 可以处于 RUN 模式或 STOP 模式，且不论伙伴 CPU 处于何种模式，S7 通信都可以正常运行，该指令如图 8-1-4 所示。

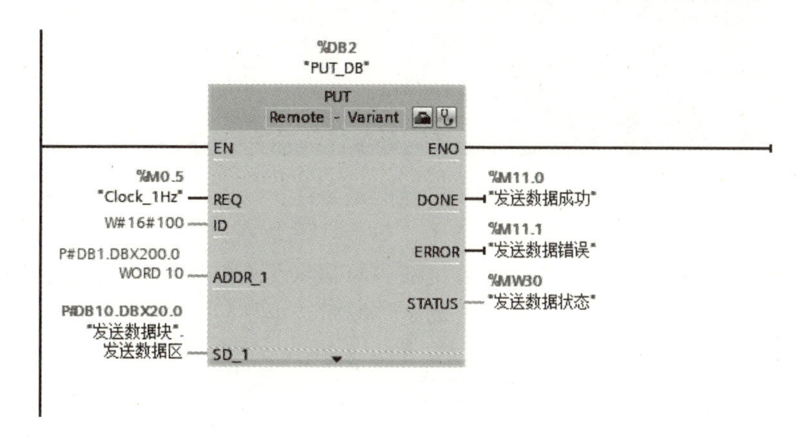

图 8-1-4　PUT 指令

（2）指令参数。PUT 指令输入/输出引脚参数说明见表 8-1-2。

表 8-1-2　PUT 指令输入/输出引脚参数说明

引脚参数	数据类型	说　明
REQ	Bool	在上升沿时执行该指令
ID	Word	用于指定与伙伴 CPU 连接的寻址参数
DONE	Bool	完成位
ERROR	Bool	如果上一个请求有错完成，那么 ERROR 位将变为 TRUE 并保持一个周期

续上表

引脚参数	数据类型	说　明
STATUS	Word	错误代码
ADDR_1	Remote	指向伙伴 CPU 中待写入区域的指针。 当指针 Remote 访问某个数据块时，必须始终指向该数据块。 注意：S7-200 SMART PLC 中 V 区对应于 DB1，即在 PUT 指令中使用的通信伙伴数据区 ADDR_1 = P#DB1. DBX200. 0 WORD 10 在 S7-200 SMART PLC 中对应为 VW200 ~ VW218
SD_1	Variant	指向本地 CPU 中用于读取数据区域的指针

视频

S7通信组态实施

8. 1. 3　S7 通信组态实施

1. 新建项目及组态客户端 S7-1200 PLC

打开博途编程环境，在 Portal 视图中，单击“创建新项目”选项，在弹出的界面中输入项目名称（S7 通信应用实例）、路径和作者等信息，然后单击“创建”按钮即可生成新项目，如图 8-1-5 所示。

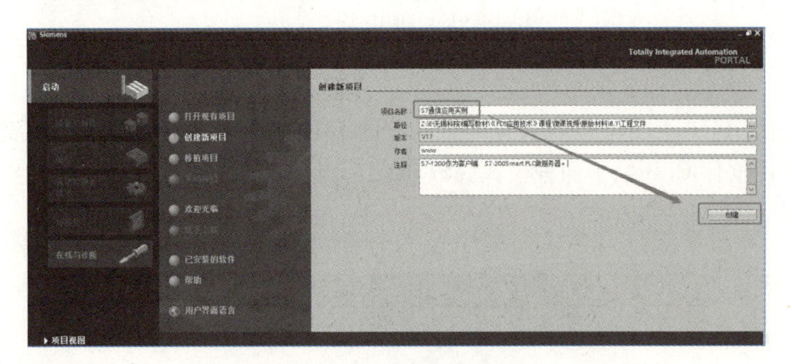

图 8-1-5　创建新项目

进入项目视图，在左侧的“项目树”窗格中，单击“添加新设备”选项，弹出“添加新设备”对话框，在此对话框中选择 CPU 型号和版本号（必须与实际设备相匹配）。这里选择 CPU 1214C DC/DC/DC 的 6ES7 214-1AG40-0XB0，然后单击“确定”按钮，如图 8-1-6 所示。

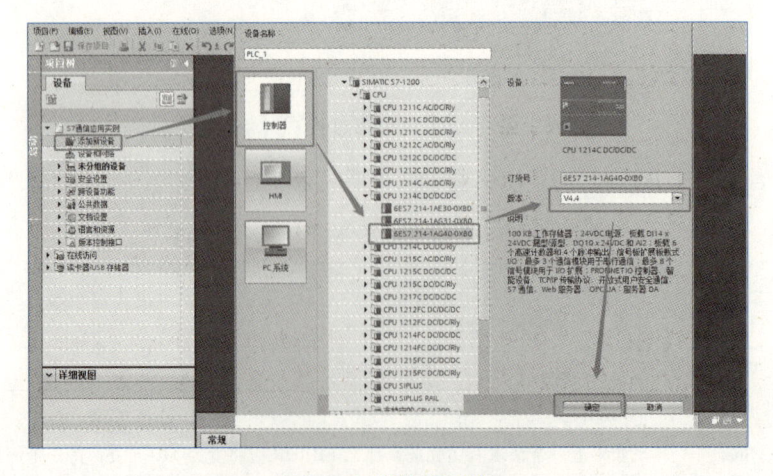

图 8-1-6　添加新设备

2. 设置客户端 CPU 属性

在“项目树”窗格中，单击 PLC_1［CPU 1214C DC/DC/DC］下拉按钮，双击“设备组态”选项，在“设备视图”的工作区中，选中 PLC_1，依次单击其巡视窗格中的“属性”→“常规”→“PROFINET 接口［X1］”→“以太网地址”选项，修改以太网 IP 地址为“192. 168. 0. 1”，如图 8-1-7 所示。

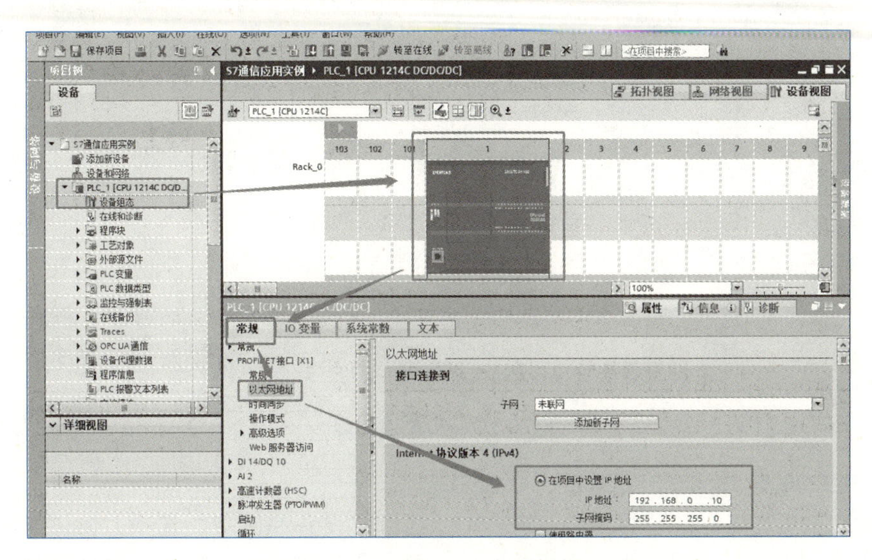

图 8-1-7　修改以太网 IP 地址

依次单击其巡视窗格的“属性”→“常规”→“系统和时钟存储器”选项，选中“启用系统存储器字节”和“启用时钟存储器字节”复选框，如图 8-1-8 所示。

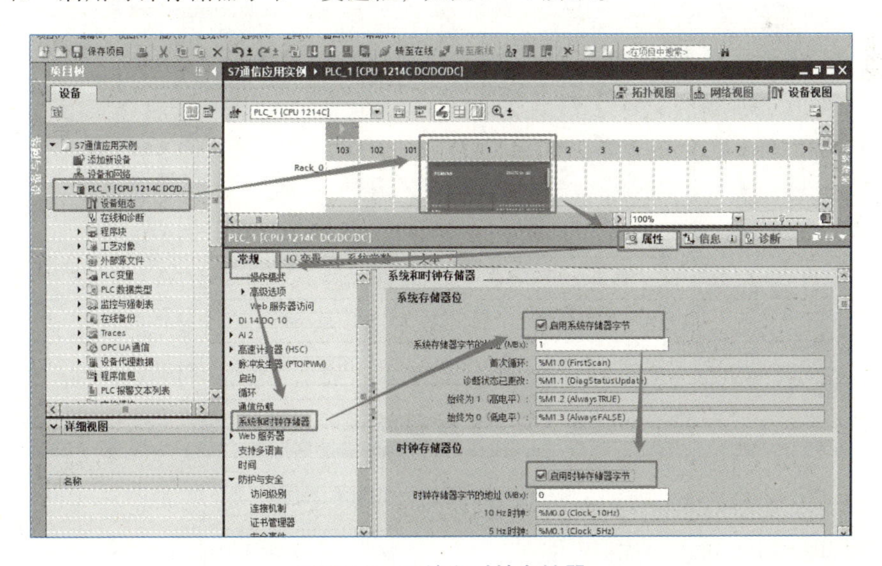

图 8-1-8　系统和时钟存储器

备注：程序中会用到时钟存储器 M0. 5。

3. 组态服务器 S7-200 SMART PLC

打开 STEP 7-Micro/WIN SMART V2. 5 编程环境，在左侧的“项目树”窗格中，单击“CPU ST60”

选项，弹出“系统块”对话框，在此对话框中选择 CPU 型号和版本号（必须与实际设备相匹配）。这里选择 CPU ST60（DC/DC/DC）。在以太网端口位置，设置 IP 地址为 192.168.0.101；子网掩码为 255.255.255.0；然后单击“确定”按钮，如图 8-1-9 所示。

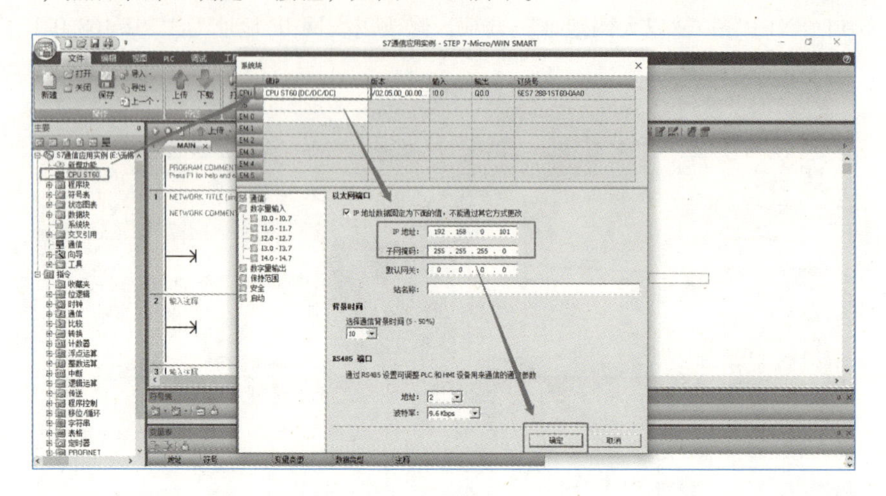

图 8-1-9　组态服务器

4. 组态 S7-1200 与 S7-200 SMART PLC 的 S7 连接

切换到博途编程环境，在“项目树”窗格中，选择“设备和网络”选项，在“网络视图”中，单击“连接”按钮，在“连接”下拉列表中选择“S7 连接”选项，选中 PLC 1 的 PROFINET 通信口的绿色小方框，然后右击，在弹出的快捷菜单中选择“添加子网”命令。完成 PN/IE_1 子网的添加，如图 8-1-10 所示。

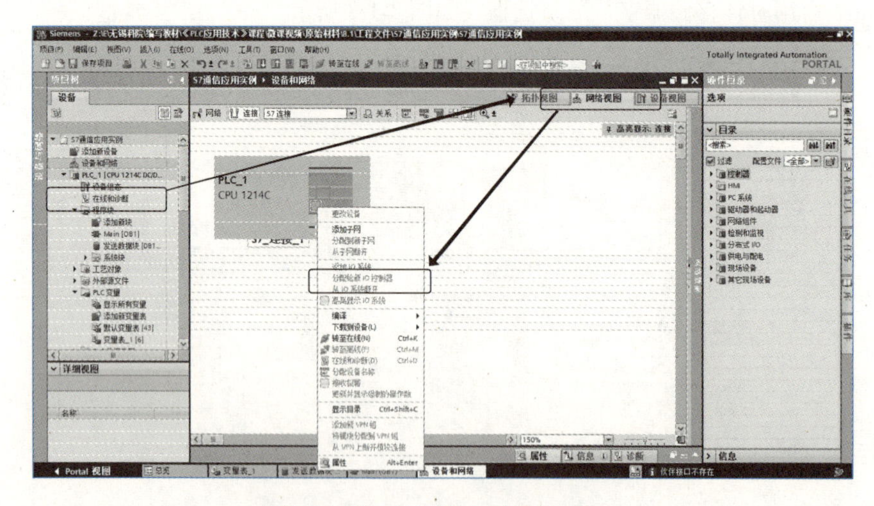

图 8-1-10　PN/IE_1 子网的添加

在“网络视图”中，单击“连接”按钮，在“连接”下拉列表中选择“S7 连接”选项，右击 CPU，在弹出的快捷菜单中选择“添加新连接”命令，如图 8-1-11 所示。

在弹出的“添加新连接”对话框中选择“未指定”选项，然后单击“添加”按钮，添加新连接，如图 8-1-12 所示。

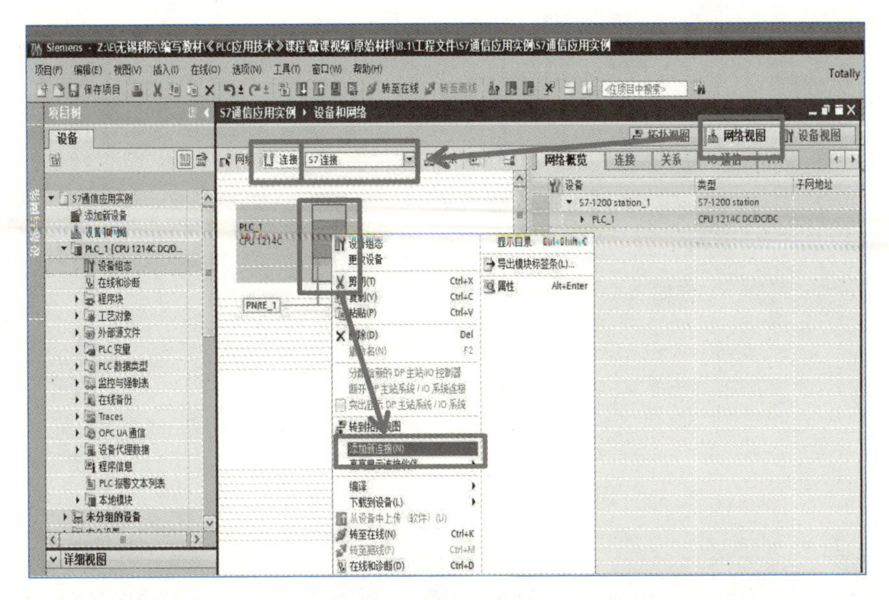

图 8-1-11　添加新连接 1

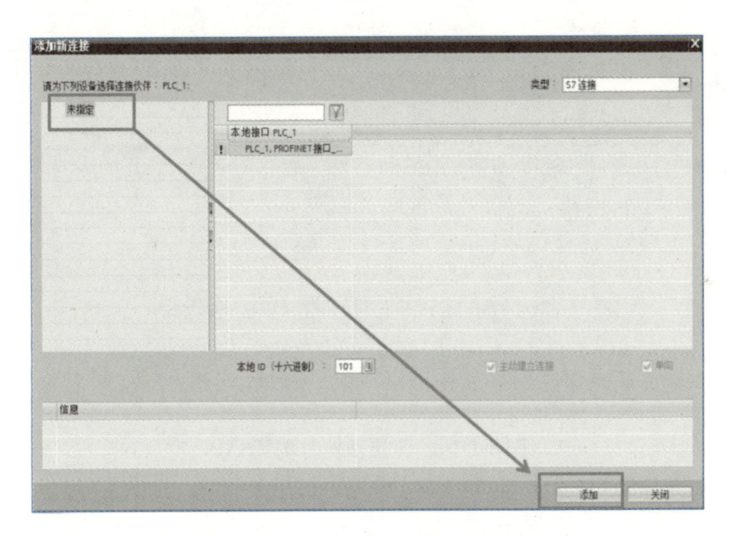

图 8-1-12　添加新连接 2

在“网络视图”中，单击“连接”按钮，选择新创建的“S7 连接”。在该连接的属性中，选择“常规”；设置伙伴方 S7-200 SMART 的 IP 地址为 192. 168. 0. 101；修改伙伴方的站点名称为“S7_200 SMART［CPU ST60］”，如图 8-1-13 所示。

在连接的属性中，选择“常规”→“地址详细信息”；为新创建的连接指定连接伙伴方的 TSAP，设置方法如图 8-1-14 所示。

注意： S7-200 SMART 侧的 TSAP 只能设置为 03. 00 或者 03. 01。

5. 创建 S7-1200 客户端 PLC 变量表

在“项目树”窗格中，依次单击“PLC_1［CPU 1214C DC/DC/DC］”→“PLC 变量”选项，双击“添加新变量表”选项，新添加的变量表名为“变量表_1”，然后在“变量表_1”中新建变量，如图 8-1-15 所示。

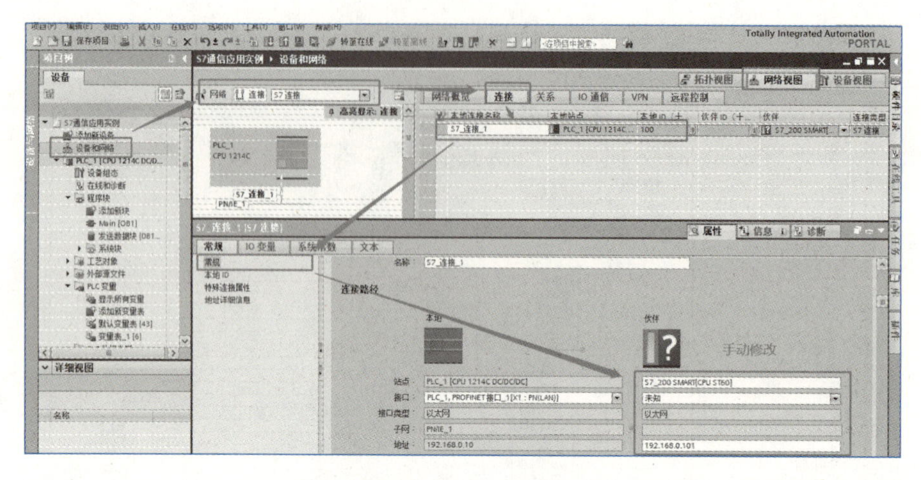

图 8-1-13　连接伙伴方的 IP 地址

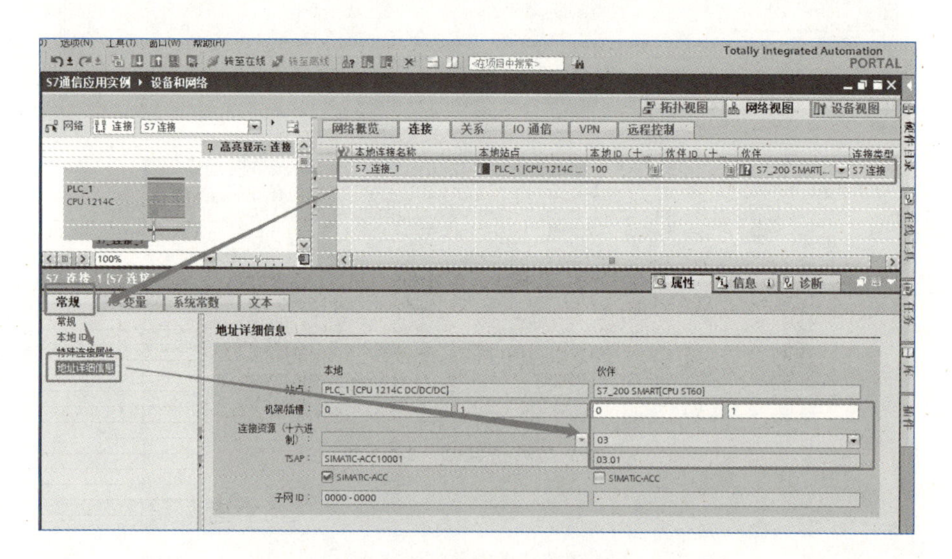

图 8-1-14　连接伙伴方的 TSAP

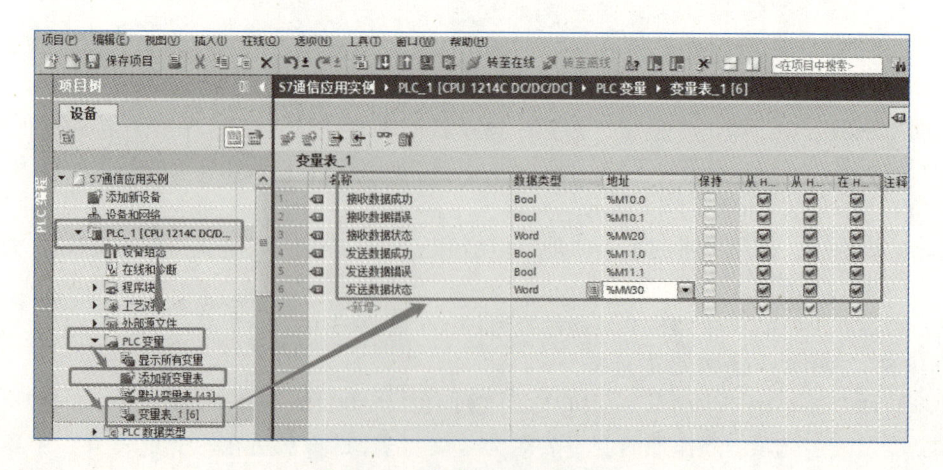

图 8-1-15　客户端 PLC 变量表

6. 创建 S7-1200 接收和发送数据区

（1）在“项目树”窗格中，依次选择“PLC_1［CPU 1214C DC/DC/DC］”→“程序块”→“添加新块”选项，选择“数据块（DB）”选项创建数据块，数据块名称为“发送数据块”，手动修改数据块编号为 10，然后单击“确定”按钮，如图 8-1-16 所示。

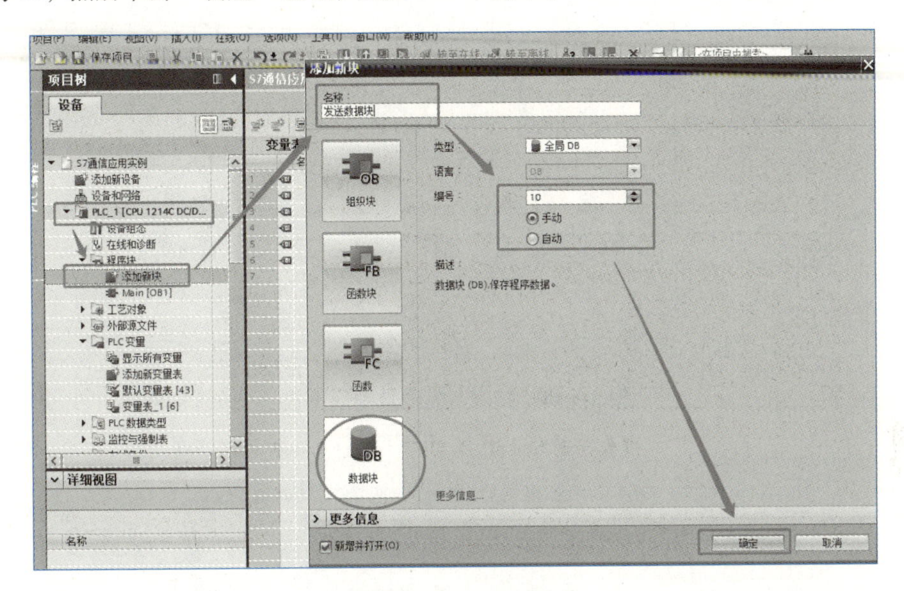

图 8-1-16　添加新块

在“发送数据块”的“属性”中取消“优化的块访问”，然后单击“确定”按钮，如图 8-1-17 所示。

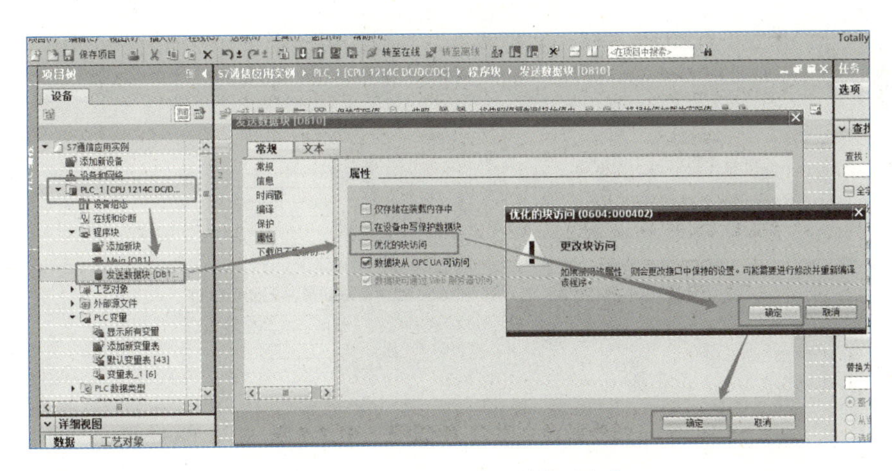

图 8-1-17　取消“优化的块访问”

（2）在数据块中，创建 10 个字的数组用于存储接收数据，创建 10 个字的数组用于存储发送数据，如图 8-1-18 所示。

7. 编写 OB1 主程序

（1）编写 GET 指令程序。在右边指令树中，选择“通信”→“S7 通信”→GET 指令，在“调用选项”对话框中，单击“确定”按钮，如图 8-1-19 所示。

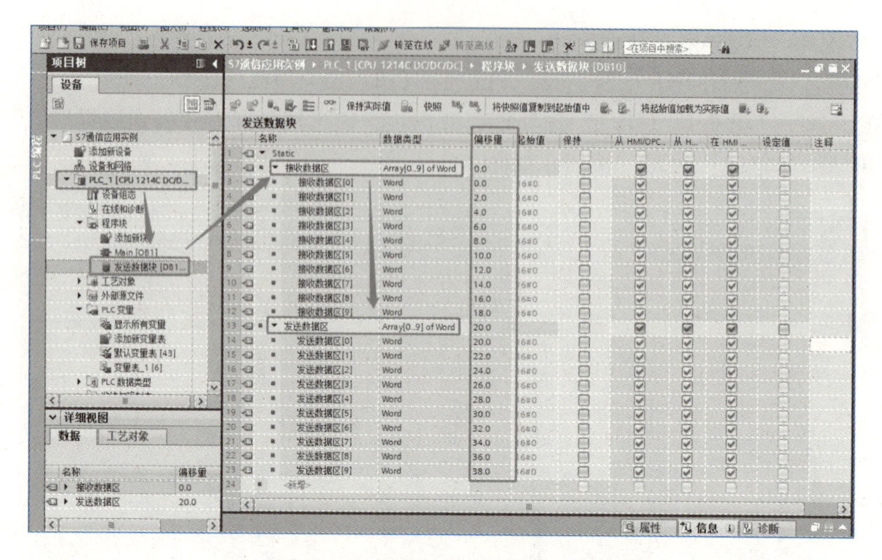

图 8-1-18　接收和发送数据区设置

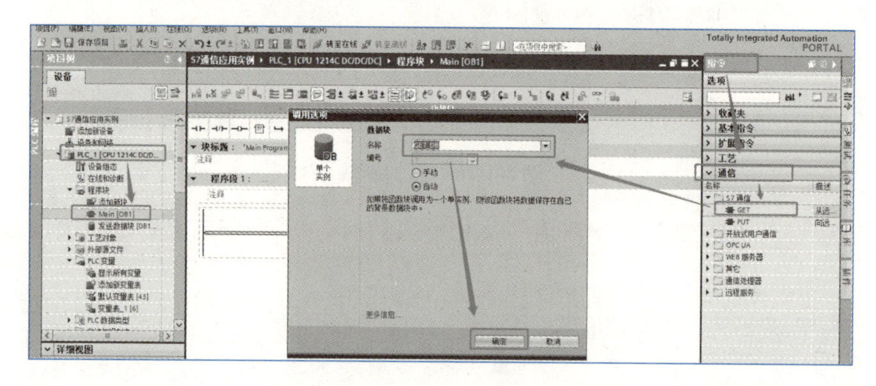

图 8-1-19　GET 指令选择

在 GET 指令的“属性”→“组态”→“连接参数”界面中设置通信伙伴连接参数，选择 S7_200 SMART［CPU ST60］选项，如图 8-1-20、图 8-1-21 所示。

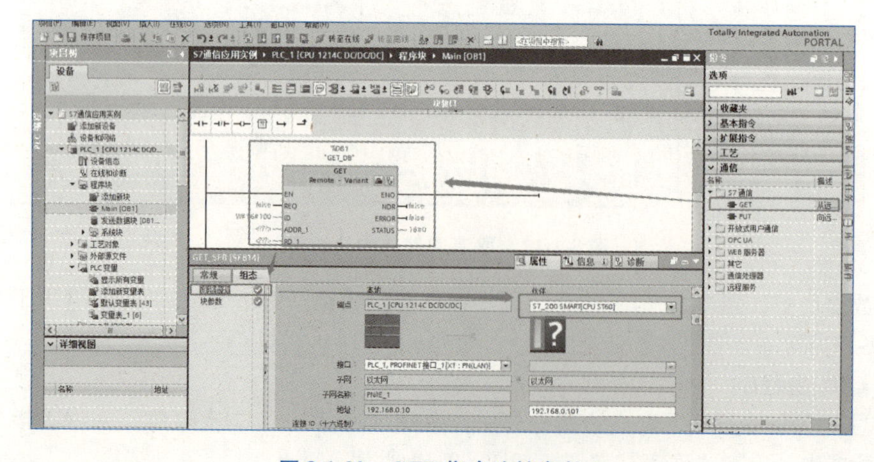

图 8-1-20　GET 指令连接参数 1

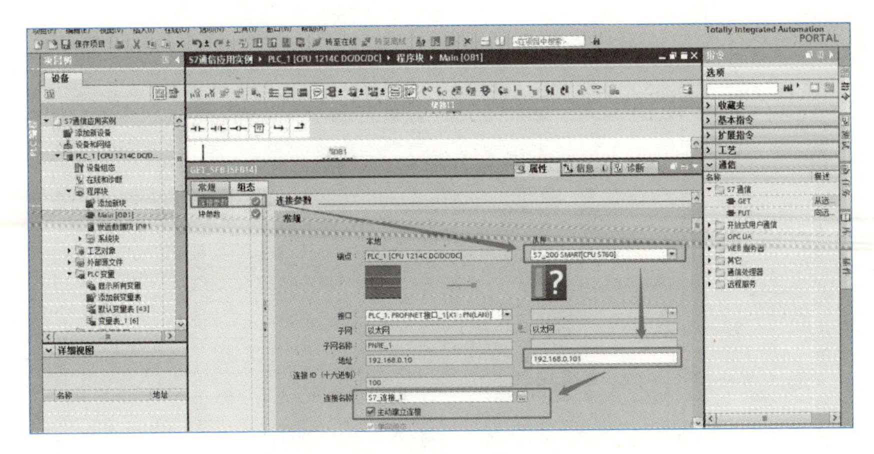

图 8-1-21　GET 指令连接参数 2

设置完 GET 指令的连接参数后，继续设置 GET 指令的引脚连接变量，如图 8-1-22 所示。当 M0.5 上升沿有效时，执行 GET 指令，接收缓冲区中的数据。

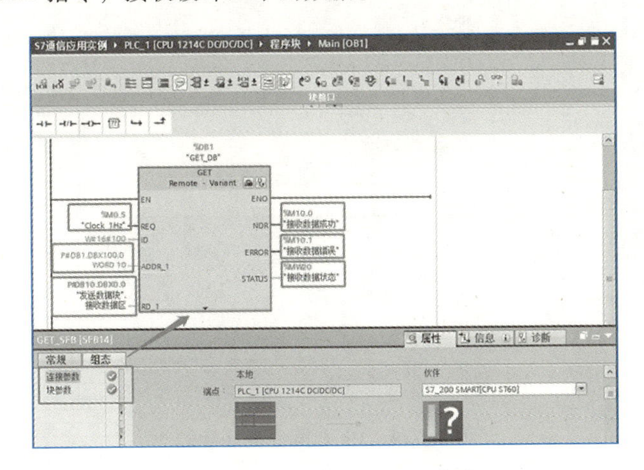

图 8-1-22　GET 指令引脚参数

主要参数说明如下：

①REQ 输入引脚为时钟存储器 M0.5，在上升沿时指令执行。

②ID 输入引脚是连接 ID，要与连接配置中一致，为 16#100。

③ADDR_1 输入引脚为通信伙伴数据区的发送地址。S7-200 SMART 中 V 区对应于 DB1，即在 GET 指令中使用的通信伙伴数据区 ADDR_1 = P#DB1. DBX100. 0 WORD 10 在 S7-200 SMART 中对应为 VW100 ~ VW118。

④RD_1 输入引脚为本地接收数据区。RD_1 = P#DB10. DBX0. 0，在 S7-1200 中对应 DB10. DBW0 ~ DB10. DBW18。

（2）在右边指令树中，选择“通信”→“S7 通信”→PUT 指令，在“调用选项”对话框中，单击“确定”按钮，如图 8-1-23 所示。

在 PUT 指令的“属性”→“组态”→“连接参数”界面中设置通信伙伴连接参数，选择 S7_200 SMART［CPU ST60］选项，如图 8-1-24 所示。

设置完 PUT 指令的连接参数后，继续设置 PUT 指令的引脚连接变量，如图 8-1-25 所示。当 M0.5

上升沿有效时，执行 PUT 指令，发送缓冲区中的数据。

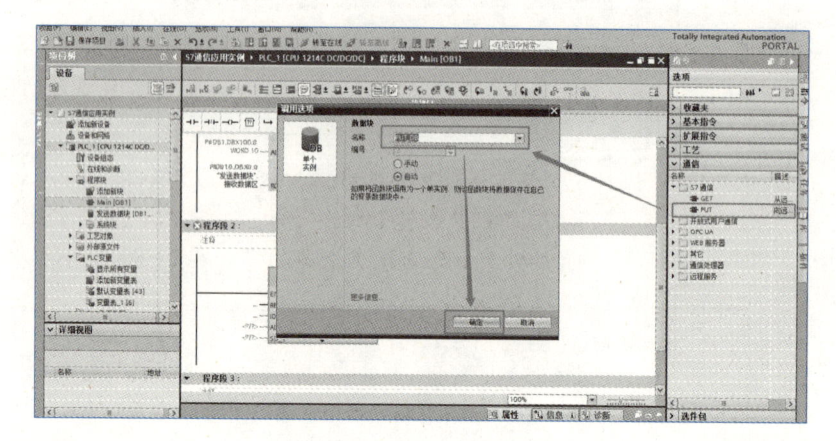

图 8-1-23　PUT 指令选择

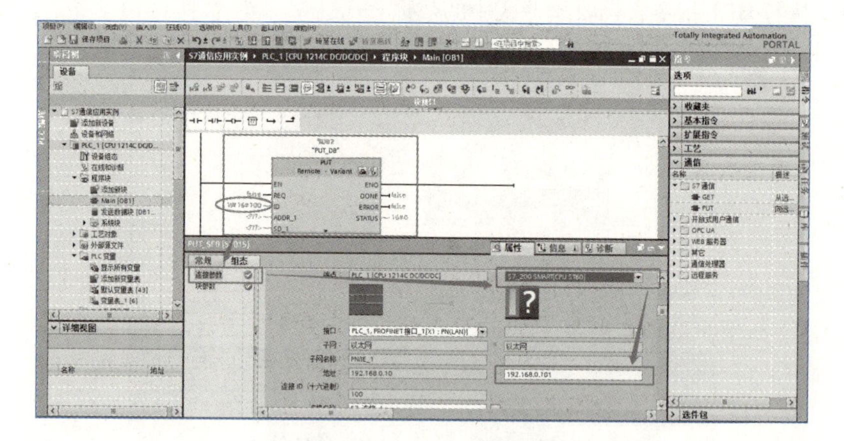

图 8-1-24　PUT 指令连接参数

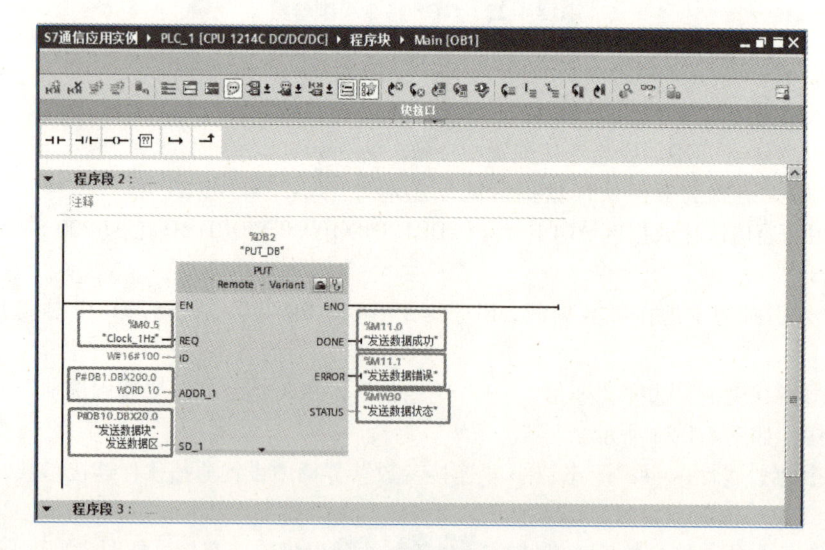

图 8-1-25　PUT 指令引脚参数

主要参数说明如下：

①REQ 输入引脚为时钟存储器 M0.5，在上升沿时指令执行。

②ID 输入引脚是连接 ID，要与连接配置中一致，为 16#100。

③ADDR_1 输入引脚为通信伙伴数据区的发送地址。S7-200 SMART 中 V 区对应于 DB1，即在 PUT 指令中使用的通信伙伴数据区 ADDR_1 = P#DB1. DBX200. 0 WORD 10 在 S7-200 SMART 中对应为 VW200 ~ VW218。

④SD_1 输入引脚为本地发送数据区。SD_1 = P#DB10. DBX20. 0，在 S7-1200 中对应 DB10. DBW20-DB10. DBW38。

8.1.4　西门子 S7 通信的项目调试

视 频

西门子S7通信的项目调试

程序编译后，将博途编程环境下编写的 S7 应用实例程序，下载到 S7-1200 PLC 中，通过 PLC 监控表监控通信数据。PLC 监控表如图 8-1-26 所示。

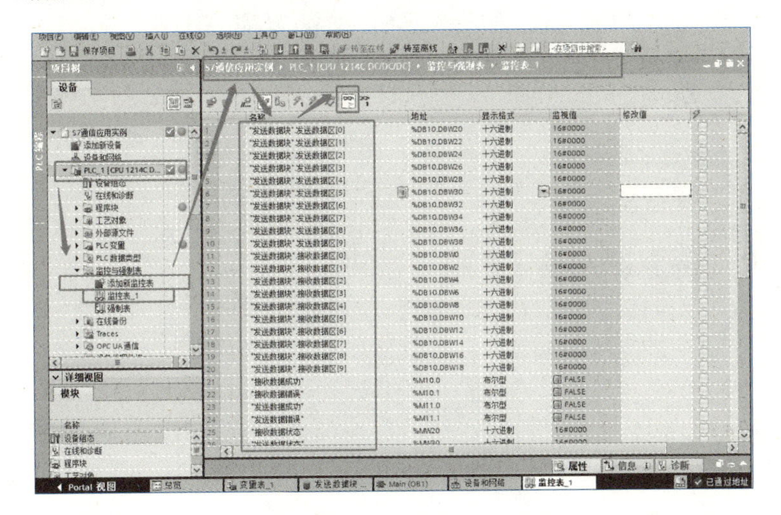

图 8-1-26　PLC 监控表

将 STEP 7-Micro/WIN SMART V2.5 编程环境新建的工程下载到 S7-200 SMART PLC 中，通过 PLC 监控表监控通信数据，如图 8-1-27、图 8-1-28 所示。

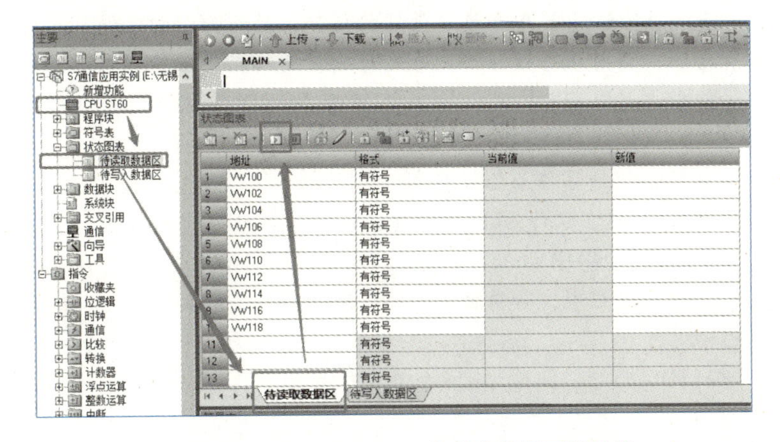

图 8-1-27　S7-200 SMART 待接收数据区监控表

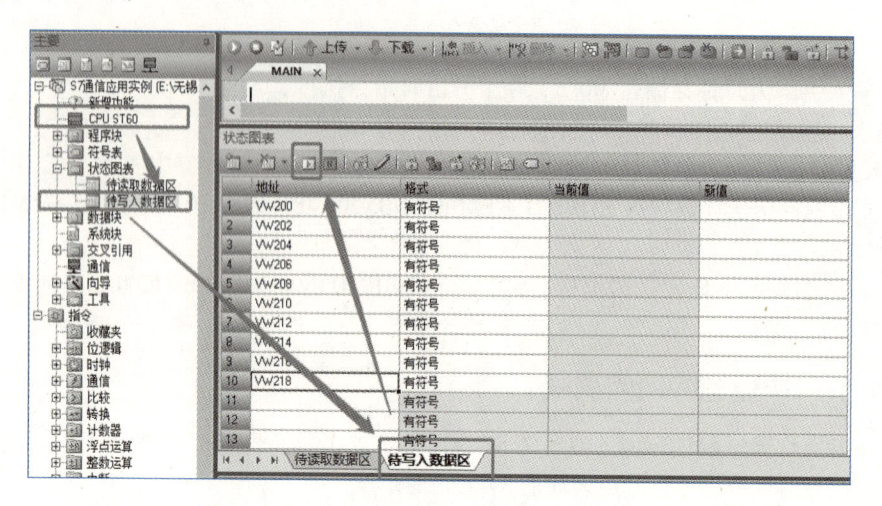

图 8-1-28　S7-200 SMART 待写入数据区监控表

本节习题

（1）西门子 S7 通信通过调用（　　）和（　　）指令实现通信。

A. PUT，SEND　　B. GET，SEND

C. GET，PUT　　D. PUT，RECEIVE

（2）S7 通信中，GET 指令如下图所示，其中描述错误的是（　　）。

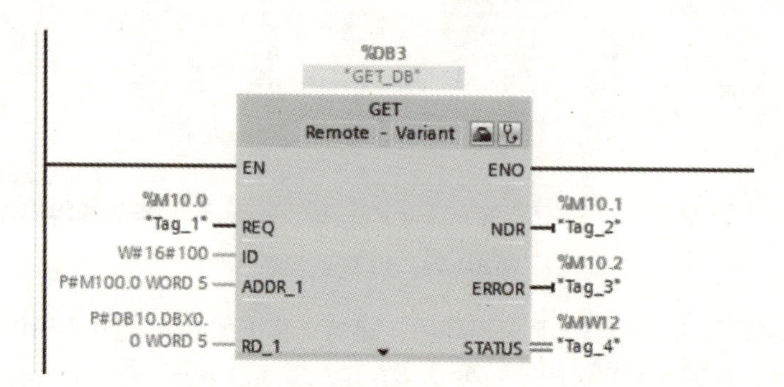

A. ADDR_1 是指向伙伴 CPU 中待读取区域的指针，此处为指向伙伴 PLC 的 MW100 ~ MW108

B. REQ 在信号上升沿时执行该指令，此处可以随便放指令点，如 M10.0

C. RD_1 为指向本地 CPU 中用于输入已读数据区域的指针，此处为指向本地 PLC 的 DB10.DBW0 ~ DB10.DBW8

D. NDR 为 1 表示当前通信作业已经完成

（3）西门子 PLC 的 S7 通信在伙伴 CPU 处于（　　）模式可以正常通信。

A. RUN　　B. STOP　　C. RUN 或 STOP　　D. 以上都不对

（4）通信指令 GET 执行过程中，如果上一个请求有错完成，那么 ERROR 位将（　　）。

A. 一直为 TRUE　　B. 变为 TRUE 并保持一个周期

C. 一直为 FALSE　　D. 变为 FALSE 并保持一个周期

8.2　西门子 PLC 的 PROFINET 通信

学习目标

（1）掌握 S7-1200 PLC PROFINET 通信的相关知识；

（2）掌握 PROFINET 通信的硬件组态、以太网接口参数设置；

（3）能够编写程序实现两台 PLC 的在线通信和调试。

8.2.1　PROFINET 通信介绍

视频

PROFINET通信介绍

1. PROFINET 通信

1）概述

PROFINET 基于工业以太网技术，使用 TCP/IP 和 IT 标准，是一种实时的现场总线标准。PROFINET 为自动化通信领域提供了一个完整的网络解决方案，包括实时以太网、运动控制、分布式自动化、故障安全及网络安全等应用，可以实现通信网络的一网到底，即从上到下都可以使用同一网络。西门子在十多年前就已经推出了 PROFINET，目前已经大规模应用于各个行业。

PROFINET 设备分为 IO 控制器、IO 设备和 IO 监视器。

（1）IO 控制器是用于对连接的 IO 设备进行寻址的设备，这意味着 IO 控制器将与分配的现场设备交换输入信号和输出信号。

（2）IO 设备是分配给其中一个 IO 控制器的分布式现场设备，如远程 IO 设备、变频器和伺服控制器等。

（3）IO 监视器是用于调试和诊断的编程设备，如 PC 或 HMI 设备等。

2）PROFINET 的三种传输方式

（1）非实时数据传输（NRT）。

（2）实时数据传输（RT）。

（3）等时实时数据传输（IRT）。

PROFINET IO 通信使用 OSI 模型第 1 层、第 2 层和第 7 层，支持灵活的拓扑方式，如总线、星形等。S7-1200 PLC 通过集成的以太网接口，既可以作为 IO 控制器控制现场 IO 设备，又可以作为 IO 设备被上一级 IO 控制器控制，此功能称为智能 IO 设备功能。

3）S7-1200 PLC PROFINET 通信口的通信能力

S7-1200 PLC PROFINET 通信口的通信能力见表 8-2-1。

表 8-2-1　S7-1200 PLC PROFINET 通信口的通信能力

CPU 硬件版本	接口类型	控制器功能	智能 IO 设备功能	可带 IO 设备最大数量
V4. 0	PROFINET	√	√	16
V3. 0	PROFINET	√	×	16
V2. 0	PROFINET	√	×	8

注：√表示支持，×表示不支持。

2. PROFINET 通信实例

用 A 号 PLC 的输入控制 B 号 PLC 的输出，B 号 PLC 的输入控制 A 号 PLC 的输出。根据前面的配置，数据交换器示意图如图 8-2-1 所示。

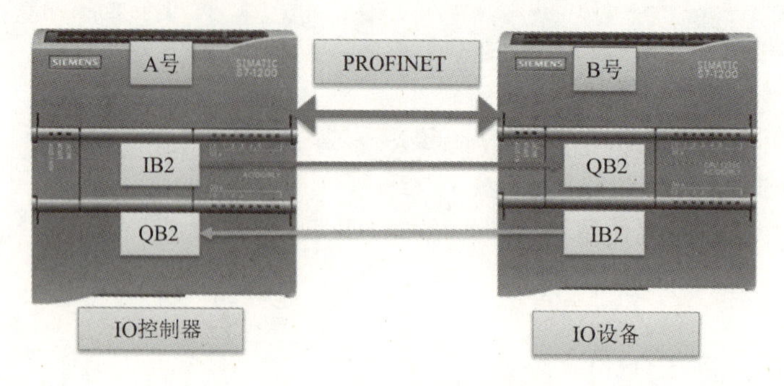

图 8-2-1　PROFINET 通信交换数据示意图

硬件组成：

（1）S7-1200 PLC（CPU 1214C DC/DC/DC）两台，订货号为 6ES7214－1AG40－0XB0；

（2）四口交换机一台；

（3）编程计算机一台，已安装博途专业版 V17 编程环境。

视 频

PROFINET通信组态实施

8.2.2　PROFINET 通信组态实施

（1）在 TIA Portal 软件中的“S7-1200 之间通信”的项目下添加两个 S7-1200 的新设备（固件版本 V4.0 以上），A 号 PLC 命名为 IO 控制设备，B 号 PLC 命名为 IO 智能设备，如图 8-2-2 所示。

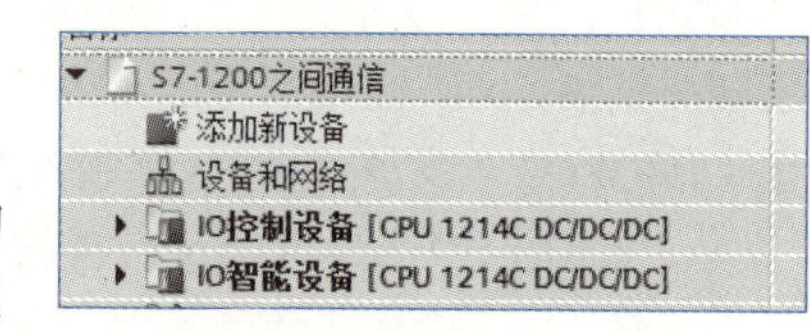

图 8-2-2　PROFINET 通信设备组成

（2）设置 PROFINET IO 控制器的 CPU 属性。在“项目树”窗格中，单击“IO 控制设备［CPU 1214C DC/DC/DC］”下拉按钮，双击“设备组态”选项，在“设备视图”的工作区中，选中 PLC_1，依次单击其巡视窗格中的“属性”→“常规”→“PROFINET 接口［X1］”→“以太网地址”选项，修改以太网 IP 地址，如图 8-2-3 所示。

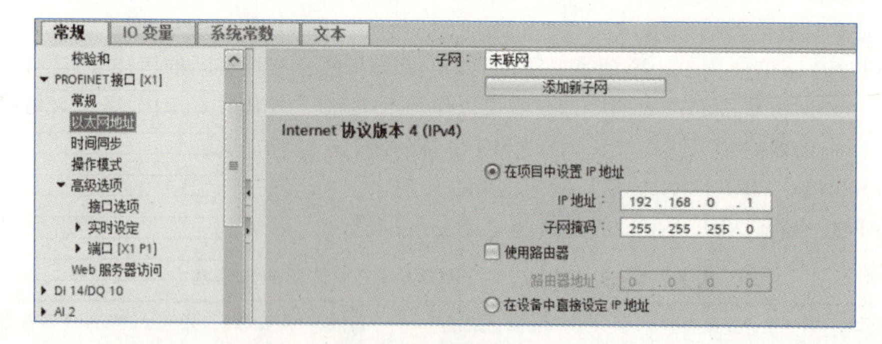

图 8-2-3　IP 地址设置

（3）设置 IO 智能设备的以太网接口参数。以同样的方式设置“IO 智能设备［CPU 1214C DC/DC/DC］”的 IP 地址为“192.168.0.2”。

对于智能设备的以太网接口参数的设置，除了需要设置以太网地址外，还需要设置操作模式、传输区，在“硬件组态”→“PROFINET 接口［X1］”→“操作模式”选项中设置操作模式和传输区两部分内容，如图 8-2-4 所示。

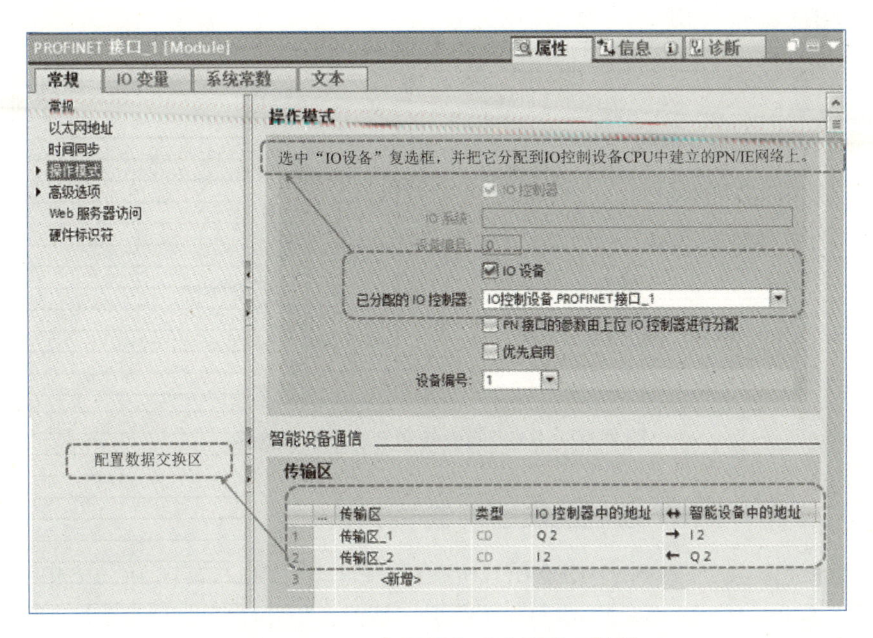

图 8-2-4　IO 智能设备以太网接口设置

注意：传输区地址是从 2 开始分配的，为什么不是从 I0 和 Q0 开始？观察一下 S7-1200 CPU1214C 的 CPU 单元，发现输入地址的 IB0 和 IB1、输出地址的 QB0 和 QB1 已经占用，并可以与外部的输入元件和负载相连接，所以传输区地址就只能从 2 开始了。

（4）编写变量表，IO 控制设备（A 号 PLC）的变量表如图 8-2-5 所示。

变量表_1

	名称	数据类型	地址
1	接收数据区	Byte	%IB2
2	发送数据区	Byte	%QB2
3	本地输入	Byte	%IB0
4	本地输出	Byte	%QB0

图 8-2-5　IO 控制设备（A 号 PLC）的变量表

IO 智能设备（B 号 PLC）的变量表如图 8-2-6 所示。

变量表_1

	名称	数据类型	地址
1	接收数据区	Byte	%IB2
2	发送数据区	Byte	%QB2
3	本地输入	Byte	%IB0
4	本地输出	Byte	%QB0

图 8-2-6　IO 智能设备（B 号 PLC）变量表

（5）编写控制程序并分别下载到各自的 PLC 中，如图 8-2-7 所示。

对于 IO 控制设备：程序段 1 把控制设备上输入点 IB0 的状态输入 QB2 上，发送给智能设备；程序段 2 读取智能设备上传输过来的状态并放到控制设备的 QB0 上。

对于 IO 智能设备：程序段 1 把从控制设备接收到的数据送入智能设备的 QB0 中；程序段 2 把智能设备上的 IB0 的状态送入 QB2，并发送到控制设备中。

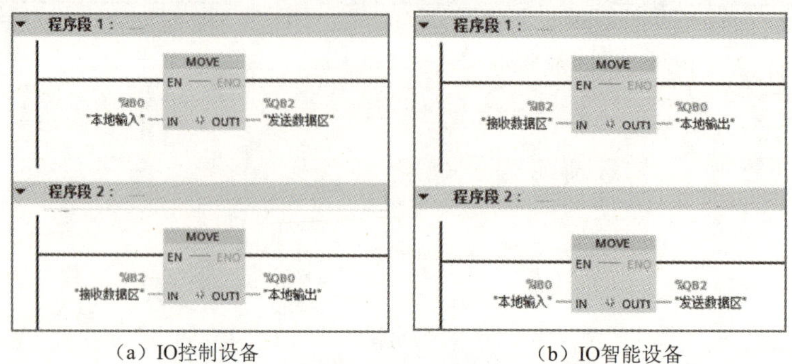

（a）IO控制设备　　（b）IO智能设备

图 8-2-7　IO 控制设备和智能设备程序图

视 频

项目调试

8.2.3　PROFINET 通信的项目调试

程序编译后，下载到 S7-1200 CPU 中，在“PLC_1［CPU 1214C DC/DC/DC］”和“PLC_2［CPU 1214C DC/DC/DC］”项目树下添加“监控表”，可以监控通信数据。IO 控制器的监控表命名为 PLC1，IO 设备的监控表命名为 PLC2，分别将要监控的 IO 地址写入监控表如图 8-2-8 所示，左侧为 PLC1 的监控表，右侧为 PLC2 的监控表。从监控表可以看出，按下 PLC1 的 I0.1，Q2.1 变为 1 并将数据发送给 PLC2 的 I2.1，PLC2 的 Q0.1 得电；按下 PLC1 的 I0.5，PLC2 的 Q0.5 得电；按下 PLC2 的 I0.2，Q2.2 变为 1 并将数据发送给 PLC1 的 I2.2，PLC1 的 Q0.2 得电，如图 8-2-8 所示。

...1214C DC/DC/DC] ▸ 监控与强制表 ▸ PLC1　　...PLC_2 [CPU 1214C DC/DC/DC] ▸ 监控与强制表

	i	名称	地址	显示格式	监视值	修改值		i	名称	地址	显示格式	监视值	修...
1		"IB0"	%IB0	二进制	2#0000_0010		1		"IB2"	%IB2	二进制	2#0000_0010	
2		"QB2"	%QB2	二进制	2#0000_0010		2		"QB0"	%QB0	二进制	2#0000_0010	
3		"IB2"	%IB2	二进制	2#0000_0000		3		"IB0"	%IB0	二进制	2#0000_0000	
4		"QB0"	%QB0	二进制	2#0000_0000		4		"QB2"	%QB2	二进制	2#0000_0000	

...1214C DC/DC/DC] ▸ 监控与强制表 ▸ PLC1　　...PLC_2 [CPU 1214C DC/DC/DC] ▸ 监控与强制表

	i	名称	地址	显示格式	监视值	修改值		i	名称	地址	显示格式	监视值	修...
1		"IB0"	%IB0	二进制	2#0010_0000		1		"IB2"	%IB2	二进制	2#0010_0000	
2		"QB2"	%QB2	二进制	2#0010_0000		2		"QB0"	%QB0	二进制	2#0010_0000	
3		"IB2"	%IB2	二进制	2#0000_0000		3		"IB0"	%IB0	二进制	2#0000_0000	
4		"QB0"	%QB0	二进制	2#0000_0000		4		"QB2"	%QB2	二进制	2#0000_0000	

...1214C DC/DC/DC] ▸ 监控与强制表 ▸ PLC1　　...PLC_2 [CPU 1214C DC/DC/DC] ▸ 监控与强制表

	i	名称	地址	显示格式	监视值	修改值		i	名称	地址	显示格式	监视值	修...
1		"IB0"	%IB0	二进制	2#0000_0000		1		"IB2"	%IB2	二进制	2#0000_0000	
2		"QB2"	%QB2	二进制	2#0000_0000		2		"QB0"	%QB0	二进制	2#0000_0000	
3		"IB2"	%IB2	二进制	2#0000_0100		3		"IB0"	%IB0	二进制	2#0000_0100	
4		"QB0"	%QB0	二进制	2#0000_0100		4		"QB2"	%QB2	二进制	2#0000_0100	

图 8-2-8　PROFINET 通信测试

本节习题

（1）PROFINET 基于工业以太网技术，使用 TCP/IP 和 IT 标准，是一种实时的现场总线标准。以下不是 PROFINET IO 设备的是（　　）。

A. IO 控制器　　B. IO 设备

C. IO 监视器　　D. IO 通信块

（2）在图 8-2-1 中，A 号 IO 控制器和 B 号 IO 设备之间的 IO 交换关系表述正确的是（　　）。

A. 当 A 号 PLC 的 I2.0 为 1 时，B 号 PLC 的 Q2.0 也变为 1

B. 当 A 号 PLC 的 IB2 变为 00111100，B 号 PLC 的 QB2 也变为 00111100

C. 当 A 号 PLC 的 QB2 变为 11001100，B 号 PLC 的 IB2 也变为 11001100

D. 当 B 号 PLC 的 Q2.0 为 1 时，A 号 PLC 的 I2.0 为 0

（3）除了要设置以太网通信地址外，在 PROFINET IO（　　）需要设置操作模式和传输区。

A. 控制器　　B. 设备

C. 监视器　　D. 控制器和设备

8.3　西门子 PLC 的开放式用户通信

学习目标

（1）掌握 S7-1200 PLC 开放式用户通信的相关知识；

（2）掌握开放式用户通信的硬件组态、以太网接口参数设置；

（3）掌握 PLC 的 TSEND_C 和 TRCV_C 指令的编写；

（4）能够编写程序实现两台 PLC 的在线通信和调试。

8.3.1　开放式用户通信介绍

视频

开放式用户通信介绍

1. 开放式用户通信

开放式用户通信（open user communication，OUC）是基于以太网进行数据交换的协议，适用于 PLC 之间、PLC 与第三方设备、PLC 与高级语言等进行数据交换。开放式用户通信的通信连接方式如下：

（1）TCP（传输控制协议）通信连接方式。该通信连接方式支持 TCP/IP 的开放式数据通信。TCP/IP 采用面向数据流的数据传送，发送的长度最好是固定的。如果长度发生变化，在接收区需要判断数据流的开始和结束位置，比较烦琐，并且需要考虑发送和接收的时序问题。

（2）ISO-on-TCP（ISO 传输控制协议）通信连接方式。由于 ISO 不支持以太网路由，所以西门子应用 RFC1006 将 ISO 映射到 TCP，从而实现网络路由。

（3）UDP（用户数据报协议）通信连接方式。该通信连接方式属于 OSI 模型第 4 层协议，支持简单数据传输，数据无须确认。与 TCP 通信连接方式相比，UDP 是面向非连接的协议，通信双方在协议层上没有专用的数据传输通道。

S7-1200 PLC 通过集成的以太网接口用于开放式用户通信连接，通过调用发送（TSEND_C）指令和接收（TRCV_C）指令进行数据交换。通信方式为双边通信，因此，两台 S7-1200 PLC 要进行开放式以太网通信，TSEND_C 指令和 TRCV_C 指令就必须成对出现。

2. 开放式用户通信实例

两台 S7-1200 PLC 进行开放式用户通信，一台作为客户端，一台作为服务器。客户端将 DB10. DBW0 ~ DB10. DBW8 中的数据写到服务器的 DB100. DBW0 ~ DB100. DBW8 中，如图 8-3-1 所示。

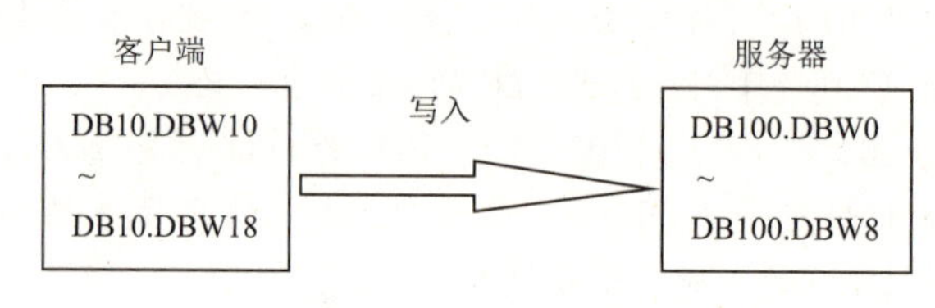

图 8-3-1　数据传输区

硬件组成：

（1）S7-1200 PLC（CPU 1214C DC/DC/DC）两台，订货号为 6ES7214-1AG40-0XB0；

（2）四口交换机一台；

（3）编程计算机一台，已安装博途专业版 V17 软件。

视频

OUC通信指令讲解

8. 3. 2　开放式用户通信指令讲解

1. 指令说明

在“指令”窗格中选择“通信”→“开放式用户通信”选项，出现“开放式用户通信”指令列表，如图 8-3-2 所示。

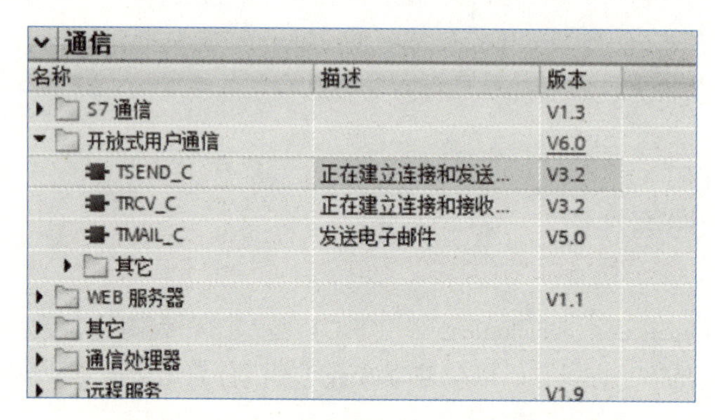

图 8-3-2　“开放式用户通信”指令列表

“开放式用户通信”指令主要包括三个通信指令：TSEND_C（发送数据）指令、TRCV_C（接收数据）指令和 TMAIL_C（发送电子邮件）指令，还包括一个其他指令文件夹。其中，TSEND_C（发送数据）指令和 TRCV_C（接收数据）指令是常用指令，下面进行详细说明。

2. TSEND_C 指令

（1）指令介绍。使用 TSEND_C 指令设置并建立通信连接，CPU 会自动保持和监视该连接。TSEND_C 指令异步执行，首先设置并建立通信连接，然后通过现有的通信连接发送数据，最后终止或重置通信连接。TSEND_C 指令如图 8-3-3 所示。

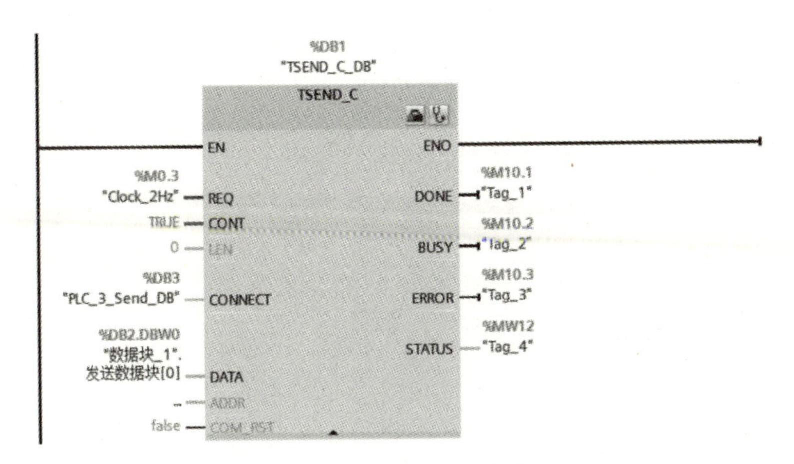

图 8-3-3　TSEND_C 指令

（2）指令参数。TSEND_C 指令输入/输出引脚参数说明见表 8-3-1。

表 8-3-1　TSEND_C 指令输入/输出引脚参数说明

引脚参数	数据类型	说　明
REQ	Bool	在上升沿执行该指令
CONT	Bool	控制通信连接：为 0 时，断开通信连接；为 1 时，建立并保持通信连接
LEN	UDInt	可选参数（隐藏）：要通过作业发送的最大字节数。如果在 DATA 参数中使用具有优化访问权限的发送区，LEN 参数值必须为“0”
CONNECT	Variant	指向连接描述结构的指针：对于 TCP 或 UDP，使用 TCON_IP_v4 系统数据类型；对于 ISO-on-TCP，使用 TCON_IP_RFC 系统数据类型
DATA	Variant	指向发送区的指针：该发送区包含要发送数据的地址和长度。在传送结构时，发送端和接收端的结构必须相同
ADDR	Variant	UDP 需要使用的隐藏参数：此时，将包含指向系统数据类型 TADDR_Param 的指针；接收方的地址信息（IP 地址和端口号）将存储在系统数据类型为 TADDR_Param 的数据块中
COM_RST	Bool	重置连接：可选参数（隐藏）0：不相关 1：重置现有连接 COM_RST 参数通过“TSEND_C”指令进行求值后将被复位，因此不应静态互连
DONE	Bool	最后一个作业成功完成，立即将输出参数 DONE 置位为“1”
BUSY	Bool	作业状态位：0 表示无正在处理的作业；1 表示作业正在处理
ERROR	Bool	错误位：0 表示无错误；1 表示出现错误，错误原因查看 STATUS
STATUS	Word	错误代码

3. TRCV_C 指令

（1）指令介绍。使用 TRCV_C 指令设置并建立通信连接，CPU 会自动保持和监视该连接。TRCV_C 指令异步执行，首先设置并建立通信连接，然后通过现有的通信连接接收数据。TRCV_C 指令如图 8-3-4所示。

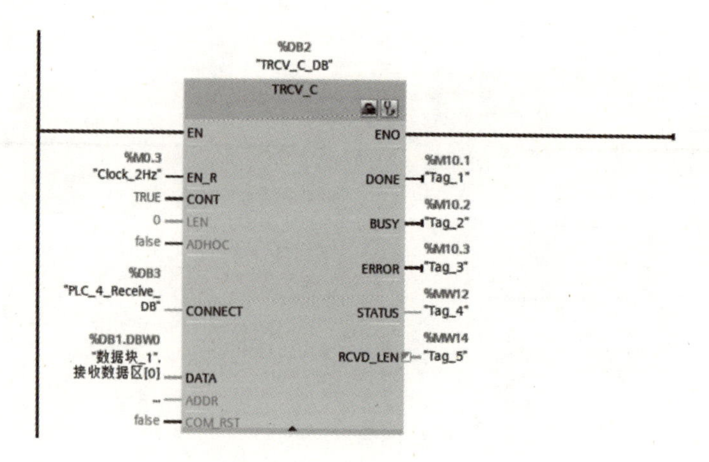

图 8-3-4　TRCV_C 指令

（2）指令参数。TRCV_C 指令输入/输出引脚参数说明见表 8-3-2。

表 8-3-2　TRCV_C 指令输入/输出引脚参数说明

引脚参数	数据类型	说　明
EN_R	Bool	启用接收功能
CONT	Bool	控制通信连接：为 0 时，断开通信连接；为 1 时，建立并保持通信连接
LEN	UDInt	要接收数据的最大长度。如果在 DATA 参数中使用具有优化访问权限的发送区，LEN 参数值必须为“0”
ADHOC	Bool	可选参数（隐藏），TCP 协议选项使用 Ad_hoc 模式
CONNECT	Variant	指向连接描述结构的指针：对于 TCP 或 UDP，使用 TCON_IP_v4 系统数据类型；对于 ISO-on-TCP，使用 TCON_IP_RFC 系统数据类型
DATA	Variant	指向发送区的指针：该发送区包含要发送数据的地址和长度。在传送结构时，发送端和接收端的结构必须相同
ADDR	Variant	UDP 需要使用的隐藏参数：此时，将包含指向系统数据类型 TADDR_Param 的指针；接收方的地址信息（IP 地址和端口号）将存储在系统数据类型为 TADDR_Param 的数据块中
COM_RST	Bool	重置连接：可选参数（隐藏）0：不相关 1：重置现有连接 COM_RST 参数通过“TSEND_C”指令进行求值后将被复位，因此不应静态互连
DONE	Bool	最后一个作业成功完成，立即将输出参数 DONE 置位为“1”
BUSY	Bool	作业状态位：0 表示无正在处理的作业；1 表示作业正在处理
ERROR	Bool	错误位：0 表示无错误；1 表示出现错误，错误原因查看 STATUS
STATUS	Word	错误代码
RCVD_LEN	UInt	实际接收的数据量（以字节为单位）

视 频

OUC通信组态实施

8.3.3　OUC 通信组态实施

1. 新建项目及组态客户端 S7-1200 PLC

打开博途软件，在 Portal 视图中，单击“创建新项目”选项，在弹出的界面中输入项目名称（S7 通信应用实例）、路径和作者等信息，然后单击“创建”按钮即可生成新项目。

进入项目视图，在左侧的“项目树”窗格中，单击“添加新设备”选项，弹出“添加新设备”对话框，在此对话框中选择 CPU 型号和版本号（必须与实际设备相匹配）。这里选择 CPU 1214C DC/DC/DC，然后单击“确定”按钮。

在“项目树”窗格中，单击“PLC_1［CPU 1214C DC/DC/DC］”下拉按钮，双击“设备组态”选项，在“设备视图”的工作区中，选中 PLC_1，依次单击其巡视窗格中的“属性”→“常规”→“PROFINET 接口［X1］”→“以太网地址”选项，修改以太网 IP 地址为“192.168.0.1”。

依次单击其巡视窗格的“属性”→“常规”→“系统和时钟存储器”选项，选中“启用时钟存储器字节”复选框。

2. 组态服务器 S7-1200 PLC

进入项目视图，在左侧的“项目树”窗格中，单击“添加新设备”选项，添加服务器 PLC_2，CPU 型号与客户端相同。在“项目树”窗格中，修改 PLC2 的以太网 IP 地址为“192.168.0.2”。

依次单击其巡视窗格的“属性”→“常规”→“系统和时钟存储器”选项，选中“启用时钟存储器字节”复选框。

3. 创建网络连接

在“项目树”窗格中，选择“设备和网络”选项，在网络视图中，首先用选中 PLC_1 的 PROFINET 通信口的绿色小方框，然后拖动出一条线，到 PLC_2 的 PROFINET 通信口的绿色小方框上，最后松开鼠标，连接就建立起来了。创建完成的网络连接如图 8-3-5 所示。

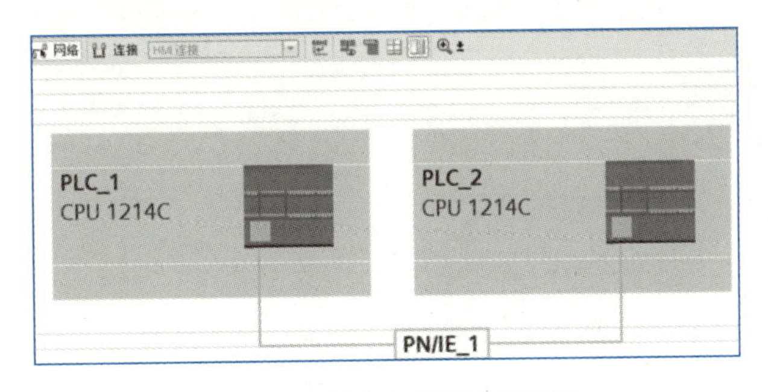

图 8-3-5　创建完成的网络连接

4. 创建客户端 PLC 变量表

在“项目树”窗格中，依次单击“PLC_1［CPU 1214C DC/DC/DC］”→“PLC 变量”下拉按钮，双击“添加新变量表”选项，并将新添加的变量表命名为“PLC 变量表”，然后在“PLC 变量表”中新建变量，如图 8-3-6 所示。

变量表_1

	名称	数据类型	地址	保持
1	数据发送完成	Bool	%M10.1	
2	数据发送中	Bool	%M10.2	
3	数据发送错误	Bool	%M10.3	
4	发送状态	Word	%MW20	

图 8-3-6　PLC 变量表

5. 创建客户端数据发送区

在“项目树”窗格中，依次选择“PLC_1［CPU 1214C DC/DC/DC］”→“程序块”→“添加新块”选项，选择“数据块（DB）”选项创建数据块，数据块名称为“发送数据块”，手动修改数据块编号为 10，然后单击“确定”按钮，在数据块属性中取消“优化的块访问”，然后单击“确定”按钮，如图 8-3-7 所示。

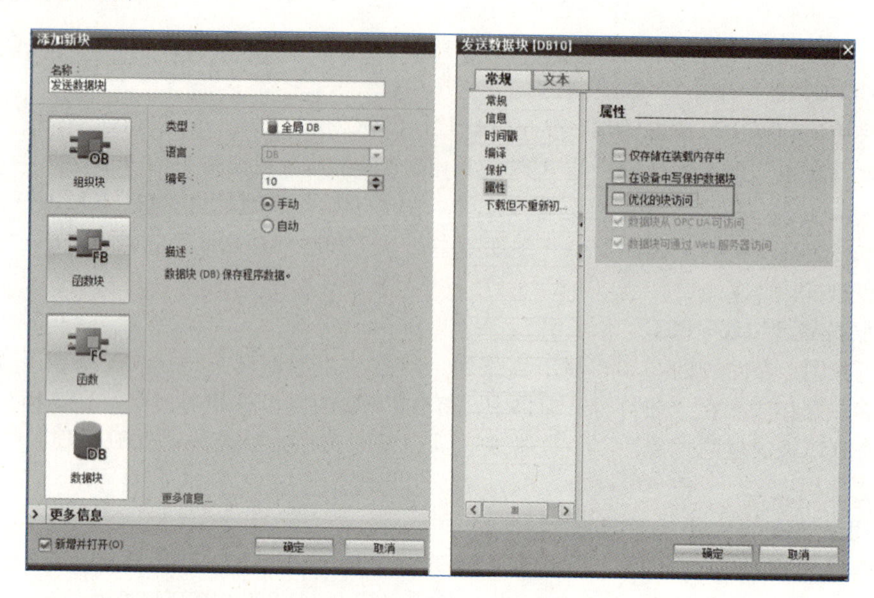

图 8-3-7　发送数据块的创建

在数据块中创建 5 个字的数组用于存储发送数据，如图 8-3-8 所示。

发送数据块

	名称	数据类型	偏移量	起始值	保持
1	▼ Static				
2	▼ 发送数据区	Array[0..4] o...	...		
3	发送数据区[0]	Word	...	16#0	
4	发送数据区[1]	Word	...	16#0	
5	发送数据区[2]	Word	...	16#0	
6	发送数据区[3]	Word	...	16#0	
7	发送数据区[4]	Word	...	16#0	

图 8-3-8　发送数据区设置

6. 编写客户端 OB1 主程序

主程序主要完成 TSEND_C 指令的编写，可使用指令的“属性”来组态连接参数和块参数。

（1）组态 TSEND C 指令的连接参数。将 TSEND_C 指令插入 OB1 主程序，会自动生成背景数据块。选中指令的任意部分，在其巡视窗格中依次选择“属性”→“组态”选项卡，出现 TSEND_C 指令的连接参数，如图 8-3-9 所示。

（2）编写 TSEND_C 指令的块参数，如图 8-3-10 所示。

7. 创建服务器 PLC 变量表

在“项目树”窗格中，依次单击“PLC_2［CPU 1214C DC/DC/DC］”→“PLC 变量”下拉按钮，双击“添加新变量表”选项，并将新添加的变量表命名为“PLC 变量表”，然后在“PLC 变量表”中新建变量，如图 8-3-11 所示。

8. 创建服务器数据接收区

在“项目树”窗格中，依次选择“PLC_2［CPU 1214C DC/DC/DC］”→“程序块”→“添加新块”选项，选择“数据块（DB）”选项创建数据块，数据块名称为“接收数据块”，手动修改数据块编号为 100，然后单击“确定”按钮，在数据块属性中取消“优化的块访问”，然后单击“确定”按钮，如图 8-3-12 所示。

连接参数

常规

	本地	伙伴
端点：	PLC_1 [CPU 1214C DC/DC/DC]	PLC_2 [CPU 1214C DC/DC/DC]
接口：	PLC_1, PROFINET接口_1[X1 : PN(LAN)]	PLC_2, PROFINET接口_1[X1 : PN(LAN)]
子网：	PN/IE_1	PN/IE_1
地址：	192.168.0.1	192.168.0.2
连接类型：	TCP	
连接 ID（十进制）：	1	1
连接数据：	PLC_1_Send_DB	PLC_2_Receive_DB
	⦿ 主动建立连接	○ 主动建立连接

地址详细信息

	本地端口	伙伴端口
端口（十进制）：		2000

图 8-3-9　TSEND_C 指令的连接参数

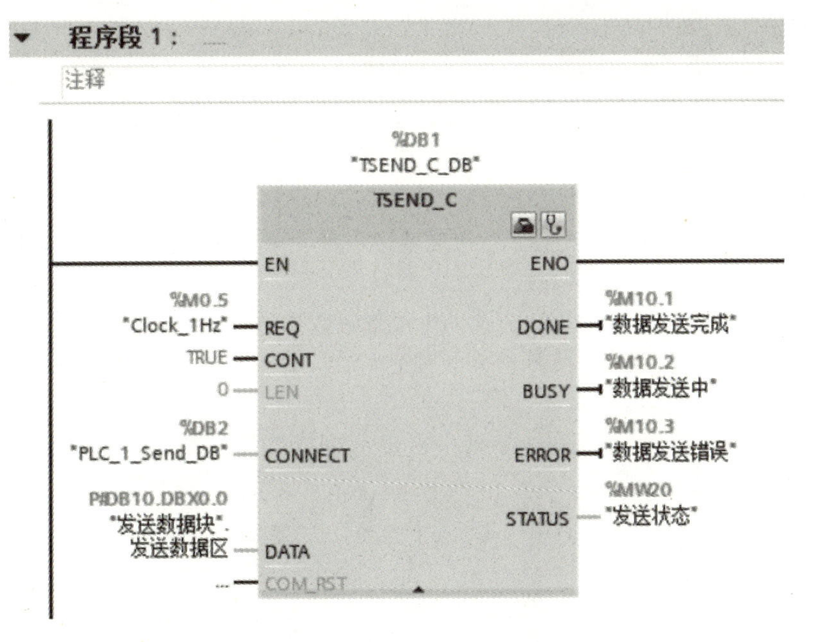

图 8-3-10　TSEND_C 指令的块参数

变量表_1

	名称	数据类型	地址	保持
1	数据接收完成	Bool	%M10.1	☐
2	数据接收中	Bool	%M10.2	☐
3	数据接收错误	Bool	%M10.3	☐
4	接收状态	Word	%MW20	☐
5	数据接收量	Word	%MW30	☐

图 8-3-11　PLC 变量表

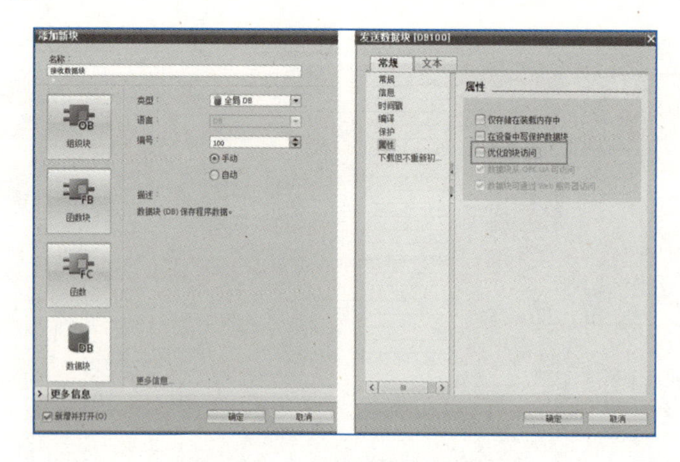

图 8-3-12　接收数据块的创建

在数据块中创建 5 个字的数组用于存储接收数据，如图 8-3-13 所示。

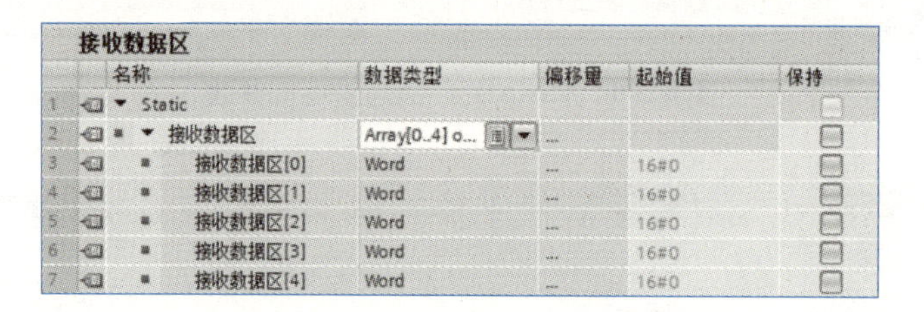

接收数据区

	名称	数据类型	偏移量	起始值	保持
1	▼ Static				
2	▼ 接收数据区	Array[0..4] o...	...		
3	接收数据区[0]	Word	...	16#0	
4	接收数据区[1]	Word	...	16#0	
5	接收数据区[2]	Word	...	16#0	
6	接收数据区[3]	Word	...	16#0	
7	接收数据区[4]	Word	...	16#0	

图 8-3-13　接收数据区设置

9. 编写服务器 OB1 主程序

主程序主要完成 TRCV_C 指令的编写，可使用指令的“属性”来组态连接参数和块参数。

（1）组态 TRCV_C 指令的连接参数。

将 TRCV_C 指令插入 OB1 主程序，会自动生成背景数据块。选中指令的任意部分，在其巡视窗格中依次选择“属性”→“组态”选项卡，出现 TRCV_C 指令的连接参数，如图 8-3-14 所示。

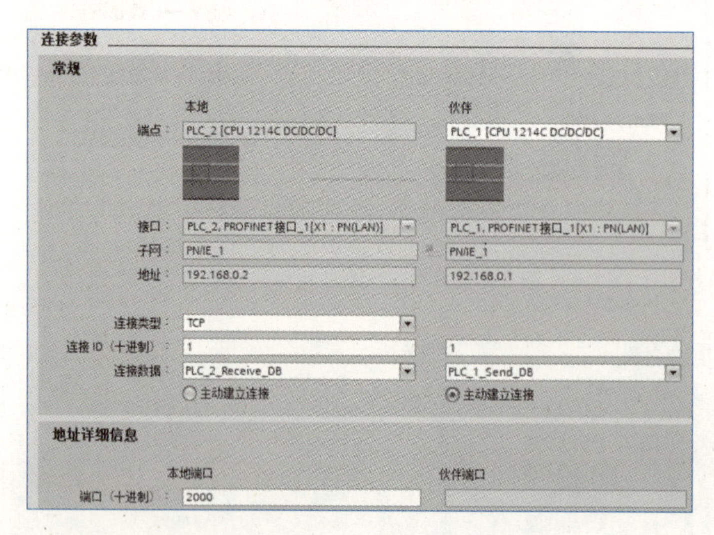

图 8-3-14　TRCV_C 指令的连接参数

（2）编写 TRCV_C 指令的块参数，如图 8-3-15 所示。

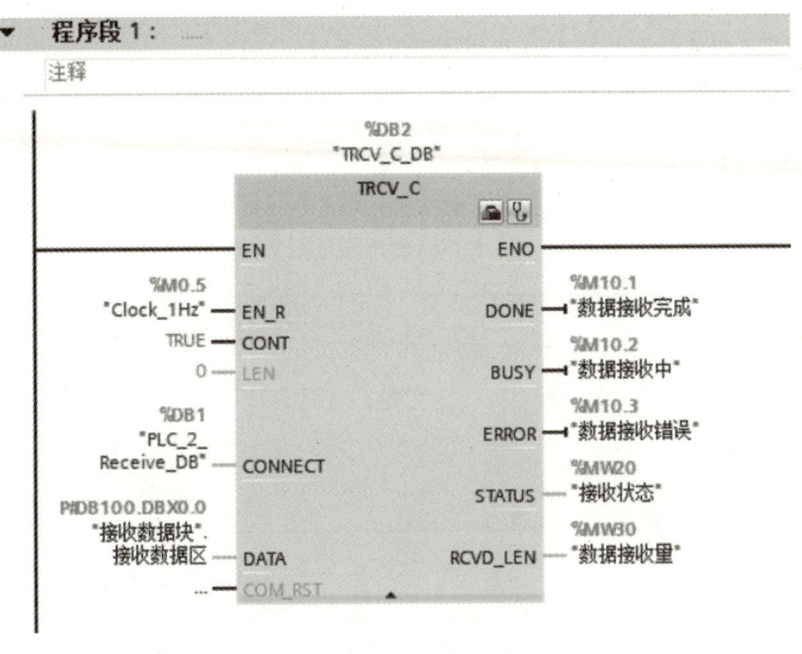

图 8-3-15　TRCV_C 指令的块参数

8.3.4　开放式用户通信的项目调试

视频
开放式用户通信的项目调试

程序编译后，下载到 S7-1200 CPU 中，通过 PLC 监控表监控通信数据。PLC 监控表如图 8-3-16 所示。

上面是客户端 PLC_1 的监控表，下面是服务器 PLC_2 的监控表。PLC_1 作为发送数据方，在 DB10. DBW0 ~ DB10. DBW8 中写入的数值16#1111、16#2222、16#3333、16#4444、16#5555 被实时传送到 PLC_2 的接收数据区 DB100. DBW0 ~ DB100. DBW8 中。

...信-V2.2 ▸ PLC_1 [CPU 1214C DC/DC/DC] ▸ 监控与强制表 ▸ 监控表_1

	i	名称	地址	显示格式	监视值	修改值
1		"发送数据块".发送数据...	%DB10.DBW0	十六进制	16#1111	16#1111
2		"发送数据块".发送数据...	%DB10.DBW2	十六进制	16#2222	16#2222
3		"发送数据块".发送数据...	%DB10.DBW4	十六进制	16#3333	16#3333
4		"发送数据块".发送数据...	%DB10.DBW6	十六进制	16#4444	16#4444
5		"发送数据块".发送数据...	%DB10.DBW8	十六进制	16#5555	16#5555

...信-V2.2 ▸ PLC_2 [CPU 1214C DC/DC/DC] ▸ 监控与强制表 ▸ 监控表_1

	i	名称	地址	显示格式	监视值	修改值
1		"接收数据块".接收数据...	%DB100.DBW0	十六...	16#1111	
2		"接收数据块".接收数据区[1]	%DB100.DBW2	十六进制	16#2222	
3		"接收数据块".接收数据区[2]	%DB100.DBW4	十六进制	16#3333	
4		"接收数据块".接收数据区[3]	%DB100.DBW6	十六进制	16#4444	
5		"接收数据块".接收数据区[4]	%DB100.DBW8	十六进制	16#5555	

图 8-3-16　通信数据监控表

本节习题

（1）如图 8-3-3 所示，关于 TSEND_C 描述错误的是（　　）。

A. REQ 在信号上升沿时执行通信指令，此程序中 M0.2 为每 0.4 s 执行一次通信指令

B. CONT 为 1 时，可以建立并保持通信连接

C. CONNECT 指向连接描述结构的指针，可以手动输入 PLC_1_send_DB，无须组态连接参数

D. DATA 为指向发送区的指针，在此设置为发送数据块 DB3

（2）下图为发送数据块的结构，从图中可以看出发送数据为（　　）。

发送数据块

	名称	数据类型	偏移量	起始值
1	▼ Static			
2	▼ 发送数据区	Array[0..4] of Word	0.0	
3	发送数据区[0]	Word	0.0	16#0
4	发送数据区[1]	Word	2.0	16#0
5	发送数据区[2]	Word	4.0	16#0
6	发送数据区[3]	Word	6.0	16#0
7	发送数据区[4]	Word	8.0	16#0

A. 5 个字节的空间　　　　B. 5 个位的空间

C. 5 个字的空间　　　　D. 10 个字的空间

（3）（　　）是西门子基于以太网进行数据交换的协议，适用于 PLC 之间、PLC 与第三方设备、PLC 与高级语言等进行数据交换。

A. 自由口通信　　　　B. S7 通信

C. 开放式用户通信　　　　D. 串口通信

（4）开放式用户通信的通信连接方式中，UDP 与 TCP 通信连接方式相比，特点是（　　）。

A. 它支持所有数据传输，数据发送后无法确认是否收到

B. 它只支持简单数据传输，数据发送后可以确认是否收到

C. 它只支持简单数据传输，数据发送后无法确认是否收到

D. 它支持所有数据传输，数据发送后可以确认是否收到

附录 A　维修电工（中级）考工编程练习题

A.1　电动机星-三角减压启动控制

（1）按下启动按钮，电动机 M 实现星形减压启动，灯 L1 亮，延时 5 s 后实现三角形全压运行，同时灯 L1 灭，按下停止按钮电动机停止运行。

（2）设计一个星-三角减压控制系统，上电 2 s 后电动机 M 实现星形减压启动，指示灯 L1 以 0.5 s 的间隔闪亮，4 s 后电动机 M 实现三角形全压正常运行，指示灯 L1 变为长亮。任何时刻按下停止按钮，电动机 M 停止工作。

（3）按下正转启动按钮 SB2，三相异步电动机 M 实现正转星形减压启动，5 s 后电动机 M 实现正转三角形全压运行；按下反转启动按钮 SB3，三相异步电动机 M 实现反转星形减压启动，3 s 后电动机 M 实现反转三角形全压运行；在正转运行过程中，反转控制失效；在反转运行过程中，正转控制失效；按下停止按钮 SB1，三相异步电动机 M 失电停转。

（4）按下正转启动按钮 SB2，三相异步电动机 M 实现正转星形减压启动，按下按钮 SB4 电动机 M 实现正转三角形全压运行；按下反转启动按钮 SB3，三相异步电动机 M 实现反转星形减压启动，按下按钮 SB4 电动机 M 实现反转三角形全压运行；在正转运行过程中，反转控制失效；在反转运行过程中，正转控制失效；按下停止按钮 SB1，三相异步电动机 M 失电停转。

（5）按下正转启动按钮 SB2，三相异步电动机 M 实现正转星形减压启动，4 s 后电动机 M 实现正转三角形全压运行，同时指示灯 L1 开始闪烁（1 s 1 步）；按下反转启动按钮 SB3，三相异步电动机 M 实现反转星形减压启动，6 s 后电动机 M 实现反转三角形全压运行，同时指示灯 L2 开始闪烁（2 s 1 步）；在正转运行过程中，反转控制失效；在反转运行过程中，正转控制失效；按下停止按钮 SB1，三相异步电动机 M 失电停转。

A.2　往返控制

（1）设计一个小车自动往返控制系统，要求上电小车停于 A 点开关 SQ1 处，A 点指示灯以 0.5 s 间隔闪烁，3 s 后小车前进，A 点指示灯灭，当前进至 B 点开关 SQ2 时小车停行，B 点指示灯以 0.5 s 间隔闪亮，5 s 后自动返回，当后退至 A 点开关 SQ1 时小车停行，A 点指示灯以 0.5 s 间隔闪亮，3 s 后又再次前进，如此往复，任何时刻按下停止按钮，立即停车。

（2）设计一个运料小车控制系统，上电后小车后退至 A 点，接触器 KM1 吸合使小车在 A 点开始卸料，4 s 后小车前进，当前进至 B 点开关 SQ2 吸合使料斗向小车装料，6 s 后小车返回，当后退至 A 点开关 SQ1 时，又开始卸料，如此往复，任何时刻按下停止按钮，立即停车。

（3）按下启动按钮 SB2，平面工作台实现向左运行，运行过程中碰触左限位开关 SQ1 后停止左行，3 s 后工作台实现向右运行，运行过程中碰触到右限位开关 SQ2 后停止右行，5 s 后又实现左行，以此方式循环工作。按下停止按钮 SB1 后，工作台失电停行。

（4）按下左行启动按钮 SB2，平面工作台实现向左运行，运行过程中碰触左限位开关 SQ1 后实现右行，5 s 后工作台失电停行；按下右行启动按钮 SB3，平面工作台实现向右运行，运行过程中碰触右限位开关 SQ2 后实现左行，6 s 后工作台失电停行；在左行过程中，按右行启动按钮失效；在右行过程中，按左行启动按钮失效；停止按钮 SB1，可以在任何位置失电停行。

（5）按下左行启动按钮 SB2，平面工作台实现向左运行，在向左运行过程中碰触内限位开关 SQ1 工作台开始向右运行；若内限位开关失效，碰触到外限位开关 SQ2，工作台瞬时停止，同时 L1 闪烁报警（1 s 1 步）；按下右行启动按钮 SB3，平面工作台实现向右运行，在向右运行过程中碰触内限位开关 SQ3 工作台开始向左运行；若内限位开关失效，碰触到外限位开关 SQ4，工作台瞬时停止，同时 L1 闪烁报警（1 s 1 步）；要求左右行互锁，按下停止按钮 SB1 后，工作台失电停行。

A.3 顺序控制

（1）电动机顺序控制：按下按钮 SB2，M1 得电正转，延时 5 s 后，M2 得电正转，延时 5 s 后 M3 得电正转，按下停止按钮 SB1，电动机停止旋转。

（2）按下启动按钮 SB1，指示灯 L1 亮，3 s 后指示灯 L2 亮，3 s 后指示灯 L3 亮，3 s 后，指示灯 L1、L2、L3 熄灭；2 s 后，指示灯 L1 再次亮，如此循环。按下停止按钮 SB2，所有灯都熄灭。

（3）按下启动按钮 SB2，指示灯 L1 亮；2 s 后指示灯 L2 也亮；再 2 s 后指示灯 L3 也亮，同时 L1 熄灭；再 2 s 后指示灯 L4 也亮，同时 L2 熄灭；再 2 s 后指令灯 L1 又开始亮，同时 L3 熄灭，以此规律循环工作。按下停止按钮 SB1，所有灯都熄灭。

（4）按下启动按钮 SB2，指示灯循环工作，按下停止按钮 SB1 停止，指示灯工作过程如下：

L1 —2 s→ L1、L2 —2 s→ L1、L2、L3 —2 s→ L2、L3、L4 —2 s→ L3、L4 —2 s→ L4、L1 —2 s→ L4
（L4 —2 s→ 返回 L1）

2 s

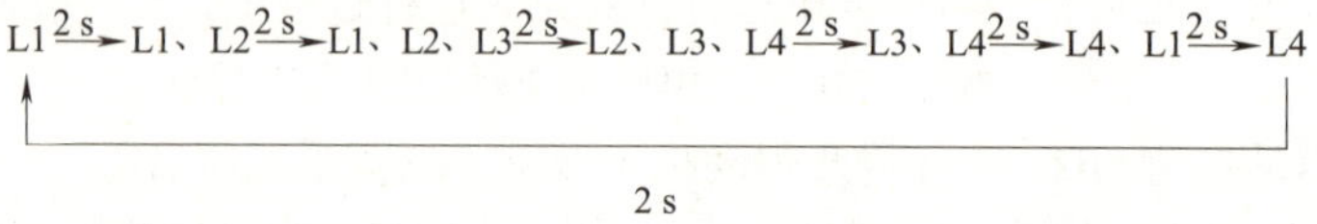

（5）按下启动按钮 SB2，指示灯 L1 和 L2 亮，2 s 后指示灯 L2 和 L3 亮，再 2 s 后指示灯 L3 和 L4 亮，再 2 s 后指示灯 L4 和 L1 亮，再 2 s 后指示灯 L1 和 L2 又亮，以此规律循环工作。按下停止按钮 SB1，全部停止。

（6）按下启动按钮 SB2，指示灯循环工作，按下停止按钮 SB1 停止，指示灯工作过程如下：

L1 —2 s→ L1、L2 —2 s→ L2、L3 —2 s→ L3、L4 —2 s→ L4、L1
（L4、L1 —2 s→ 返回 L1、L2）

2 s

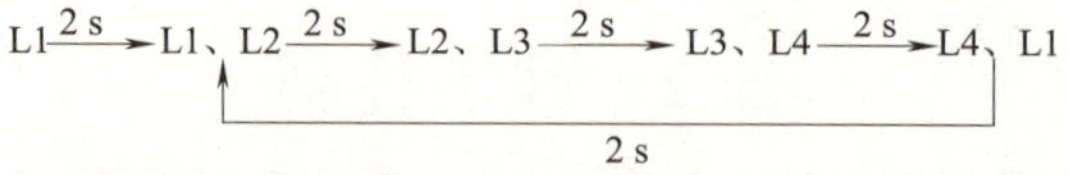

（7）设计一个顺序控制系统，输出指示灯 A、B、C、D，要求上电自动启动。输出指示灯按每秒一步的速率得电，顺序为 AB—AC—AD—BC—BD—CD 循环，当任何时刻按下急停按钮能暂停运行，且锁相，即以暂停时刻输出长得电，再按下续启按钮，则继续循环下去，任何时刻按下停止按钮，全部熄灭。

（8）设计一个三条传送带运输机，对于这三条传送带运输机的要求如下：

①启动顺序为 1 号、2 号、3 号，以每秒一步的速率启动，防止货物在带上堆积；

②停止顺序为 3 号、2 号、1 号，以每秒一步的速率停止，保证停车后带上不残存货物；

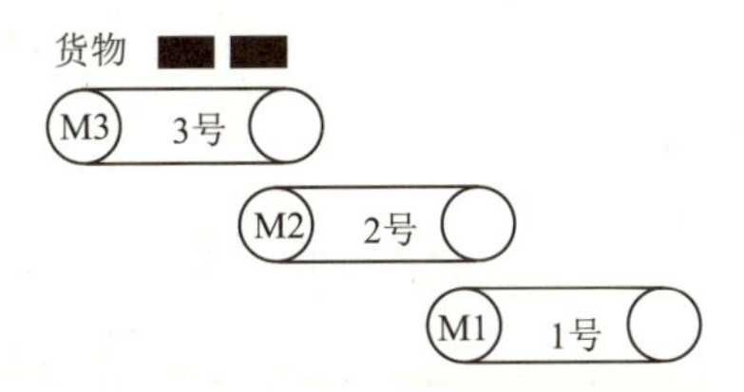

③当1号过载停车时，2号、3号也随即停车；当2号过载停车时，3号也随即停车，以免继续进料，当出现过载时，首先按下停止按钮，等待一定时间排查故障后重新启动。

要求：根据控制要求合理分配I/O，并给出PLC电气原理图，要考虑必要的安全保护器件，画图时注意区别不同元器件的图形符号，编写程序并仿真调试或在线测试。

参考文献

[1] 菲舍尔．简明机械手册[M]．长沙：湖南科学技术出版社，2009.

[2] 刘媛媛，张如萍．电气控制与 PLC[M]．中国铁道出版社，2015.

[3] 王天然，刘海波．自动化制造系统的产生与发展[J]．信息与控制，2000（6）：481-487.

[4] 陈世剑，罗辉利，蒋彬．探析自动化在工业控制中的应用[J]．化工管理，2013(18):87-88.

[5] 吕景泉．自动化生产线安装与调试[M]．北京：中国铁道出版社，2008.

[6] 孙涛．液压与气动技术[M]．长沙：中南大学出版社，2010.

[7] 宋武，刘晓明．传感器应用技术[M]．北京：中国铁道出版社有限公司，2020.

[8] 郑直．工业机器人操作与基础编程[M]．北京：中国铁道出版社有限公司，2019.